电动机维修
实用手册

孙洋　马亮亮　主编

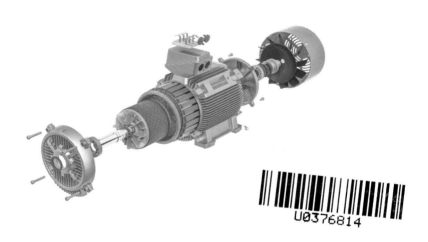

化学工业出版社
·北京·

内 容 简 介

本书用图解的形式系统全面地介绍了各类型电动机维修知识和技能。全书主要内容包括：电磁基础知识、电动机绕组基础、维修常用工具仪表和材料、常用维修方法；三相异步电动机、三相多速电动机、三相同步电动机、单相异步电动机、单相串励电动机、直流电动机、串励电动机、潜水电泵与深井泵用电动机的结构、原理、拆装技巧、绕组嵌接技巧、绕组展开图、绕组重绕工艺、简单计算技巧、故障检修技巧以及典型检修案例。此外，每章穿插了"助记要诀"和"专家提示"，帮助读者快速理解并掌握所学。

本书内容实用性强，涉及电动机类型丰富，其中不乏常用和新型电动机，检修数据资料翔实，讲解通俗易懂，非常适合电工以及电动机制造、使用、维修人员自学使用，也可用作大中专院校、职业院校相关的参考用书。

图书在版编目（CIP）数据

电动机维修实用手册/孙洋，马亮亮主编.
—北京：化学工业出版社，2021.4
ISBN 978-7-122-38542-0

Ⅰ.①电…　Ⅱ.①孙…　②马…　Ⅲ.①电动机-维修-技术手册　Ⅳ.①TM320.7-62

中国版本图书馆CIP数据核字（2021）第030297号

责任编辑：耍利娜　李军亮　　　　　文字编辑：吴开亮
责任校对：王素芹　　　　　　　　　装帧设计：王晓宇

出版发行：化学工业出版社（北京市东城区青年湖南街13号
邮政编码100011）
印　　刷：北京京华铭诚工贸有限公司
装　　订：三河市振勇印装有限公司
850mm×1168mm　1/32　印张20¹/₂　字数567千字
2021年7月北京第1版第1次印刷

购书咨询：010-64518888　　　　　售后服务：010-64518899
网　　址：http://www.cip.com.cn
凡购买本书，如有缺损质量问题，本社销售中心负责调换。

定　　价：88.00元　　　　　　　　版权所有　违者必究

前　言

　　电动机是工农业生产广泛使用的电力和动力设备，其使用量和维修量逐年递增。由于电动机的控制系统千差万别，在使用和运行过程中，电动机不可避免地会出现各种各样的故障，要求电工及电气维修人员全面了解电动机的控制系统及原理，掌握维修方法，及时排除故障，使设备尽快正常运行。为了能使读者全面、快速地掌握电动机维修相关的知识和技能，我们组织编写了本书。

　　本书的第 1 章介绍了电磁的基础知识，第 2 章介绍了电动机绕组基础，第 3 章介绍了电动机维修常用工具、仪表和材料，第 4 章介绍了电动机维修常用方法，第 5 章介绍了三相异步电动机绕组的嵌线技巧，第 6 章介绍了三相异步电动机绕组的重绕工艺，第 7 章介绍了三相异步电动机的故障检修技巧，第 8 章介绍了三相异步电动机的重绕和改绕简单计算技巧，第 9 章介绍了三相多速电动机绕组的展开图的制作，第 10 章介绍了三相同步电动机，第 11 章介绍了单相异步电动机的结构、原理和拆装技巧，第 12 章介绍了单相异步电动机的调速、正反转和三相改单相，第 13 章介绍了单相异步电动机的展开图和嵌线技巧，第14章介绍了单相异步电动机和单相串励电动机的重绕计算技巧，第15章介绍了单相异步电动机的检修技巧，第16章介绍了直流电动机的结构原理和拆装技巧，第17章介绍了直流电动机绕组的展开图和嵌线技巧，第18章介绍了直流电动机的故障检修技巧，第19章介绍了串励电动机的结构和故障检修，第20章介绍了潜水电泵与深井泵用电动机。

本书特点如下：

（1）写作方式独特，读者轻松易学

本书贯彻"多讲怎么做，少讲为什么"的风格，文字叙述简明扼要，传授知识形象直观，以指导零基础的读者快速入门、步步提高直到精通。

（2）全程图解直观，读者轻松记全

本书采用大量的照片、仿真图、示意图、电路图等，将维修过程中难以用语言文字表述的知识要点等生动地表达出来，可达到"以图代解"和"以解说图"的阅读效果。

（3）要诀朗朗上口，读者易懂好记

将电动机基础知识、实用维修操作技能等以要诀的形式表现出来，朗朗上口，易懂好记。

（4）内容翔实全面，突出实操技能

本书对电动机知识的讲解全面详细，理论和实践操作相结合，内容由浅入深，语言通俗易懂。按电动机维修技能特点和岗位特色，对大量的现场维修案例和维修技巧进行汇总、整理和筛选，选出很多维修电动机必会的知识点和技巧，真正做到来源于实践，应用于实践，使读者学了就能用。

此外，本书附赠常用电动机绕组接线图、绕组及铁芯参数

等学习资料，读者可联系 QQ653529107 获取。

　　本书由孙洋、马亮亮主编，参加编写的还有张玉合、孙慧杰、薛金梅、孙文、孙翠、马青梅、张秀珍、张小五、马钰莹、陈玉彬、薛焕珠、石国富、薛运芝、孙运生、孔军、楚建功、孙新生、薛秀云、董小改、王晶、薛新建、楚永幸、杨国强、孙兰兰、孙慧敏、张旭旭、王佳佳、李眼丽、孙东生、谭联枝、冯自刚、李换换、杨意锋、张玉玉、付洪亮、孙雅欣、孙鹏、王雅、盛德莉等。

　　由于编者时间和水平有限，书中难免存在不妥之处，望广大读者批评指正。

编者

第3章 电动机维修常用工具、仪表和材料　046

第4章 电动机维修常用方法　092

第9章 三相多速电动机绕组的展开图的制作 404

第10章 三相同步电动机 416

第11章 单相异步电动机的结构、原理和拆装技巧 436

第12章 单相异步电动机的调速、正反转和三相改单相 456

第19章 串励电动机的结构和故障检修　601

第20章 潜水电泵与深井泵用电动机 626

第1章

电磁的基础知识

在电动机修理实践中，时刻都要接触到各种电磁现象，为了用理论来指导和解决电动机修理实践中的各种问题，我们必须了解和掌握这些电磁现象。本章对其中一些基本的规律性的认识进行简单介绍。

电磁基本现象

1.1.1 磁现象和磁的性质

永久磁铁有如下两个基本的特性：

① 有两个磁极，即北极（也称为 N 极）和南极（也称为 S 极）永远同时存在。

② 同极性相斥，异极性相吸。

如果在一条形磁铁上面放块玻璃或纸板，然后撒一些铁屑，就会看到铁屑受到磁铁的引力，如图 1-1 所示的线条。

图 1-1　磁铁吸引现象

很明显，在磁铁周围的一定范围内，铁屑受到磁铁磁性的影响。磁铁所能影响的范围，就是我们经常所说的磁铁的磁场。

铁屑在磁场中会有规律地排列成线条，给我们提示了一个用形象化的方法来描绘磁场，这就是画磁力线。虽然磁力线仅是一种假想的概念，但它能直观地、有效地帮助我们进行大量电磁现象和电磁过程的分析研究。因此，学会定性地描绘磁力线，这对电动机磁场的分析是一个有效的工具。

要诀　　　　　　　　　　　　　　　　　　>>>

　　磁铁拥有南北极，同性相斥异相吸，
　　磁铁吸引啥现象，实物现象看上方。

从上面介绍的一些磁现象，人们从实践经验中，得出磁力线有如下的特点：

① 磁力线总是由北极发出，而进入南极。在磁铁内部，再由南极又回到北极。因此，磁力线总是无头无尾，构成一个闭合的环

路，如图 1-2 所示。

② 磁力线像有弹性的橡皮筋一样，有缩短自己长度的倾向，这就是异性磁极相吸的原因，如图 1-3 所示。

③ 磁力线互不交叉，并具有互相向侧面排斥的倾向，这就是同性磁极相斥的原因，如图 1-4 所示。

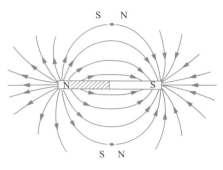

图 1-2　磁力线

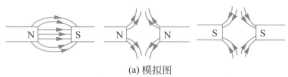

(a) 模拟图

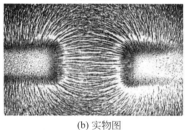

(b) 实物图

图 1-3　异性磁极相吸引

④ 磁力线的疏密程度通常表明了磁场的强弱：在磁场强的地方磁力线比较密；在磁场较弱的地方磁力线比较疏；磁场均匀的地方，磁力线疏密均匀并互相平行。

前面讲到，磁极会发出许多磁力线，而且磁力线是一根一根的线条。为了进行定量的分析，引入磁通这个物理量。

要诀　　　　　　　　　　　　　　　　　　　　>>>

　　磁铁周围有磁场，磁力线描述是假想，
　　劳动人民想法棒，理解磁场用得上。

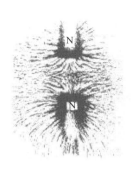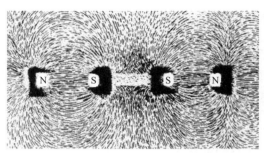

图1-4　同性磁极相排斥

　　磁通就是通过某一面积内的磁力线数。磁力线既然是一根一根的线条，所以磁通可以用多少根"线"来作单位。如图1-5所示那样，若有一万根磁力线通过该垂直面，我们就可以说这个磁极的磁通为一万线。除线这个单位外，磁通还有别的单位，其中"麦克斯韦（Maxwell）"［简称"麦（Mx）"］是基本的单位，1Mx就代表我们平常所说的一根磁力线。此外，磁通还用"韦伯（Weber）"［简称"韦"（Wb）］作单位。它们两者有如下关系：

$$1Wb=10^8Mx$$

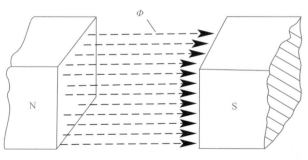

图1-5　磁通现象

　　磁通有时不能完全说明问题，因为磁通是通过某一面积的磁力线的总和，不能说明在这一面积上磁力线分布的疏密情况，所以有必要用单位面积的磁力线数来表示。单位面积内通过的磁力线数

（面积与磁通垂直），就叫做磁通密度。

磁通一般用字母 Φ 代表，磁通密度一般用字母 B 代表。如用 S 表示磁通所通过的垂直面积，那么磁通密度可写成：

$$B = \frac{\Phi}{S}$$

式中　B——磁通密度，韦 / 米 ^{2}（Wb/m^2）；

　　　Φ——磁通，韦（Wb）；

　　　S——磁通所通过的垂直面积，m^2。

如果磁通用 Mx 作单位，面积用 cm^2 作单位，那么磁通密度的单位就是 Mx/cm^2。Mx/cm^2 一般都是用"高斯"（Gs）这个单位来代表：

$$1Wb/m^2 = 10^4 Gs$$

国际中，磁通密度单位为"特斯拉"，简称"特"（T）。磁通密度各单位之间的换算如下：

$$1T = 1Wb/m^2 = 10^4 Gs$$

1.1.2　电磁感应现象

科学实验证明了磁和电是一对矛盾，有着非常密切的联系。在一定条件下，磁可以生电，电也可以生磁。首先我们来谈一谈磁怎样生电，请大家看下面的试验。

要诀　>>>

电磁感应咋产生，大家仔细把话听，
闭合回路已形成，置于磁场正当中，
导线切割磁力线，表针马上就偏转，
这种现象叫电磁感，详细道理下边看。

把一根导线两端接一个电流表，构成闭合回路，当导线在磁场中切割磁力线运动时，电流表指针发生偏转，如图 1-6 所示。

由试验表明，当导体切割磁力线或者在导体周围的磁场发生变动时，就会在导体中产生推动电流的力量，这种现象叫做电磁感应，推动电流的力量叫做感应电动势，通常用字母 ε 来代表。

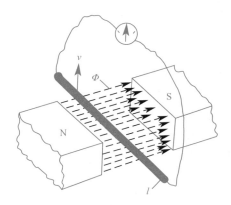

图 1-6　电磁感应现象

导体中感应电动势的大小，决定于：

① 磁场的磁通密度 B。因为磁通密度 B 越大，在一定的时间内导线切割的磁通也越多。

② 导线在磁场中的运动速度 v。因为导线的运动速度越高，在一定时间内导线切割的磁通就越多。

③ 导线的有效长度 l（即位于磁场范围内的导线长度）。同样，因为导线越长，切割的磁通也越多。

所以，当磁通密度、导线和它的运动方向三者彼此互相垂直时，导体中感应电动势的大小等于磁通密度、导线的有效长度和导线的运动速度这三者的乘积，即：

$$\varepsilon = B\,l\,v$$

式中，B 为磁通密度，Wb/m^2；l 为导线的有效长度，m；v 为导线在磁场中的运动速度，m/s；ε 为感应电动势，V。

若 B 的单位用 GS，l 的单位用 cm，v 的单位用 cm/s，而 ε 的单位仍取用 V，则应改为下式，即

$$\varepsilon = B\,l\,v \times 10^{-8}$$

感应电动势的方向，采用发电动机右手定则来确定，如图1-7所示。伸出右手，手掌朝向磁场的N极，即使磁力线穿过手心，使拇指指向导线运动方向，那么四指的指向就是感应电动势的方向。

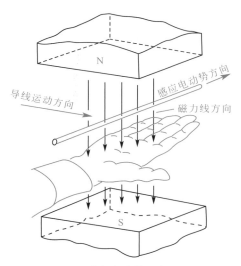

图1-7 感应电动势方向的判断

要诀 >>>>

电势方向怎么判，判定技巧听我言，
伸出右手怎么办，手掌朝向N极边，
拇指指着啥方向，导体运动方向没商量，
四指所指什么向，感应电动势不能忘。

感应电动势的大小还可以用另外的方法表示。如果将图1-6改为图1-8的形式，图中"×"表示磁力线方向是流入纸面的，环路的 ab 边表示导线 l，若导线 l 在 Δt 的时间内均匀移动了 ΔX 的距离到 cd 处，则穿过回路的磁通增加量为 $\Delta \Phi = Bl\Delta X$，若将等式两边同除以时间 Δt，则：

$$\frac{\Delta \Phi}{\Delta t} = Bl\frac{\Delta X}{\Delta t} = Blv = \varepsilon'$$

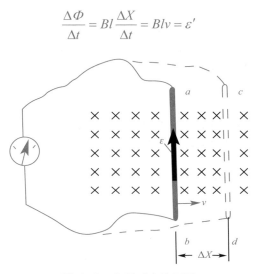

图 1-8 电磁感应的判断

式中，导体运动速度 $\quad v = \dfrac{\Delta X}{\Delta t}$

所以 $\qquad\qquad\qquad \varepsilon' = \dfrac{\Delta \Phi}{\Delta t}$

式中，$\dfrac{\Delta \Phi}{\Delta t}$ 为单位时间内穿过回路的磁通的变化量，通常称为磁通变化率。上述闭合回路相当于一匝线圈，即匝数 $W=1$，若穿过 W 匝线圈的磁通发生变化时，则每匝都将产生感应电势，所以总的感应电势将为一匝线圈的 W 倍，即：

$$\varepsilon = W\frac{\Delta \Phi}{\Delta t}$$

1.1.3 直流发电机的原理和直流电路

直流发电机就是根据导线在磁场中运动切割磁力线而感应出电动势的原理制成的。图 1-9 表示直流发电机的原理图，在磁场中转动的转子表面上分布着很多线圈，现为简化图面仅画出其中 1 匝来说明其原理。转子在磁场中可自由旋转，转子上的线圈两端接有两个铜半环 1 和 2，两个半环之间是互相绝缘的，电刷 3 和 4 分别压在两个半环上。当外力拖动转子旋转时，线圈的两条边 5 和 6 将切割磁力线而产生感应电势。因为导体 5 和 6 交替在 N 极和 S 极下，所以导体中感应的电势方向是交变的，但由于半环的作用，使电刷始终与固定极面下的导体相连接，所以从电刷引出的是方向不变的电流，这就是通常所说的直流电。由于半环的存在，将方向交变的电流变成为方向不变的电流，所以我们称半环为换向器（或整流子）。

但是，在工程上实际应用的直流发电机，远不像图 1-9 所示的那样简单。为了满足实际需要，总是在转子上增加一些线圈，使它们均匀地分布在圆周上，并把它们适当地和换向器连接起来。

直流发电机一般作为直流电源。若把它和电灯等连接起来，就构成直流电路，如图 1-10 所示。图中 E 表示直流发电机发出的电动势，R 表示负载电阻（电灯等）。在电动势 ε 的作用下，电路中将有电流通过，电流通常用字母 I 表示，单位为 A。

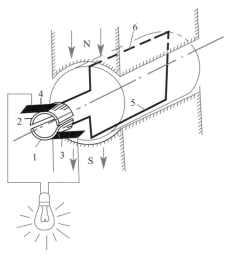

图 1-9 直流发电机模型

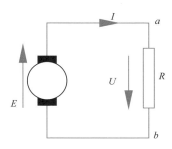

图 1-10 直流电路

大家知道，水是由高水位向低水位的地方流，两水位之差叫做水位差。同样在电路中，电流也是从高电位点流向低电位点，这两点间的电位之差，称为电位差，通常我们把电位差叫做电压。图1-10中，a、b两点间的电位差也就是a、b两点间的电压。电压通常用字母 U 表示，单位为 V。

在图1-10所示的电路中，通过实验证明，流过电阻的电流 I 的大小与电阻两端的电压 U 成正比，与电阻 R 的大小成反比，可用数学式子表示如下：

$$I = \frac{U}{R}$$

上式是电工理论中基本定律之一，就是通常所称的欧姆定律，对分析和计算电路有重大意义。

1.1.4 电流产生磁场

前面讲过，永久磁铁可以产生磁场，但目前大多数电动机中都不采用永久磁铁，那么电动机中的磁场是如何产生的？劳动人民在实践的基础上，发现了电流可以产生磁场。

我们可以通过下面的试验观察电流所产生的磁场，分析研究磁力线的方向和分布情况，磁力线和电流之间的关系等问题。

将一根长直导线垂直地穿过纸板，纸板上撒些铁屑，然后使电流通过导线，并轻敲纸板，这样铁屑在电流磁场的作用下，会有规则地围绕导线形成许多同心圆环，如图1-11所示。这些圆环似的磁力线方向，可用小磁针来测定，如图1-12所示。如果把导线中的电流方向改变，则磁针所指示的磁力线方向也随着改变。因此通电导线四周的磁力线方向决定于电流的方向。

磁力线的方向决定电流的方向。如果先知道了电流方向，有没有什么方法来判断磁力线的方向呢？人们根据大量的实践经验总结了如下规律：用右手握住导线并把拇指伸出，使拇指指向电流方向，则环绕导线的四指就指向磁力线方向，如图1-13所示，这就是右手定则。

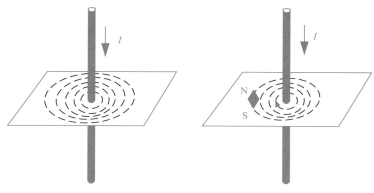

图1-11 用铁屑判断磁场　　图1-12 用小磁针判断磁场

磁力线方向

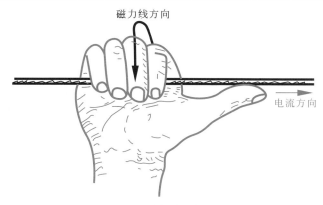

电流方向

图1-13 磁力线方向的判断

专家提示： 通过试验和理论分析可以证明：近导线处磁力线密，磁场强，离开导线越远，磁力线排列越稀，磁场越弱。而且导线中通过的电流越大，所产生的磁场也越强。

若把导线弯曲成管状线圈，当电流通过线圈时，也会产生磁场，其磁力线的分布情况如图1-14（a）所示，和一个条形的永久磁铁的效果很相似。

管状线圈的磁力线方向，同样可以用右手定则来确定。此时用右手的四指握住线圈，如图1-14（b），使四指指向电流方向，则大拇指所指的方向便是磁力线方向。

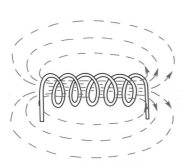
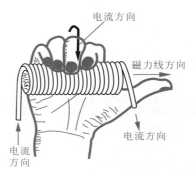

(a) 通电管状线圈产生磁场   (b) 磁力线方向的判断通电管状线圈的磁场

图1-14 通电管状线圈的磁场

从物理意义上可以理解，管状线圈内通过的电流越大，线圈的匝数越多，所产生的磁场便越强。也就是说，磁场的强弱（即磁通密度 B 的大小）决定于通过的电流（I）和线圈的匝数（W）。或者说磁通密度的大小是与 IW 的乘积成正比的。电流和线圈匝数的乘积 IW 称为"磁动势"（简称磁势），它的作用正像电路中电动势是产生电流的原动力一样，磁动势是产生磁力线、建立磁场的原因。磁动势的单位是"安培匝数"（简称安匝）。

1.1.5 磁场对通电导线的作用

前面已经讲过，通电导体的周围存在磁场，我们不难想象，通电导体也会受到其他磁场的影响而被推动。现在我们依据磁力线具有互相推斥和缩短自己长度的特性，解释通电导体在磁场中为什么会受力以及受力的方向。图 1-15（a）表示电动机两极间的磁场，图 1-15（b）表示通电导体产生的磁场，图 1-15（c）表示通电导体放入磁场后的合成磁场。从图 1-15（c）明显看出，在导体的上方，两个磁场磁力线方向相同，结果使磁通密度增加，磁力线较密；在导线下方，两磁场磁力线方向相反，合成磁场减弱，磁力线较疏。由于磁力线具有缩短自己长度的特性，产生把通电导体向下推动的作用力 F。

(a) 两极间的磁场　　　(b) 通电导线产生磁场　　　(c) 通电导线在磁场中

图 1-15　磁场对通电导体的作用

实验证明，当导体与磁力线的方向垂直时（如图 1-16 所示），磁场对通电导体的作用力，与通过导体的电流，磁通密度以及在磁场中的导体长度成正比。如用数学式子表示，可写成如下的公式，即：

$$F = \frac{1}{9.81} BlI$$

式中　F——导体所受的力，kg；

　　　B——磁通密度，Wb/m²；

　　　l——处在磁场中的导体的长度，m；

　　　I——通过导体的电流，A。

导体受力的方向如何确定呢？可以很方便地用电动机左手定则来判断。将左手伸开，四指并拢，大拇指与四指垂直，如图 1-17 所示，把左手置于磁场中，掌心向 N 极，磁力线穿过手掌，四指指向电流方向，拇指就指向通电导体的受力方向。

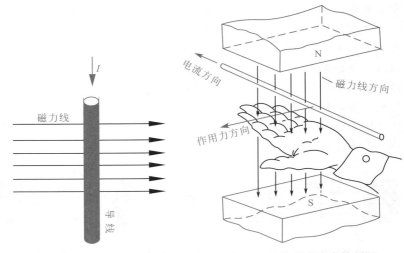

图 1-16 导体与磁力线方向垂直　　图 1-17 导体受力方向的判断

要诀　　　　　　　　　　　　　　　　　　　　　　　>>>

　　导体受力方向怎么判，缺一不可几方面，
　　伸开左手做实验，四指并拢不要偏。
　　大拇四指垂直勿变，左手置于磁场间，
　　掌心对 N 极穿磁线，四指指着电流方向边，
　　大拇指指向注意看，通电导体受力方向见。

单相正弦交流电

　　前面所讲的电流是大小和方向不变的电流，我们称为直流电。

当然能够发出直流电的不单是直流发电机，像干电池、蓄电池等也都能产生直流电。

本节要讲的是我们常说的交流电，它的大小和方向是随时间不断变化的，这就是它与直流电质的区别。在交流电路中，交流电势、交流电压都是随时间变化的，而且这种变化是有一定的规律性，目前所用的交流电是随时间按正弦规律变化的。

1.2.1 单相正弦交流电的产生

交流电的产生可以通过图 1-18 来说明。在图中，当转子绕组通以直流电后，将产生磁场。对图 1-18（a）而言，根据右手定则可知，上面为 N 极，下面为 S 极。定子内圆上有许多槽，槽内放有导体。为了简明，在图中定子上只画了一个槽和一根导体。

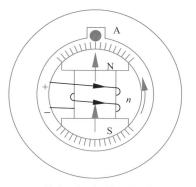
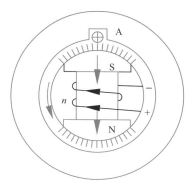

(a) 导体A为N极磁通所切割　　　　　　　(b) 导体A为S极磁通所切割

图 1-18　交流电的产生

当转子旋转时，磁场将切割定子上的导体 A，而在其中产生感应电势。这种结构形式的电动机，所产生的电势有两个特点：

① 在图 1-18（a）中，导体 A 为 N 极磁通所切割，根据发电机右手定则可知，电势方向为流出纸面，以符号 ⊙ 表示（导体不动，磁极逆时针方向转动的效果，等于磁极不动而导体顺时针方向转动）。当转子转过 180° 以后，如图 1-18（b）所示，导体 A 将为

S 极磁通所切割，根据发电机右手定则可知，电势将改变方向，为流入纸面，以符号 ⊕ 表示。转子不断地旋转，导体 A 交替为 N 极及 S 极磁通所切割，导体 A 的电势方向也不断改变。对于图 1-18（a）中流出纸面的电势，在图 1-19 中用正半波来表示，对于图 1-18（b）中流入纸面的电势，在图 1-19 中用负半波来表示。由于导体 A 的电势是方向交变的电势，所以称为交流电。

②感应电势的大小为：

$$\varepsilon = B\,l\,v$$

对于电动机而言，导体长 l 及切割磁通的速度 v 是一个固定的数值，因此感应电势 ε 是正比于磁通密度 B 的。也就是说感应电势的波形是由磁通密度的波形来决定的。为了保证电势为正弦变化，转子磁极产生的磁通要尽可能地接近正弦分布，如图 1-20 所示。当然要使磁极产生的磁通为正弦波是困难的，在发电机中为了得到正弦电势还要采用其他的措施，这里就不再介绍了。

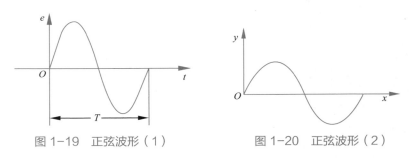

图 1-19　正弦波形（1）　　　　　图 1-20　正弦波形（2）

1.2.2　交流电的频率

在图 1-19 中，电动势从零开始不断增大，到了最大值后又逐渐下降，降到零之后，再在反方向不断增大，到了最大值后，又逐渐下降到零。这样变化一周所需要的时间，叫做周期。周期一般用字母 T 表示如图 1-19 所示。我们已经知道变化一周需 T 秒，那么 1s 会变化几周呢？当然就等于 1s 被 T 除，即 $f = \dfrac{1}{T}$

1s 内交流电变化的周数，叫做频率，频率一般用字母 f 表示，单位是周 /s，有时也用赫兹（Hz，简称赫）作单位。我国交流电的频率是 50Hz，也就是说，它在一秒钟内要变化 50 周。

1.2.3　交流电的相位

前面讲过，导线切割磁力线，就感应出电势来，这种感应电势的变化情况，可用正弦曲线来表示。但是，如果在磁场中放置了不只一根导体，此时由于导体的位置不同，感应电势的变化，会有先后的差别，因此就要用相位来表示这种差别。

图 1-21 中，有两个导体 A 和 B，它们在空间的位置相隔 90°。当转子旋转时，两个导体中将产生频率相同的感应电势，但由于它们空间位置不同，感应电势的变化就有先后的差别。若将图 1-21 所示的位置作为计时起点，这时导体 B 不切割磁力线，感应电势 $\varepsilon_B=0$；而导体 A 正处在切割磁力线最多的时刻，感应电势最大，ε_A 是最大值。当转子转过 90° 时，导体 A 不断切割磁力线，$\varepsilon_A=0$；导体 B 处在切割磁力线最多位置，ε_B 是最大值。图 1-22 表示这两根导体感应电势的正弦曲线。这样，ε_B 总是落后于 ε_A 90°，我们说这两个电势的相位差为 90°，并且 ε_A 比 ε_B 在相位上是超前了 90°，或

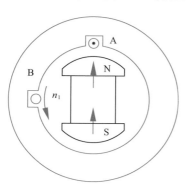

图 1-21　导体 A 和导体 B
空间位置相隔 90°

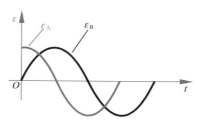

图 1-22　两根导体感应电势
的正弦曲线

ε_B 比 ε_B 在相位上落后了 90°。

1.2.4　交流电的最大值和有效值

交流电的大小是在不断地变化。读者会提出这样的问题，我们常讲的电压 380V 或 220V 等，到底是指什么数值？下面进行讨论。

大家知道，不论是直流电还是交流电通过导体，都会使导体发热。如果在同样的两个电阻内，分别通以交流电和直流电，通电的时间是相同的，如果产生的热量相等，我们说这两个电流是等效的。那么这个直流电的数值就是该交流电的有效值。

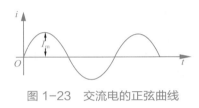

图 1-23　交流电的正弦曲线

图 1-23 为交流电的正弦曲线，其最大值为 I_m，通过进一步的数学分析可知，最大值除以 $\sqrt{2}$ 就是该交流电的有效值。电流的有效值用字母 I 表示，那么最大值和有效值之间的关系为

$$I = \frac{I_m}{\sqrt{2}}$$

同样，电压和电势的有效值是

$$U = \frac{U_m}{\sqrt{2}}$$

$$\varepsilon = \frac{\varepsilon_m}{\sqrt{2}}$$

式中　U、ε——电压及电势有效值，

U_m、ε_m——电压及电势最大值。

专家提示：我们常说的电压、电流、电势的数值，一般都是指有效值。电流表和电压表所测和数值也是有效值。

第 **2** 章

电动机绕组基础

2.1 电动机绕组常用名词术语

2.1.1 线匝、线圈和绕组

1. 线匝

电磁导线沿转子或定子的铁芯槽环绕一圈，这一圈就是一个线匝。如图 2-1 所示。

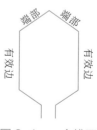

端部　端部

有效边　有效边

图 2-1　一个线匝

2. 线圈

由若干个截面和形状相同的线匝串绕在一起的组合体，这一组合体就是一个线圈，又名绕组元件。常见线圈示意图如图2-2所示，线圈简化图如图2-3所示。

图2-2　常见线圈简化示意图

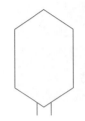

图2-3　线圈简化图

3. 绕组

由多个线圈按一定规律连接在一起的整体，叫绕组，绕组是线圈的总称，其简化示意图如图2-4所示。

温馨提示： 线圈是由多个线匝组成，线圈的直线部分称为有效边（嵌入铁芯槽内，通电时进行电磁能量转换）。线圈两边在槽外的部分为端部（连接两个有效边）。绕组是线圈的总称。

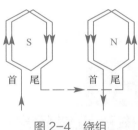

图2-4　绕组

> **要诀**　　　　　　　　　　　　>>>
>
> 绕组术语要记牢，维修过程常用到。
> 线在槽中绕一圈，一个线匝到此好。
> 线匝串绕组合体，一个线圈不再绕。
> 线圈总称是绕组，绕组元件要记牢。
> 三种术语易混淆，搞错概念需重绕。

2.1.2　极数、极距和节距

1. 极数 $2p$

极数是指定子绕组通电后所产生的磁极数，电动机磁极的多少直接影响电动机的性能和转速。电动机的极数是成对出现的。也可根据电动机转速计算磁极数。

$$p = \frac{60f}{n_1}$$

式中，n_1 若用电动机转速 n 代替，所得结果只能取整数。

2. 极距 τ

极距用 τ 表示，它是指每个磁极所占有的槽数或每个磁极下的气隙长度。极距有槽数和长度两种表示方法。

（1）槽数表示方法

$$\tau = \frac{Z}{2p} \text{（槽）}$$

式中，Z 表示电动机定子槽数；$2p$ 表示磁极数。

专家提示： 对电动机转子的极距 τ 来讲，Z 为转子槽数。

（2）长度表示方法

$$\tau = \frac{\pi D}{2p} \text{（cm）}$$

式中，D——电动机定子内径，cm；

　　　$2p$——磁极数。

专家提示： 对直流电动机来讲，D 表示直流电动机转子的外径（单位 cm）。

例1： 一台 36 槽 6 极（$2p=6$）交流电动机截面展开图如图 2-5 所示。其极距是多少？

$$\tau = \frac{Z}{2p} = \frac{36}{6} = 6 \text{（槽）}$$

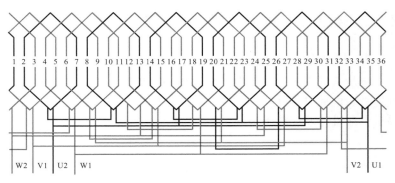

图 2-5 36 槽 6 极（2p=6）三相异步电动机截面展开图

3. 节距 y

节距又名跨距，是指一个线圈两个有效边之间所跨占的槽数，常用 y 表示。

在如图 2-6（a）所示的绕组中，左边第 2 个线圈的有效边在第 2 号槽内，另一个线圈的有效边在第 6 号槽，线圈两个有效边相隔 4 个槽，这个线圈的节距为 4，即 y=4，习惯上也有用 y=2 ～ 7 的情况。

根据节距 y 和极距 τ 可将线圈分为以下三种形式。

① 当节距 y = 极距 τ 时，命名为整节距线圈或全节距线圈。

② 当节距 y ＜极距 τ 时，命名为短节距线圈。

③ 当节距 y ＞极距 τ 时，命名为长节距线圈。

线圈节距和极距的关系如图 2-6 所示。

电动机线圈的节距有两种：满节距和短节距。

（1）整节距

整节距也叫满节距、全节距，即槽数除以极数所得的商就是这个电动机的满节距。

例 2：一台电动机的定子槽数是 36 槽，4 个磁极，求线圈的极距。

$$\tau = \frac{Z}{2p} = \frac{36}{2 \times 2} = 9（槽）$$

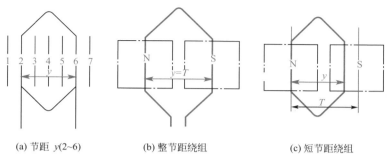

(a) 节距 $y(2\sim6)$　　　(b) 整节距绕组　　　(c) 短节距绕组

图 2-6　线圈节距和极距的关系

　　这个电动机线圈的节距为 9，也就是 1～10，如图 2-7 所示。在嵌线的时候应把线圈的两个边安放在相距 9 个线槽的地方，即把线圈的一个边放在第 1 个槽内，线圈的另一个边放在第 10 个槽内。

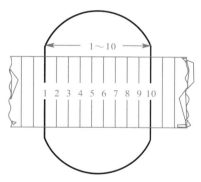

图 2-7　节距为 9 的线圈

　　满节距的线圈存在很多缺点，在电动机的定子绕组中一般不采用这种节距。

（2）短节距

　　短节距就是每个线圈的两个边之间所跨槽数少于定子槽数除以磁极数所得的商。

　　采用短节距嵌线有以下优点：

① 缩短线圈节距则缩短了导线的长度，节省了导线材料，减

少了线圈的电阻。这样，不但减少了铜损，而且降低了因线圈电阻而引起的温升，因此，电动机的效率也相应提高。

② 便于调节线圈的匝数。如一台电动机经计算，每个线圈的匝数应为 9.5 匝，但在实际嵌线时是办不到的。那么，就采用缩短节距的办法，同时把线圈匝数增加到 10 根，这并不影响线圈所产生的磁性效能。

③ 线圈节距缩短，则线圈两端伸出定子铁芯部分的长度也相应地缩短，这就使线圈比较短小和坚固。同时，电动机的机轴因线圈长度的缩短而相应缩短，增加了机轴的机械强度，减小了电动机的体积和重量，节省用料，搬运方便。

④ 短节距对电动机的性能也有改善，可以提高功率因数和增大转矩。

短节距嵌线有较多好处，把线圈节距缩短到什么程度最为合适呢？

我们把线圈所跨的满节距规定为 180° 电角度，线圈所产生的磁性效能为 1，其线圈的效率发挥到最高的程度。若缩短线圈的节距，则线圈所产生的磁性效能与线圈所跨电角度半数的正弦成正比。线圈所跨电角度半数之正弦，叫作线圈的短距因数。

如有一台定子为 36 槽的 4 极电动机，线圈的满节距为 1 ~ 10，线圈两边之间相距共 9 个线槽。我们把每个满节距线圈的跨度认为是 180° 电角度。180° 的半数是 90°，而 90° 的正弦为 1，这时线圈的磁性效能为 1。若改线圈节距 1 ~ 10 为 1 ~ 8 嵌线（图 2-8），则线圈节距由 9 槽缩短为 7 槽，那么线圈的跨度则变为 140° 电角度。140° 的半数为 70°，70° 的正弦是 0.94，因此，线圈的磁性效能只有满节距线圈的 0.94 倍。这个数字则是这个线圈的短距因数。

专家提示： 在节距缩短之后，电动机的励磁电流要随着线圈节距的缩短而增加，增加的电流是维持原磁场强度的。所以，当缩短了线圈的节距后，对电动机的性能不会引起太大的影响。但节距缩短的程度是有限的，无论如何不能超过满节距的一半，否则电动机不能转动。一般电动机采用的短节距是满节距的 80% ~ 95%。

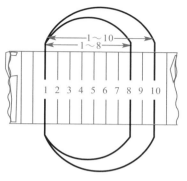

图2-8 短节距线圈

> **要诀** >>>
>
> 极数二距易混淆，比较学习便知晓。
> 电动机磁极是多少，性能转速影响了。
> 极距有嘛表示法，槽数长度要记牢。
> 节距又把跨距叫，线圈两边所跨槽。
> 这些术语不明了，绕线接线没法搞。

2.1.3 机械角度、电角度和每槽电角度

1. 机械角度和电角度

一个圆周所对应的机械角度为360°。但对磁场来说，一对磁极对应一个交变周期。把一个交变周期定义为360°电角度，电角度和机械角度的关系为：

$$电角度\alpha=极数（2p）\times180°$$

$$电角度\alpha=极对数（p）\times360°$$

2. 每槽电角度

每槽电角度是指相邻两槽之间的电角度，常用 α 表示，则每槽

电角度为:

$$\alpha = \frac{2p \times 180°}{Z}$$

式中，2p 为磁极数；Z 为铁芯槽数。

例3：6 极 36 槽三相异步电动机的每槽电角度是多少？

$$每槽电角度\alpha = \frac{2p \times 1800°}{Z} = \frac{6 \times 1800°}{36} = 30°$$

故：每槽电角度 α 为 30°。

> **要诀**
>
> 三种角度有要求，解释内容书中有，
> 机械角度 360°，数据一定记心头，
> 机械角度和电角，二者相异极对数，
> 每槽电角公式有，熟记知识才足够。

2.1.4 每极每相槽数、相带和极相组

1. 每极每相槽数

在三相异步电动机中，各相线圈有效边在铁芯上所占槽数都相等，并按极数均布分组，每一个极距为 1 组，这样每个极距下每相线圈的所占的槽数，称为每极每相槽数。每极每相槽数常用 q 表示。

$$每极每相槽数q = \frac{\varepsilon}{2pm}$$

式中，Z 为电动机槽数；2p 为磁极数；m 为定子绕组相数。

例4：一台 36 槽 6 极（2p=6）的三相异步电动机，其每极每相槽数是多少？

$$每极每相槽数 q = \frac{Z}{2pm} = \frac{36}{6 \times 3} = 2$$

故：每极每相槽数 q 为 2 槽。

2. 相带

定子绕组每极每相电绕组所占的电角度叫相带，由于三相绕组的每个极距为 180° 电角度，每个相带为 60°。一般三相单速异步电动机为 60° 相带。

3. 极相组

将一个磁极下属于同一相的 q 个线圈按一定方式串联而成的线圈组，称为极相组或线圈组。极相组如图 2-9 所示，图中极相组数为 2。在同一个极相组，所有电流方向都相同。在单层绕组中，每相极相组数与极对数（p）相等。在双层绕组中，每相极相组数与磁极数相等。

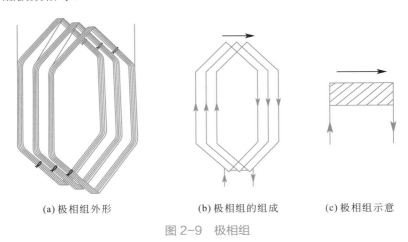

(a) 极相组外形　　　　(b) 极相组的组成　　　　(c) 极相组示意

图 2-9　极相组

（1）整数槽极相组

知道了线圈节距，只是知道了每个线圈的两个边应安放在相距几槽间的位置。但如何让线圈之间有规则地在定子铁芯内组成有一定磁极数而彼此之间相差120°电角度的三相绕组呢？为了组成绕组的线路，我们首先需要知道每个磁极应占的槽数，再求出每极每相中所占的槽数是多少，然后把这几个槽中的线圈相互之间连接起来，形成线圈组即极相组。

在叠式绕组中，有双叠和单叠两种。双叠绕组线圈的总数与电动机定子槽数相等，但每个线圈的匝数只是每槽导线数的一半；单叠绕组线圈的总数只是电动机定子槽数的一半，而每个线圈的匝数等于每槽的全部导线数。

极相组的线圈数是由每极每相所占的槽数确定的。如果知道了定子的槽数、极数和绕组的相数，那么极相组所占的槽数就很容易求出。即：

$$q = \frac{Z}{2pm} \text{（槽）}$$

式中　　q——极相组槽数；

　　　　p——定子磁极对数；

　　　　m——定子绕组相数；

　　　　Z——定子槽数。

例5：有一台定子槽数是24槽2极3相电动机，求组成极相组的槽数。

根据上式可以算出：

$$q = \frac{Z}{2pm} = \frac{24}{2 \times 1 \times 3} = 4 \text{（槽）}$$

知道了组成极相组的槽数后，就可以知道组成极相组的线圈数。在双叠式绕组中，线圈的总数和定子的槽数是相等的，组成极相组的槽数也就是组成极相组的线圈数。如上例计算出的组成极相组的槽数是4槽，那么组成极相组的线圈数也就是4个线圈；单叠式绕组的线圈数只是定子槽数的一半，组成极相组的槽数是4槽，那么组成极相组的线圈数只有两个。

专家提示：双叠绕组的接法具有灵活性，线圈的节距易于变更，极相组的数目也易于改动，铜和绝缘材料消耗少，因此在7kW

以上容量的电动机多数采用双叠绕组嵌线。以后我们所说的线圈多数是指双叠式绕组。

（2）分数槽极相组

电动机的定子槽数不能被磁极数和相数的乘积所整除时，所得出的是分数槽的极相组。在求分数槽电动机的极相组时，首先应把定子槽数被磁极数去分。在分的时候，我们把定子槽数除以磁极数的余数，即所剩下的不能被全部极数所整分的几个槽，以槽为单位分别加到其中的一些极相组里。这样组成极相组的槽数就有多有少，被分得一槽的极相组里所占的槽就多，没有分得的就少。这就出现不平均的现象，发生了矛盾。但是只要我们从中找出规律性的东西，就能够使不均分绕组在定子槽中和均分绕组在定子槽中产生同样的旋转磁场，具有同样的性能。在分配分数槽极相组的槽数时，不论怎样分法，都应使每相绕组的线圈总数相等，并且尽可能使各极相组在定子槽内对称地分布。下面，我们以实例来说明合理分配极相组槽数的方法：

第一种方法

例6：有一台电动机的定子槽数是63槽，3相绕组，6个磁极，问组成极相组的槽数分别是多少？

首先，我们把定子槽数被3相去平分，每个分得21槽，然后21槽再被6个磁极去分，每个磁极分得3槽后还剩3槽，再把剩下的3槽分别分到其中的3个极相组里。这样，在每相的6个极相组里，有包含3槽的3个极相组和包含4槽的3个极相组。那么，在3相极相组中就有9个含有3槽的极相组，有9个含有4槽的极相组，它们之间的比例是1：1。所以嵌线时就按这个比例来嵌。嵌一个含有3个槽的极相组，再嵌一个含有4个槽的极相组，这样循环交替一直把18个极相组嵌完如图2-10所示。这个分数槽的极相同样能产生和整数槽极相组相同的旋转磁场。

例7：有一台电动机的定子槽数是60槽，3相绕组，6个磁极，问组成极相组的槽数分别是多少？

定子槽数被3相来分，每相20槽，20槽再被6个磁极去分，每极分得 3 槽还剩 2 槽，把所剩的 2 槽再分到其中 2 个极相组中，这样每相就有包含 3 槽的 4 个极相组和包含 4 槽的 2 个极相组。在 3 相绕组中共有含 3 槽的 12 个极相组和含 4 槽的 6 个极相组，它们之间的比例是 2 : 1。按这个比例，把含有槽数不同的二类极相组（12 和 6）分别被 2 去除，便得 6 和 3。那么在嵌线时先嵌 6 个含有 3 槽的极相组，再嵌 3 个含有 4 槽的极相组，直至循环交替把 18 个极相组全部嵌完，就能产生和整数槽相同的旋转磁场如图 2-11 所示。

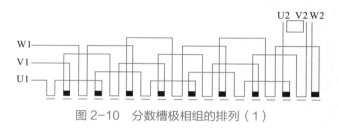

图 2-10　分数槽极相组的排列（1）

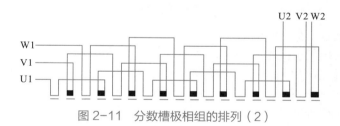

图 2-11　分数槽极相组的排列（2）

第二种方法

例 8： 有一台三相 8 极 54 槽的电动机定子绕组，问组成极相组的槽数如何分配？

① 用下式求出每极每相的槽数：

$$q = a \times \frac{b}{d}$$

其中 b 与 d 无公约数。d 若是 3 的倍数，达不到三相绕组对称的目的。

则：

$$q = \frac{54}{3 \times 8} = 2\frac{1}{4}$$

② 从 p/d=8/4=2 可知（p 为磁极数），这个绕组可分为 2 个重复部分，每部分有 4 个极和 27 个槽，所以只需排出 4 个极就可以了，以下可以类推。分配办法，如表 2-1 所示。简化后的分配情况如表 2-2 所示。

实际上，表 2-1 的计算中，只需算出 4 个相带，以后的 4 个相带和前 4 个相带是重复的。一般情况，需要计算的相带数是和 d 相等的。

表2-1 分配方法

相	A	B	C	A	B	C
nq n=1、2、3…	$2\frac{1}{4}$	$4\frac{1}{2}$	$6\frac{3}{4}$	9	$11\frac{1}{4}$	$13\frac{1}{2}$
进为整数	3	5	7	9	12	14
分属各相的槽号	1、2、3	4、5	6、7	8、9	10、11、12	13、14
相	A	B	C	A	B	C
nq n=1、2、3…	$15\frac{3}{4}$	18	$20\frac{1}{4}$	$22\frac{1}{2}$	$24\frac{3}{4}$	27
进为整数	16	18	21	23	25	27
分属各相的槽号	15、16	17、28	19、20、21	22、23	24、25	26、27

表2-2 简化后的分配情况

极　数		p_1	p_2	p_3	p_4
相	A	3	2	2	2
	B	2	3	2	2
	C	2	2	3	2

2.1.5 并绕根数和并联路数

一般大电流电动机,若采用串联线圈绕制和嵌线,绕组会因环流而发热。为适应大电流电动机的工作需要,常采用以下方法。

① 减小线径多根导线并绕。

② 通过接线使一相线多路并联。

1. 并绕根数

并绕根数是指用线径较小的导线合并在一起绕制线圈,合在一起的导线根数,称为并绕根数。电动机绕组拆除时,应注意线圈是否由多根并绕,若是应弄清其并绕根数。

温馨提示: 导线并绕根数的判断方法是:把同一相两个线圈间的跨接线上的绝缘套管移开,可看到跨接线的数量,该跨接线的数量就是线圈的并绕根数。在多根导线并绕的线圈中,它的每槽导线匝数为总匝数除以并绕根数所得的数值。

2. 并联路数

并联路数也称并联支路数。对额定功率较小的电动机,可将每相线圈按规律串联成一条支路线即并联路数为1。若额定功率较大,其运转电流较大,采用并联路数1实在难以胜任。这时需要将线圈按规律并联成2路或多路。

电动机线圈并联路数有以下两种:

① 一条支路线(并联路数为1)接入电流方式称为单路进火连接。

② 二条支路线或多条支路线接入电流的方式称为双路进火或多路进火连接。重绕绕组前,应弄清原电动机绕组的并联支路数,以免使被修电动机性能发生变化。

温馨提示: 线圈并联支路数的判断方法是:先判断同相线圈跨接导线数即并绕根数,然后将线圈的电源引出线切断,数一个它里面的并绕根数,将它除以线圈中的并绕根数,所得的数值即为并联支路数。

2.2

电动机绕组的类别

2.2.1　单层绕组、双层绕组和单双混合绕组

1. 单层绕组

在电动机铁芯的每一个线槽中，只嵌放一个线圈的一个有效边，这种绕组称为单层绕组，单层叠式绕组如图 2-12 所示，单层同心式绕组如图 2-13 所示。由于一个线圈的两个有效边各占一个

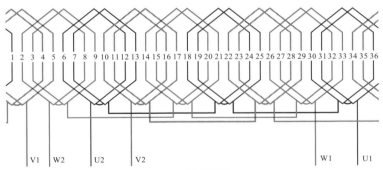

(a) 展开图

(b) 实物图

图 2-12　单层叠式绕组

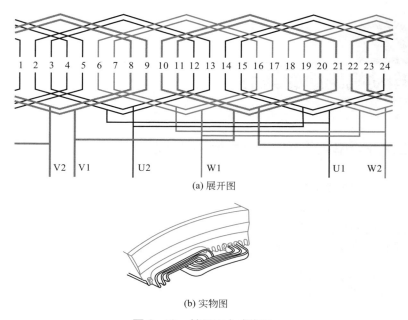

(a) 展开图

(b) 实物图

图 2-13　单层同心式绕组

线槽，所以总线圈数是槽数的 1/2。单层绕组在 10kW 以下的小功率三相异步电动机和微型电动机中应用较多。

　　温馨提示： 单层绕组的特点是线圈数量不大，绕制和嵌线方便、省时省力。由于是单层绕组，无需层间绝缘，线槽的利用率较高。但线圈节距不能随意选择，电气性能较差。

要诀　　　　　　　　　　　　　　　　　　　　　　>>>

　　单层绕组啥特点，不大是常见。
　　绕制嵌线很方便，小电动机选。
　　单层绕组无层间绝缘，线槽较大多盛线。
　　线圈节距不随意换，性能差是缺点。

2. 双层绕组

在电动机铁芯的每个线槽中，嵌放 2 个线圈的有效边并置于槽的上下层，这种绕组称为双层绕组，如图 2-14 所示。由于每个线圈的有效边占半槽，所以总线圈数等于槽数。双层绕组在 10kW 以上的大功率三相异步电动机中应用较多。

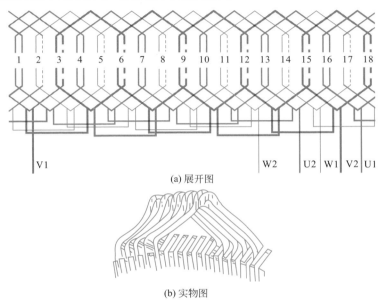

(a) 展开图

(b) 实物图

图 2-14　双层绕组

温馨提示： 为避免相间短路，一般应加层间绝缘，同时嵌线较为费工。一般采用短节距来改善电气性能。

要诀　>>>

双层绕组啥特点，槽中两层线圈显，
占据半槽有效边，槽数等于总线圈，
10kW 以上电动机选，功率较大修理难，
层间绝缘槽中显，嵌线费工又麻烦。

3. 单双混合绕组

在少数三相和单相交流电动机的线槽中，既有单层又有双层的绕组称为单双层混合绕组，也叫单双层绕组，如图 2-15 所示。

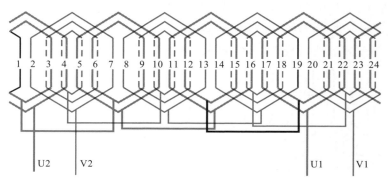

图 2-15　单双层混合绕组

2.2.2　显极式和庶极式绕组

1. 显极式绕组

在显极式绕组中，每组线圈形成一个磁极，绕组的线圈数与磁极数相同。在实际工作中，为了使 N 极和 S 极错开，相邻两个线圈中通过的电流方向必须相反，即相邻两个线圈的连接方法为"尾接尾"或"首接首"，这种接线方式称为反接串联法，其接线方式如图 2-16 所示。

2. 庶极式绕组（隐极式绕组）

在庶极式绕组中，每组线圈形成两个磁极，绕组的线圈数为磁极的一半。在实际工作中，为了使 N 极和 S 极错开，每个线圈中通过的电流方向必须相同，即相邻两个线圈的连接方式是"首接尾"或"尾接首"。这种连接方式称为庶极串接方式，即顺接串联，其接线方式如图 2-17 所示。

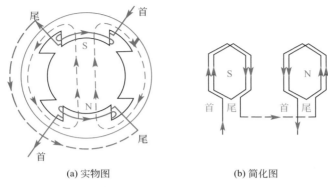

(a) 实物图　　　　　(b) 简化图

图 2-16　显极式绕组

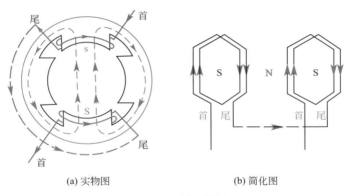

(a) 实物图　　　　　(b) 简化图

图 2-17　庶极式绕组

要诀 >>>

绕组常有几种接线，庶极式绕组还有显，
显极式绕组啥特点，相邻线圈电流反，
尾接尾来首接首连，这种接线称反接串联，
庶极式绕组啥特点，线圈数就是磁极一半，
首接尾来尾接首连，这种接线称顺接串联。

2.2.3 定子绕组和转子绕组

电动机绕组可分为定子绕组和转子绕组

1. 定子绕组

定子绕组是指嵌入电动机定子铁芯线槽中的绕组，如图 2-18 所示。其作用是通电后产生旋转磁场，与转子进行电磁转换，而使电动机转动。

图 2-18　定子绕组

2. 转子绕组

转子绕组是指嵌入电动机转子铁芯线槽中的绕组，如图 2-19 所示。交流异步电动机转子绕组一般有笼型转子（铝条绕组）和绕组转子。前者结构简单且难用，在中、小型电动机中常为应用；而后者结构复杂，其绕组一般为铜材料，在大型电动机中广为应用。

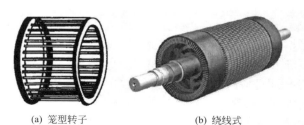

(a) 笼型转子　　　　　　　　(b) 绕线式

图 2-19　转子绕组

2.2.4　集中式绕组和分布式绕组

1. 集中式绕组

集中式绕组一般由独立线圈组成，用布带包扎、浸漆、烘干处理后嵌装在凸形磁极的定子铁芯上，如图 2-20 所示。该绕组一般用在直流电动机、单相罩极式电动机的定子绕组和发电机的励磁绕组。

图 2-20　集中式绕组

2. 分布式绕组

分布式绕组由一个或多个线圈按一定规律嵌装在电动机的定子和定子铁芯上，如图 2-21 所示。

图 2-21　分布式绕组

2.3

电动机绕组布线接线圈和线端标志

2.3.1 绕组展开图

为便于讲解绕组展开图，现以 4 极 24 槽三相异步电动机为例加以说明。

为了清楚直观，实践中常把圆柱形定子从某一槽口处切开，并向两侧展开为一个平面（为画图方便省去了绕组）如图 2-22（a）所示。绕组在铁芯内槽中位置的连接方式如图 2-22 所示。为使图更加简化去掉了铁芯，余下的就是绕组展开模型图，为制图方便和分清三相绕组，为画成绕组展开图，图中用不同色质分别表示 U、V、W 三相绕组，并很直观地看到了线圈的节距及各相线圈的连接方式。

> **要诀** >>>
>
> 展开图来啥特点，文中含有频繁看，
> 为了清楚和直观，铁芯从槽口处断，
> 断后并向两侧展，展开图就在眼前，
> 制图方便少麻烦，清三相绕组线，
> 画成展开图不作难，线圈连接很直观。

2.3.2 端面图

为便于讲解端面图的形成，现以 4 极 24 槽三相异步电动机为例加以说明。

将电动机竖直放置（接线端朝上），从近槽口处将定子截开，为使图更加简化去掉了铁芯，为便于识别导线所在的槽口添加了序号而形成绕组端面图，如图 2-23 所示。

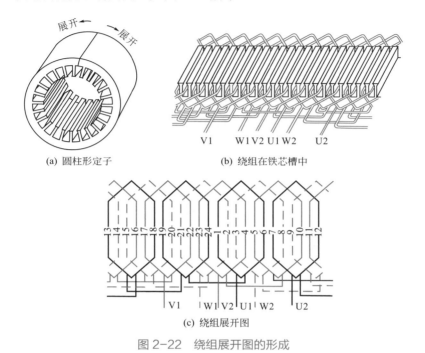

(a) 圆柱形定子　　　　　(b) 绕组在铁芯槽中

(c) 绕组展开图

图 2-22　绕组展开图的形成

2.3.3　简化接线图

在日常维修电动机时，应知道各极相组（线圈组）是显极连接或隐极连接，检查或重绕后接线时，一般在草稿纸上或地上比划，由于展开图和端面图比较复杂，画起来不易，于是简化接线图成为电动机维修人员习惯常用的方式。

现以三相 2 极（$a=1$）电动机定子绕组为例加以说明，其简化接线图如图 2-24 所示。

由图分析应注意以下几点：

① 由图 2-24 看出 U、V、W 分别代表一个极相组（线圈组），

相邻磁极组有效边产生的磁极相反，而构成相邻磁极磁性相异。由此可见，相邻极相组（线圈组）间的电流方向相反。

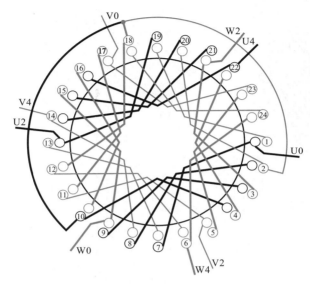

图 2-23　绕组端面图

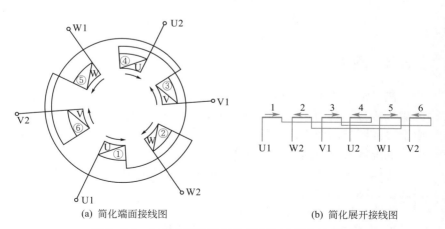

(a) 简化端面接线图　　　　　　　　　　(b) 简化展开接线图

图 2-24　三相 2 极电动机定子绕组的简化接线图

② 图 2-24（a）和 2-24（b）中的箭头表示电流方向，由各极相组（线圈组）的首端流入，尾端流出。

③ 各极相组（线圈组）的连接采用显极连接即首接首，尾接尾。

④ 根据三相绕组首端均相差 120° 电角度，U1 的首端位置在 1 号线圈组，V1 的首端位置在 3 号线圈组，W1 的首端位置在 5 号线圈组。U2、V2、W2 的尾端位置分别在 4 号、6 号、2 号线圈组。

图 2-25 是三相电动机定子绕组简化接线图。

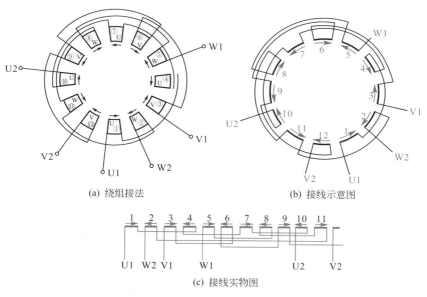

(a) 绕组接法　　　　　　　(b) 接线示意图

(c) 接线实物图

图 2-25　三相 4 极电动机定子绕组的简化接线图

2.3.4　交流异步电动机的线端标志

按国家统一标准 GB 1971—2006，交流异步电动机线端标志如表 2-3 所示。

表 2-3 交流异步电动机的线端标志

绕组名称		始端	末端
三相定子绕组（3 个线端）	第 1 相	U	
	第 2 相	V	
	第 3 相	W	
三相定子绕组（6 个线端）	第 1 相	U1	U2
	第 2 相	V1	V2
	第 3 相	W1	W2
单相电动机绕组	主绕组	U1	U2
	副绕组	Z1	Z2
绕组转子绕组	第 1 相	K1	K2
	第 2 相	L1	L2
	第 3 相	M1	M2

2.3.5 定子三相绕组的接线方法

定子三相绕组的 6 个出线端引到电动机机座上的接线盒内，根据实际需要可接成三角形（"△"形）如图 2-26 所示，或星形（"Y"形）如图 2-27 所示。

> **要诀** ≫≫≫
>
> 绕组接线啥特点，接线盒内 6 出线，
> 三角形三相尾端连，三相出端接电源，
> 星形接线啥特点，三相绕组相串联。

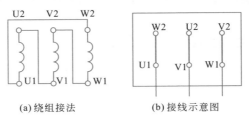

(a) 绕组接法　　　　　(b) 接线示意图

图 2-26 三角形接线

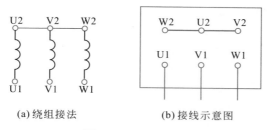

(a) 绕组接法   (b) 接线示意图

图 2-27 星形接线

第 3 章

电动机维修常用工具、仪表和材料

3.1

电动机维修通用工具和专用工具

3.1.1　通用工具

要诀	>>>
电动机经常修理，工具重要提一提，	

平常大家经常提，七分工具三分艺，
工具齐来维修易，效率提高不用疑。

1. 电工刀

电工刀可用来削下电线、电缆上的绝缘层。使用时，刀面应与导线成 45°，以免割坏导线。电工刀如 图 3-1 所示。

图 3-1 电工刀

2. 剥线钳

剥线钳可用来剥落小直径导线的绝缘层。使用时应将待剥导线放入适当的刀口中，然后用力握紧钳柄。剥线钳如图 3-2 所示。

图 3-2 剥线钳

3. 螺丝刀（旋具）

螺丝刀又叫改锥，是旋紧或旋松有槽口螺钉的工具，螺丝刀有一字形和十字形两种。螺丝刀如图 3-3 所示。

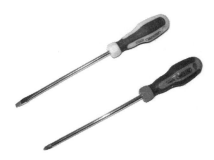

图 3-3　螺丝刀（旋具）

4．开口扳手

　　开口扳手有双头和单头两种。它可用来拆装一般标准规格的螺母和螺栓，使用方便，可直接插入或上下套入。开口扳手如图 3-4 所示。

图 3-4　开口扳手

5．梅花扳手

　　梅花扳手的两端是套筒式的，套筒的内壁上有等分的 12 个棱角，能将螺母或螺栓的头全都围住。梅花扳手可在活动范围较小的场合工作，适用于拆装位置受限制的螺母或螺栓。梅花扳手如图 3-5 所示。

图 3-5　梅花扳手

6. 套筒扳手

套筒扳手由套、手柄、连接杆和接头等组成。套筒扳手用于拆装位置狭小、特别隐蔽的螺母、螺栓。工作中可根据需要选用各种不同规格的套筒和手柄，因此它的用途更广泛，工作效率更高。在每个套筒的圆柱面上都有数字，表示套筒的规格大小。套筒扳手的型号一般以每套扳手的件数来表示，有 13 件、17 件、24 件、28 件等几种。套筒扳手如图 3-6 所示。

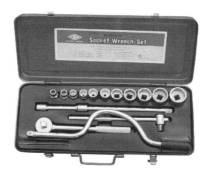

图 3-6　套筒扳手

7. 活动扳手

活动扳手常用的有 4in（102mm）、6in（152mm）、8in（203mm）等几种规格。活动扳手开口的宽度可在一定范围内调整，应用范围广，特别是在遇到不规格的螺母或螺栓时更能发挥作用。活动扳手如图 3-7 所示。

图 3-7　活动扳手

8．内六方扳手

内六方扳手是用来拆装内六角头螺栓的。使用时将内六方扳手的一端插入内六角螺栓头部的六方形孔内，扳动另一端。如果扭矩不够，可加接套管，但用力必须均匀。内六方扳手如图 3-8 所示。

图 3-8　内六方扳手

9．尖嘴钳

尖嘴钳的夹口为尖形，可以夹住一些安装部位轻深的零部件。它的规格以长短为表示，常见的有 130mm、150mm、180mm 等几种。尖嘴钳如图 3-9 所示。

图 3-9　尖嘴钳

专家提示：尖嘴钳的夹口带韧性，不可用来夹持操作力较大的零件，更不应用它进行敲、撬等，否则易将夹口弄弯。

10．钢丝钳

钢丝钳又叫老虎钳。它既可剪断较粗的钢丝和铁丝，又可夹紧并扭动零部件。其规格也是以长短来表示的，常见的规格有150mm、200mm、250mm 等。钢丝钳的夹持能力较大，但必须注意其夹持的部位会出现夹口印痕。钢丝钳如图 3-10 所示。

图 3-10 钢丝钳

11. 内热式电烙铁

内热式电烙铁的体积小、重量轻、发热快，热效率高达 85% 以上。其发热元件（烙铁芯）用镍铬电阻丝绕在瓷管上制成，并安装在烙铁头的内部，因此称作内热式电烙铁。内热式电烙铁如图 3-11 所示。

图 3-11 内热式电烙铁

专家提示： 内热式电烙铁的价格相对较低，但烙铁芯的寿命较短，不宜长时间通电，一般应常备一些电烙铁芯，以便损坏时更换。

12. 外热式电烙铁

外热式电烙铁的体积相对较大，发热速度及效率较低。烙铁头用铜合金制成，安装在烙铁芯内，由螺钉固定，并可通过调整烙铁头的长短来改变其表面温度（烙铁头外露部分越短，其温度越高）。

外热式电烙铁如图 3-12 所示。

图 3-12　外热式电烙铁

专家提示：外热式电烙铁的铁芯体积较大，其寿命比内热式电烙铁长。

要诀　　　　　　　　　　　　　　　　　　　　　　　>>>

　　电烙铁来很重要，接好线头用它搞，
　　使用方法要记牢，脱焊故障惹人恼，
　　外热烙铁价格高，寿命相比较为老，
　　内热烙铁寿命少，长期通电不太好。

13. 焊锡丝

焊锡丝是最基本的焊接材料，由锡、铅等低熔点的金属合成，标准的熔点是 183℃，适用于低温焊接。焊锡丝如图 3-13 所示。

图 3-13　焊锡丝

14．助焊剂

在一般焊接中常使用松香作为助焊剂。松香在加热后产生一种松香酸，能有效防止焊锡氧化，使焊点饱满光滑，避免虚焊、堆焊现象。目前多数焊锡丝均含有松香，助焊剂如图3-14所示。

图3-14　助焊剂

专家提示：在局部焊接时，无需单独使用松香。通常在电烙铁的烙铁头镀锡或对元器件引脚镀锡时都使用松香。

3.1.2　专用工具

1．划线板

划线板又叫刮板或滑线板，是常用的嵌线工具，呈刺刀状。一般用毛竹板、塑料和不锈钢片（在砂轮上磨制而成）制成，常用的划线板如图3-15所示。

图3-15　常用的划线板

操作技巧如下：

操作技巧 A：嵌线时可将槽口处的绝缘纸分开，也可将线圈分批滑进线槽。

操作技巧 B：整理堆积在槽口的导线，使待嵌导线容易入槽。

2. 压线板

压线板又叫压线钳，是用优质钢制成，根据压脚宽度不同可分几种规格。压线板应光滑，以免损坏绝缘。压线板的外形如图 3-16 所示。

图 3-16　压线板的外形

操作技巧如下：

操作技巧 A：当线圈嵌入槽内后，利用压线板将导线压紧，使槽楔顺利打入槽内。

操作技巧 B：线圈全部嵌入槽中，将高于线圈槽口的绝缘材料覆盖线圈表面并压紧。

3. 拔卸器

拔卸器又叫拉具、拉力器，按结构的不同可分为两爪和三爪，通常用来拆卸轴承和皮带轮等紧固件。拔卸器外形如图 3-17 所示。

操作技巧如下：

操作技巧 A：拆卸轴承时，应将拔卸器的钩子抓住轴承的内圈，顶杆与电动机轴呈一条直线，如图 3-18 所示。要均匀扳动手柄，千万不能硬拉，以免损坏轴承。

操作技巧 B：拆卸皮带轮时，应将拔卸器的钩子抓住皮带轮的最小直径处，顶杆与电动机轴呈一条直线，如图 3-19 所示。要均匀用力扳动手柄，千万不能硬拉，以免损坏皮带轮。

图 3-17 拔卸器外形

图 3-18 拆卸轴承

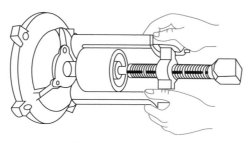

图 3-19 拆卸皮带轮

专家提示： 拔卸器使用过程中，若转动扳动手柄阻力较大，说明部件连接处锈蚀，应在结合处滴一些柴油静置 3～5min，或用喷灯或火烧加热一段时间后，趁热方便拉下。

要诀 >>>

拔卸器来很重要，带轮轴承常用到，
结构两爪和三爪，使用方法要记好，
用力转动柄不跑，连接处锈蚀程度高，
滴些柴油置 3～5min 好，喷灯或火烧也有效，
带轮轴承脱离了，您说方法好不好。

4. 錾子

錾子是用钢性材料制作，是用来切割旧线圈的工具。

操作技巧：绕组损坏需要拆卸时，应用錾子借助锤子在线圈与铁芯端部处切断线圈如图 3-20 所示，有助于线圈从线槽中拉出。錾子是冷拆线圈常用的工具之一。

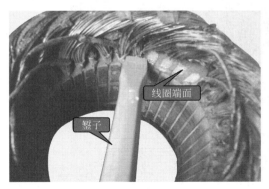

图 3-20　用錾子借助锤子在线圈与铁芯端部处切断线圈

5. 冲子

冲子的横截面为椭圆形，有多种规格，使用时应与线槽合适。冲子的外形如图 3-21 所示。

图 3-21　冲子的外形

操作技巧：用錾子切断导线后，可用冲子对准錾子去端部的导线，借助锤子冲出剩余的线圈。

6. 钢丝刷

简述：钢丝刷是用来清除线槽内残留物的工具，钢丝刷有多种规格，使用时应与线槽合适。钢丝刷的外形如图 3-22 所示。

图 3-22　钢丝刷的外形

操作技巧：线圈拉出线槽后，线槽内会有许多残留物，若不除去，将给嵌线带来不便。使用钢丝刷时，应将电动机定子端面向上，选择合适的钢丝刷并上下拉动，这样可使刷下的残留物脱离线槽。

7. 橡胶锤

橡胶锤有不同规格，使用时应根据导线的粗细选用。橡胶锤不可锤去有棱角的物件，以免损坏锤子的橡胶层。橡胶锤的外形如图 3-23 所示。

图 3-23　橡胶锤的外形

操作技巧：线圈嵌完用橡胶锤整形时，应将橡胶锤的平面接触线圈。

8. 绕线机

绕线机是专门用于绕线的设备。按计数器的不同可分为计数器显示和液晶显示。绕线机外形如图 3-24 所示。

图 3-24　绕线机外形

要诀　　　　　　　　　　　　　　　　　　　 >>>

绕线机常用来绕线，均匀转动很方便，
绕线方法很简单，普通人眼看得见，
线模装到绕轴现，计数器归零不算完，

线圈固定绕轴端，另一端也要套套管，
不套套管很危险，划伤手指去医院。

操作技巧：将线模安装到绕机轴上，并使计数器归零。将线圈一端固定在绕轴上，另一端套上套管，以免绕线时划伤手指。

使用注意事项如下：

① 绕线完毕后，应对首尾也做标记。

② 绕线时对导线的拉力不可过大或过小，应均匀用力。

③ 拆下绕制线圈前，应捆绑好。

④ 绕制好的线圈应按顺序放好（多个线圈情况）。

9. 绕线模具

绕线模具是电动机绕线时使用的工具。常见的绕线模具有固定的和活动的。绕线模具的材料有木制、胶木板和铝制。绕线模具的形状有菱形和弧形。绕线模具如图 3-25 所示。

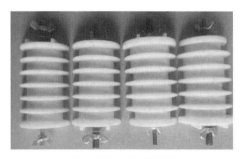

图 3-25　绕线模具

操作技巧：根据原线圈调整绕线模具后，将其固定在绕线机轴上。

3.2

电动机维修常用量具

3.2.1 试电笔

　　试电笔有感应式和电子式两种。它是用来检测低压电路和电气设备是否带电的低压测试器。检测电压范围为 60 ～ 500V。试电笔的外形如图 3-26 所示。

图 3-26　试电笔的外形

　　操作技巧 A：检修电动机时，若怀疑机壳带电，应按电子式试电笔的感应键，氖管发光为带电，氖管亮度越强，电动机机壳漏电越严重。操作方法如图 3-27 所示。

图 3-27　试电笔的操作方法

　　操作技巧 B：检测电源插座时，将感应式试电笔笔尖接触插座内的导电片，手指按下笔帽上端的金属部分如图 3-28 所示，若氖管亮光，则表明通电，否则无电。由于氖管亮度较低，应避光，以防误判。

图3-28 感应式试电笔的操作方法

要诀　　　　　　　　　　　　　　　　　　　>>>

试电笔来啥特点，检测电路有无电，
使用方法很简单，笔尖一点故障现；
怀疑机壳有无电，氖管发光为带电，
氖管亮度越强悍，机壳漏电要修检；
用试电笔测电源，笔尖接触导电片，
氖管亮光为通电，没有亮光把电盼，
亮度较低需手拦，避光不妥遭误判。

3.2.2 螺旋测微仪

螺旋测微仪又叫千分尺或分厘卡，是一种用于测量加工精度要求较高的零件的精密量具，其测量精度可达 0.01mm。螺旋测微仪的外形如图 3-29 所示。

图3-29

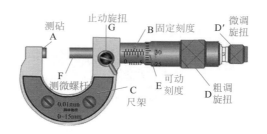

图 3-29　螺旋测微仪的外形

专家提示： 千分尺按照测量范围可以分为 0 ～ 25mm、25 ～ 50mm、50 ～ 70mm、75 ～ 100mm 和 100 ～ 125mm 等多种不同规格，但每种千分尺的测量范围均为 25mm。

1. 误差检查

步骤 1　把千分尺砧端表面擦拭干净。

步骤 2　旋转棘轮盘，使两个砧端靠拢，直到棘轮发出 2 ～ 3 声"咔咔"声响如图 3-30 所示，这时检视指示值。

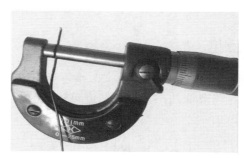

图 3-30　旋转棘轮盘

步骤 3　活动套筒前端应与固定套筒的"0"线对齐。

步骤 4　活动套筒"0"线应与固定套筒的基线对齐。

步骤 5　若两者中有一个"0"线不能对齐，则千分尺有误差，应予以检查、调整后才能测量。

要诀　　　　　　　　　　　　　　　　　　　　　　　>>>

　　误差检查很重要，在此给您表一表，

　　千分尺砧端擦得好，误差不会有提高，

　　旋转棘轮盘砧端靠，棘轮声响"咔咔"叫，

　　活动套筒前端咋靠，固定套筒零线要对牢，

　　活动套筒零线与基线对齐了，误差为零不用调，

　　两者有一零线对齐否，千分尺有误差需要校。

2. 操作技巧

　　步骤1　将工件被测表面擦拭干净，并置于千分尺两砧端之间，使千分尺螺杆轴线与工件中心线垂直或平行。若歪斜着测量，则直接影响到测量的准确性。

　　步骤2　旋转旋钮，使砧端与工件测量表面接近，这时改用旋转棘轮盘，直到棘轮发出"咔咔"声响时为止。这时的指示数值就是所测量到的工件尺寸。

　　步骤3　测定完毕，先必须倒转活动套筒，然后才能取下千分尺。

　　步骤4　用毕，应将千分尺擦拭干净，保持清洁，并涂抹一薄层工业凡士林，然后放入盒内保存。禁止重压，且千分尺两砧端不得接触，以免影响测量精度。

3. 读数方法

　　① 由固定套筒上露出的刻线读出工件的毫米整数和半毫米整数。

　　② 从活动套筒上固定套筒纵向线所对准的刻线读出工件的小数部分（百分之几毫米）。对于不足一格的数（千分之几毫米），可用估算读法确定。

　　③ 将两次读数相加就是工件的测量尺寸。

　　千分尺的读数如图3-31所示。

3.2.3　游标卡尺

　　游标卡尺是一种测量工件内径、外径、宽度、长度和深度的量

具。游标卡尺的外形如图 3-32 所示。

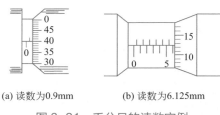

(a) 读数为0.9mm　　(b) 读数为6.125mm

图 3-31　千分尺的读数实例

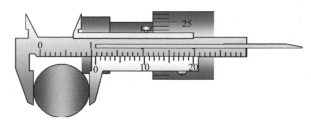

图 3-32　游标卡尺的外形

按照测量功能，游标卡尺可以分为普通游标卡尺、深度游标卡尺和带表卡尺等；按照测量精度，游标卡尺可分为 0.20mm、0.10mm、0.05mm 等几种。

1. 使用方法

① 使用前，先将工件被测表面和卡钳接触表面擦干净。

② 测量工件外径时，将活动卡钳向外移动，使两卡钳间距大于工件外径，然后再慢慢地移动副尺，使两卡钳与工件接触。切忌硬卡硬拉，以免影响游标卡尺的精度和读数的准确性。

③ 测量工件内径时，将活动卡钳向内移动，使两卡钳间距小于工件内径，然后再缓慢地向外移动副尺，使两卡钳与工件接触。

④ 测量时，应使游标卡尺与工件表面垂直，然后固定锁紧螺母。测外径时，记下最小尺寸；测内径时，记下最大尺寸。

⑤ 用深度游标卡尺测量工件的深度时，使固定卡钳与工件被测表面接触，然后缓慢地移动副尺，使卡钳与工件接触。移动力不

宜过大，以免硬压游标而影响测量精度和读数的准确性。

⑥ 用毕，应将游标卡尺擦拭干净，并涂上一薄层工业凡士林，再放入盒内存放。

要诀　　　　　　　　　　　　　　　　　　　　　　　　>>>

　　游标卡尺常用到，使用之前准备好，
　　使用方法啥技巧，在此给您表一表，
　　工件和卡钳表面擦得好，误差不会有提高；
　　外径测量要知道，活动卡钳向外跑，
　　移动副尺很重要，卡钳与工件接触好，
　　硬卡硬拉不需要，精度和准确性会降标；
　　测量内外径知技巧，深度测量有高招。

2. 读数方法

① 读出副尺零刻度线所指示的主尺上左边刻度线的整数部分。

② 观察副尺上零刻度线右边第几条刻度线与主尺上某一刻度线对准，将游标精度乘以副尺上的格数即为毫米小数值。

③ 将主尺上整数和副尺上的小数相加即得被测工件的尺寸，如图 3-33 所示。

工件尺寸=主尺整数+游标卡尺精度×副尺格数

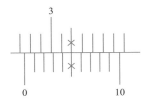

(a) 0.1mm精度，
27+5×0.1=27.5（mm）

(b) 0.05mm精度，
22+10×0.05=22.5（mm）

图 3-33　游标卡尺的读数方法

3.3

维修电动机的常用仪表

3.3.1 兆欧表

兆欧表又叫摇表绝缘电阻表，它是用来测量高阻值的仪器，它可以用来测量电动机的绝缘电阻和绝缘材料的漏电电阻。兆欧表的常用规格有 250V、500V、1000V、2500V 和 5000V 等。500V 以下的电动机选用 500 ~ 1000V 的绝缘电阻。兆欧表的外形如图 3-34 所示。

图 3-34　兆欧表的外形

（1）接线柱

兆欧表有三个接线柱（"线路" L、"接地" E 和 "保护环" G）。保护环起屏蔽作用，可消除壳体、线路与接地间的漏电和被测绝缘物表面的漏电现象。

（2）使用前的检查

① 短路检查：将与 "线路" L 和 "接地" E 相连的鳄鱼夹接在一起，慢慢摇动兆欧表手柄，此时表针应指向 "0"。

专家提示： 由于"线路"L 和"接地"E 短接后的电流较大，摇动要慢且时间不宜过长，以免损坏表头。

② 开路检查：将与"线路"L 和"接地"E 相连的鳄鱼夹分开，快速摇动兆欧表手柄，此时表针应指向"∞"。

若短路检查时表针不指向 0，或开路检查时，表针不指向"∞"，则表明兆欧表损坏或连线不良。

（3）操作技巧

电动机相线对机壳的绝缘电阻的测量如下：

将兆欧表的"线路"L 和"接地"E 相连的鳄鱼夹，分别与电动机相线和外壳相连，以 120r/min 的转速转动手柄，稳定的表针指示数值就是电动机相线对机壳的绝缘电阻。

电动机相线间的绝缘电阻的测量如下：

将接线盒中的接线柱连接片拆下，再将兆欧表的"线路"L 和"接地"E 相连的鳄鱼夹分别与其中两相线接连，以 120r/min 的转速转动手柄，稳定的表针指示的数值就是电动机两相线间的绝缘电阻。

要诀　　　　　　　　　　　　　　　　　>>>

兆欧表来测绝缘，基础知识也要看，
三个极柱啥特点，E 是接地、极柱线（L），
屏蔽作用保护环（G），记混接错惹人烦；
相线对机壳啥绝缘，兆欧表屏幕来表现，
线路 L 与相线连，接地 E 与外壳相连，
转动手柄不要乱，表针数值在眼前。

（4）使用注意事项

① 测量电动机绕组的绝缘电阻时，对于无刷电动机应将电动机的 3 根主相线与控制器脱开，有刷电动机的正、负极线也应与控制器脱出。

② 兆欧表在使用时必须平放。

③ 在使用兆欧表前先转动几下，看一看指针是否停在"∞"

位置，然后短接该表的两根测量导线，慢慢转动兆欧表的摇柄，查看指针是否在"0"处。

④ 兆欧表必须绝缘良好，两根测量导线不要绞接在一起。

⑤ 用兆欧表进行测量时，以转动 1min 后的读数为准。

⑥ 在测量时，应使兆欧表转速达到 120r/min。

⑦ 兆欧表的量限往往可达到几千兆欧，最小刻度在 1MΩ 左右，因此不适合测量 100kΩ 以下的电阻。

3.3.2 钳形电流表

现在以金川 DS3266L 型钳形电流表为例加以说明。

钳形电流表也叫卡表，它由一个互感器和一个整流式仪表组成。它可在不断开电路的情况下测量交流电流。钳形电流表的外形如图 3-35 所示。

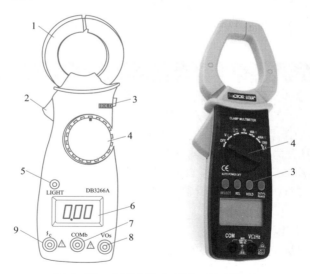

图 3-35　钳形电流表面板及显示说明

1—钳头；2—钳头手柄；3—HOLD 按键；4—功能开关；5—相序指示灯（A 型）；6—LCD
显示器；7—COM 端；8—V/Ω 输入插座；9—火线判别端口 /（L 型）电池测试端

1. 交流电流的测量

（1）量程的选择

测量前应先估计被测电流的大小，以便选择合适的量程。或先选用较大的量程测量，然后再看电流的大小选择量程。若显示屏显示"1"，应将功能开关置于高量程再读数；若仍显示"1"，则说明被测电流大于量程电流。

（2）大电流测量

将单根导线垂直于钳头中心位置，此时显示屏显示的数值即是所测的交流电流值。

（3）小电流测量

将单根导线在钳头铁芯上绕几圈，此时显示屏显示的数值除以绕在铁芯的圈数即是被测导线的实际电流。

2. 直流电压测量

将功能开关置于"600V"挡，黑表笔插入"COM"插孔，红表笔插入"VΩ"插孔，红表笔接电池正极，黑表笔接蓄电池负极，此时显示屏显示的数值就是被测电池的直流电压。此时红表笔连接的一端为负极。若显示屏上显示"－"号，则表明红表笔连接的一端为正。

3. 交流电压的测量

将功能开关置于"600V"挡，黑、红表分别插入"COM"和"VΩ"插孔内，用两表笔连接电源或负载，此时显示屏显示的数值就是被测交流电压的有效值。

4. 电阻测量

将功能开关置于Ω量程，再将黑、红表笔与被测电阻连接，此时显示屏显示的数值即是被测电阻的阻值。

专家提示： 当被测电阻大于所选量程时，显示屏显示最高位"1"。

5. 相序判断

（1）接线方法

将功能开关置●挡，红黑表笔及黄色连接线按图3-36分别插入仪表 V/Ω，COM，●c 端口，分别连接三相电线将出现以下情况：

若图 3-36 连接时的相序指示灯亮，说明连接为顺相序，相线相序以左至右为 c、b、a。

若图 3-37 连接时的相序指示灯亮，说明相线相序以左至右应为 c、a、b，指示灯仍不亮，说明有缺相。

（2）缺相判别

若显示值小于 220V 则缺 a 相，若显示值大于 260V 小于 350V 则缺 b 相，在图 3-37 显示 380V 左右，取消 a 相连接，此时如无● 符号闪烁，说明缺 c 相。

（3）火线判别

如图 3-38 所示。功能开关置●挡，将红表笔插入● c 端口，黑表笔插入 COM 端，测量时用手紧握黑表笔连接线（注意为安全起见不要碰及黑表笔探针），将红表笔探针插入被测端口，如●符号闪烁，说明是火线，反之为零线。此时 LCD 如有显示为感应电压，在一些干燥地区火线判别时，请将黑色表笔线多次缠绕在手中，以增加感应强度完成火线判别。

图 3-36　连接方法 1　　图 3-37　连接方法 2　　图 3-38　连接方法 3

（4）注意事项

① 测量电流时，每次只能将一根导线钳入。为保证准确测量，应保持钳入导线垂直钳口且置于中间。

② 钳口紧闭才能准确测量。

③ 测量时若有异响，应使钳口重新开合，若仍有异响，应除去钳口铁芯接触处的异物。

3.3.3　数字万用表的使用技巧

数字万用表的种类较多，但使用方法基本相同。现以 VC890D
型数字万用表为例加以说明。

1．操作面板

操作面板的外形如图 3-39 所示。

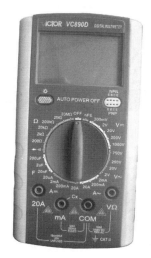

图 3-39　操作面板的外形

① 液晶显示屏。液晶显示屏用来显示被测对象量值的大小，
它可显示一个小数点和 4 位数字。

② 挡位开关。挡位开关用于改变测量功能、量程以及控制关
机。挡位开关的具体结构如图 3-40 所示。其挡位有电阻挡、二极
管挡、容量挡、直流电流挡、交流电流挡、交流电压挡、直流电压
挡、三极管测量挡等。

③ 插孔。操作面板上有 5 个插孔，"VΩ"为红笔插孔，在测
量电压、电阻和二极管时使用；"COM"为黑笔插孔；"mA"为小
电流插孔，用于测量 0 ～ 200mA 的电流；"20A"为大电流插孔，

用于测量 200mA ~ 20A 的电流；显示屏右下部有三极管测试插孔，用于测量三极管的相关参数。插孔在操作面板上所处的位置如图 3-41 所示。

图 3-40　挡位开关

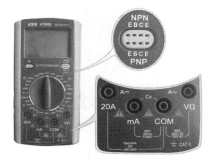

图 3-41　插孔所处位置

2.　检测技巧

（1）电阻阻值的检测技巧

① 测前准备。将红笔插入"VΩ"插孔，黑笔插入"COM"插孔。

② 估值。估计被测电阻的阻值，以便选择合适的量程，所选量程应大于或接近被测电阻阻值。

③ 选择量程。根据估值来选择量程。

专家提示： 测量 200Ω 以下的电阻时，应选 200 挡；

测量 200 ～ 1999Ω 的电阻时，应选 2k 挡；

测量 2 ～ 19.99kΩ 的电阻时，应选 20k 挡；

测量 20 ～ 199.9kΩ 的电阻时，应选 200k 挡；

测量 200 ～ 1999kΩ 的电阻时，应选 2M 挡；

测量 2 ～ 19.99MΩ 的电阻时，应选 20M 挡；

测量 20 ～ 199.9MΩ 的电阻时，应选 200M 挡。

由于该电阻标称阻值为 200kΩ，故选择万用表电阻挡上的 200kΩ 挡。

④ 测量。将黑、红笔分别接在被测电阻两端（不分极性），此时显示屏上即可显示被测电阻的阻值。如挡位为 200k 时显示屏显示 119.6，检测技巧如图 3-42 所示，表明被测电阻阻值为 119.6kΩ。注意：若显示屏最左侧显示"1"，表明断路（即电阻为无穷大）；若显示屏显示"00.0"，表明短路（即电阻为零）。

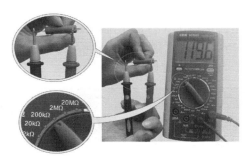

图 3-42　电阻的检测技巧

要诀　　　　　　　　　　　　　　　　　　　　　>>>

电阻阻值很重要，测量办法要记牢，

测前准备做得好，认真估测要做到，

选择量程不可少，电阻两端表笔到，

屏幕显示才有效，"1."为断路不需要，

"00.0"短路也可抛，看你知道不知道。

（2）直流电压的检测技巧

① 测前准备。将红笔插入"VΩ"插孔，黑笔接入"COM"插孔。

② 估值。估计被测电路电压的最大值，以便选择合适的量程。

③ 选择量程。选取比估计电压高且接近的量程，测量结果才准确。选择量程时，应遵守以下原则：

专家提示： 测量 200mV 以下的电压时，应选 200mV 挡；

测量 200mV ～ 1.9V 的电压时，应选 2V 挡；

测量 2 ～ 19.9V 的电压时，应选 20V 挡；

测量 20 ～ 199.9V 的电压时，应选 200V 挡；

测量 200 ～ 999.9V 的电压时，应选 1000V 挡。

由于单体蓄电池的端电压为 12V，故选择万用表的直流电压 20V 挡。

④ 测量。将红笔接电源正极或高电位端，黑笔接电源负极或低电位端，应保证表笔与被测电路接触点接触稳定，其电压数值可以在显示屏上直接读出。若显示屏显示 11.1，则表明所测电压为 11.1V，检测技巧如图 3-43 所示。若显示屏显示"1"，则表明量程较小，应适当增大量程再进行检测。

要诀 >>>

直流电压咋测量，测量办法听我讲，
测前准备要跟上，认真估测工作忙，
选择量程很平常，黑红表笔接正常，
黑笔接在负极上，红笔接正极没商量，
电压数值屏幕躺，显示为 1 量程小，
增大量程棒棒棒，左侧"－"在数值旁，
表笔接反是异常，更换表笔才能量。

专家提示： 若数值左侧出现"－"，则表明表笔极性与所测电压的实际极性相反，此时红笔所接的是电源的负极或低电位端。

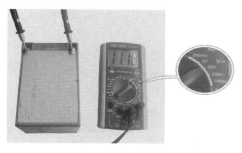

图 3-43　直流电压的测量

直流电压很重要，检测技巧听我表，
测前准备做得好，认真估测要做到，
选择量程不可少，红笔接正极要好，
黑笔接负极要做到，电压屏幕知道了。

（3）交流电压的检测技巧

交流电压与直流电压的测量方法基本相同。所不同的有以下几点。

① 测量交流电压时，应将挡位开关置于交流电压量程范围。

② 测量交流电压时，黑、红笔无方向性，可随便接入电路。

（4）直流电流的检测技巧

① 测前准备。将黑笔插入"COM"插孔，若被测电流小于200mA，红笔应插入"mA"插孔；若被测电流在 200mA ～ 20A 时，红笔应插入"20A"插孔。

② 估值。估计被测电路中电流的最大值，以便选择合适的量程。

③ 选择量程。选取比估计电压高且接近的量程，测量结果才准确。

专家提示：选择量程时，应遵守以下原则：

测量 20μA 以下的电流时，应选 20μA 挡；

测量 20μA ~ 1.9mA 的电流时，应选 2mA 挡；

测量 2 ~ 199mA 的电流时，应选 200mA 挡；

测量 200mA ~ 20A 的电流时，应选 20A 挡。

④ 测量。将被测电路断开，红笔接在高电位端，黑笔接在低电位端（即将万用表串联在电路中），万用表显示屏显示的数值即是被测电路中的电流值。检测技巧如图 3-44 所示。如：挡位在 20mA 位置，读数为 0.90，则被测电流值为 0.90mA。

图 3-44　直流电流的检测技巧

（5）交流电流的检测技巧

交流电流和直流电流的检测技巧基本相同，所不同的有以下几点：

① 测量交流电流时，应将挡位开关置于交流电流量程范围。

② 测量交流电流时，黑、红笔无方向性，可随便接入电路。

（6）二极管的检测技巧

该万用表设置有二极管挡，用来检测二极管、三极管的极性和好坏。现以测量二极管极性为例讲述该挡的使用方法。

① 测前准备。将红笔插入"VΩ"插孔，黑笔插入"COM"插孔中。

② 挡位选择。将挡位开关调到"二极管"挡。

③ 测量。将黑、红笔分别接到被测二极管的引脚上，此时万用表显示屏将显示一定数值，若显示"505"，即正向导通电压为0.505V，黑笔所接的引脚为万用表的负极。将黑、红笔对调后，显示屏显示数字"1"。由此判定，在显示屏显示数字"1"时，黑笔所接引脚为二极管的负极，红笔所接引脚为二极管的正极。检测技巧如图3-45所示。

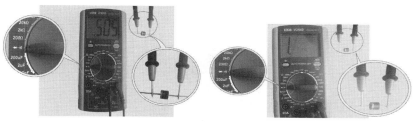

(a) 正向电阻的检测　　　　　　　　　(b) 反向电阻的检测

图3-45　二极管的检测技巧

要诀　　　　　　　　　　　　　　　　　　　　　　>>>

测量 VD 要心细，电阻较小为正向值，
几千电阻不稀奇，阻值越小越好哩，
电阻大为反向值，红笔所接为正极，
接近无穷不可疑，阻值越大是好的，
正反表值相对比，相差较大是优异，
无穷和零正反值，断路击穿便可弃，
相差较小正反值，VD 失效要注意。

（7）电容容量的检测技巧

① 测前准备。将红笔插入"mA"插孔中，黑笔插入"COM"插孔中。

② 估值。估计被测电容器的容量大小，以便选择合适的量程。

③ 选择量程。选取比估计容量高且接近的量程，测量误差较小。

专家提示： 选择量程时，应遵守以下原则：

测量 20nF 以下的容量时，应选择 20nF 挡；

测量 20nF ~ 1.99μF 的容量时，应选择 2μF 挡；

测量 2 ~ 199.9μF 的容量时，应选择 200μF 挡。

④ 测量。检测电解电容器时应将红笔接正极，黑笔接负极，此时显示屏显示的数值即是被测电容器的容量。如选择 200μF 挡，测量电容器容量时显示屏显示数字为"33.6"，则被测电容器容量为 33.6μF。检测技巧如图 3-46 所示。

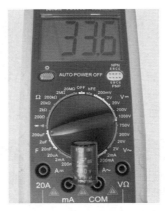

图 3-46　电容器容量的检测技巧

专家提示： 无极性电容器由于无极性之别，故检测时黑、红笔不分正负。

（8）三极管放大倍数的检测技巧

① 测前准备。将旋钮旋置"hFE"，将被测 NPN 型晶三极管的 b、e、c 脚插入面板上 NPN 检测插孔的 B、E、C 插孔中。

② 测量。确认上述操作完成后，在数字显示稳定后显示屏上的数字即是该 NPN 管的放大倍数。如显示屏上显示的数字为"011"，则表明被测三极管的放大倍数为 11 倍。检测技巧如图 3-47 所示。

图 3-47 三极管放大倍数的检测技巧

3.3.4 指针万用表的使用技巧

指针万用表也叫模拟万用表，在测量时由于电流的作用使指针偏转，可根据指针偏转的角度来表示所测量的各种数值，如测量电压、电流和电阻等。现以 MF47 型指针万用表为例加以说明，该表外形如图 3-48 所示。

图 3-48 MF47 型指针万用表的外形

1. 操作面板

（1）刻度盘

MF47 型指针万用表的刻度盘如图 3-49 所示，其上面有 6 条功能不同的刻度。具体功能如下：

图 3-49　指针万用表的刻度盘

第 1 条刻度线用"dB"标示，测量音频信号电平时应观察这条刻度线；

第 2 条刻度线用"L（H）50Hz"标示，测量电感量时应观察这条刻度线；

第 3 条刻度线用"C（μF）50Hz"标示，测量电容器的容量时应观察这条刻度线；

第 4 条刻度线用"hFE"标示，测量三极管放大倍数时应观察这条刻度线；

第 5 条刻度线用"V、mA"标示，测量交、直流电压和电流时应观察这条刻度线；

第 6 条刻度线用"Ω"标示，测量电阻的阻值时应观察这条刻度线。

（2）挡位开关

挡位开关上有电阻挡、电压挡、电流挡等多种功能挡供检测时选择。挡位开关的具体情况如图 3-50 所示。

（3）旋钮

指针万用表操作面板上有机械调零旋钮和电阻调零旋钮。机械调零旋钮是在使用万用表前将表针调到电阻挡"∞"刻度线。电阻调零旋钮是在电阻挡使用前，通过左旋或右旋使表针调到电阻挡"0"刻度线位置。

图 3-50　挡位开关

（4）插孔

操作面板上有 5 个插孔。操作面板左下角有"＋"标示的为红笔插孔，"COM"标示的为黑笔插孔。操作面板右下角有"5A"标示的为大电流插孔，用于测量大于 0.025A 而小于 5A 的电流。"2500 V"标示为高电压插孔，用于测量大于 1000V 而小于 2500V 的交、直流电压。挡位开关左上部有"NP"标示，标有"N"字样为 NPN 插孔，标有"P"字样的 PNP 插孔。

2. 检测技巧

（1）电阻阻值的检测技巧

① 测前准备。将红笔插入"＋"插孔，黑笔插入"COM"插孔。

② 估值。估计被测电阻的最大阻值，或观察电阻器上标称的电阻值，以便选择量程。被测电阻器的标称阻值为 3Ω。

③ 选择量程。从电阻值刻度盘上可以看出 0 ～ 10 的刻度较为准确，测量过程中，应使表针指在 0~10。根据所估计的被测电阻阻值，进行如下选择：

专家提示： 测量 0 ～ 10Ω 的电阻时，应选用 R×1 挡；

测量 10 ～ 100Ω 的电阻时，应选用 R×10 挡；

测量 $100 \sim 1000\Omega$ 的电阻时，应选用 $R \times 100$ 挡；

测量 $1 \sim 10k\Omega$ 的电阻时，应选用 $R \times 1k$ 挡；

测量 $10 \sim 100k\Omega$ 的电阻时，应选用 $R \times 10k$ 挡。

④ 调零。将黑、红笔对接，随即调整电阻调零旋钮，直到表针与表盘电阻挡右端的零刻线重合为止。应特别注意，每次变换量程后都应重新调零，以保证测量准确。

⑤ 测量。将黑、红笔分别与电阻器两端接触如图 3-51 所示。注意：测量电阻时表笔不分正负。

⑥ 读数。由于所用量程是 $\times 1$ 挡，表针指向 3，那正确读数应为 $3 \times 1 = 3\Omega$。若所用量程为 $\times 10k$，表针指向 5，那正确读数为 $5 \times 10 = 50k\Omega$。

要诀   >>>

电阻阻值很重要，测量办法要记牢。
首先估测要做到，选择量程不可少。
短接表笔回零跑，测量结果才有效。
开路测量最有效，在路测量先脱帽。
阻值增大无穷哟，开路损坏把它抛。

图 3-51　电阻的测量

（2）直流电压的检测技巧

① 测前准备。将红笔插入"＋"插孔，黑笔插入"COM"插孔。

② 估值。估计被测电路电压的最大值，以便选择量程。

③ 选择量程。根据所估计的被测直流电压。

专家提示： 测量小于 0.25V 的直流电压时，应选用直流电压 0.25V 挡；

测量 0.25 ～ 0.9V 的直流电压时，应选用直流电压 1V 挡；

测量 1 ～ 2.49V 的直流电压时，应选用直流电压 2.5V 挡；

测量 2.5 ～ 9.99V 的直流电压时，应选用直流电压 10V 挡；

测量 10 ～ 49.99V 的直流电压时，应选用直流电压 50V 挡；

测量 50 ～ 249.9V 的直流电压时，应选用直流电压 250V 挡；

测量 250 ～ 499.9V 的直流电压时，应选用直流电压 500V 挡；

测量 500 ～ 999.9V 的直流电压时，应选用直流电压 1000V 挡。

④ 测量。将红笔放在高电位端，黑笔放在低电位端。

⑤ 读数。测量直流电压时，可观察刻度盘上第 5 条刻度线。该刻度线由 3 组读数（0 ～ 10、0 ～ 50、0 ～ 250）共用，具体读哪一组方便，由挡位开关所处位置来决定，具体原则如下：

选用直流电压 0.25V 挡时，读数时应读最大值为 250 的一组数（即将 250 组的读数都缩小为原来的 1/1000，把 50、100、150、200、250 分别看成 0.05、0.1、0.15、0.2、0.25）；

选用直流电压 1V 挡时，读数时应读最大值为 10 的一组数（即将 10 组的读数都缩小为原来的 1/10，把 2、4、6、8、10 分别看成 0.2、0.4、0.6、0.8、1）；

选用直流电压 2.5V 挡时，读数时应读最大值为 250 的一组数（即将 250 组的读数都缩小为原来的 1/100，把 50、100、150、200、250 分别看成 0.5、1、1.5、2、2.5）。

专家提示： 选用直流电压 10V 挡时，读数时应读最大值为 10 的一组数，不用缩小或扩大倍数，可直接读出；

选用直流电压 50V 挡时，读数时应读最大值为 50 的一组数，不用缩小或扩大倍数，可直接读出；

选用直流电压 250V 挡时，读数时应读最大值为 250 的一组数，不用缩小或扩大倍数，可直接读出；

选用直流电压 500V 挡时，读数时应读最大值为 50 的一组数

（即将 50 组的读数都扩大 10 倍，把 10、20、30、40、50 分别看成 100、200、300、400、500）。

选用直流电压 1000V 挡时，读数时应读最大值为 10 的一组数（即将 10 组的读数都扩大 100 倍，把 2、4、6、8、10 分别看成 200、400、600、800、1000）。

例如：挡位开关在 250V 直流电压挡时，从最大值为 250 的一组数中得到读数为 100，则被测电压为 100V；挡位开关在 2.5V 挡时，从最大值为 250 的一组数中得到读数为 240，则被测电压实际为 2.4V。

要诀	>>>
直流电压很重要，测量办法要记牢， 测前准备要做好，认真估测要做到， 选择量程不可少，表笔接哪最有效， 数值换算很重要，搞错数据就不好。	

（3）交流电压的检测技巧

交流电压与直流电压的检测方法基本相同，所不同的是测量交流电压时，由于交流电压无正、负极，红、黑笔可随便接。

（4）直流电流的检测技巧

① 测前准备。将红笔插入"+"插孔，黑笔插入"COM"插孔。

② 估值。估计被测电路中的最大直流电流，以便正确选择量程，减小测量误差。

③ 选择量程。根据所估计的被测电路的最大直流电流，进行如下选择：

专家提示：测量 0.05mA 以下的直流电流时，应选用直流电流 0.05mA 挡；

测量 0.05～0.49mA 的直流电流时，应选用直流电流 0.5mA 挡；

测量 0.5～4.9mA 的直流电流时，应选用直流电流 5mA 挡；

测量 5～49.9mA 的直流电流时，应选用直流电流 50mA 挡；

测量 50～499.9mA 的直流电流时，应选用直流电流 500mA 挡。

④ 测量。将被测电路断开，红笔接在高电位端，黑笔接在低电位端（即将万用表串联在电路中）。

⑤ 读数。测量直流电流时，可观察刻度盘上第 5 条刻度线，该刻度线和直流电压挡共用。该刻度线有 3 组读数（0 ～ 10、0 ～ 50、0 ～ 250），具体读哪一组方便，由挡位开关所处位置决定。具体参照"直流电压的检测技巧"中的相关内容。若所选直流电流挡为 5mA，应读最大值为 50 的一组数，即把 10、20、30、40、50 分别看成 1、2、3、4、5，此时表针指向 3，则该电路中的直流电流为 3mA。

3.4

电动机维修常用材料

3.4.1 绝缘材料

在用电设备中，绝缘材料的主要作用是将不需要相接的导体隔离分开，使它们单独工作。绝缘材料是电气设备中不可缺少的，同时在电气设备中也是很容易出现故障的部分。因此要求所用的绝缘材料应有很好的介电性能和很高的绝缘电阻，同时具有耐酸耐碱耐油性能好、耐高温性能好、吸湿性能差和机械强度高等特点。

绝缘材料在长期使用过程中，由于工作温度、环境温度和其他方面因素的作用，其绝缘性能会相对变差，即绝缘材料性能老化。由于温度对绝缘材料的性能有很大的影响，因此电气设备对绝缘材料的耐热等级和极限工作环境温度都有一定规定。若用电设备的工作温度比规定的极限工作温度高，会使绝缘材料的使用性能变差而导致使用寿命缩短。一般情况下，工作温度每超过极限温度 6℃，绝缘材料的使用寿命便缩短一半左右。

1. 绝缘材料的耐热等级

电动机常用绝缘材料按耐热程度的不同，可分为 A、B、C、E、F、H、Y 不同等级。绝缘材料的等级不同，其工作极限温度也不尽相同，具体如表 3-1 所示。

表 3-1　绝缘材料的等级代号、耐热等级和极限温度

等级代号	耐热等级	极限温度 /℃	等级代号	耐热等级	极限温度 /℃
0	Y	90	4	F	155
1	A	105	5	H	180
2	E	120	6	C	> 180
3	B	130			

专家提示： 电动机在实际应用中，绝缘材料的耐热等级和极限温度的选取原则为：J0 系列电动机采用 E 级绝缘，Y 系列电动机采用 B 级绝缘，单相电动机、串励电动机和直流电动机多采用 F 级绝缘。

2. 绝缘材料的种类和型号

在用电气设备中，常用的绝缘材料可分为三大类：气体、液体和固体。气体绝缘材料包括空气、氮气、二氧化碳和六氟化硫等；液体绝缘材料包括变压器油、电容器油、电缆油、硅油和三氯联苯合成油等；固体绝缘材料包括树脂、胶类、薄膜、玻璃带、漆布、云母板带等。

3. 电动机常用的绝缘材料

电动机修理中常用的绝缘材料很多，为了保证电动机的使用寿命和安全运行，必须掌握各种绝缘材料的耐热等级和性能，绝缘材料如图 3-52 所示。

① 电动机的槽绝缘：E 级绝缘电动机，一般采用聚酯薄膜绝缘纸复合箔和聚酯薄膜玻璃漆布复合箔。B 级绝缘电动机，一般采用聚酯薄膜玻璃漆布复合箔和聚酯薄膜纤维复合箔。F 级绝缘电动机，

一般采用聚酯薄膜芳香族聚酰胺纤维纸复合箔。

② 双层绕组中的层间绝缘和衬垫绝缘使用的绝缘材料与槽绝缘相同。

③ 电动机引出接线、线圈之间连线的绝缘常使用漆管。A 级电动机常用油性漆管；E 级电动机常用油性玻璃漆管；B 级电动机常用醇酸玻璃漆管或聚氯乙烯玻璃漆管；H 级电动机常用有机硅玻璃漆管。

④ 电动机中的槽楔、垫条和接线板绝缘：E 级电动机常用酚醛层压纸板；B 级电动机常用酚醛层压玻璃布板；F 级、H 级电动机常用有机硅环氧层压玻璃布板。

⑤ 线绕转子中所用的扎带：B 级、E 级电动机常用聚酯绑扎带；F 级电动机常用环氧绑扎带；H 级电动机常用聚酰胺酰亚胺绑扎带。

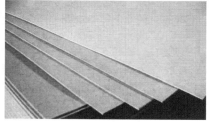

（a）绝缘套管　　　　　　　　　　（b）绝缘纸

图 3-52　绝缘材料

专家提示： 维修电动机时，选择绝缘材料可用耐热等级高的代替耐热等级低的，绝不能用耐热等级低的代替耐热等级高的。否则，会影响电动机的性能和使用寿命。

3.4.2 绕线材料

电动机中所用的绕线材料一般有漆包线、玻璃丝包线和铝芯线。漆包线和玻璃丝包线有圆形和扁形两大类。目前铝芯线在电动机中应用很少。

1. 漆包线

漆包线是表层涂敷均匀的漆膜经高温烘干形成的电磁线，主要用于中、小型和微型电动机中。常用的漆包线有缩醛漆包线、聚酯漆包线、聚酯亚胺漆包线、聚酰胺酰亚胺漆包线和聚酰亚胺漆包线等，漆包线如图3-53所示。

图3-53　漆包线

专家提示： 重绕电动机绕线时，最好选用与原型号相同的漆包线，不要用其他规格线径代替，否则会使电动机的性能参数发生改变。

2. 玻璃丝包线

玻璃丝包线是在裸导体或漆包线外部绕包玻璃丝，玻璃丝包线的绝缘层比漆包线厚，比漆包线所承受的电压和电流大，一般用在大中型电动机、变压器和电焊机等电气设备中。常用的玻璃丝包线有双玻璃丝圆铜线、双玻璃丝扁铜线，主要用在大中型电动机中，如图3-54所示。

3.4.3　绝缘漆

绝缘漆的主要作用是增强电动机绝缘性并紧固定型线圈，同时具有防潮、防腐和散热等特性。绝缘漆可分为有溶剂和无溶剂两种。有溶剂绝缘漆的特点是渗透性能好、储存时间长、使用方便，但它的浸渍和烘烤时间较长。无溶剂绝缘漆的特点是固化速度快，黏度随温度的变化比较迅速，流动性和渗透性能也好，在浸渍和烘烤时的挥发成分少，绝缘漆如图 3-55 所示。

图 3-54　玻璃丝包线

图 3-55　绝缘漆

常用的绝缘漆有沥青漆、清漆、醇酸树脂漆和水浮漆等。常见绝缘漆的名称、型号、性能和用途如表 3-2 所示。

表 3-2　常见绝缘漆的名称、型号、性能和用途

名　称		型号	溶剂	漆膜干燥条件		耐热等级	主要性能与用途
				温度 /℃	时间 /h		
沥青漆		1010	200 号二甲苯	106	6	AE(B)	耐潮湿，适应温度变化，耐油性极差，用于 A 级电动机的定、转子绕组绝缘
		1011			3	AE(B)	
		1210			12	AE	
		1211			3	AE	
绝缘浸渍漆	耐油清漆	1012	200 号二甲苯	106	2	A	耐潮湿、耐油性，适用于普通电动机绕组浸漆
	甲酚清漆	1014	有机溶剂	106	0.5	A	耐潮湿、耐油性，适用于非漆包线电动机绕组浸漆
	晾干醇酸清漆	1231	200 号二甲苯	21	20	B	不适合电动机绕组浸漆，适用于绝缘材料表面
	醇酸清漆	1030	甲苯、二甲苯	106	2	B	耐油性，适用于 B 级电动机绕组浸漆

续表

名　称		型号	溶剂	漆膜干燥条件		耐热等级	主要性能与用途
				温度/℃	时间/h		
绝缘浸渍漆	丁基酚醛醇酸漆	1031	200号二甲苯	125	2	B	耐潮湿、耐高温，适用于湿热带电动机绕组浸漆
	三聚氰胺醇酸树脂漆	1032	200号二甲苯	110	2	B	耐高温、耐热、耐电弧，适用于湿热带电动机绕组浸渍
	环氧酯漆	1033	二甲苯丁醇	115	2	B	耐油、耐高温、耐潮湿，适用于湿热带电动机绕组浸渍或绝缘材料表面
	氨基酚醛醇酸树脂漆		200号二甲苯	110	1	B	固化性好，耐油性，适用于油性漆包线电动机、电器线圈浸渍
	无溶剂漆	515		130	1/6	B	耐温、固化快，适用于浸渍电器线圈
覆盖磁漆	灰磁漆	1320	二甲苯	110	3	E	耐油、耐电弧、耐湿，适用于电动机线圈表面
	红磁漆	1322	二甲苯	110	3	E	耐油、耐电弧、耐湿，适用于电动机线圈表面
	硅有机磁漆	1350	二甲苯	201	3	E	耐热、耐潮湿、介电性能好，适用于高温电动机线圈表面

3.4.4　润滑脂

电动机使用的润滑脂分为高速润滑脂和低速润滑脂。正确使用润滑脂是保证轴承正常运行和延长使用寿命的关键。在耐热性能高的电动机中，不能使用性能较差的润滑脂，否则电动机温度升高时，易引起润滑脂流失，造成轴承磨损、缩短使用寿命。电动机常用的润滑脂有钙基润滑脂、钠基润滑脂、钙钠基润滑脂、复合钙钠润滑脂、锂基润滑脂和二硫化钼润滑脂等，润滑脂如图3-56所示。

钙基润滑脂的性能较差，使用温度范围为 -10 ～ 60℃，遇水不变质，当使用温度高于60℃时，润滑脂容易流失，磨损严重，使轴承缩短使用寿命。

图 3-56　润滑脂

钠基润滑脂是一种耐高温润滑油，可在温度为 120℃ 的高温条件下连续工作，并具有耐压和抗磨性，可适用于负荷较大的电动机。但在高温环境下该润滑油遇水容易变质，不适用于潮湿和与水接触的元件使用。

钙钠基润滑脂有 1 号和 2 号两种型号，它们的使用温度分别为 80℃ 和 120℃，耐热性和耐水性一般。这种润滑油不适合在低温下使用。

复合钙钠基润滑脂具有很好的机械性和胶体性，可在温度较高和潮湿的条件下使用，可作为水泵轴承的润滑脂。

第 **4** 章

电动机维修常用方法

电动机出现故障时，修理人员除应知其工作原理和正确的修理方法之外，最重要的是检修方法应该合理。故电动机故障的常用检修方法有以下几种。

4.1

询问法

当接修一台电动机时，应首先详细询问用户电动机出现的故障现象和电动机平时的工作情况。如电动机的温度变化、转速情况、异常响声和剧烈振动等，控制开关和电动机内部是否冒烟和有烧焦味，电动机的通风是否良好、是否受潮或雨淋，电动机的负载是否良好和工作电压是否正常，电动机是否自行拆卸过或别人维修过等。

外部观察法

外部观察法主要是对电动机的外壳和两边端盖进行观察，看有无异常。

用观察法常检查的项目如下：

① 检查接线盒内的接线片连接和导线与接线柱的连接是否接触不良，通电后该处是否有火花等。

② 电动机通电后，是否看到冒烟现象，若是则表明绕组短路。

③ 观察电动机转动时是否抖动，若是则表明电动机固定不牢或传动部分卡住。

④ 观察电动机内接线处或绕组是否有烧痕、变色等现象，若是则表明局部过热或接线处接触不良。

要诀 >>>
观察方法真重要，眼、耳、鼻、手不可少。
眼观元件提前挑，漏液、断线和鼓包。
再观打火或烧焦，铜箔断裂是否翘。
耳闻设备是否叫，"吱吱""啪啦"不算好。
鼻嗅元件有味焦，故障元件不可跑。
用手晃动元件脚，接触不良应焊牢。
眼耳鼻手都用到，故障根源便可找。

耳听法

耳听法是在静态时用手转动电动机转子轴倾听电动机转动时声音是否异常或轴承转动是否有杂音，而后加电仔细倾听电动机的声音是否正常。电动机正常转动时，其声音应均匀且有一定规律，不应有其他噪声杂音，若电动机出现异常（如轴承缺油或磨损），会发出异常的声音。

① 噪声忽高忽低且高低音均衡，噪声忽高忽低且声音沉重，原因是轴承磨损后造成定子、转子不同心。

② 噪声持续沉闷，原因是电动机过载或缺相。

③ 振动且声音沉闷"嗡嗡"声，原因是硅钢片松动。

④ 电动机转动时若有"咔咔"声，则表明轴承内滚珠损坏或缺润滑脂。

⑤ 电动机转动时若有"唧哩"或"吱吱"声，则表明轴承缺油。

触摸法

触摸法是指电动机在加电运行时用手背触摸电动机的外壳，感觉外壳温度是否过热或发烫。若电动机的外壳温度异常，应立即切断电源，以免电动机绕组烧坏或用电设备烧坏。

鼻闻法

鼻闻法是指电动机在加电运行时，用鼻子闻电动机是否有烧焦的漆味或火烟味。若电动机运转发出不正常的气味时，应立即切断电源，以免电动机烧坏或使故障扩大。

电压测量法

若电动机可以启动或运转正常时，应对电动机的工作电压进行测量。若被测者为三相电动机，可测量任意两相之间的电压，一般应为 380V 或 660V。若不正常，应检查供电线路。若为单机电动机，其工作电压应为 220V 左右，若所测量的电压不正常，应对其输入电路进行检查。

> **要诀** >>>
>
> 电压检测常用到，维修人家都说好，
> 交直挡位要知道，选错挡位不需要，
> 静态动态常用到，静态测量先脱帽，
> 关键点电压要测好，误差不缺半分毫，
> 检测数据做比较，电路好坏便知晓。

电阻测量法

　　若电动机运转不正常，应断开电源，用万用表的"R×1"电阻挡测量电动机绕组输出端的电阻值。若所测阻值与正常值相差较大，应检查连接线头或绕组线圈是否开路或短路。若为三相电动机，3根引出线之间的阻值应相同。对于单相电动机，其主绕组阻值应比副绕组阻值小许多。若电动机出现漏电现象，可用摇表测量绕组接线头与外壳之间的绝缘电阻来判断。

要诀 　　　　　　　　　　　　　　　　　　　　　　>>>
电阻方法很常见，各种故障由它判， 元件、铜箔和插件，阻值大小便可断， 短路为零表上量，断路无穷用表判， 电阻测量有两点，在路、开路后先选。

电流测量法

　　电流测量法是指用万用表的交流电流挡或钳形电流表测量电动机主输入回路的相线电流，将所测的实际电流值与电动机额定电流值相比较，可判断电动机的性能是否正常。用万用表测量电动机电流的方法是：在电动机的任意输入相线中串入几欧至几十欧的大功率电阻器，用万用表测量该电阻两端的电压降。根据欧姆定律求出电阻器上流过的电流，便是电动机的实际工作电流。用钳形电流表测电动机的电流方法是：将电动机的任意一根相线放在钳形表的钳口中，使钳形表的磁铁部分完全闭合，此时钳形表中应有一定的读数，该读数便是电动机的实际工作电流。

要诀 >>>

电流检测应注意，选择挡位须考虑，
断开电路是第一，串入电路表显示，
关键电流需仔细，误差大小看自己。
数据测后要牢记，正常、实测相对比。
相差较大不一致，故障元件应放弃。

4.9

替换法

若电动机出现异常，当怀疑某元件性能不良或损坏时，可用良好的元件代替，若代换后故障排除，则表明怀疑正确。

专家提示： 若怀疑单相电动机的启动电容器损坏，可用新品代换，若代换后电动机能正常运转，则表明怀疑正确。用替换法可以判断电动机中所有器件的好坏，往往可解决难以排除的故障。

要诀 >>>

代换元件需注意，替换元件不可疑，
替换元件性能异，都是徒劳无功的。
用表无法测量的，代换方法显神气。
规格性能要牢记，放入电路即可比。
电路故障若消失，故障元件便可弃。

第5章

三相异步电动机绕组的嵌线技巧

5.1

三相异步电动机绕组简述

5.1.1 三相电动机绕组构成原则

1. 对称三相绕组的条件

① 三相绕组在空间位置上各相差一个相同的角度，使三相电势的相位分别相差120°。

② 每相绕组的导体数、并联支路数相等，导线规格相同。

③ 每相线圈在空间分布规律相同。

因此，只需了解其中一相绕组的情况，就可以知道其他两相的情况。

> **要诀** >>>
>
> 三相绕组对称有条件，缺一不可三方面，
>
> 绕组空间角度相同不用言，电势相位相差 $\frac{1}{3}$ 圈，
>
> 每相绕组有啥连，导体、并联支路数相等才安全，
>
> 导线规格相同是特点，每相线圈分布规律相同记心间。

2. 绕组的构成原则

① 三相绕组在每个磁极下应均匀分布。先将定子绕组按极数分，再将每极下槽数分成均匀的 3 个相带。

② 同相绕组的各个有效边在同性磁极下的电流方向都相同，在异性磁极下的电流方向相反。

③ 同相线圈有效边之间的连接原则，是使有效边的电流在连接支路中的方向相同。

④ 三相绕组的 6 个接线头，首端 U1、V1、W1 的位置互差 120° 电角度；末端 U2、V2、W2 的位置也互差 120° 电角度。

5.1.2 极相组内和相绕组的连接

1. 极相组内的连接

同一极相组（线圈组）内的线圈都采用庶极连接（正串连接），即头与尾、尾与头连接，如图 5-1 所示。为减小连接头，一个极相组（线圈组）中的线圈常采用连续绕组。

2. 相绕组内的连接

在三相电动机绕组中，同一相且同一支路的各极相组常采用隐性连接（庶极连接、正串连接）和显极连接（反串连接）。

（1）显极连接

同相相邻极相组按"尾接尾、头接头"即"底线接底线、面线接面线"相连接称为显极连接。其特点是相邻磁极极相组里的电流方向相反，磁极极性相异。显极连接如图 5-2 所示。

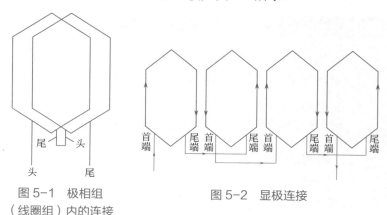

图 5-1 极相组
（线圈组）内的连接

图 5-2 显极连接

（2）隐极连接

同相相邻极相组按"尾接头、头接尾"即"底线接面线、面线接底线"相连接称为隐极连接，也叫庶极连接。其特点是所有极相组里的电流方向相同，每组线圈组不但各自形成磁极，而且相邻两组线圈组之间也形成磁极。可见这种接法的极相组数为磁极数的一半，即每相绕组的极相组数等于磁极对数，如图 5-3 所示。由于采用庶极接线的绕组电气性能较差，现在已很少采用。

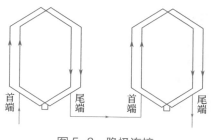

图 5-3 隐极连接

> **要诀**   >>>
>
> 电动机绕组怎么连，规律可寻记心间，
> 连接方式怎么看，隐极连接还有显；
> 显极连接底线接底线，还有面线接面线，
> 显极连接什么特点，磁极极性相异才完全；
> 隐极连接底线接面线，还有面线接底线，
> 隐极连接什么特点，极相组为磁极一半。

5.1.3　三相绕组引出线的位置

　　由于三相绕组每相之间的空间位置分布应相互间隔 120° 电角度，故三相绕组的引出线 U1、V1 和 W1 之间的间隔通常是 120° 电角度（但有时不是 120° 电角度，要取决于实际的需要），其 U2、V2 和 W2 引出线之间间隔也应与 U1、V1、W1 的间隔角度一样，如图 5-4 所示。

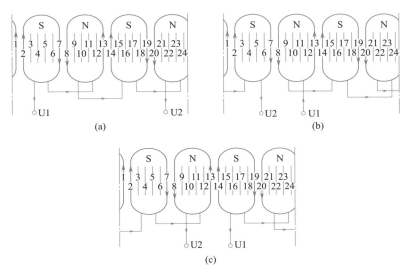

图 5-4　三相绕组引出线的位置

5.1.4 三相电源绕组的连接

三相电源绕组的连接通常有星形接法（Y）和三角形接法（△）。

1. 星形接法

星形接法是将绕组的三个末端 U2、V2、W2 连在一起成为一个公共点或零点，由首端 U1、V1、W1 和公共点引出的 4 根线与电源连接，如图 5-5 所示。

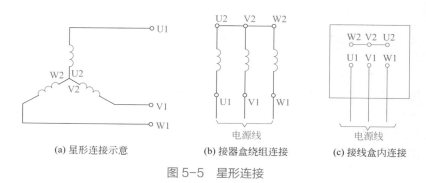

(a) 星形连接示意　　　(b) 接器盒绕组连接　　　(c) 接线盒内连接

图 5-5　星形连接

2. 三角形接法

三角形接法是将电动机的一相绕组的末端与另一相绕组的始端依次连接，形成一个三角形闭合电路。如图 5-6 所示。

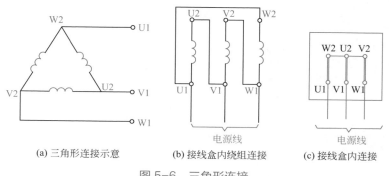

(a) 三角形连接示意　　　(b) 接线盒内绕组连接　　　(c) 接线盒内连接

图 5-6　三角形连接

> **要诀** >>>
>
> 三相绕组连接有几种，三角形接法（△）和星形（Y）；
> 星形接法怎么整，三个末端连成零（点）；
> 三个首端和公共（点），4 根引线与电源通；
> 三角形接法啥不同，一相末端与另一相始端连接成，
> 依次连接绕组中，闭合电路形成三角形。

5.2

三相电动机单层绕组展开图的画法和嵌线技巧

5.2.1　单层链式绕组

单层链式绕组是由线圈形状、大小、节距完全相同的线圈组成，其结构特点是绕组线圈一环套一环，如链互扣，故名链式绕组，又称等元件链式绕组。

> **要诀** >>>
>
> 单层链式绕组啥特点，绕组线圈一环套一环，
> 如链互扣链式绕组圈，小电动机中应用很广泛。

1．绕组特点

① 单链绕组每组只有一只线圈，而且线圈节距必须是奇数；

② 绕组中所有线圈的节距、形状和尺寸均相同；

③ 显极式布线的单链绕组属于具有短节距线圈的全距绕组。在相对应的三相绕组中，它的线圈平均节距最短，故能节省线材；

④ 采用单层布线，槽的有效填充系数较高；

⑤ 电气性能略逊于双层绕组，但在单层绕组中则是性能较好的绕组型式，故在小电动机中广泛应用。

2. 绕组嵌线

绕组有两种嵌线工艺，一般以吊边交叠法嵌线为正视工艺；但每相组数为偶数，或定子内腔十分窄小时也有采用整圈嵌线。

（1）交叠法

嵌线规律为：嵌1槽、退空1槽；再嵌1槽、再空1槽；依此嵌线，直至完成。

（2）整嵌法

线圈两有效边先后嵌入规定槽内，无需吊边；完成后绕组端部将形成两种型式：

① 总线圈数 Q 为偶数时，庶极绕组采用隔组嵌线，即将奇数编号线圈和偶数编号线圈分别构成绕组端部为上下层次的双平面绕组。

② 显极式及总线圈数 Q 为奇数的庶极绕组，采用分相嵌线，其端部将形成三平面绕组，但一般应用较少。

（3）绕组接线规律

显极绕组：相邻线圈间极性相反，而同相线圈连接是"尾接尾"或"头接头"。

庶极绕组：线圈间极性相同，即"尾与头"相连接，使三相绕组线圈端部电流方向一致。

实例1

现以24槽4极（$y=5$，$\alpha=1$）为例讲述其展开图5-14的画法和嵌线技巧。

1. 绕组数据的计算

根据 $\tau = \dfrac{Z}{2p}$ ，可求出极距 $\tau = \dfrac{Z}{2p} = \dfrac{24}{2 \times 2} = 6$ 。

根据 $q = \dfrac{Z}{2pm}$ ，可求出每极每相槽数 $q = \dfrac{Z}{2pm} = \dfrac{24}{4 \times 3} = 2$ 。

根据 $\alpha = \dfrac{p \times 360°}{Z}$ ，可求出槽距角 $\alpha = \dfrac{p \times 360°}{Z} = \dfrac{2 \times 360°}{24} = 30°$ 。

2. 绕组展开图的画法

（1）分极

均匀画出 24 条短线代表线槽并标上槽号顺序如图 5-7 所示，然后按 τ=6 将线槽分极，每极下有 6 槽，磁极按 S、N、S、N 的顺序排列，如图 5-8 所示。

图 5-7 线槽和序号

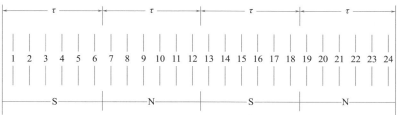

图 5-8 线槽分极

（2）分相

将每个磁极（N 极或 S 极）所占的槽数均分为三个相带，即 6 个槽平均为 3 个相带，每个相带为 2 槽。由此可见每对磁极下（包括 N 极和 S 极）共有 6 个相等的相带，并按 U、W、V 的排序排列，如图 5-9 所示。

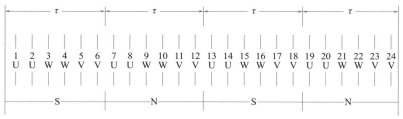

图 5-9 分相

（3）标出电流方向

根据同一绕组在异性磁极下电流方向相反，同性磁极下的电流方向相同的原则，设 S 极下线圈边的电流方向向上，则 N 极下线圈边的电流方向向下，箭头方向如图 5-10 所示。

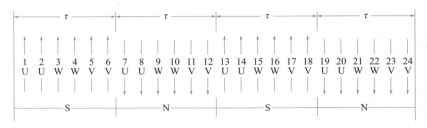

图 5-10 标出电流方向

（4）绘制 U 相展开图

（5）绘制展开图的原则

按绕组节距为 5，把相邻异性磁极下的 U 相槽的线圈边连成线圈。由图 5-10 可以看出 U 相绕组包含的线圈边应为 1、2、7、8、13、14、19、20，即占 8 个槽，可组成 4 个线圈。

根据同一线圈的 2 个有效边的电流方向相反且不处于同一磁极（N 极或 S 极）的原则，得出以下结论：1、2 线圈边的其中的一边应与 7、8 线圈边其中一边可组成一个线圈，13、14 线圈边其中一边应与 19、20 线圈边其中的一边组成一个线圈。

根据节距 $y=5$ 的原则，线圈边 2 和 7 可组成一个完整线圈，其余类推（即 8 与 13、14 与 19、20 与 1 各组成一个线圈），如图 5-11 所示。

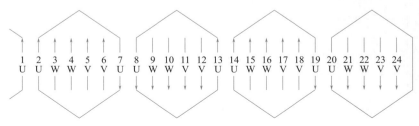

图 5-11 线圈的形成

线圈的连接：根据绕组"首接头、尾接尾"的原则将 U 相的 4 个线圈连接在一起，如图 5-12 所示。

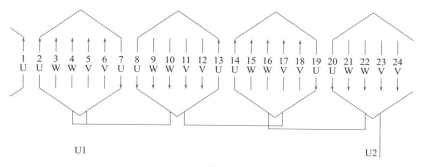

图 5-12   线圈的连接

（6）绘制三相绕组展开图

根据绕组构成原则（三相绕组首、尾端各分别互为 120° 电角度），V1 应与 U1 相差 120°，如图 5-13 所示电角度，根据前面计算槽距角 α=30° 如图 5-15 所示，故 V1 与 U1 应相隔 120°/30° =4 槽，即 V1 首边应在第 11 号槽。同理推断 W1 的首边应在第 10 号槽。

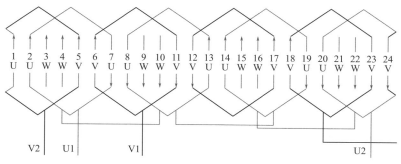

图 5-13   V1 首边槽的确定

根据同一线圈的 2 个有效边的电流方向相反且不处于同一磁极和节距 y=5 的原则，绘出三相绕组展开图如图 5-14 所示。

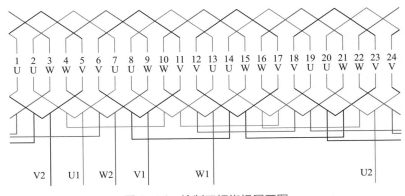

图 5-14　绘制三相绕组展开图

3. 检查方法

设 U、W 相电流为正，V 相为负，沿 U1 → U2、W1 → W2、V2 → V1 方向，看电流方向是否正确或检查是否形成 4 个磁极（同方向的电流形成 1 个磁极）。

4. 绕组嵌线技巧

为便于说明，现以 24 槽 4 极（$y=5$，$\alpha=1$）为例讲述三相单层链式绕组嵌线技巧和实践的应用。

① 先将电动机各槽进行标号，靠近接线盒处的定为 2 号槽，将展开图由左向右将 3 → 24 展开，首槽定为 1 号槽，用字母 A、B、C、D 将各极线圈标号，如 U 相第 1 组线圈定为 UA，第 2 组线圈定为 UB，其余类推。

② 将 U 相线圈 UA 的尾边嵌入 7 号槽，其首边暂不嵌，作为吊把，等待嵌入 2 号槽。

③ 空 1 槽（即 8 号槽），在 9 号槽内嵌入 W 相线圈 WD 的尾边，其首边暂不嵌，作为吊把，等待嵌入 4 号槽。

④ 再空 1 槽（即 10 号槽），在 11 号槽内嵌入 V 相线圈 VA 的尾边，其首边嵌入 6 号槽，并封装槽口。

⑤ 空 1 槽（即 12 号槽），在 13 号槽内嵌入 U 相线圈 UB 的尾边，其首边嵌入 8 号槽，并封装槽口。

⑥ 按照"嵌 1、空 1"的规律，参照（2）～（5）项的方法，按节距 y=5 等参数，将其余各相线圈嵌入对应槽内。

⑦ 将 U 相和 W 相尚未嵌入的吊把（上层边）UA、WD 首边分别嵌入 2 号和 4 号槽。

⑧ 按照显极式接法（首接首、尾接尾）使同一相 4 个极相组线圈连接起来。

⑨ 在接线盒中，将三相绕组的尾端 U2、V2、W2 连接作为公共端，由 U1、V1、W1 导出接线盒，接三相电源。

专家提示：单层链式绕组嵌线特点是：嵌 1、空 1、吊 2。先嵌第 1 个线圈的尾边，首边不嵌作为吊把，空一槽，再嵌第 2 个线圈的尾边，其首边不嵌作吊把，再嵌其他线圈的 2 边并封装槽口，最后将吊把数 q=2 嵌入对应槽内。

同相线圈的连接规律"首接首，尾接尾"即上层边与上层边相连，下层边与下层边相连。

5.2.2　单层同心式绕组

单层同心式绕组的每个极相组是由节距不等、大小不同而中心线重合的线圈所组成。一般应用于小型电动机，其优点是嵌线较容易，缺点是端部整形较难。

要诀 >>>

单层同心式绕组啥特点，节距不同重合中心线，
如链互扣链式绕组圈，小电动机中应用很广泛。
同心式绕组咋布线，较多采用庶极布线办，
嵌线拥有啥特点，整嵌法嵌线较方便，
嵌线较容易是优点，端部整形较难是缺点。

1. 绕组特点

① 同心式绕组每组元件（线圈）数相等，且 $S \geq 2$ 的整数；
② 同一组内元件由节距相差 2 槽的同心线圈组成；

③ 同心式绕组有显极布线和庶极布线，实用上较多采用庶极布线；如为显极布线，则 q 必须是偶数；

④ 绕组是单层布线，有较高的槽内有效填充系数，但电磁性能较差；

⑤ 线圈组端部安排呈平面，利用采用整嵌法嵌线，故嵌线方便，尤其对大节距的 2 极电动机应用。

2. 绕组嵌线

实用中可采用两种嵌线工艺：

（1）整嵌法

嵌线时将线圈两（有效）边相继嵌入相应槽内，无需吊边。嵌线要点如下：

① $u=$ 偶数的庶极绕组采用隔组嵌线，即奇数组线圈和偶数组线圈分别构成双平面绕组。

② $u=$ 奇数的庶极或显极布线，可采用逐相分层构成三平面绕组。

（2）交叠法

嵌线的基本规律是：嵌入 S 槽，退空 S 槽，再嵌入 S 槽，再退空 S 槽，依次后退嵌线。

实例 2

现以 24 槽 2 极（$y_1=11$、$y_2=9$）三相电动机为例讲述其展开图的画法和嵌线技巧。

1. 绕组数据的计算

根据 $\tau = \dfrac{Z}{2p}$，可求出极距 $\tau = \dfrac{Z}{2p} = \dfrac{24}{2 \times 1} = 12$。

根据 $q = \dfrac{Z}{2pm}$，可求出每极每相槽数 $q = \dfrac{Z}{2pm} = \dfrac{24}{2 \times 1 \times 3} = 4$。

根据 $\alpha = \dfrac{p \times 360°}{Z}$，可求出槽距角 $\alpha = \dfrac{p \times 360°}{Z} = \dfrac{1 \times 360°}{24} = 15°$。

2．绕组展开图的画法

（1）分极

均匀画出 24 条短线代表线槽并标上槽号顺序，然后按 $\tau=12$ 将线槽分极，每极下有 12 槽，磁极按 S、N 的顺序排列如图 5-15 所示。

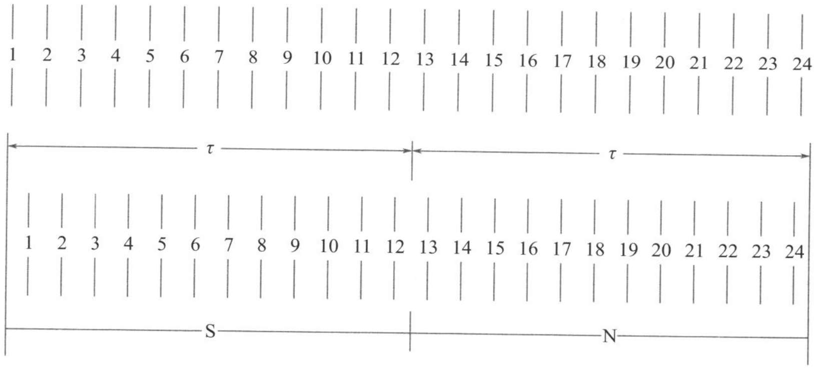

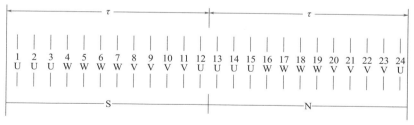

图 5-15　线槽分极

（2）分相

将每个磁极（N 或 S 极）所占的 3 个相带即将 12 槽平分为 3 个相带，每个相带占 6 槽。由此可见，每对磁极下（包括 N 和 S 极）共有 3 个相等的相带，并按 U、W、V 的顺序排列如图 5-16 所示。

图 5-16　分相

（3）标出电流方向

根据同一绕组在异性磁极下电流方向相反，同性磁极下电流方向相同的原则，设 N 极下线圈边的电流方向向下，则 S 极下的线圈边的电流也向下,箭头方向如图 5-17 所示。

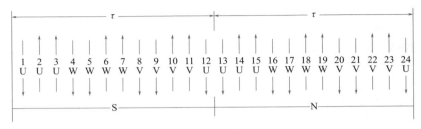

图 5-17　标出电流方向

(4)绘制 U 相展开图

绘制展开图的原则是:按同心式绕组节距 $y_1=11$、$y_2=9$(即大线圈节距为 11,小线圈节距为 9),把相邻异性磁极下的 U 相槽线圈边连成线圈,线圈边 2 与 13 组成大线圈,3 与 12 组成小线圈,大小线圈形成一个同心式极相组。同理,14 与 1 组成大线圈,15 与 24 组成小线圈也形成一个同心式极相组。如图 5-18 所示。

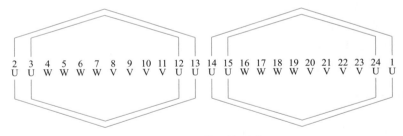

图 5-18　线圈的形式

根据"首接首、尾接尾"的原则,将 U 相的 4 个线圈组连接起来,如图 5-19 所示。

(5)绘制三相绕组展开图

根据绕组构成原则(三相绕组首、尾端分别差相 120° 电角度),V1 与 U1 相差 120° 电角度,根据前面计算槽距角 $\alpha=15°$,故 V1 与 U1 应相邻 120°/15°=8 槽,即 V1 首边应在第 21 槽,如图 5-20 所示,同理推算 W1 的首边应在 5 槽。

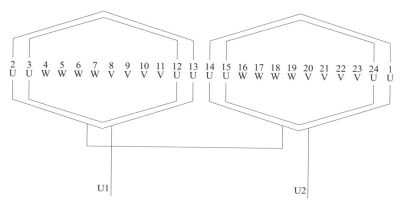

图 5-19 线圈的连接

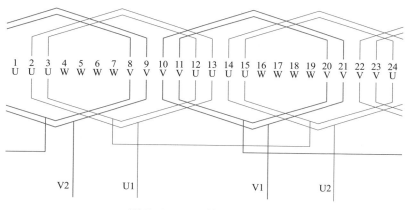

图 5-20 V1 首边槽的确定

根据同一极相组（线圈组）的 2 组有效边电流方向相反且不处于同一磁极和节距 y_1=11、y_2=9 的原则，绘制三相同心式绕组如图 5-21 所示。

3. 绕组嵌线技巧

为便于说明，现以 24 槽 2 极（y_1=11、y_2=9）三相单层同心式绕组嵌线技巧和实践的应用。

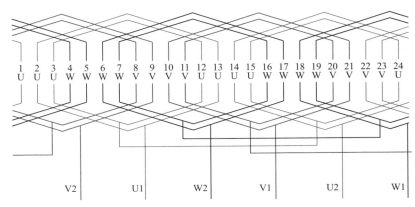

图 5-21　绘制三相同心式绕组展开图

① 将电动机各槽进行标号，靠近接线盒处的定为 1 号槽，将展开图由左向右将 2～24 槽标定槽号，用 A、B 将各极线圈标号，如 U 相第 1 组线圈定为 UA1、UA2，第 2 组线圈定为 UB1、UB2，其余类推。

② 将 U 相的 UA1 和 UA2 的尾边分别嵌入 12、13 号槽，其首边暂不嵌，作为吊把，等待嵌入 2、3 号槽。

③ 空 2 槽（即 14、15 号槽），在 16、17 号槽内分别嵌入 W 相的 WB1 和 WB2 线圈的首边，其尾边暂不嵌，作为吊把，等待嵌入 6、7 号槽。

④ 再空 2 槽（即 18、19 号槽），在 20、21 号槽内分别嵌入 V 相和 VA1 和 VA2 线圈的首边，其尾边分别嵌入 10、11 号槽，并封装槽口。

⑤ 按照"嵌 2 槽、空 2 槽"的规律，参照②～④项的方法，按节距 y_1=11、y_2=9 等参数，将其余各相线圈嵌入对应槽内。

⑥ 将 U 相和 W 相尚未嵌入的吊把（上层边）UA1、UA2、WB1、WB2 分别嵌入 2、3、6、7 号槽。

⑦ 按照显极式接法（首接首、尾接尾），使同一相 2 个极相组线圈连接起来。

⑧ 在接线盒中，将三相绕组的尾端 U2、V2、W2 连接起来作

为公共端，由 U1、V1、W1 导出接线盒，接三相电源。

专家提示：单相层同心式绕组嵌线特点是：嵌 2、空 2、吊 4。即首先嵌入 2 个线圈的有效边，空 2 槽后再嵌入另 2 个线圈的有效边，最后吊把数 q=4 嵌入对应槽口内。

同相线圈的连接规律是上层边与上层边相连，下层边与下层边相连。

5.2.3　单层交叉链式绕组

每相绕组由线圈数不等、节距不同的两种线圈组交叉排列构成，故称为单层交叉绕组。

> **要诀**　　　　　　　　　　　　　　　　　　　　　>>>
>
> 单层交叉链式绕组很常见，线圈数、节距不同两种线圈，
> 线圈组交叉排列过程繁，采用显极布线最普遍，
> 单层交叉式四种布线，答案就在书里边。

1. 绕组特点

① 单层交叉式绕组有庶极布线，但实用上多为显极绕组；

② 每组线圈数和节距都不等，但仍属全距绕组（$K_p=1$），而线圈平均节距较短，用线较节省；

③ 单层交叉式有四种布线型式。

a. 不等距交叉式。绕组由节距不相等的大联、小联线圈组构成；小联线圈节距 $y_x = 2q + \left(S - \dfrac{1}{2}\right)$、大联线圈节距 $y_D = y_x + 1$。绕组采用显极布线，是应用最普遍的绕组型式。

b. 长等距交叉式。它是由等节距构成的显极式绕组，节距 $Y=\tau$。

c. 庶极交叉式。绕组由不等距的单、双圈或双、三圈组成，在电动机中有一定的应用。

d. 短等距交叉式。它所构成的是不连续相带的绕组。

2. 绕组嵌线

由于线圈组本身就交叉重叠，故显极布线不宜整嵌，仅用交叠法嵌线；但庶极布线则可采用整嵌法构成双平面绕组。设每组线圈数 $S = 1\frac{1}{2}$ 时，交叉式绕组嵌线规律如下：

（1）不等距交叉式嵌线规律

嵌 2 槽双圈，退空 1 槽嵌单圈，再退空 2 槽，再嵌双圈，如此类推。

（2）等距交叉式嵌线规律

嵌好 1 槽，退空 1 槽，再嵌 1 槽，再退空 1 槽，如此类推。

（3）庶极交叉式嵌线规律

嵌入 2 槽，退空 2 槽，嵌入 1 槽，退空 1 槽，再嵌 2 槽，如此类推。

实例 3

现以 36 槽 4 极三相电动机单层交叉链式绕组（y_1=8、y_2=7）为例加以说明。

1. 绕组数据的计算

根据 $\tau = \dfrac{Z}{2p}$，可求出极距 $\tau = \dfrac{Z}{2p} = \dfrac{36}{2 \times 2} = 9$。

根据 $q = \dfrac{Z}{2pm}$，可求出每极每相槽数 $q = \dfrac{Z}{2pm} = \dfrac{36}{2 \times 2 \times 3} = 3$。

根据 $\alpha = \dfrac{p \times 360°}{Z}$，可求出槽距角 $\alpha = \dfrac{p \times 360°}{Z} = \dfrac{2 \times 360°}{36} = 20°$。

2. 绕组展开图的画法

（1）分极

均匀画出 36 条短线代表线槽并标上线槽序号。

然后按 τ=9 将线槽分极，每个磁极下有 9 个槽，磁极按 S、N、S、N 的顺序排列。

（2）分相

将每个磁极（N 或 S 极）所占的槽数均分为 3 个相带，即 9 槽平均分为 3 个相带，每个相带为 3 槽，由此可见，每个磁极下有 3 个相等的相带，并按 U1、W2、V1、U2、W1、V2 的顺序排列。

（3）标出电流方向

根据同一绕组在异性磁极下电流方向相反，同性磁极下的电流方向相同的原则，设 S 极下线圈边的电流方向向上，则 N 极下线圈边的电流方向向下。

（4）绘制 U 相展开图

根据 U 相各相带的电流方向，U1 相带的其中任何一槽线圈边与 U2 相的其中任何一槽线圈边均可组成一个线圈，但以节距尽量短为前提，2、10 和 3、11 线圈边分别组成大线圈（即节距 $y_1=8$），12、19 线圈边组成小线圈（即 $y_2=7$）。同理，将 20、28、21、29 线圈边分别组成大线圈，30、1 线圈边组成小线圈如图 5-22 所示。

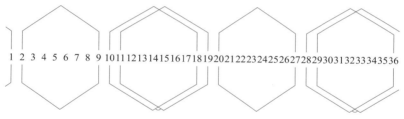

1 2 3 4 5 6 7 8 9 10 11 12 13 14 15 16 17 18 19 20 21 22 23 24 25 26 27 28 29 30 31 32 33 34 35 36

图 5-22　线圈的形成

根据绕组"首接首、尾接尾"的原则，将 U 相线圈全部连接在一起，如图 5-23 所示。

（5）绘制三相绕组展开图

根据绕组构成原则（三相绕组首、尾端各分别互为 120° 电角度），V1 应与 U1 相差 120° 电角度，根据前面计算槽距角 $\alpha=20°$，故 V1 与 U1 应相隔 120°/20°=6 槽，即 V1 首边应在第 7 号槽。同理推断 W1 首边应在第 13 号槽，如图 5-24 所示。

根据同一线圈组的 2 个有效边的电流方向相反且不处于同一磁极和节距 $y_1=8$、$y_2=7$ 的原则，绘出三相绕组展开图如图 5-25 所示。

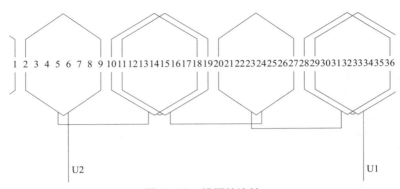

图 5-23　线圈的连接

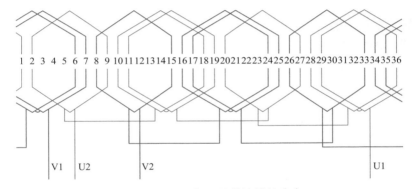

图 5-24　V1 和 W1 首边槽的确定

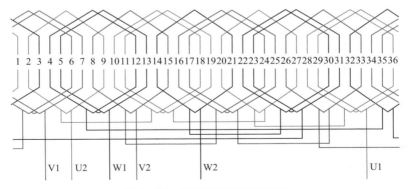

图 5-25　绘制三相绕组展开图

3. 绕组嵌线技巧

为便于说明，现以 24 槽 4 极（y_1=8、y_2=7）三相单层交叉链式绕组展开图为例。

绕组嵌线技巧如下：

① 先将电动机各槽进行标号，靠近接线盒处的定为 1 号槽，标定 2 ～ 36 号槽，用 A、B、C、D 将各极线圈标号，如 U 相第 1 组线圈定为 UA，第 2 组线圈定为 UB1、UB2，第 3 组线圈定为 UC，第 4 组线圈定为 UD1、UD2，其余类推。

② 将 U 相双联线圈 UA 的尾边分别嵌入 9 号槽，其首边暂不嵌作为吊把，等待分别嵌入 2 号槽。

③ 空 2 槽（即 11 号槽），在 12、13 号槽内嵌入 W 相单联线圈 WD1、WD2 的尾边，其首边暂不嵌作为吊把，等待嵌入 4、5 号槽。

④ 空 1 槽（即 14 号槽），在 15 号槽内分别嵌入 V 相双联线圈 VA 的尾边，其首边分别嵌入 8 号槽并封装槽口。

⑤ 再空 2 槽（即 16、17 号槽），在 18、19 号槽内分别嵌入 U 相单联线圈 UB1、UB2 的尾边，其首边分别嵌入 10、11 号槽并封装槽口。

⑥ 再空 2 槽（即 20 号槽），在 21 号槽内分别嵌入 W 相双联线圈 WA 的尾边，其首边嵌入 14 号槽并封装槽口。

⑦ 按照"嵌双联线圈后空 1 槽，嵌单联线圈后空 2 槽"的规律，将其余线圈嵌入对应槽内并封装槽口。

⑧ 将 U 相和 W 相未嵌入的吊把（上层边）UA、WA、WB 的首边分别嵌入 2、4、5 号槽并封装槽口。

⑨ 按照显极式接法（首接首、尾接尾）使同一相的 4 个极相组线圈连接起来。

⑩ 在接线盒中，将三相线组的尾端 U2、V2、W2 连接作为公共端，由 U1、V1、W1 导出接线盒接三相电源。

专家提示：单层交叉链式绕组嵌线特点是：嵌 1、空 2、嵌 2、空 1、吊 3。

先嵌单联线圈，空 2 槽，嵌双联线圈、空 1 槽、嵌单联线圈、再空 2 槽、嵌双联线圈、再空 1 槽，直到嵌完全部线圈，最后将吊把线圈数 $q=3$ 也嵌入对应槽号。最后将上层边与上层边相连，下层边与下层边相连。

5.2.4 单层叠式绕组

单层叠式绕组简称单叠绕组。它是由两个线圈以上的等距线圈组构成端部交叠的链式绕组，故又称交叠链式绕组。每组线圈数相等，当每组线圈数为 $S=q/2$ 时，构成显极式绕组；$S=q$ 时为庶极式绕组。

要诀 >>>

单层叠式绕组很重要，绕组特点听我表，
等距线圈组成要知道，线圈数要比双层绕组少（一半）；
槽内只有一个有效边，不需槽内层间绝缘，
绕组实用哪种布线，显极和庶极都常见。

1. 绕组特点

① 绕组是等距线圈，且线圈数为双层绕组的一半，故具有嵌绕方便、节省工时等优点；

② 槽内只有一个有效边，不需槽内层间绝缘，可获得较高的有效充填系数，但很难构成短距绕组，谐波分量较大，电动机运行性能较双叠绕组差；

③ 绕组在实用中有两种布线型式。显极布线时，每组线圈数等于 $q/2$，每相由 $2p$ 个线圈组成；庶极布线时，每组有 q 个线圈，每相有 p 个线圈组成。

2. 绕组嵌线

绕组有整嵌法和交叠法两种嵌线工艺，实用上常用交叠法嵌线。嵌线时先将一组中的同名边循序嵌入槽内；另一边暂时吊起待嵌（俗称"吊边"），然后退空 S 槽，再嵌入 S 槽后，再退空出 S 槽，全部沉边嵌完后，才把"吊边"嵌入相应槽内。

专家提示： 把单层绕组线圈中先嵌的边（它将被后嵌线圈端部压在下面）称为"沉边"，用双圆圈表示；后嵌于上面的边称为"浮边"，用单圆圈表示。此种嵌法端部比较规整，但为了适应工艺需要，对个别绕组也采用分层整嵌的方法，具体嵌线见各例的嵌线顺序表。

实例 4

现以 36 槽 6 极（$y=6$、$\alpha=1$）单层叠式为例讲述其展开图的画法和嵌线技巧。

1. 绕组数据的计算

根据 $\tau = \dfrac{Z}{2p}$，可求出极距 $\tau = \dfrac{Z}{2p} = \dfrac{36}{2 \times 3} = 6$。

根据 $q = \dfrac{Z}{2pm}$，可求出每极每相槽数 $q = \dfrac{Z}{2pm} = \dfrac{36}{2 \times 3 \times 3} = 2$。

根据 $\alpha = \dfrac{p \times 360°}{Z}$，可求出槽距角 $\alpha = \dfrac{p \times 360°}{Z} = \dfrac{3 \times 360°}{36} = 30°$。

2. 绕组展开图的画法

（1）分极

均匀画出 24 条短线代表线槽并标上槽号顺序。然后按 $\tau=6$ 将线槽分极，每极下有 6 个槽，磁极按 S、N、S、N、S、N 的顺序排列。

（2）分相

将每个磁极（N 或 S 极）所占的 3 个相带平分为 3 份，每个相带占 2 槽，并按 U1、W2、V1、U2、W1、V2 的顺序排列。

（3）标出电流方向

根据同一绕组在异性磁极下电流方向相反，同性磁极下电流方向相同的原则，设 S 极下线圈边电流方向向上，N 极下线圈边的电流方向向下。

（4）绘制 U 相展开图

绘制展开图的原则是：按绕组节距 $y=6$，把相邻异性磁极下的 U 相槽线圈边连成线圈。1～7、2～8、13～19、14～20、25～31、26～32 成为单个线圈，如图 5-26 所示。

图 5-26 线圈的形成

按照"首接首、尾接尾"的原则，将 U 相各线圈连接起来，如图 5-27 所示。

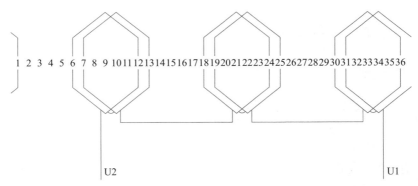

图 5-27 线圈的连接

（5）绘制三相绕组展开图

根据绕组构成原则（三相绕组的首、尾端各互 120° 电角度），V1 应与 U1 相差 120° 电角度，根据前面计算槽距角 $\alpha=30°$，故 V1 与 U1 应相隔 120°/30°=4 槽，即 V1 的首边应在第 5 槽，如图 5-28 所示。同理，推断 W1 的首边应在第 9 槽，如图 5-29 所示。

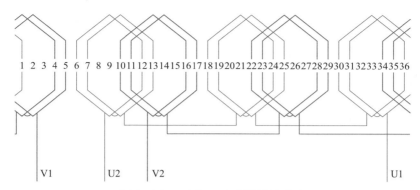

图 5-28　V1 和 W1 首边槽的确定

　　根据同一线圈的 2 个有效边的电流方向相反且不处于同一磁极和节距 $y=6$ 的原则，绘出三相绕组展开图如图 5-29 所示。

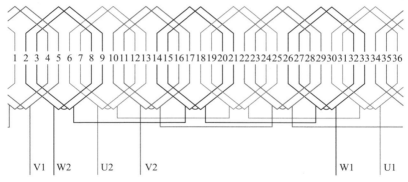

图 5-29　绘制三相绕组展开图

3. 绕组嵌线技巧

　　为了便于说明 36 槽 6 极单层叠式绕组（$y=6$，$\alpha=1$）的嵌线技巧。绕组嵌线技巧如下：

　　① 先将电动机各槽进行标号，靠近接线盒处的定为 1 号槽，并按顺时针方向在槽口处标定 2～36 号槽，用 A、B、C、D 将各项线圈标号，如 U 相第 1 组线圈定为 UA1、UA2，第 2 组线圈定为

UB1、UB2，第 3 组线圈定为 UC1、UC2，第 4 组线圈定为 UD1、UD2，其余类推。

② 将 U 相双联线圈 UA1 和 UA2 的尾边分别嵌入 12、13 号槽，其首边暂不嵌，作为吊把，等待分别嵌入 6、7 号槽。

③ 空 2 槽（即 14、15 号槽），在 16、17 号槽内分别嵌入 V 相双联线圈 VA1、VA2 的尾边，其首边分别嵌入 10、11 号槽并封装槽口。

④ 再空 2 槽（即 18、19 号槽），在 20、21 号槽内分别嵌入 W 相双联线圈 WA1、WA2 的尾边，其首边分别嵌入 14、15 号槽并封装槽口。

⑤ 按照嵌 2 槽、空 2 槽的规律将余下的线圈嵌入各对应槽内并封装槽口。

⑥ 将 U 相的 2 个吊把，分别嵌入 10、11 号槽并封装槽口。

⑦ 按照显极式接法（首接首、尾接尾）使同一相 4 个极相组线圈连接起来。

⑧ 在接线盒中，将三相绕组的尾端 U2、V2、W2 连接作为公共端，由 U1、V1、W1 导出接线盒接三相电源。

专家提示： 单层叠式绕组的嵌线特点是：嵌 2、空 2、吊 2。先嵌双联线圈的 2 个有效边，空 2 槽，再嵌入另一个双联线圈的 2 个有效边，直到嵌完全部线圈，最后将 2 个吊把也嵌入对应槽号。最后将上层边与上层边相连，下层边与下层边相连。

三相异步电动机双层绕组和嵌线技巧

现以 36 槽 4 极电动机双层整距叠式绕组（$y=9$）为例加以说明。

5.3.1　绕组数据的计算

根据 $\tau = \dfrac{Z}{2p}$，可求出极距 $\tau = \dfrac{Z}{2p} = \dfrac{36}{2 \times 2} = 9$。

根据 $q = \dfrac{Z}{2pm}$，可求出每极每相槽数 $q = \dfrac{Z}{2pm} = \dfrac{36}{4 \times 3} = 3$。

根据 $\alpha = \dfrac{p \times 360°}{Z}$，可求出槽距角 $\alpha = \dfrac{p \times 360°}{Z} = \dfrac{2 \times 360°}{36} = 20°$。

5.3.2　绕组展开图的画法

（1）分极

均匀画出 36 条短线代表线槽并标上槽号顺序。然后按 $\tau = 9$ 将线槽分极，每极下共 9 槽，磁极按 S、N、S、N 的顺序排列。

（2）分相

将每个磁极（N 或 S 极）下所占的 9 槽，平均分为 3 个相带，每个相带占 3 槽。每个相带按 U1、W2、V1、U2、W1、V2 的顺序排列。

（3）标出电流方向

根据同一绕组在异性磁极下的电流方向相反，同性磁极下电流方向相同的原则，设 S 极下的线圈边电流方向向上，则 S 极下线圈边的电流方向向下。

（4）绘制 U 相展开图

双层绕组有上下两层边，实线代表上层边，虚线代表下层边。由相带可以看出，1～3 号槽、10～12 号槽、19～21 号槽、28～30 号槽均为 U 相绕组的上层边和下层边。根据节距 $y=9$，1 号槽的上层边应与 10 号槽的下层边构成一个线圈，2 号槽的上层边与 11 号槽的下层边构成一个线圈，其余类推，如图 5-30 所示。

按照"首接尾，尾接尾"的原则，将 U 相各线圈连接起来，如图 5-31 所示。

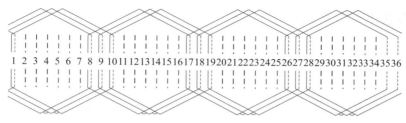

图 5-30　线圈的形成

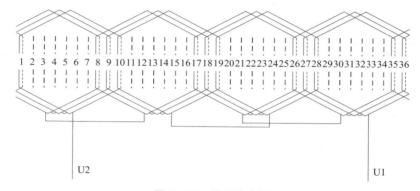

U2　　　　　　　　　　　　　　　　　　　　　　U1

图 5-31　线圈的连接

（5）绘制三相绕组展开图

以三相绕组接线端的首、尾端各分别相差 120° 电角度为原则，根据槽距角 $\alpha=20°$，故 V1 与 U1 应相隔 120°/20°=6 槽。即 V1 的首边应在第 7 号槽。同理推断 W1 的首边应在 13 号槽。如图 5-32 所示。

根据同一线圈的 2 个有效边的电流方向相反且不处于同一磁极和节距 $y=9$ 的原则，绘出三相绕组展开图，如图 5-33 所示。

5.3.3　绕组嵌线技巧

为了便于说明 36 槽 4 极双层整距叠式绕组（$y=9$，$\alpha=1$）的嵌线技巧。

绕组嵌线技巧如下：

① 先将电动机各槽进行标号，靠近接线盒处的槽口定为 1 号

槽，并按顺时针方向在槽口处标定 2 ～ 36 号槽，并用 A、B、C、
D 将各相线圈标号，如 U 相的第 1 组线圈定为 UA1、UA2、UA3，
第 2 组线圈定为 UB1、UB2、UB3，第 3 组线圈定为 UC1、UC2、
UC3，第 4 组线圈定为 UD1、UD2、UD3，其余类推。

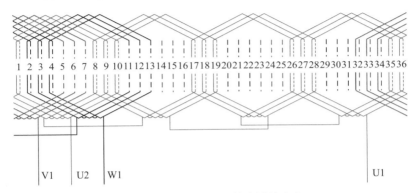

图 5-32　V1 和 W1 首边槽的确定

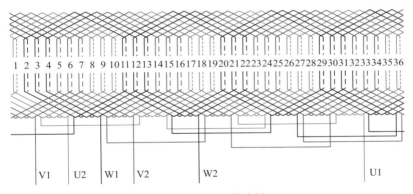

图 5-33　绕组的连接

　　② 将 U 相三联线圈的 UA1、UA2、UA3 的尾边分别嵌入 8~10
号槽的下层，其首边暂不嵌作为吊把，等待分别嵌入 35、36、1 号
槽的上层。

　　③ 接着，将 W 相三联线圈的 WD1、WD2、WD3 的尾边分别

嵌入 11 ～ 13 号槽的下层，其首边暂不嵌作为吊把，等待分别嵌入 2 ～ 4 号槽的上层。

④ 再将 V 相三联线圈的 VA1、VA2、VA3 的尾边分别嵌入 14 ～ 15 号槽的下层，其首边暂不嵌作为吊把，等待分别嵌入 5 ～ 7 号槽的上层。

⑤ 再将 U 相的三联线圈 UB1、UB2、UB3 的尾边分别嵌入 16 ～ 18 号槽的下层，其首边分别嵌入 8 ～ 9 号槽的上层并封装槽口。

⑥ 按上述规律嵌完线圈后，将 9 个吊把分别嵌入 35、36、1 ～ 7 号槽的上层。

⑦ 按照显极接法（首接首，尾接尾），使同一相 4 个极相组的线圈连接起来。

⑧ 在接线盒中，将三相绕组的尾端 U2、V2、W2 连接起来作为公共端，由 U1、V1、W1 导出接线盒接三相电源。

5.4

单双混合绕组的嵌线技巧

单双混合绕组是在双层叠绕组的基础上演变而来的，是一种比较新型的绕组形式。在双层绕组中，某些槽内的上下层导线中的电流方向不同，即它们不属于同一相。有些槽内的上下层导线中的电流方向却相同，即属于同一相。若把电流方向相同的槽内的导线层间绝缘去掉，而把上下层导线合在一起便构成一个单层的大线圈绕组。把电流方向不相同的同槽内的上下层导线保持不变，这时合并的大线圈的匝数为原来线圈的两倍，该绕组便构成单双混合绕组。在电动机中，只有每极相槽数 q 等于奇数时才能形成单双混合绕组，即每极相线圈数根据公式 $\dfrac{Z}{4pm}$ 计算为带分数时才能形成。在带分数中，整数部分代表大线圈，分数部分代表小线圈。根据带分数的结果来看，单双混合绕组的每极相绕组内可有一个或多个大线圈，小线圈只有一个，且大线圈和小线圈的节距不同。

单双混合绕组各线圈的节距可根据下列公式求得。

最大线圈节距　　$y_1 = \tau - 1 = \dfrac{Z}{2p} - 1$

第二线圈节距　　$y_2 = y_1 - 2$

第三线圈节距　　$y_3 = y_2 - 2$

现以 4 极 36 槽单双混合绕组电动机为例，说明其展开图和嵌线方法。

5.4.1　计算各项参数

极距　　$\tau = \dfrac{Z}{2p} = \dfrac{36}{2 \times 2} = 9$（槽）

每槽电角度　　$\alpha = \dfrac{p \times 360°}{Z} = \dfrac{2 \times 360°}{36} = 20°$

最大线圈节距　　$y_1 = \tau - 1 = 9 - 1 = 8$（槽）

第二线圈节距　　$y_2 = y_1 - 2 = 8 - 2 = 6$（槽）

每极相槽数　　$q = \dfrac{Z}{2pm} = \dfrac{36}{2 \times 2 \times 3} = 3$

每极相线圈数为　　$\dfrac{Z}{4pm} = \dfrac{36}{4 \times 2 \times 3} = 1\dfrac{1}{2}$

5.4.2　绕组展开图的绘制

现以 U 组绕相展开图的绘制步骤为例加以说明。

① 首先画 36 个竖线代表定子绕组线槽，并标明序号。而后根据计算结果得知每极相线圈数为 $1\dfrac{1}{2}$，即大线圈数和小线圈均为 1 个，采用最大线圈节距 y_1=8、第二线圈节距 y_2=6、同相线圈的电流

方向相同、相邻磁极下电流方向相反的原则，采用反接串联接法，将 U 相线圈绕组接好，如图 5-34 所示。

② 在单双混合绕组电动机中，有的槽中为一把线圈边（如大线圈），有的槽中为两把线圈边（如小线圈），在一对线圈边槽中，两把线圈分别为不同的相线，它们的电流方向不同。

③ U 相的第一个极相组的大线圈的有效边根据节距 $y_1=8$ 槽，1 号槽只能和 9 号槽相接。小线圈根据节距 $y_2=6$ 槽，2 号槽只能和 8 号相接。其他绕组和另外两相可根据此法连接。

根据三相异步电动机的工作原理（三相绕组的首尾端的相位互差 120° 电角度），确定 W 相的首端应在 7 号槽、尾端应在 34 号槽；V 相的首端在 13 号槽、尾端应在 4 号槽。

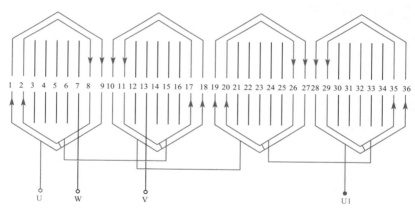

图 5-34　单双混合绕组中 U 相的展开图

5.4.3　嵌线步骤

① 先将其中一相带有引出线的线圈两个有效边的一侧的小线圈嵌放在 2 号槽内的下层，再将大线圈（带有出线端的一边）嵌在 1 号槽内并封好槽口。

② 空 1 槽，嵌 35 号槽的小线圈下层，而后嵌 34 号槽的大线圈并封好槽口。

③ 再空 1 槽，嵌 32 号槽的小线圈，放在下层。

④ 而后再嵌 2 号槽的上层绕组并封口槽绝缘。嵌 31 号槽的大线圈，再嵌与 31 号槽同一线圈的另一边（即 3 号槽）。

⑤ 空 1 槽后，再嵌 29 号槽小线圈的下层绕组。而后再嵌与 29 号槽同一线圈的另一边（即 35 号槽），再嵌 28 号槽与 28 号槽同一线圈的另一边（即 36 号槽）。

⑥ 再空 1 槽后嵌 26 号槽的小线圈（放在下层），再将与 2 号槽同一线圈的另一有效边放在 32 号槽。

⑦ 嵌 25 号槽的大线圈后，再嵌与 25 号槽同一线圈的另一边（即 33 号槽）。

⑧ 空 1 槽后再嵌 23 号槽小线圈的下层线圈后，嵌 29 号槽的上层边，再嵌 22 号槽与 22 号槽同一线圈的另一边（即 30 号槽）。

⑨ 空 1 槽，嵌 20 号槽的小线圈（放在下层），根据上述方法以此类推整个线圈。

4 极 36 槽单双混合绕组嵌线完毕，其展开图如图 5-35 所示，其嵌放绕组顺序如表 5-1 所示。

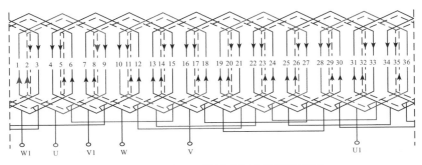

图 5-35　4 极 36 槽单双混合绕组展开图

5.4.4　单双混合绕组的特点

单双混合绕组的线圈数比双层绕组的线圈数少，单层线圈不需要层间绝缘，相邻大线圈两端部分不交叉，能减少部分电磁噪声，可改善启动性能。与同样节距的双层绕组或单层交叉绕组相比节省用铜量。

表 5-1　4 极 36 槽单双混合绕组嵌放绕组顺序

次序	1	2	3	4	5	6	7	8	9	10	11	12	13	14	15	16	17	18	19	20	21	22	23
槽号 上				2		3		35		36		32		33		29		30			26		
槽号 下	2	1	35	34	32		31		29		28		26		25		23		22		20		19

次序	24	25	26	27	28	29	30	31	32	33	34	35	36	37	38	39	40	41	42	43	44	45	46
槽号 上	27		23		24		20		21		17		18		14		15		11		12	8	9
槽号 下		17		16		14		13		11		10		8		7		5		4			

由于单双混合绕组采用的节距和匝数不相同，给操作带来不便。该种方式主要用在 4 极 36 槽的小型电动机中。

专家提示：嵌放单双混合绕组时，首先嵌入小线圈，然后嵌放大线圈，在小线圈槽内必须放好层间绝缘，否则会出现层间、相间短路现象。在嵌放各线圈绕组时，各线圈之间的过桥线应采用反接串联接法，即面线接面线、底线接底线（大线圈引出线与大线圈引出线相接、小线圈引出线与小线圈引出线相接），否则会使绕好的电动机不能正常运转。

5.5

三相电动机特殊绕组的展开图与嵌线技巧

5.5.1　甲类波绕组

三相异步电动机的绕线式转子绕组多采用双层波绕方式，一般采用圆铜或扁铜漆包线绕制。同一极性下的线圈按一定规律连接，其外形像波浪一样，故称为波绕组。

1. 波绕组三相引出线的首尾槽号种类

为了保证转子的电磁性能和三相出线的几何对称，以便使转子获得较好的机械平衡，波绕组的三相引出线的首尾槽号有以下三种。

① 每极相槽数 q 为整数，极数 $2p$ 不是 3 的倍数整数（即 $2p/3$ 不等于整数）。

这种波绕组能同时获得电气和机械性能的对称平衡。假设 A 相的首端为 1 号槽，它的三相首尾端引线槽号分别为：首端，A 相为 1 号槽，B 相为 1 号槽加 $\frac{1}{3}Z$（槽数），W 相为 1 号槽加 $\frac{2}{3}Z$（槽数）。尾端，U2 相为 1 号槽加 y_1（节距），V2 相为 B 相槽号加 y_1（节距），W2 相为 C 相槽号 y_1（节距）。以上数据可用下列公式求出。

假设 A 相的始端为 m 号槽，三相出线号槽为：

首端　U1=m

　　　V1=$m+Z/3$

　　　W1=$m+2Z/3$

尾端　U2=U1+y_1

　　　V2=V1+y_1

　　　W2=W1+y_1

式中，m 为假设槽数；Z 为转子槽数；y 为节距。

② 每极相槽数 q 为整数，极数 $2p$ 是 3 的倍数（$2p/3$ 等于整数）。

这种波绕组的三相出线在空间上不能获得几何对称，它的机械平衡性能较差。这种波绕组的三种出线可用下面的方法求出。

假设 A 相的始端为 m 号槽，三相出线号槽为：

首端　U1=m

　　　V1=$m+Z/3-2q$

　　　W1=$m+2Z/3+2q$

尾端　U2=U1+y_1

　　　V2=V1+y_1

$$W2=W1+y_1$$

式中，m 为假设号槽；Z 为转子总槽数；q 为每极相槽数。

③ 每极相槽数 q 为分数，极数 $2p$ 不是 3 的倍数（$2p/3$ 不等于整数）。

这种波绕组在某些槽中出现异相线圈，使操作工艺的相间绝缘处理特别困难。一般只用在每极相槽数 q 为分数槽绕组中。由于这种波绕组的极距为分数，因此采用长节距与短节距轮换间隔分布排列，但必须使每对相邻线圈节距的总和等于 2τ 极距。这种波绕组的三相出线可用下面的方法求出。

假设 A 相的始端为 m 号槽，三相出线号槽为：

首端　U1=m

　　　V1=$m+Z/3$

　　　W1=$m+2Z/3$

尾端　U2=U1+$(\tau-1/2)$

　　　V2=V1+$(\tau-1/2)$

　　　W2=W1+$(\tau-1/2)$

式中，m 为假设号槽；Z 为转子总槽数；τ 为线圈节距。

波绕组的节距一般有第一节距 y_1、第二节距 y_2 和合成节距 y，根据以上公式可求出波绕组的各相首尾端的出线号槽。

2. 甲类波绕组展开图嵌线步骤

现以 4 极 24 槽绕线式转子甲类绕组为例，说明绕组的展开图和嵌线方法。

先计算各项参数。

每极相槽数　$q = \dfrac{Z}{2pm} = \dfrac{24}{2 \times 2 \times 3} = 2$（槽）

绕组极距　$\tau = y_1 = \dfrac{Z}{2p} = \dfrac{24}{2 \times 2} = 6$（槽）

节距　$y_1 = y_2 = \tau = 6$（槽）

过渡节距　$y = y_1 - 1 = 6 - 1 = 5$（槽）

根据计算，每极相槽数 q 为整数，$2p/3$ 极数不等于整数。属于第一种情况，可根据公式算出绕组的首端和尾端的号槽。假设 U 相为 1 号槽。

即首端　U1=1（槽）

V1=1+Z/3=1+24/3=1+8=9（槽）

W1=1+2Z/3=1+2×24/3=1+16=17（槽）

尾端　　U2=U1+y_1=1+6=7（槽）

V2=V1+y_1=9+6=15（槽）

W2=W1+y_1=17+6=23（槽）

即 24 槽 4 极绕线式转子 U 相的首端为 1 号槽，尾端为 7 号槽；V 相的首端为 9 号槽，尾端为 15 号槽；W 相的首端为 17 号槽，尾端为 23 号槽。因每相的绕组的支路数为极对数，即 4 极电动机的转子绕组每相有二条支路。每条支路的绕行圈数等于每极相槽数 q，即该转子的每相绕行圈数为 $2q=2×2=4$（圈）。

3. 甲类波绕组展开图的画法

甲类波绕组展开图的画法如下。

① 首先画出 24 个竖线代表槽号并标明序号，而后根据以上参数进行操作并画出 U_1 相的展开图。

② 将 U 相的首端放在 1 号槽的下层端，根据节距 y_1=6 槽，1 号槽的下层出线端与 7 号槽的上层出线端相接，7 号槽的上层出线端与 13 号槽的下层出线端相接，13 号槽的下层出线端与 19 号槽的上层出线端相接。

③ 若根据节距 y_1=6 槽继续操作，19 号槽的上层出线端应与 1 号槽的下层出线端相接。因 1 号槽的下层出线端为 U 相的首端接线，此时采用过渡节距 $y=y_1-1=6-1=5$（槽）操作，将 19 号槽的上层出线端与 24 号槽的下层出线端相接。

④ 而后又根据节距 y_1=6 槽继续操作，将 24 号槽的下层边与 6 号槽的上层边的出线端相接，6 号槽的上层边与 12 号槽的下层边出线端相接，12 号槽的下层边与 18 号槽的上层出线端相接。此时嵌好 U 相的第一支路线。

⑤ 根据公式算出 U 相的首端 U1 为 1 号槽，尾端 U2 为 7 号槽，

135

即第一条支路的首端与第二条支路的首端之间相隔节距 y_1 槽，第二支路的首端放在 7 号槽的下层端，根据节距 y_1=6 槽，7 号槽的上层出线端与 19 号槽的下层出线端相接。19 号槽的上层出线端与 1 号槽的上层出线端相接。

⑥ 若根据节距 y_1=6 槽继续操作，1 号槽的上层出线端应与 7 号槽的下层出线端相接。因 7 号槽的下层出线端为 U 相的尾端接线，此时采用过渡节距 $y = y_1 - 1 = 6 - 1 = 5$（槽）操作，将 1 号槽的上层出线端与 6 号槽的下层出线端相接。

⑦ 而后又根据节距 y_1=6 槽继续操作，将 6 号槽的下层出线端与 12 号槽的上层出线端相接，12 号槽的上层出线端与 18 号槽的下层出线端相接，18 号槽的下层出线端与 24 号槽的上层出线端相接。

⑧ 最后将第一支路的 18 号槽的上层出线端与第二支路的 24 号槽的下层出线端相接。这样，就组成了 4 极 24 槽绕线转子的双层波绕组的 U 相展开图，如图 5-36 所示。此类波绕组的展开图为甲类绕组。

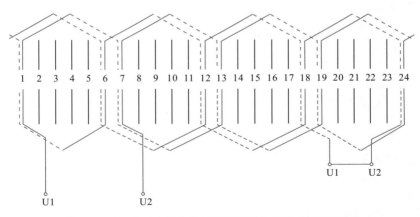

图 5-36 4 极 24 槽绕线转子双层波绕组的 U 相展开图

⑨ 根据上述公式算出其他两相的首端在 9 号槽和 17 号槽。从

得出的结果看，它的三相首端接线不是根据电角度之间互差120°，而是根据机械角度互差120°。

⑩ 根据计算得知首端号槽为：V相的始端在9号槽、尾端在15号槽，W相的始端在17号槽、尾端在23号槽。V相和W相的线圈嵌线方式可参见U相的方法操作。

5.5.2　分数槽波绕组

分数槽波绕组的排列与整数槽绕组的排列基本相同。分数槽波绕组的两支路的绕行圈数不相等，一路绕行圈数为每极每相槽数 q 值的整数；另一路绕行圈数为每极相槽数 q 值的整数加1。

现以4极30槽绕线式转子甲类绕组为例，说明这种绕组的展开图和嵌线方法。

1. 计算出各项参数

每极相槽数 $q = \dfrac{Z}{2pm} = \dfrac{30}{2 \times 2 \times 3} = 2\dfrac{1}{2}$（槽）

因波绕组每相总有2个支路，每支路的绕行圈数等于每极相槽数 q，即每相的绕行圈数为 $2q$。根据公式，此例的每相绕行圈数为 $2q = 2 \times 2\dfrac{1}{2} = 5$（圈），因绕行圈数为奇数，不能在每个支路中绕制半圈，即采用合并法将一支路的半圈与另一支路的半圈合并成一个整圈，采用第一支路为3圈，第二支路为2圈。

绕组节距 $\tau = \dfrac{Z}{2p} = \dfrac{30}{4} = 7\dfrac{1}{2}$（槽）

同样采用合并法，取绕组的第一节距 y_1 为7槽，第二节距 y_2 为8槽，过渡节距 y 为7槽。根据计算，每极相槽数 q 为分数，$2p$ 极数不能被3整除，相当于第三种情况，可算出绕组的首端和尾端的槽号。假设U相为第1槽，计算方法如下：

首端　U1=1 槽

　　　　V1=1+Z/3=1+30/3=1+10=11（槽）

　　　　W1=1+2Z/3=1+2×30/3=1+20=21（槽）

尾端　U2＝U₁+(τ−1/2)＝1+7＝8（槽）

V2＝V₁+(τ−1/2)＝11+7＝18（槽）

W2＝W₁+(τ−1/2)＝21+7＝28（槽）

即 4 极 30 槽绕组式转子的 U 相首端为 1 号槽、尾端为 8 号槽；V 相的首端为 11 号槽、尾端为 18 号槽；W 相的首端为 21 号槽、尾相为 28 号槽。

2. 波绕组展开图的绘制

① 首先画出 30 个竖线代表槽号，并标清顺序。而后根据上述计算出的参数进行操作，画出 U 相的展开图。

② 由上述计算，分数槽绕组的第一条支路绕 3 圈，将 U 相的首端放在 1 号槽的下层端根据第一节距 y_1=7 槽，1 号槽的下层出线端与 8 号槽的上层出线端相接，8 号槽的上层出线端根据第二节距 y_2=8 槽与 16 号槽的下层出线端相接。16 号槽的下层出线根据节距 y_1=7 槽与 23 号槽的上层出线端相接。若根据节距 y_2=8 继续操作，23 号槽的上层出线端应与 1 号槽的下层出线端相接，因 1 号槽的下层出线端为 U 相的首端接线，所以此时采用过渡节距 y=7 槽操作，将 23 号槽的上层出线端与 30 号槽的下层出线端相接。根据第一节距 y_1=7 槽，29 号槽的下层出线端与 7 号槽的上层出线端相接。根据第二节距 y_2=8 槽，将 7 号槽的上层出线与 15 号槽的下层出线端相接。根据第一节距 y_1=7 槽，将 15 号槽的下层出线端与 22 号槽的上层出线端相接。此时第一支路的第二圈绕完。而后根据过渡节距 y_1=7 槽，将 22 号槽的上层出线端与 29 号槽的下层出线端相接。根据第一节距 y_1=7 槽，将 29 号槽的下层出线端与 6 号槽的上层出线端相接。根据第二节距 y_2=8 槽，将 6 号槽的上层出线端与 14 号槽的下层出线端相接。根据第一节距 y_1=7，将 14 号槽的下层出线端与 21 号槽的上层出线端相接。此时嵌好 U 相的第一支路导线。

③ 根据公式算出 U 相的首端 U1 为 1 号槽，尾端 U2 为 8 号槽（即第一支路的首端与第二支路的首端之间相隔第一节距 y_1=7 槽），即第二支路的首端放在 8 号槽的下层。根据第一节距 y_1=7 槽，8 号槽的下层出线端与 15 号槽的上层出线端相接，而后根据第二节距

$y_2=8$，将 15 号槽的上层出线端与 23 号槽的下层出线端相接。根据第一节距 $y_1=7$ 槽，将 23 号槽下层出线端与 30 号槽的上层出线端相接。若根据第二节距 $y_2=8$ 槽操作，将 30 号槽的上层出线端与 8 号槽的下层出线端相接，因 8 号槽的下层出线为 U 相的尾端接线。此时采用过渡节距 $y=7$ 槽操作，将 30 号槽的上层出线端与 7 号槽的下层出线端相接，而后根据第一节距 $y_1=7$ 槽，将 7 号槽的下层出线端与 14 号槽的上层出线端相接。根据第二节距 $y_2=8$ 槽，将 14 号槽的上层出线端与 22 号槽的下层出线端相接。根据第一节距 $y_1=7$ 槽，将 22 号槽的下层出线端与 29 号槽的上层出线端相接。而后将第 1 支路的 21 号槽的上层出线端与第 2 支路的 29 号槽的下层出线端相接，这样就组成了 30 槽 4 极绕组转子双层波绕组的 U 相展开图，具体如图 5-37 所示。此类绕组的展开图为甲类绕组。

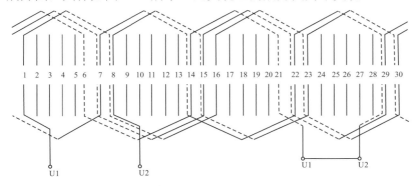

图 5-37　30 槽 4 极绕线转子双层波绕组的 U 相展开图

④ 根据上述公式可算出 V 相的首端在 11 号槽、尾端在 18 号槽；W 相的首端在 21 号槽、尾端在 28 号槽。从首尾端结果看，它的三相首尾端出线不是根据电角度之间互差 120° 所得。V 相和 W 相的绕组展开图绘制可根据 U 相的方法操作。

5.5.3　乙类波绕组

乙类波绕组是在甲类波绕组的基础上转化而来的，乙类波绕组只是把两支路的尾端并在一起，并把空出的号槽后边的线圈边的上层边移到空槽，然后将尾出线端穿过空槽引到转子的另一端出线槽侧。由此可见，乙类波绕组的首尾出线在同一槽内，并且在转子绕组的两侧。在同一相内，两条支路的绕行方向一致，上层与下层的绕行方向却相反。

现以 4 极 24 槽绕线式转子乙类波绕组为例，说明该绕组的展开图和嵌线方法。

1. 计算各项参数

每极相槽数　$q = \dfrac{Z}{2pm} = \dfrac{24}{2 \times 2 \times 3} = 2$　（槽）

绕组极距　$\tau = y_1 = \dfrac{Z}{2p} = \dfrac{24}{4} = 6$　（槽）

节距　$y_1 = y_2 = \tau = 6$　（槽）

过渡节距　$y = y_1 - 1 = 6 - 1 = 5$　（槽）

根据上述计算，每极相槽数 q 为整数，极数 $2p$ 不能被 3 整除（即 $2p/3$ 不等于整数）。

根据上述公式可算出三相绕组的首端号槽，假设 U 相为 1 号槽。

即　首端　U1=1 槽

$\qquad\qquad$ V1=1+Z/3=1+24/3=9 （槽）

$\qquad\qquad$ W1=1+2Z/3=1+2×24/3=17 （槽）

因每组绕组的支路数为极对数，即 4 极转子绕组每相有二条支路数，每条支路数的绕行圈数等于每极相槽数 q，即该转子的每相绕行圈数为 $2q=2\times2=4$（圈）。

2. 乙类波绕组展开图的绘制

① 首先画出 24 个短线代表转子号槽，并标明序号，而后根据上式计算出的参数进行操作，并画出 U 相的展开图。

② 将 U 相的首端放在 1 号槽的下层，根据节距 $y_1=6$ 槽的原则，将 1 号槽的下层出线端与 7 号槽的上层出线端相接，将 7 号槽的上层出线端与 13 号槽的下层出线端相接，将 13 号槽的下层出线端与

19 号槽的上层出线端相接。接着，根据过渡节距 $y=5$ 槽的原则操作，将 19 号槽的上层出线端与 24 号槽的下层线端相接。而后，又根据节距 $y_1=6$ 槽的原则继续操作，将 24 号槽的下层出线端与 6 号槽的上层出线端相接，6 号槽的上层出线端与 12 号槽的下层出线端相接，12 号槽的下层出线端与 18 号槽的上层出线端相接，此时嵌好 U 相的第一支路。

③ 根据乙类波绕组的特点，将第二支路的尾端前移一个节距，与第一支路的尾端并在一起，即将 18 号槽的上层出线端按反方向根据节距 $y_1=6$ 槽与 12 号槽的上层出线端相接。根据节距 $y_1=6$ 槽的原则，将 12 号槽的上层出线端与 6 号槽的下层出线端相接，将 6 号槽的下层出线端与 24 号槽的上层出线端相接。根据过渡节距 $y=5$ 槽，将 24 号槽的上层出线端与 19 号槽的下层出线端相接。而后，又根据节距 $y_1=6$ 槽的原则继续操作，将 19 号槽的下层出线端与 13 号槽的上层出线端相接，13 号槽的上层出线端与 7 号槽的下层出线端相接，7 号槽的下层出线端从 1 号槽的上层引到转子绕组的另一侧，作为 U 相绕组的尾端出线头。

此时，形成了一个完整的 4 极 24 槽绕线转子乙类绕组的 U 相展开图，如图 5-38 所示。

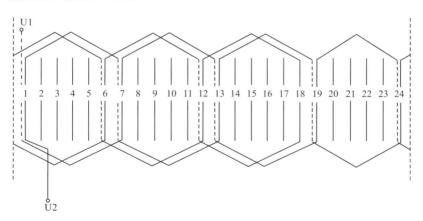

图 5-38　4 极 24 槽绕线转子乙类绕组的 U 相展开图

5.5.4　分数槽绕组

为了利用同一铁芯制作两种或多种转速的电动机，便出现分数槽绕组。为了提高电动机定子铁芯的利用率，常把一种磁极数的定子在其他磁极下使用。在修理、改绕电动机的绕组时，均会遇到分数槽绕组。

专家提示： 在分数槽绕组中，每个磁极下各相占的槽数不同，但它们都有规律地分配在各相的磁极下，使每相线圈的总数相同。

1. 分数槽绕组的排列

分数槽绕组的排列方法有多种，现以较易掌握的带分数槽绕组为例加以说明。

① 计算出每极相槽数 q。

在分数槽中每极相槽数 q 一般为假分数，也可将其化为带分数。

② 制作分数线圈分配表。

在分配表中（表 5-2），横行数等于极数，每相的纵行等于每相槽数的假分数的分子、线圈槽号相隔数为假分数的分母。

③ 根据第 2 步画整个绕组的排列顺序表。

2. 分数槽绕组的展开图和嵌线步骤

现以 4 极 30 槽电动机为例，说明绕组的展开图和嵌线步骤。

① 计算各项参数。

每极相槽数　$q = \dfrac{Z}{2pm} = \dfrac{30}{2 \times 2 \times 3} = \dfrac{5}{2} = 2\dfrac{1}{2}$（槽）

绕组极距　$\tau = \dfrac{Z}{2p} = \dfrac{30}{4} = \dfrac{15}{2}$

节距　$y = \dfrac{5}{6}\tau = \dfrac{5}{6} \times \dfrac{15}{2} = 6\dfrac{1}{4}$（槽）

每槽电角度　$\alpha = \dfrac{p \times 360°}{Z} = \dfrac{2 \times 360°}{30} = 24°$

② 根据上述计算的内容，列分数槽线圈分配表如表 5-2 所示。

分配表的横行数等于极数，即横行数为 $2p=2×2=4$（行）；每组的纵行数等于每极相槽数假分数，即每相纵行数为 5 行；槽号相隔的槽数的分母（即每隔 4 槽）编为一个槽号。

表 5-2　4 极 30 槽电动机分数槽线圈分配表

极数＼线圈号＼相号	U			V			W		
P_1	1	2	3	4	5		6	7	8
P_2		9	10	11	12	13	14	15	
P_3	16	17	18	19	20		21	22	23
P_4		24	25	26	27	28	29	30	

专家提示： 在分数绕组中，若极数 $2p$ 与每极相槽数 q 的分母数能整除，定子磁极能均匀对称排列。若槽数 Z 与极对数 p 能整除，三相绕组的首端能相隔 120° 电角度。

3. U 相绕组展开图的绘制

首先画 30 个竖线代表定子槽，并标明序号。而后根据节距求得：

$$y = \frac{5}{6}\tau = \frac{5}{6} \times \frac{15}{2} = 6\frac{1}{4}\text{（槽）}$$

因分数槽节距不易嵌放，取节距为 6 槽，根据同相线圈的电流方向相同、相邻磁极下的电流方向相反的原则，采用反接串联接法，并将 U 相绕组线圈接好，如图 5-39 所示。电动机三相绕组的首端出线端相隔为 120° 电角度，所以 W 相的首端在 6 号槽，V 相的首端在 11 号槽。

4. 嵌线步骤

① 先将 U 相的带有引出线的 3 个连把线圈的有效边一侧依次放在 1 号槽、2 号槽、3 号槽的下层边，并放好层间绝缘，另一边吊起不嵌。

② 再将 V 相带有引出线的 2 个连把线圈的有效边一侧依次放在 4 号槽、5 号槽的下层边，并放好层间绝缘，另一边吊起不嵌。

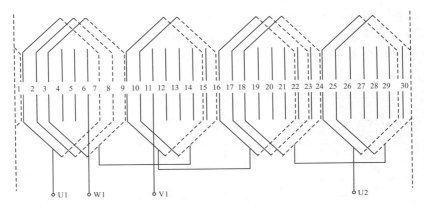

图 5-39　U 相绕组的展开图

③ 将 W 相带有引出线的 3 个连把线圈的有效边一侧依次放在 6 号槽、7 号槽、8 号槽的下层边，放好层间绝缘，另一边吊起不嵌。

④ 而后根据同相绕组电流方向相同的原则，将 U 相的第二组的 2 个连把线圈采用反接串联接法（即根据 U 相的第一组的 3 个连把的线圈出线采用面线接面线的原则），将第二组的 2 个连把线圈一侧的有效边嵌放在 9 号槽、10 号槽内的下层，并放好层间绝缘。

⑤ 而后根据面线接面线、底线接底线的原则，将 V 相的 3 个连把线圈中的一侧有效边嵌放在 2 号槽、3 号槽、4 号槽的上层，并封好槽口。

⑥ 将 V 相的第二组的 3 个连把带有出线端的有效边的一侧线圈边嵌放在 11 号槽、12 号槽、13 号槽的下层，并放好层间绝缘。

⑦ 将 W 相的第二组的 2 个连把线圈根据反接串联接法，将其中一侧的有效边嵌放在 5 号槽、6 号槽的上层，并封好槽口。

⑧ 将 W 相的第三组的 2 个连把线圈根据反接串联接法，将其中的一侧有效边嵌放在 14 号槽、15 号槽的下层，并放好层间绝缘。

⑨ 将 U 相的第一组线圈的吊把线圈（即和 1 号槽、2 号槽、3 号槽相接线圈的另一侧）嵌放在 7 号槽、8 号槽、9 号槽的上层，

并封好槽口。

⑩ 将 U 相的第三组的 3 个连把线圈根据反接串联接法，将其中一侧有效边嵌放在 16 号槽、17 号槽、18 号槽的下层，并放好层间绝缘。

⑪ 将 V 相的第三组线圈的吊把线圈（即和 4 号槽、5 号槽相接线圈的另一侧）嵌放在 10 号槽、11 号槽的上层，并封好槽口。

⑫ 将 V 相的第四组的 2 个连把线圈根据反接串联接法，将其中一侧的有效边嵌放在 19 号槽、20 号槽的下层边，并放好层间绝缘。

⑬ 将 W 相的第一组线圈的吊把线圈（即和 6 号槽、7 号槽、8 号槽相接线圈的另一侧）嵌放在 12 号槽、13 号槽、14 号槽的上层，并封好槽口。

⑭ 将 W 相的第四组的 3 个连把线圈根据反接串联接法，将其中的一侧有效边嵌放在 21 号槽、22 号槽、23 号槽的下层边，并放好层间绝缘。

⑮ 将 U 相的第二组吊把线圈（即和 9 号槽、10 号槽相接线圈的另一侧）嵌放在 15 号槽、16 号槽的上层，并封好槽口。

⑯ 将 U 相的第四组线圈的 2 个连把线圈根据反接串联接法，将其中的一侧有效边嵌放在 24 号槽、25 号槽下层，并放好层间绝缘。

⑰ 将 V 相的第三组线圈的吊把线圈（即和 11 号槽、12 号槽、13 号槽相接的线圈另一侧）嵌放在 17 号槽、18 号槽、19 号槽的上层，并封好槽口。

⑱ 将 V 相的第二组线圈的吊把线圈（即和 2 号槽、3 号槽、4 号槽的上层相接的线圈另一侧）嵌放在 26 号槽、27 号槽、28 号槽的下层，并放好层间绝缘。

⑲ 将 W 相的第三组线圈的吊把线圈（即和 14 号槽、15 号槽相接的线圈另一侧）嵌放在 20 号槽、21 号槽的上层，并封好槽口。

⑳ 将 W 相的第二组线圈的吊把线圈（即和 5 号槽、6 号槽的上层相接的线圈另一侧）嵌放在 29 号槽、30 号槽的下层，并放好层间绝缘。

㉑ 将 U 相的第三组线圈的吊把线圈（即和 16 号槽、17 号槽、18 号槽相接的线圈另一侧）嵌放在 22 号槽、23 号槽、24 号槽的上层，并封好槽口。

㉒ 将 V 相的第四组线圈的吊把线圈（即和 19 号槽、20 号槽相接的线圈另一侧）嵌放在 25 号槽、26 号槽的上层，并封好槽口。

㉓ 将 W 相的第四组线圈的吊把线圈（即和 21 号槽、22 号槽、23 号槽相接的线圈另一侧）嵌放在 27 号槽、28 号槽、29 号槽的上层，并封好槽口。

㉔ 将 U 相的第四组线圈的吊把线圈（即和 24 号槽、25 号槽相接的线圈另一侧）嵌放在 30 号槽、1 号槽的上层，并封好槽口。此时整个线圈嵌好。

4 极 30 槽的分数槽绕组展开图如图 5-40 所示。

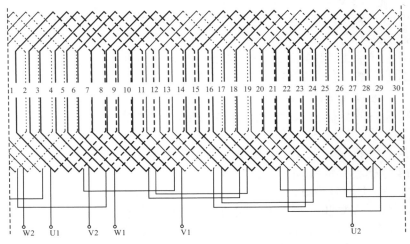

图 5-40　4 极 30 槽分数槽绕组展开图

常见分数槽极相组线圈的分布如表 5-3 所示。

专家提示： 在修理某些异步电动机和同步电动机时，会遇到分数槽绕组。分数槽绕组电动机的每极每相槽数均为带分数，它们的每相绕组不相等，在每相中分布均匀，在连续的两个极相组中，线圈数为每极相槽数的带分数中的分子个数。如在 4 极 30 槽分数绕组中，连续的两个极相组中有 5 个绕组线圈，即 $q = \dfrac{30}{4 \times 3} = \dfrac{5}{2}$。在分数槽绕组中，三相首端出线有时不可能等于 120° 电角度，可根据槽角度与线组分布，使两相之间的电角度接近 120°。

表 5-3　常见分数槽极相组线圈分布

每极相槽数的带分数值 $q = a\dfrac{b}{d}$	极相组的循环顺序	
$1\dfrac{1}{2}$	(2、1)	(2、1)
$1\dfrac{1}{4}$	(2、1、1、1)	(2、1、1、1)
$1\dfrac{3}{4}$	(2、2、2、1)	(2、2、2、1)
$1\dfrac{1}{5}$	(2、1、1、1、1)	(2、1、1、1、1)
$1\dfrac{2}{5}$	(2、1、2、1、1)	(2、1、2、1、1)
$1\dfrac{3}{5}$	(2、1、2、2、1)	(2、1、2、2、1)
$2\dfrac{1}{2}$	(3、2)	(3、2)
$3\dfrac{1}{4}$	(4、3、3、3)	(4、3、3、3)
$4\dfrac{1}{4}$	(5、4、4、4)	(5、4、4、4)
$1\dfrac{1}{7}$	(2、1、1、1、1、1、1)	(2、1、1、1、1、1、1)
$1\dfrac{2}{7}$	(2、2、1、1、1、1、1)	(2、2、1、1、1、1、1)
$1\dfrac{3}{7}$	(2、2、2、1、1、1、1)	(2、2、2、1、1、1、1)
$1\dfrac{5}{7}$	(2、2、2、2、2、1、1)	(2、2、2、2、2、1、1)

第6章

三相异步电动机绕组的重绕工艺

电动机的铁芯使用寿命较长，但其绕组较为脆弱，若一台新的三相电动机单相运行且在保护设备不够完善的情况下，在十几分钟内就会烧坏。若电动机绕组绝缘老化或绕组局部烧毁，都需要重新绕制。绕组重绕工艺如图 6-1 所示。

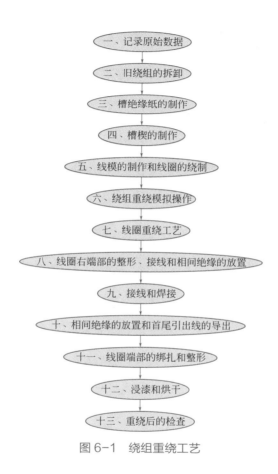

图6-1 绕组重绕工艺

电动机常用数据

6.1.1 记录原始数据

拆绕组前应详细记录电动机的各项技术数据，在重修或以后再修理同型号电动机时作为技术数据。要做到修每一台电动机都有详细记录，并画出电动机绕组展开图和接线图，并将表6-1内容填好，用起来既方便，又便于长期保存。

表6-1 电动机修理记录

1.用户记录	送修单位 _____ 经办人 _____ 送修时间 ___ 年 __ 月 __ 日 损坏程度 _____ 缺少部件 _____ 初定价格 _____ 取机时间 _____ 其他事项 _____
2.铭牌数据	电动机编号 _____ 型号 _____ 相数 _____ 额定功率 _____ 额定电流 _____ 转速 _____ r/min 极数 _____ 接法 _____ 频率 _____ Hz 绝缘等级 _____ 功率因数 _____ 其他 _____
3.定子线圈数据	绕组类型 _____ 节距 _____ 并绕根数 _____ 匝数 _____ 导线直径 _____ 并联支路数 _____ 线圈端部伸出长度 _____ 线圈周长 _____ 旧线重量 _____ 用新线重量 _____ 其他 _____
4.定、转子铁芯数据	定子铁芯外径 _____ 定子铁芯内径 _____ 定子线槽长度 _____ 轭高 _____ 定转子气隙 _____ 定子槽数 _____ 转子槽型（直／斜）_____ 转子槽数 _____
5.绕组展开图	
6.绕组接线图	

续表

7. 绝缘材料	槽绝缘纸型号 _____ 槽绝缘纸长度 _____ 槽绝缘纸宽度 _____ 相间绝缘纸底边边长 _____ mm，高 _____ mm 层间绝缘纸长 _____ mm，宽 _____ mm 其他 _____
8. 试验数据	1. 空载试验 输入电压 _____ V　　输入电流 _____ A　　环境温度 _____ ℃ 试验时间 _____ h　　　温升 _____ ℃ 2. 额定负载试验 输入电压 _____ V　　输入电流 _____ A　　环境温度 _____ ℃ 试验时间 _____ h　　　温升 _____ ℃ 绝缘电阻 _____ kΩ　　其他 _____
9. 成本核算	绝缘线金额 _____ 元　　旧线折价 _____

6.1.2　铭牌数据

电动机的铭牌是选择电动机和维修电动机的根本依据。电动机上的铭牌项目主要有型号、额定功率、额定电压、额定电流、额定频率、额定转速、接法和绝缘等级，其铭牌如图 6-2 所示。

图6-2　电动机铭牌

1. 型号

型号代表电动机的产品名称、规格和类型。如 Y114L-6-2，含义如图 6-3 所示。

图 6-3　型号的含义

2. 额定功率

额定功率是指电动机在额定情况下运转时所输出的最大机械功率，单位为 W 或 kW。

3. 额定电压

额定电压是指电动机在正常情况下转动时绕组接线端所接的电压，单位为 V。

专家提示：选择电动机时，其额定电压要与供电电源的电压相一致。小型三相交流电动机的额定电压一般为 380V，中、大型交流电动机的额定电压则为 3 000V 或 6 000V。直流电动机的额定电压一般为 110V 和 220V。当直流电动机采用静止整流电源直接接交流电网供电时，若采用单相 220V 交流电源，直流电动机的额定电压为 160V；采用三相 380V 交流电源、三相全波整流电路供电时，直流电动机的额定电压为 400V（不可逆）或 440V（可逆）；采用三相半波整流电源供电时，直流电动机的额定电压为 220V。

4. 额定电流

额定电流是指电动机在额定情况下运转时，其绕组中所通过的电流，单位为 A。

5. 额定频率

额定频率是指电动机所接工作电压的频率，单位是 Hz。我国所用市电的频率为 50Hz，有些国家所用的频率为 60Hz。

6. 额定转速

额定转速是指电动机在正常情况下运转时，转子在每分钟内的旋转圈数，单位为 r/min。

7. 接法

接法是指电动机在额定电压下，定子绕组的引接线的连接方法，通常三相异步电动机的接法有三角形（"△"形）和星形（"Y"形）两种。

8. 绝缘等级

绝缘等级是指电动机在正常工作时，所用绝缘材料的耐热极限温度。

6.1.3 定子铁芯数据

定子铁芯数据有定子铁芯外径、定子铁芯内径、定子铁芯长度、铁芯槽数等。如果对空壳电动机重绕，还应测量图 6-4 中的相关部位的参数进行测量。

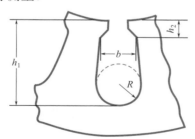

图 6-4 定子铁芯槽尺寸

h_1—定子铁芯槽高度；h_2—定子铁芯槽颈部高度；b—定子铁芯槽颈部
下端高度；R—定子铁芯槽内径

6.1.4 定子绕组数据

拆除绕组前，应记录绕组形式，并绕导线根数、并联支路数、线圈节距，绕组间的连接方式、引出线的位置等。同时应测量绕组端部伸出铁芯的长度，如图 6-5 所示，同时应保留一个完整的线圈，根据绕组形式测量绕组相关数据，如图 6-6 所示。这些数据对重绕意义重大。

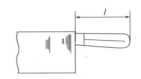

图 6-5　绕组端部伸出铁芯的长度

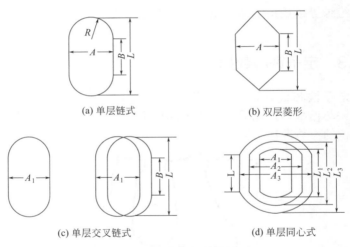

(a) 单层链式　　　　　　　　　　(b) 双层菱形

(c) 单层交叉链式　　　　　　　　(d) 单层同心式

图 6-6　绕组相关数据

6.1.5　绕组相关参数的判断技巧

1. 绕组节距的判断

单层链式绕组的各线圈节矩都相同，节距是指从一个线圈的有效边到另一个有效边所占的槽数。如一个线圈的两个有效边之间有

8槽（包括有效边所占槽数），则线圈节距y=7，如图6-7（a）所示。

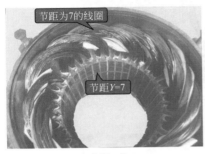

(a) 节距y为7　　　　　　　　　(b) 单层同心式绕组节距

图6-7　线圈的节距

　单、双层混合绕组中的单线圈和双线圈的节距不同，判断时要注意。在单层同心式绕组中，大线圈和小线圈的节距不同，图中大线圈节距为7，小线圈的节距为5，如图6-7（b）所示。

2. 线圈并绕根数的判断

　把同一相线圈间跨接线上的绝缘套管移开露出焊接点，此处相连导线数量，就是线圈的并绕根数。线圈并绕根数一般为1，如图6-8所示。线圈并绕根数为2的情况也不少，如图6-9所示。

　温馨提示： 在多根导线并绕的线圈中，它的每槽导线匝数为总匝数除以线圈的并绕根数所得的数值。

图6-8 线圈并绕根数为1

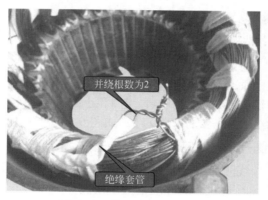

图6-9 线圈并绕根数为2

3. 线圈并联路数的判断

首先判断线圈并绕根数，如图6-10所示，以便计算线圈的并联路数。

将绕组的电源引出线上的绝缘套管移开，数一下对接的导线数量，除以线圈并绕根数，所得到的数值即为并联路数。如电动机绕组并绕根数为1，电源引出线的对接导线数量为1，如图6-11（a）

所示，则线圈并联路数为 1÷1=1。如电动机绕组并绕根数为1，电源引出线对接导线数量为2，如图6-11（b）所示，则线圈并联路数为 2÷1=2。

(a) 线圈并绕根数为1　　　　　　(b) 电源引出线的对接导线数量为1

图6-10　线圈并绕根数

(a) 线圈并绕根数为1　　　　　　(b) 电源引出线对接导线数量为2

图6-11　线圈并绕根数和电源引出线对接导线数量

要诀　　　　　　　　　　　　　　　　　　　》》》

并联路数咋判断，引出线来移套管，
数一下对接导线，将之除以并绕根数，
所得数值啥特点，并联路数来体现。

温馨提示： 小型三相异步电动机绕组的并联路数一般为 1，大型三相异步电动机的并联路数有 2 ～ 10 的情况。

4．每槽导线匝数的判断

每槽导线匝数的判断方法有以下两种：

（1）三相交流单层电动机绕组

将电动机的线圈从定子槽中全部取下，数一下线圈的总匝数即为每槽导线匝数。单层绕组每槽导线匝数，如图 6-12 所示。

图 6-12　单层绕组每槽导线匝数

温馨提示： 三相交流电动机单层绕组每槽内的导线匝数都相等。

（2）单相交流同心式电动机绕组

其每槽导线匝数一般不相等，主、副绕组的每槽导线匝数也不相等，一般情况下主绕组匝数多，副绕组匝数少。主绕组每槽导线匝数，如图 6-13 所示。副绕组每槽导线匝数，如图 6-14 所示。

温馨提示： 单相交流电动机的主、副绕组有匝数相等且线径大小不同的情况。

（3）在双层绕组的电动机中

每个线槽中有两把线圈的有效边，其每槽导线匝数为一把线圈匝数的 2 倍。双层绕组其中一把线圈的匝数，如图 6-15 所示。

图 6-13 主绕组每槽导线匝数

图 6-14 副绕组每槽导线匝数

图 6-15 双层绕组其中一把线圈的匝数

5. 绕组接法的判断

在一般通用电动机中，大于 4kW 的电动机绕组为△接法；小于 4kW 的电动机绕组为 Y 形接法。三角形（"△"形）接法，如图 6-16 所示。星形（"Y"形）接法，如图 6-17 所示。

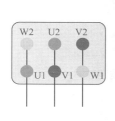

图 6-16　三角形接法

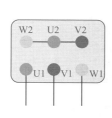

图 6-17　星形接法

温馨提示：对特殊电动机，需检查极相组之间连接关系，看具体属于哪种接法。若为变速电动机，应对各绕组的连接进行认真分析，以判断具体接法。

6. 导线直径的测量

从拆下的旧绕组中，挑选一段比较光亮的导线，在微火中或用打火机烧去外部绝缘漆，如图6-18所示，以便测出实际线径。

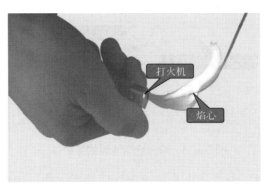

图6-18 在微火中烧去导线上的绝缘漆

温馨提示：导线应在火焰上适当烧烤，以防铜质熔化而导致测量不准。铅导线应比铜导线烧烤时间短一些。

① 用棉纱轻轻擦去残存在导线上的绝缘残物，如图6-19所示。

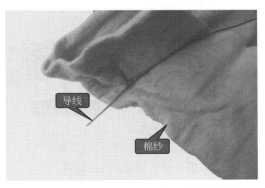

图6-19 用棉纱轻擦导线上的绝缘残物

② 导线在火焰上烧烤后要静止片刻，以防烧烤即擦而损坏导线表面，而导致测量误差。除去绝缘残物的导线较为光亮。除去绝缘漆膜的导线部分，如图 6-20 所示。

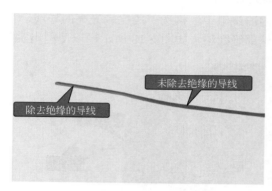

图 6-20　除去绝缘漆膜的导线部分

温馨提示： 新导线也应按旧导线的处理方法，除去导线表面的绝缘漆膜。

③ 用螺旋测微仪测量导线外径时，旋转微调旋钮，直到发出"咔咔"声后，才可读出导线的外径数值，如图 6-21 所示。

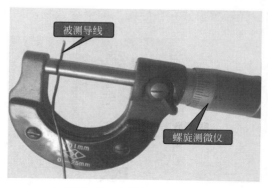

图 6-21　导线外径的测量

导线直径很重要，测量步骤要记牢，
旧绕组一根线就好，光亮导线是我要，
绝缘漆用火烧烤，除去漆膜线径标，
测量导线要记好，螺旋测微仪不可少，
旋转微调"咔咔"叫，导线数值请您瞧。

7. 确定绕组线圈的大小（即绕组线圈的周长）

① 确定绕组线圈的大小是确定线模尺寸的关键。确定绕组线圈大小的简易方法是将导线按原绕组形状制作好，放入旧线圈的中间部位即可确定待绕线圈的大小。如图 6-22 所示。

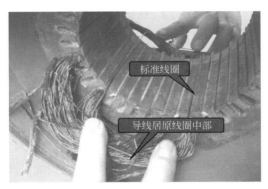

标准线圈

导线居原线圈中部

图 6-22　确定线圈大小的方法

② 线圈大小确定后，应将线圈的一端拧好，避免松脱而使绕制线圈大小不准确。标准线圈的确定，如图 6-23 所示。

8. 电动机极数的判断

绕组极数应与铭牌相符。判断方法有以下几点：

① 根据线圈节距判断电动机极性。线圈的节距等于或接近极距，如 4 极电动机的线圈的节距约为定子铁芯圆周的 1/4。

② 按电动机铭牌上的转速计算出极数。计算公式如下：

$$2p \approx \frac{120f}{n} = \frac{120 \times 50}{n} = \frac{6000}{n}$$

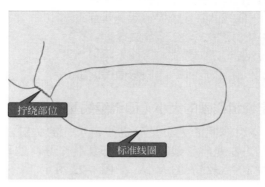

图 6-23　标准线圈的确定

③ 按照极相组数可计算出极数。计算公式如下：

$$2p = \frac{Q}{qm}$$

式中，$2p$ 为极数；Q 槽数；m 为电动机相数；q 为每极每相槽数（由于每个相邻的异相的线圈组之间都有端部相间的绝缘纸隔开，两相邻相间绝缘纸之间的线圈数即是每极每相槽数 q）。

如：一台 48 槽三相异步电动机，两相邻相间绝缘纸之间的线圈数为 4，该电动机的极数 $2p$ 是多少？

$$2p = \frac{Q}{qm} = \frac{48}{4 \times 3} = 4 \text{（极）}$$

9. 显极式和庶极式绕组的判断

如果极相组（又称线圈组）间的首与尾相接，为庶极式绕组。若是尾与尾相接或首与首相接，则为显极式绕组。

要诀　　　　　　　　　　　　　　　　　　　　　>>>

绕组接法咋判断，可从以下方面看，

绕组首尾紧相连，庶极绕组即可判，
尾尾首首紧相连，这种绕组即为显。

旧绕组的拆卸技巧

浸漆烘干后的绕组会变得异常坚固，拆卸时不易进行，常采用溶剂法、热拆法和冷折法等，使绕组上的绝缘漆软化才能快速拆下。

6.2.1　溶剂法

溶剂法是采用溶剂溶解导线上的绝缘漆而使导线变软，以达到快速拆卸的目的。溶剂法只适用于绕组还未老化的情况。溶剂法可分为浸泡法和刷浸法两种。

1. 浸泡法

拆卸小型电动机绕组时，在绝缘漆未老化的情况下，将电动机定子浸入氢氧化钠（工业烧碱）溶剂中（氢氧化钠∶水 =1∶10）2.5h后取出，再用清水冲洗。这时绝缘漆已基本溶化。这样可按绕组顺序逐一拆出。为节省溶剂，也可分左右两侧分别浸泡。

专家提示：使用浸泡法若要加快溶解速度，可将溶剂加热至$80 \sim 100℃$效果更好。由于氢氧化钠具有碱性，具有很强的腐蚀作用，对定子中含铝的电动机不宜采用，若有少量的铝，可先拆下铝制品再进行浸泡。操作中若溶剂溅到皮肤上，应及时用水冲洗。

2. 刷浸法

拆卸大型电动机绕组时，不可用浸泡法，因为用量大，很不经济。应改用以下的溶剂刷浸法，其配合比例是丙酮∶甲苯∶石蜡 =

10：9：1。

将石蜡加热熔化后，移开热源，先加入甲苯，后加丙酮并搅拌。

操作方法是将电动机定子立在有盖的铁箱中，将溶液用毛刷刷在绕组的两边和槽口，然后加盖，以防溶剂挥发，等待 1 ～ 2h 绝缘漆软化后，即可拆卸。

专家提示：使用溶剂法时要注意防火，并在通风良好的地方进行，以防苯的气体吸入人体中毒。

6.2.2 加热法

电动机绕组出现短路、接地或断路故障时，绝大部分的绝缘漆仍未老化而使绕组仍然坚固，可采用加热法使绕组软化以提高拆卸效率。常用的方法有通电加热法、烘烤法和用木柴火烧法等。

1. 通电加热法

采用通电加热电动机线圈时，可把原来三角形（△）接法改接为星形（Y）接法，如图 6-24 所示，通入 380V 三相交流电。

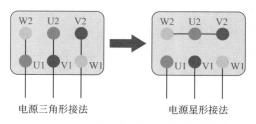

电源三角形接法　　　　　　　电源星形接法

图 6-24　三角形接法改接为星形接法

采用通电加热线圈时，也可把三角形（△）接法，改接为开口三角形（△）接法，如图 6-25 所示，通入 220V 单相交流电源。

温馨提示：故障线圈在通电加热时，应让电动机可靠接地，断电后再拆除绕组，以免电击。通电加热法适用于大、中型电动机，因其温度易于控制，但必须有足够容量的电源设备。绕组中若有断路和短路线圈，则有局部不能加热，可涂刷溶剂以使绝缘漆溶解再进行拆卸。

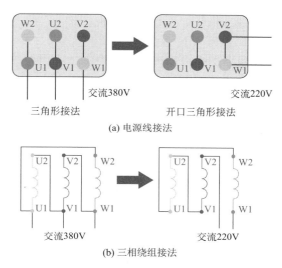

(a) 电源线接法

(b) 三相绕组接法

图 6-25　将三角形接法改为开口三角形接法

2. 用木柴火烧法

在没有条件使用通电加热法或用溶剂软化绝缘法时，可将电动机立放，在定子内孔加入木柴火烧，使绝缘物烧焦。但此操作应注意火势不能太猛，时间不宜太长，应以烧焦绝缘物为止。一般经验是烧到槽楔能自行烘烧时，即应少添柴火，再经 5 ～ 10min 才可熄灭火焰。用木柴火烧法，如图 6-26 所示。

温馨提示： 用木柴火烧法简便易行，而拆下的旧线圈也易于整理成圈，便于包纱回用。在硅钢片上涂有绝缘漆的定子铁芯不宜采用此法，因烧坏绝缘层后，铁耗要增加。

图 6-26　用木柴火烧法

6.2.3　冷拆法

目前，拆卸电动机最常用的方法是冷拆法，它适用于绝缘老化、绕组全部烧毁或槽满率不高的电动机。

冷拆法的操作技巧如下：

步骤 1 拆卸电动机组常用的工具有錾子、钢丝钳、钢丝刷和通条等。拆卸电动机绕组的常用工具，如图 6-27 所示。

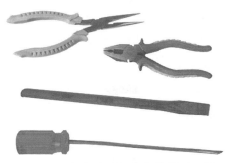

图 6-27　拆卸电动机绕组的常用工具

步骤 2 将拆下转子的定子竖直地放置在平地上，以防錾切线圈时因定子不稳定而伤人。先用剪刀切断绑扎带，如图 6-28 所示。

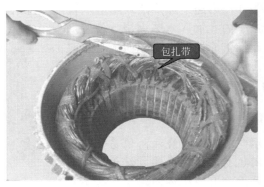

图 6-28　用剪刀切断绑扎带

步骤 3 从接线盒中慢慢拉出引出电源线，如图 6-29 所示。

步骤 4 取出线圈的引出电源线，如图 6-30 所示。

温馨提示： 线圈引出线上一般带有接线片，在引出线未损坏的情况下，可回收利用。

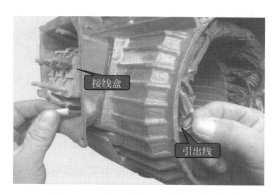

图 6-29 从接线盒中拉出引出电源线

图 6-30 取出线圈引出电源线

步骤 5 取出 6 根带接线片的引出电源线，可再次使用，如图 6-31 所示。

步骤 6 用錾子从任一个线圈的一端开始錾切，如图 6-32 所示。

温馨提示：錾切线圈时，应注意錾子的放置角度，不得过平或过陡。若过陡会损坏铁芯，过平时錾切的线圈端面不平而给线圈的拆卸带来麻烦。

步骤 7 錾切线圈时，应逐个进行，可方便线圈的取下。逐个錾切线圈，如图 6-33 所示。

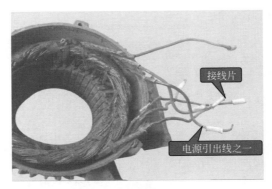

图 6-31　取出 6 根带接线片的引出电源线

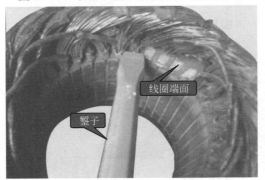

图 6-32　錾切线圈

图 6-33　逐个錾切线圈

步骤 8　錾切时，应保留 2 个不同节距的完整线圈，以作为新线圈的制作标准，如图 6-34 所示。

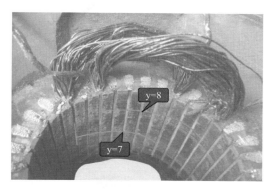

图 6-34　保留不同节距的完整线圈

步骤 9　线圈錾切完毕后，应对錾切不平的线圈端面进行整理，如图 6-35 所示，以防对线圈的拆卸带来不便。

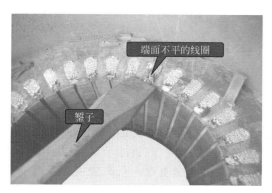

图 6-35　錾切不平的线圈端面

步骤 10　錾切线圈时容易将定子上的硅钢片撬起，如图 6-36 所示。若不加以处理，嵌线时会损坏导线外部的绝缘层。

步骤 11　用冲子和锤子对撬起的硅钢片进行复位，如图 6-37 所示，做到不凸起为止。

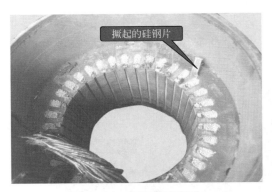

图 6-36 撅起的硅钢片

图 6-37 处理撅起的硅钢片

步骤 12 线圈錾切完毕后，应根据线槽的截面形状和大小选择冲子。用冲子冲击线圈时，应将冲子端部置于线圈截面的中心位置，同时冲子应与线槽截面垂直，否则会损坏线槽。冲子的选取和所处位置，如图 6-38 所示。

步骤 13 在冲击线圈过程中，若不能完全用冲子使导线截面同时向下移动，如图 6-39 所示，冲击过程应及时停止，以防把线槽冲裂。

步骤 14 用冲子冲击线圈端面时，冲下的深度只要把线圈冲动变松即可，如图 6-40 所示。

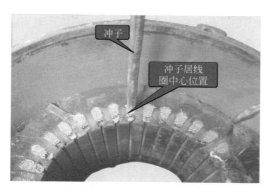

图 6-38　冲子的选取和所处位置

图 6-39　导线槽面不同时向下移动

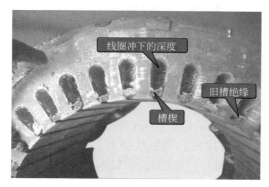

图 6-40　冲击线圈端面的深度

步骤 15 线圈全部向下移动后，应将定子倒置以便拆下余下的旧线圈，如图 6-41 所示。

图 6-41　将定子倒置

步骤 16 用錾子当橇棒撬动线圈，如图 6-42 所示，以使线圈的有效边抽出，方便以后操作。

图 6-42　用錾子当橇棒撬动线圈

步骤 17 用钢丝钳拉下松脱的线圈，如图 6-43 所示。

步骤 18 将已拉出的有效边向外压，以增大操作空间。剩余一个有效边未拉出时，可多圈拧绕线圈后方便拉出线槽，如图 6-44 所示。

图6-43 用钢丝钳拉下松脱的线圈

图6-44 线圈多圈拧绕后拉出

步骤19 留下2个不同节距的完整线圈，如图6-45所示，以便制作线模。

步骤20 线圈全部拔出后，会在线槽内残留槽绝缘和槽楔等杂物，如图6-46所示。

步骤21 由于槽绝缘与线槽黏合较紧，应将通条插入，如图6-47所示，以方便取出槽绝缘。

步骤22 用钢丝钳拉出残存的槽绝缘和槽楔，如图6-48所示。

步骤23 线圈取出后，线槽内存有一些残留物，应用钢丝刷除去，如图6-49所示，否则对以后嵌线带来不便。

图 6-45　剩余不同节距的完整线圈

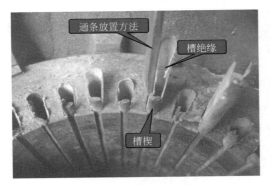

图 6-46　线槽内残留的槽绝缘和槽楔

图 6-47　插入通条

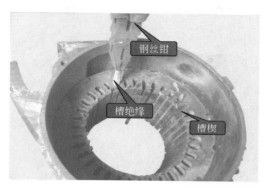

图 6-48　拉出残存的槽绝缘和槽楔

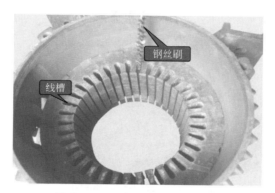

图 6-49　用钢丝刷除去残留物

　　温馨提示：若旧绕组有接地故障时，绕组和铁芯接触点会因拉火而存在烧蚀点，因该点的存在，会使槽满率增大而无法完成嵌线，应用刮刀或锉刀清除。

　　步骤24　清理完残留物后，应检查铁芯的硅钢片是否损坏，硅钢片是否翘起，如图 6-50 所示。

　　步骤25　若发现铁芯上的硅钢片翘起，应用冲子借助锤子予以处理，如图 6-51 所示。

图 6-50　硅钢片翘起

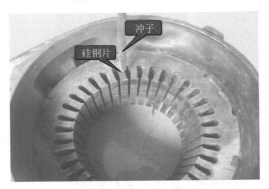

图 6-51　复位翘起的硅钢片

槽绝缘和槽楔的制作

6.3.1　槽绝缘的制作

　　绝缘可分为槽绝缘、相间绝缘、盖槽绝缘和层间绝缘。重绕电动机绕组时，其新绝缘材料特性应与原来相同。槽绝缘所处位置，如图 6-52 所示。

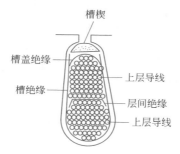

图 6-52 槽绝缘所处位置

槽绝缘的作用是在线槽中防止绕组直接与铁芯接触，避免发生短路现象。槽绝缘可分为盖槽和包槽，其长度 = 铁芯长度加约20cm。槽盖位置如图 6-53 所示，引线纸位置如图 6-54 所示。

图 6-53 盖槽位置

盖槽绝缘纸宽度 $=2h+3.14R$（参见图 6-4 ～图 6-6）。

温馨提示：向盖槽内嵌入导线时，应用引线纸。

盖槽的槽盖纸应与盖槽纸相重叠，但重叠部分应适当。

在实际包槽嵌线中，将宽度确定的绝缘纸的端部放进槽内，嵌线完毕后，用剪刀剪去多余的绝缘纸，如图 6-55 所示。

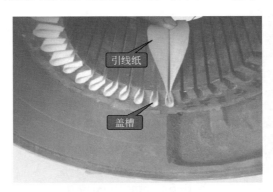

图 6-54　引线纸位置

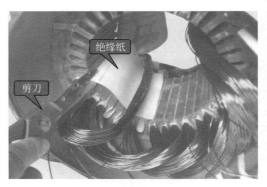

图 6-55　剪去多余的绝缘纸

温馨提示： 双层绕组的层间绝缘可参照槽绝缘的制作，相间绝缘尺寸按实际工作需要而定。

要诀 >>>

槽绝缘纸制作很简单，盖槽和包槽记心间，
长度同铁芯长加 20 算，盖槽绝缘宽度公式显。

6.3.2　槽楔的制作

　　槽楔一般用竹材料制作，其横截面为等腰梯形，用于将线槽内的导线和绝缘压紧。其厚度一般为3mm，长度应适当大于铁芯长度，宽度视情况而定。槽楔外形，如图6-56所示。

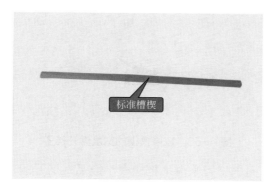

图6-56　槽楔外形

　　槽楔的制作方法如下：

　　步骤1　将竹筷子或竹片截成与旧槽楔或绝缘纸一样长，如图6-57所示。

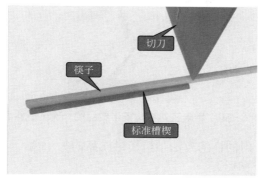

图6-57　截取筷子

步骤2 将筷子或竹片按与原槽楔的宽度用电工刀劈开，如图6-58所示，注意不应劈偏。

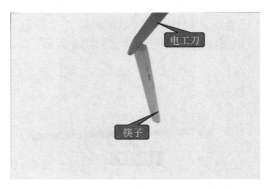

图6-58 按原槽楔的宽度劈开筷子

步骤3 用电工刀平滑地把槽楔半成品（劈开的筷子）的一侧削成斜面，如图6-59所示。

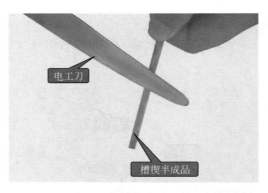

图6-59 用电工刀将槽楔半成品的一侧削成斜面

步骤4 用同样的方法削槽楔半成品的另一端，（图6-60），使其端面为等腰梯形。

步骤5 将槽楔的一头削成斜茬，以便槽楔能顺利地插入线槽中而不损坏槽绝缘如图6-61所示。

图 6-60 削槽楔半成品的另一端

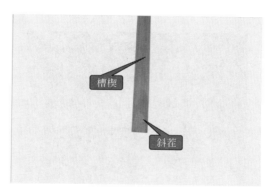

图 6-61 将槽楔的一头削成斜茬

要诀 >>>

槽楔制作有特点，图文并茂便于看，
竹片截成旧槽楔长，竹片与原宽度要一样；
筷子一端削成斜面，端面等腰梯形来体现，
槽楔端部斜茬是要点，顺利插入不损槽绝缘。

6.4

线模的制作、绕线和嵌线特殊说明

6.4.1 线模的制作和绕线

（1）线模制作前的准备

如电动机为三相交叉单层绕组，其绕组的节距有 8 和 7 两种。制作线模前，应测出节距为 7 和 8 的线圈周长。节距为 8 的线圈，如图 6-62 所示。节距为 7 的线圈如图 6-63 所示。

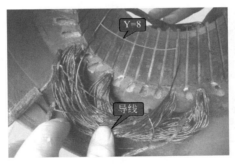

图 6-62 节距为 8 的线圈

具体方法如下：导线应对准槽口，两端应与旧线圈的中心偏下、弧度一致。

导线的接头应拧紧，否则将影响新线圈的精确度。新线圈周长的确定，如图 6-64 所示。

（2）绕模的制作

电动机线模一般有活动线模和固定线模两种。现采用较常用的活动线模。活动线模的特点是绕线时可根据原线圈的周长调节到合适的位置与原线圈周长相同，它能适应不同电动机线圈的绕制。线模外形，如图 6-65 所示。

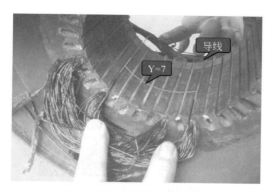

图 6-63　节距为 7 的线圈

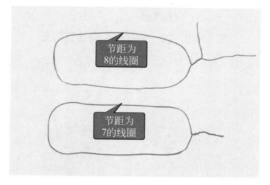

图 6-64　新线圈周长的确定

图 6-65　线模外形

线模的调整步骤如下：

步骤1 将一侧线模安装在支架上，并固定如图 6-66 所示。

图 6-66　将一侧线模安装在支架上

步骤2 将另一侧线模也安装到支架上，如图 6-67 所示。

图 6-67　线模安装完毕

步骤3 用螺丝刀拧松线模上的调整螺钉，如图 6-68 所示。

步骤4 将线模节距为 8 的线圈尺寸套在线模上并用螺丝刀敲击一侧的线模，以使线圈拉紧，如图 6-69 所示。此时节距为 7 的线圈尺寸可自动形成。

步骤5 线模调整完毕，如图 6-70 所示。

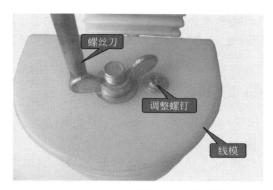

图 6-68 拧松线模上的调整螺钉

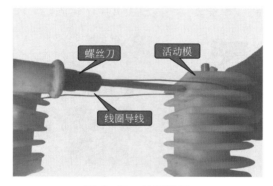

图 6-69 拉紧线圈

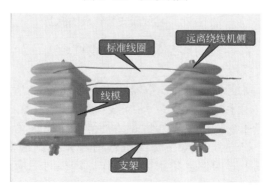

图 6-70 线模调整完毕

温馨提示：从远离绕线机这侧开始，线模按 2 大、1 小，2 大、1 小的顺序分布（2 大是指节距为 8 的 2 个线圈，1 小是指节距为 7 的 1 个线圈）。

6.4.2 线圈的绕制

待修电动机绕组拆除后，已确定了线圈的线径和每槽导线数，即可进行新线圈的绕制。

如电动机线圈特点是每槽导线数都为 58。节距为 8（大线圈）的有 2 组线圈，节距为 7 的（小线圈）有 1 组线圈。线圈的绕制方法如下：

步骤 1 将线模安装到绕线机上并用螺母固定，如图 6-71 所示。

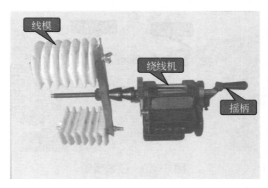

图 6-71 将线模安装到绕线机上

步骤 2 将导线的端部拧绕在绕线机轴上，如图 6-72 所示，并将导线放入线模中。

步骤 3 将绕线机上的计数器归零，如图 6-73 所示。

步骤 4 用手均匀用力转动绕线机手柄，如图 6-74 所示，绕线时应使线圈在线模槽中排列整齐，不得将导线交叉。

步骤 5 将导线拧绕在绕线机轴前，先把绝缘套管套在导线上，用布或戴手套操作，禁止徒手操作。绕线时手应适当用力，使线圈接合紧密，便于以后端部整形。不正当操作，如图 6-75 所示。

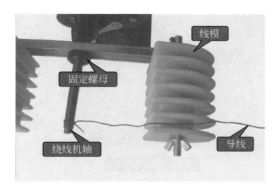

图6-72 导线端部的固定

图6-73 将绕线机上的计数器归零

图6-74 转动绕线机手柄

图 6-75　不正当操作

步骤 6　当绕线机上的计数器显示数为 58 时，则表明该线圈绕制结束，如图 6-76 所示。

图 6-76　一个线圈绕制结束

步骤 7　第一个线圈绕制完成后，应将导线滑入第 2 个线槽，如图 6-77 所示。

步骤 8　第 1 组线圈绕制完成，如图 6-78 所示。

步骤 9　第 1 组线圈绕制结束后，应用布带或软线绑扎（如图 6-79 所示），避免导线乱把。

步骤 10　将绕制好的线圈从线模上拆下，摆放整齐，如图 6-80 所示。

图 6-77　导线滑入第 2 个线槽

图 6-78　第 1 组线圈绕制完成

图 6-79　用布带绑扎线圈

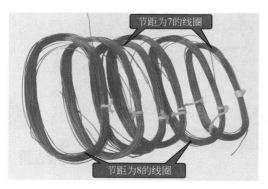

图 6-80 拆下线圈并摆放整齐

步骤 11 将 2 个大线圈（节距为 8）连接在一起（不剪断）组成一组，用剪刀剪去大线圈与小线圈之间的连接线，如图 6-81 所示。

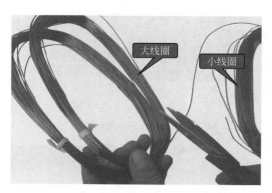

图 6-81 剪断大线圈与小线圈间的连线

步骤 12 再剪断小线圈与大线圈之间的连线，如图 6-82 所示。

步骤 13 按此规律将大、小线圈间的连线剪断，并分开放置，如图 6-83 所示。

温馨提示： 在绕线过程中，若某一个线圈没有绕制完成（图 6-84），应进行接线处理。

图 6-82　剪断小线圈与大线圈之间的连线

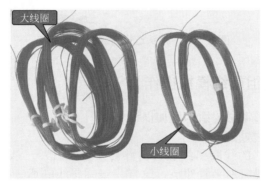

图 6-83　把大、小线圈分开

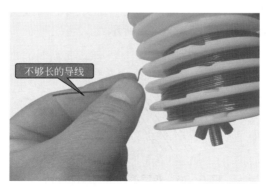

图 6-84　某一个线圈未绕制完成

导线接头处应选择线模的顶端部位（图 6-85），嵌线时接头不会出现在线槽中。

图 6-85　接头选择在线模顶端部位

6.4.3　绕组重绕模拟操作

现以菱形双层绕组为例加以说明。

（1）引线处理

先将绕好的线圈引线理直，并套上黄蜡管，一般是右手捏线，所以要求绕线时右手挂线头，这样将线圈尾线的那一组作为第一组下入，使圈间连接线的跨距比节距大一槽，把连接线处理在线圈内侧，不使连接线拱出在外面，造成端部外圆上的线交叉而不整齐。双层菱形绕组端部排列如图 6-86 所示。

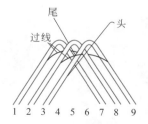

图 6-86　双层菱形绕组端部排列

如果绕线时左手挂线头，而下线时仍是用右手捏线，则过桥线跨距比节距少一槽，使连接线拱在外边，造成端部外圆上线交叉不整齐，如图6-87所示。

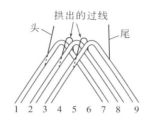

图6-87　使连接线拱在外边

（2）线圈捏法

将线圈宽度稍压缩。对两极电动机线圈而言，此宽度要比铁芯内孔稍小些，然后用右手大拇指和食指捏住下层边，左手捏住上层边，乘势将两边扭一下，使上层边外侧导线扭在上面，下层边内侧导线扭在下面，如图6-88所示。

图6-88　左手捏住上层边

这种捏法是否能将线圈顺利嵌好，使导线排列整齐的关键措施。因为这样把线圈扭一下，使端部扁而薄，适合于第二个线圈的重叠，线鼻处是斜而顺序地排列，减少两线鼻处的压强。如图6-89所示，在线鼻处十字交叉的压强要比不扭时小得多，避免此处压破导线绝缘，减少匝间短路的机会。更重要的是因为绕组是在平直的模板上绕的，而定子槽是分布在圆周上的，即线圈两边所在的两个槽是八字形排列，所以在槽上部的导线所跨的弧长要比槽底部所跨的弧长小些，这在二极电动机上表现更为明显。如果下线时不按上述的捏法将线圈边扭一下，则槽上部的导线势必拱起来，由于扭了一下，使线圈内的导线变位，线端部有了自由伸缩的余地，下线、整形就会便利，易于平整服帖。在扭线圈边的同时，将下层边的前方尽量捏扁。引线放在第一根先下，顺利推入槽口，此时左手在定子的一端接住，尽可能地把下层边一次拉入。

易生短路处

图6-89　线鼻处是斜而顺序地排列，减少两线鼻处的压强

（3）下线圈时应注意事项

从第7槽开始顺序下入下层边，此时第1、2、3、4、5和6号槽的上层边还不能下入，要用纸垫好，防止给槽口割伤，等到下完一个节距的下层边，即下到第13槽的下层边，才可以将其第7槽的上层边下入。从下第一个下层边开始，就应将每个线圈的端部按下去一些，便于下线。

专家提示：在下完每个线圈的上层边后，尤其在下完第一个上层边后，应用手掌根将其端部按下去，用橡胶锤把端部打成合适的喇叭口，不得任其超过定子铁芯的内圆，否则，将使以后整个定子线圈下线困难。

（4）划线的手法

下层边拉入后，将上层边推至槽口，理直导线，左手大拇指和食指把线圈捏扁，不断地送入槽内，同时，右手用划线板在线圈边两侧交替划，引导导线入槽，当大部分导线下入后，两掌向里和向下按压线圈端部，使端部压下去一点，而且使线圈张开一些，不使已下入的导线张紧在槽口。划线时应注意先划下面的几根线，这样下完后，可使导线顺序排列，没有交叉。划线板运动方向如图6-90所示。

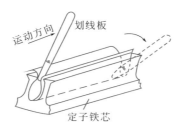

图6-90 划线板运动方向

（5）导线压实

当槽满率较高时，可以用压线板压实，不可猛撬。定子较大时，可用小榔头轻敲压线板，应注意端部槽口转角处，往往容易凸起，使线下不去，因此应把竹板垫住打此处。

（6）层间垫条

在下完下层边后，即将绝缘纸条曲成半圆形的垫条穿入槽内，盖住下层边，应注意不能有个别导线曲在垫条下面，否则，将造成相间击穿。

专家提示：垫条须用压线板压实，也可用小榔头敲压线板压实。

（7）封槽口

槽满率越高，封槽口越重要。先将线压实，然后用铁划板折合槽绝缘包住导线，如图6-91所示。用压线板压实绝缘纸后即从一端打入槽楔，槽楔长度比槽绝缘短3mm，厚度不小于2.5mm，进槽后松紧要适当。

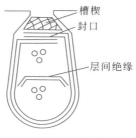

图6-91 封槽口

（8）放端部相间绝缘

端部相间绝缘必须塞到槽绝缘处相接，且压住层间垫条。中型电动机线圈端部转角处部分要包扎一下，以增加线圈间绝缘和线圈的机械强度。

绕组嵌线工艺

6.5.1 绕组嵌线原理

现以 36 槽 4 极单层交叉链式绕组为例加以说明。为方便实际嵌线，进行重绕模拟操作。根据该电动机绕组特点画出其绕组接线、布线展开图，如图 6-92 所示，其端面图，如图 6-93 所示。

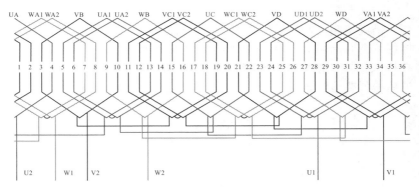

图 6-92　36 槽 4 极单层交叉链式绕组展开图

嵌线操作如下：

步骤 1　将各槽标号：接近槽口的定为 1 号槽，依顺时针方向标定 2～36 槽。用字母 A～D 将每相各极线圈标号：W 相第 1 组线圈定为 WA（WA1、WA2），第 2 组线圈定为 WB，其余类推。

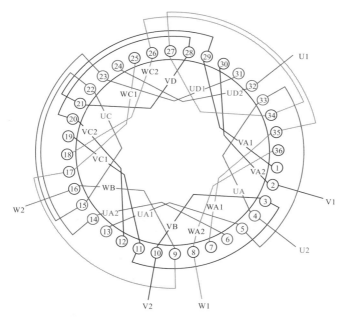

图 6-93 36 槽 4 极单层交叉链式绕组端面图

步骤 2 将相第 1 组线圈 VA（VA1、VA2）的尾边分别嵌入 1、2 号槽，其首边暂不嵌，作为吊把，等待分别嵌入 29、30 号槽。

步骤 3 空 1 槽（即 3 号槽），在 4 号槽内嵌入 U 相第 1 组线圈 UA 的尾边，其首边暂不嵌，作为吊把，等待嵌入 33 号槽。

步骤 4 空 2 槽（即 5、6 号槽），在 7、8 号槽内分别嵌入 W 相第 1 组线圈 WA（WA1、WA2)的尾边，其首边分别直接嵌入 35、36 号槽。

步骤 5 空 1 槽（即 9 号槽），在 10 号槽内嵌入 V 相第 2 组线圈 VB 的尾边，其首边嵌入 3 号槽。

步骤 6 按照嵌 2 槽、空 1 槽，嵌 1 槽、空 2 槽的规律，将其余各极相组线圈分别嵌入各对应槽内，并把 3 个吊把分别嵌入 29、

30 和 33 号槽。

步骤7 按显极式布线（首接首、尾接尾）连接各内接线。在接线盒中，将 U2、V2 和 W2 按星形连接，由 U1、V1 和 W1 导出接线盒。

6.5.2　绕组重绕工艺

线圈绕制完成后，开始准备工具，但嵌线的质量好坏直接影响电动机的性能和使用寿命。

步骤1 准备嵌线工具。

嵌线所需工具有：压线钳、划线板、橡皮锤等，如图 6-94 所示。

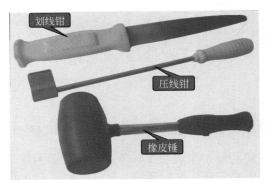

图 6-94　嵌线工具

步骤2 将剪好的槽绝缘放入定子线槽中，如图 6-95 所示。为展示包槽和盖槽的操作方法，电动机先按包槽嵌放，再用盖槽嵌放。

步骤3 将靠近接线盒处的槽口定为 1 号槽，按顺时针方向标定 2 ～ 36 槽。然后在 1 号槽的盖槽内放入引线纸，如图 6-96 所示，以利于导线滑入线槽内。

步骤4 用右手大拇指和食指将线圈的沉边（即 V 相第 1 组线圈 VA1 的尾边）捏扁，如图 6-97 所示，以便导线顺利进入线槽

图 6-95　将槽绝缘放入线槽中

图 6-96　在盖槽上放入引线纸

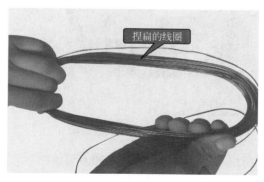

图 6-97　捏扁线圈沉边（即尾边）

步骤5　将捏扁的 V 相第 1 组线圈 VA1 的尾边通过引线纸分别滑入 1 号槽内，如图 6-98 所示。其首边暂不嵌下，作为吊把，等待嵌入 29 号槽。

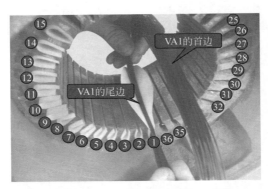

图 6-98　将 VA1 的尾边嵌入 1 号槽

步骤6　将 VA1 的尾边嵌入 1 号槽后，应把该线圈的端部用手向右下方向按压，如图 6-99 所示，以增大嵌线空间，又可为整形提供方便。

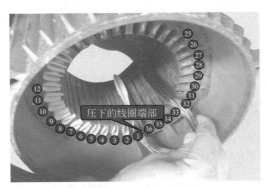

图 6-99　按压线圈端部

步骤7　将引线纸取下，如图 6-100 所示。

步骤8　将 1 号槽的盖槽纸插入线槽中，如图 6-101 所示，以包裹线圈，避免与铁芯接触而产生接地故障。

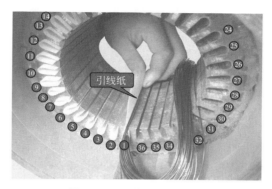

图 6-100　将引线纸取下

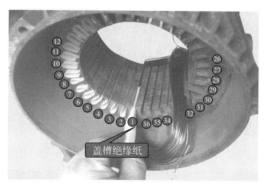

图 6-101　在 1 号槽中插入盖槽纸

步骤 9　将压线钳从定子槽口的一端插入，由外而近运动，并不停地上下搬动，以使导线更加紧密如图 6-102 所示，有利于安装槽楔。

步骤 10　随手将准备好的槽楔从线槽的一端插入，如图 6-103 所示，并把导线和绝缘纸压紧。

步骤 11　在 2 号槽内放入引线纸，如图 6-104 所示。

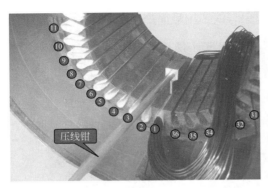

图 6-102　将压线钳上下搬动以使导线更加紧密

图 6-103　将槽楔插入线槽内

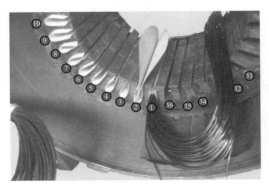

图 6-104　在 2 号槽内放入引线纸

步骤 12　将捏扁的 V 相第 1 组线圈 VA2 的尾边依次滑入 2 号槽内，如图 6-105 所示，其首边暂不嵌，作为吊把，等待嵌入 30 号槽。

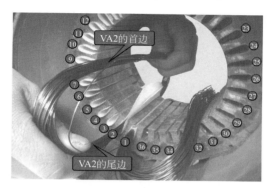

图 6-105　将 VA2 的尾边嵌入 2 号槽

步骤 13　VA2 的尾边嵌线接近尾声时，有几匝导线滑入线槽的阻力较大，应用划线板将其分别划入，如图 6-106 所示。

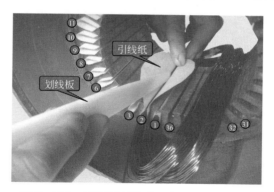

图 6-106　用划线板将余下的导线划入线槽

步骤 14　去掉引线纸，用划线板将导线向下移动，顺势将盖槽纸放入 2 号槽，如图 6-107 所示，以防线圈接地。

步骤 15　用压线钳沿着线槽方向向下压下导线，如图 6-108

所示，以使导线平直和紧密。

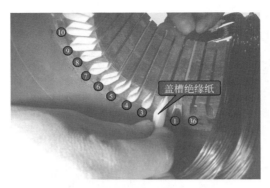

图 6-107　将盖槽纸放入 2 号槽内

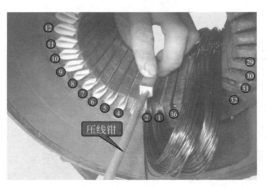

图 6-108　用压线钳压下导线

步骤 16　将 VA2 的尾边嵌放 2 号槽后，应将 VA2 线圈的首边端部向下方向按压，如图 6-109 所示，保持与第 1 个吊把方向一致。

步骤 17　空 1 槽（即 3 号槽），在第 4 号槽内嵌入 U 相第 1 组线圈 UA 的尾边（即节距为 7 的线圈），如图 6-110 所示，其首边暂不嵌，作为吊把，等待嵌入 33 号槽。

步骤 18　将 UA 线圈的尾边嵌入 4 号槽快要结束时，有几匝线圈不易入槽，应用划线板将余下的线匝划落线槽中，如图 6-111 所示。

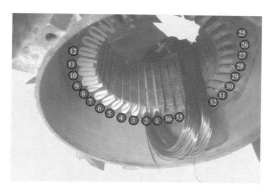

图 6-109　VA2 的尾边导线嵌入完毕

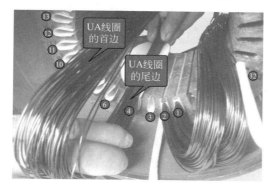

图 6-110　将 UA 线圈的尾边嵌入 4 号槽

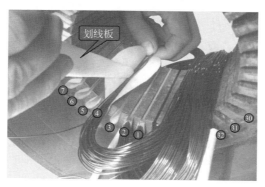

图 6-111　用划线板将余下的线匝划落线槽中

步骤 **19** 将 UA 线圈的尾边嵌入线槽后，在线圈两端部用手向右下方向将其首边与其他吊把紧靠，如图 6-112 所示，以便于整形。

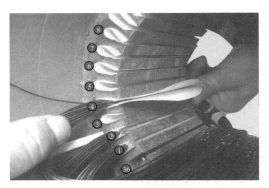

图 6-112 将 UA 线圈端部向其首边紧靠

步骤 **20** 线圈略整形后（图 6-113），取下引线纸并封装槽口。

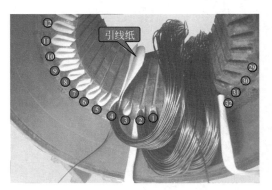

图 6-113 对 UA 线圈略整形

步骤 **21** 空 2 槽（即 5、6 号槽），在 7 号槽内放入引线纸后，把 W 相第 1 组线圈 WA1 的尾边嵌入槽中（图 6-114)，然后将其首边嵌入 35 号槽，并封装槽口。

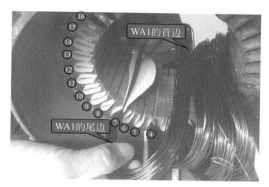

图 6-114　将 WA1 线圈的尾边嵌入 7 号槽

步骤 22　在 35 号槽中放入包槽绝缘后（槽外部分相当于引线纸），将 WA1 的首边不作吊把而直接嵌入 35 号槽（图 6-115），最后几匝线圈难以嵌放，可借助划线板划入线槽中。

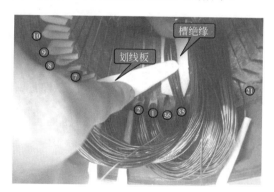

图 6-115　将 WA1 线圈的首边嵌入 35 号槽

步骤 23　用剪刀剪去多余的槽绝缘纸。裁剪时剪刀应紧贴铁芯，但不能留过多槽绝缘纸（图 6-116），以免安装包槽绝缘时增加难度。

步骤 24　用划线板将包槽左侧的绝缘纸划入线槽中，如图 6-117 所示。

图 6-116　剪去多余的槽绝缘纸

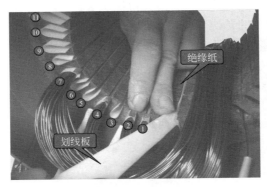

图 6-117　将左侧绝缘纸划入线槽内

　　步骤 25　用划线板将包槽右侧的绝缘纸划入线槽中，如图 6-118 所示。

　　步骤 26　为了便于槽楔的穿入和使导线紧密，应用压线钳从左向右移动并不停地上下拨动，如图 6-119 所示。

　　步骤 27　将槽楔装入 35 槽，如图 6-120 所示。

　　步骤 28　在 8 号槽内放入引线纸后，将捏扁的 WA2 线圈的尾边嵌入，如图 6-121 所示。

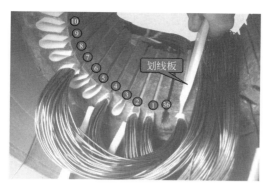

图6-118 将右侧绝缘纸划入线槽中

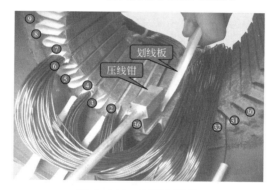

图6-119 压线钳操作

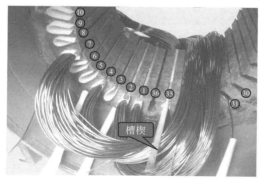

图6-120 将槽楔装入35号槽

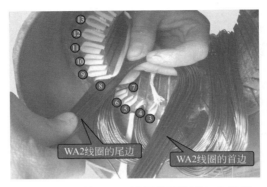

图 6-121　将 WA2 线圈的尾边嵌入 8 号槽

步骤 29　WA2 线圈的尾边嵌入 8 号槽后，取下引线纸，安装盖绝缘并封装槽口，如图 6-122 所示。

图 6-122　封装 8 号槽口

步骤 30　在 36 号槽内放入包槽绝缘纸，如图 6-123 所示。

步骤 31　把 WA2 线圈的首边导线逐步并借助划线板嵌入 36 号槽，如图 6-124 所示。

步骤 32　WA2 线圈的首边入槽后，适当用手按压线圈端部，并使之远离定子空腔，有助以后嵌线和整形，如图 6-125 所示。

步骤 33　空 1 槽（即 9 号槽），在 10 号槽内加入引线纸后嵌入 VB 线圈的尾边，如图 6-126 所示。

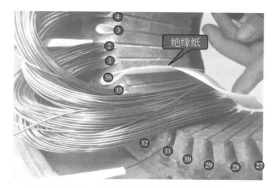

图6-123 在36号槽内放入包槽绝缘纸

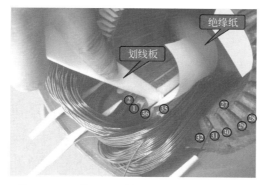

图6-124 将WA2线圈的首边嵌入36号槽

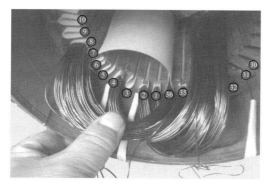

图6-125 对线圈端部略整形

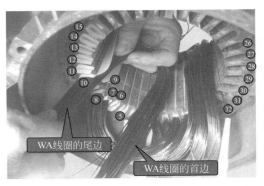

图 6-126　在 10 号槽内嵌入 VB 线圈的尾边

步骤 34　用划线板将 VB 线圈的首边划入 3 号槽，如图 6-127 所示。

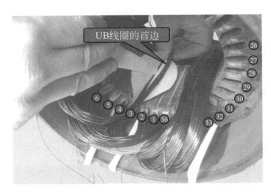

图 6-127　在 3 号槽内嵌入 VB 线圈的首边

步骤 35　将 VB 线圈的首边嵌入 3 号槽后，用压线钳压好导线，插入盖槽绝缘纸（图 6-128），最后封装槽口。

步骤 36　空 2 槽（即 11、12 号槽），在 13 号槽内嵌入 U 相第 2 组线圈 UB1 的尾边，如图 6-129 所示，并封装槽口。

步骤 37　在 5 号槽内嵌入 U 相线圈 UB1 的首边，如图 6-130 所示，装入盖槽绝缘纸并封装槽口。

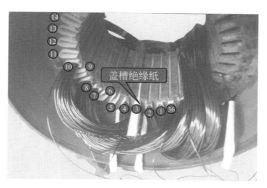

图6-128 插入盖槽绝缘纸

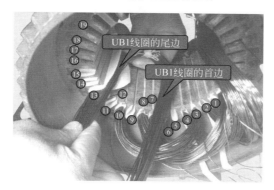

图6-129 在13号槽内嵌入U相线圈UB1的尾边

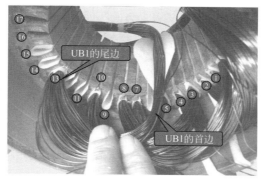

图6-130 在5号槽内嵌入U相线圈UB1的首边

步骤 38 在 14 号槽内嵌入 U 相线圈 UB2 的尾边，如图 6-131 所示，并封装槽口。

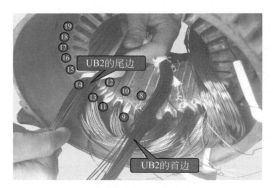

图 6-131 在 14 号槽内嵌入 U 相线圈 UB2 的尾边

步骤 39 在 6 号槽内嵌入 U 相线圈 UB2 的首边，如图 6-132 所示，并封装槽口。

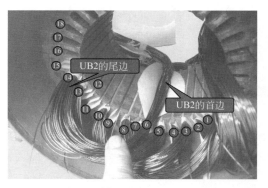

图 6-132 在 6 号槽内嵌入 U 相线圈 UB2 的首边

步骤 40 空 1 槽（即 15 号槽），在 16 号槽内放入槽绝缘，16 号槽内嵌入 W 相线圈 WB 的尾边，在 9 号槽内嵌入 W 相线圈 WB 的首边（图 6-133），以免嵌线时或使用中损坏线圈上的绝缘漆。

步骤 41 空 2 槽（即 17、18 槽），在 19 槽内嵌入 V 相线圈

VC1 的尾边，如图 6-134 所示。

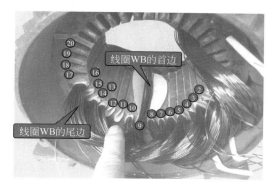

图 6-133 在 9 号槽内嵌入 W 相线圈 WB 的首边

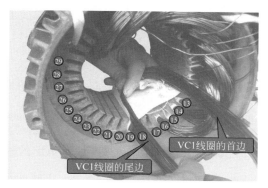

图 6-134 在 19 槽内嵌入 V 相线圈 VC1 的尾边

步骤 42 在 11 号槽内嵌入 V 相线圈 VC1 的首边，如图 6-135 所示。

步骤 43 在 20 号槽内嵌入 V 相线圈 VC2 的尾边（图 6-136），此槽采用包槽方法进行包裹线圈。

步骤 44 在 12 号槽内嵌入 V 相线圈 VC2 的首边（图 6-137），此槽采用盖槽方法进行包裹线圈。

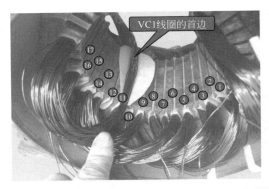

图 6-135　在 11 号槽内嵌入 V 相线圈 VC1 的首边

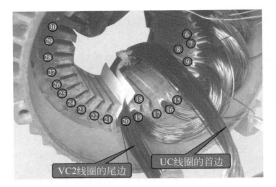

图 6-136　在 20 号槽内嵌入 V 相线圈 VC2 的尾边

步骤 45　空 1 槽（即 21 号槽），在 22 号槽内放入包槽绝缘纸后，将 U 相线圈 UC 的尾边嵌入线槽中（图 6-138），然后封装槽口。

步骤 46　在 15 号槽内放入包槽绝缘纸后，将 U 相线圈 UC 的首边嵌入线槽内（图 6-139）并封装槽口。

步骤 47　空 2 槽（即 23 24 号槽），在 25 号槽内放入包槽绝缘纸后，将 W 相线圈 WC1 的尾边嵌入该槽（图 6-140），然后封装槽口。

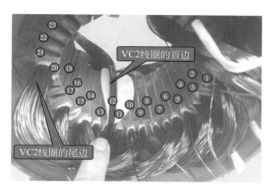

图6-137　在12号槽内嵌入V相线圈VC2的首边

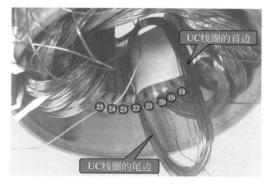

图6-138　在22号槽内嵌入U相线圈UC的尾边

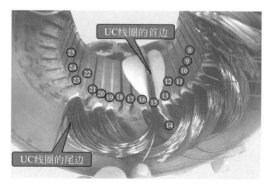

图6-139　在15号槽内嵌入U相线圈UC的首边

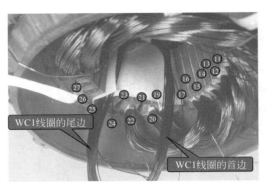

图 6-140　在 25 号槽内嵌入 W 相线圈 WC1 的尾边

步骤 48　在 17 号槽内放入包槽绝缘纸后，将 W 相线圈 WC1 的首边嵌入线槽内（图 6-141）并封装槽口。

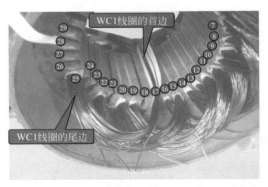

图 6-141　在 17 号槽内嵌入 W 相线圈 WC1 的首边

步骤 49　接着不空槽，在 26 号槽内放入包槽绝缘纸后，将 W 相线圈 WC2 的尾边嵌入线槽内（图 6-142），然后封装槽口。

步骤 50　在 18 号槽内放入包槽绝缘纸后，将 W 相线圈 WC2 的首边嵌入线槽中（图 6-143），然后封装槽口。

步骤 51　空 1 槽（即 27 号槽），在 28 号槽内嵌入 V 相线圈 VD 的尾边（图 6-144），插入盖槽绝缘纸后封装槽口。

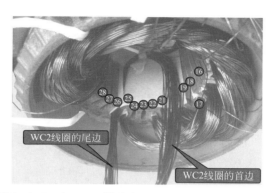

图 6-142　在 26 号槽内嵌入 W 相线圈 WC2 的尾边

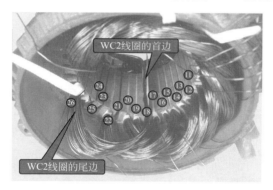

图 6-143　在 18 号槽内嵌入 W 相线圈 WC2 的首边

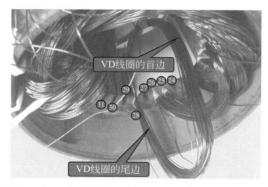

图 6-144　在 28 号槽内嵌入 V 相线圈 VD 的尾边

步骤 52 在 21 槽内嵌入 V 相线圈 VD 的首边（图 6-145），插入盖槽绝缘纸后封装槽口。

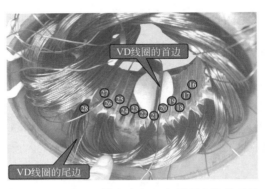

图 6-145 在 21 槽内嵌入 V 相线圈 VD 的首边

步骤 53 空 2 槽（即 29、30 号槽），在 31 号槽内放入包槽绝缘纸后，将 U 相线圈 UD1 的尾边嵌入该线槽内，如图 6-146 所示。

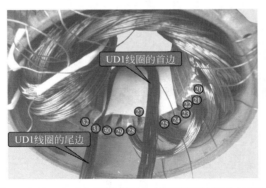

图 6-146 在 31 号槽内嵌入 U 相线圈 UD1 的尾边

步骤 54 接着在 23 号槽内放入包槽绝缘纸后，将 U 相线圈 UD1 的首边嵌入线槽内，如图 6-147 所示。

步骤 55 在 32 号槽内放入包槽绝缘纸后，将 U 相线圈 UD2 的尾边嵌入线槽内（如图 6-148 所示），然后封装槽口。

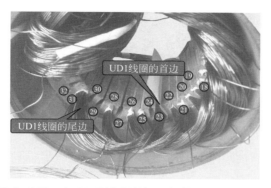

图 6-147　在 23 号槽内嵌入 U 相线圈 UD1 的首边

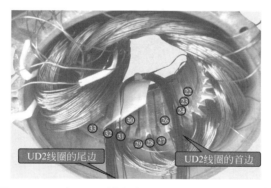

图 6-148　在 32 号槽内嵌入 U 相线圈 UD2 的尾边

步骤 56　在 24 号槽内将 U 相线圈 UD2 的首边嵌入线槽内（图 6-149），然后取掉引线纸，加上盖槽绝缘纸并封装槽口。

步骤 57　空 1 槽（即 33 号槽），在 34 号槽内嵌入 W 相线圈 WD 的尾边（如图 6-150 所示），取下引线纸，加上盖槽绝缘纸后封装槽口。

步骤 58　将 W 相线圈 WD 的首边嵌入 27 号槽（图 6-151），取下引线纸，加上盖绝缘纸并封装槽口。

步骤 59　将 V 相线圈 VA1 的吊把 (即首边) 嵌入 29 号槽（图 6-152），取掉引线纸，加上盖绝缘纸并封装槽口。

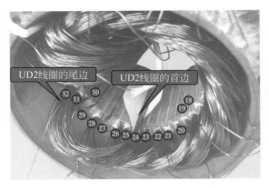

图 6-149　在 24 号槽内嵌入 U 相线圈 UD2 的首边

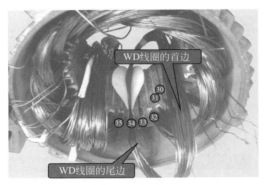

图 6-150　在 34 号槽内嵌入 W 相线圈 WD 的尾边

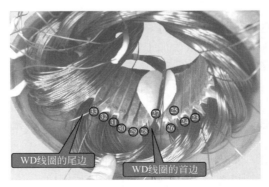

图 6-151　在 27 号槽内嵌入 W 相线圈 WD 的首边

图 6-152　在 29 号槽内嵌入 V 相线圈 VA1 的吊把（即首边）

步骤 60　将 V 相线圈 VA2 的吊把（即首边）嵌入 30 号槽（图 6-153），取下引线纸，加上盖槽绝缘纸并封装槽口。

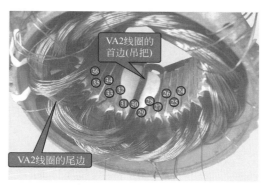

图 6-153　在 30 号槽内嵌入 V 相线圈 VA2 的吊把（即首边）

步骤 61　将 U 相线圈 UA 的吊把（即首边）嵌入 33 号槽（图 6-154），取掉引线纸，加上盖绝缘纸并封装槽口。绕组嵌线到此完成。

6.5.3　接线和相间绝缘的放置

（1）准备工作

步骤 1　将电动机线圈的引线头放入定子内孔中（图 6-155），

以防电动机倒置时损坏导线表面的绝缘层。

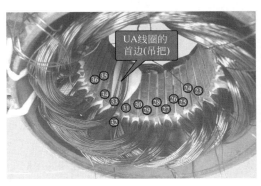

图6-154 在33号槽内嵌入U相线圈UA的吊把（即首边）

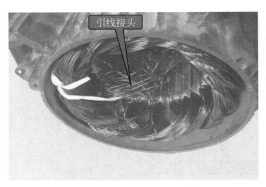

图6-155 将线圈引线头放入定子内孔中

步骤2 将电动机左右倒置，左侧着地（可看到线圈的扎线）（图6-156），方便操作。

步骤3 拆开线圈扎线（图6-157），以便嵌放相间绝缘和整形操作。

步骤4 拆完线圈扎线后（图6-158），对绕线时的线头进行焊接处理。

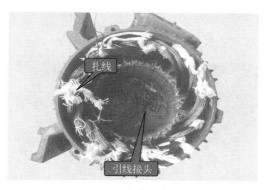

图 6-156　电动机左侧着地

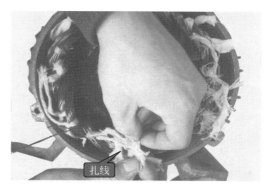

图 6-157　拆开线圈的扎线

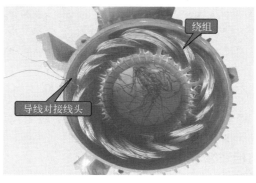

图 6-158　拆完的线圈扎线

（2）绕线时线头的连接

步骤1 松开对接导线，如图 6-159 所示。

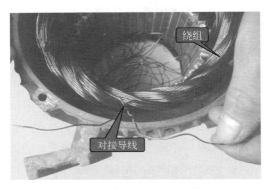

图 6-159 松开对接导线

步骤2 用刀片或剪刀刮去导线上的绝缘层（图 6-160），以减小接触电阻。若接触电阻过大，电动机通电后会发生严重的电化腐蚀。

图 6-160 刮去导线上的绝缘层

步骤3 导线接头的绝缘层刮去后，线头应用锡焊焊接牢固并套上绝缘套管（图 6-161），以防漏电。

（3）放置相间绝缘

为防止绕组每个极相组之间在端部产生短路，应在每个极相组间加入长条状的相间绝缘。槽绝缘和相间绝缘的材料一般相同。

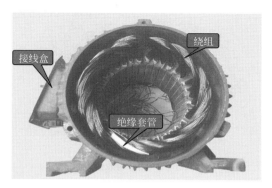

图 6-161 在导线的对接处套上绝缘套管

相间绝缘的位置要适当，以完全隔离相间绕组为原则，并按一定方向均布，避免出现漏装现象。嵌放相间绝缘，如图 6-162 所示。

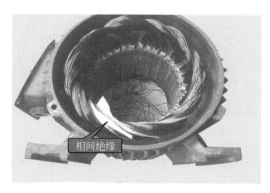

图 6-162 嵌放相间绝缘

相间绝缘放置完毕后（图 6-163），应剪去多余的部分。

（4）端部整形

端部整形的要点如下：

要点 1 整形时先用木板或划线板撬动绕组端部，如图 6-164 所示。

图 6-163　相间绝缘放置完毕

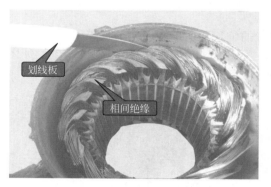

图 6-164　用划线板撬动绕组端部

要点 2　将木板放到绕组端部并用橡皮锤或木锤轻敲，也可用橡皮锤直接轻敲绕组端部，如图 6-165 所示。

要点 3　整形后的绕组端部应排列整齐且向外呈喇叭口状（图 6-166）。为保证运行时通风良好，喇叭口的大小要适当。

6.5.4　绕组接线和焊接

（1）接线

电动机绕组第一相出线端确定后，根据电动机三相引出线田间互为 120° 电角度的原理，再根据 α（每槽电角度）$= \dfrac{p(\text{极数}) \times 360°}{Z}$，

求出每槽电角度，如每槽电角度为 30°，这时，从第一相绕组出线端起向左数 4 槽作为第二相绕组出线端，向右数 4 槽，作为第三相绕组的出线端。

图 6-165　用橡皮锤轻敲绕组端部

图 6-166　整形后的喇叭口状

① 三相绕组首端的确定。电动机绕组每相出线端确定后，根据电动机三相引出线之间为 120° 电角度的原理，再根据

$\alpha = \dfrac{p \times 360°}{Z}$，可求出槽距角 $\alpha = \dfrac{p \times 360°}{Z} = 20°$，应从第一相数起。电动机的 3 个引出端，如图 6-167 所示。

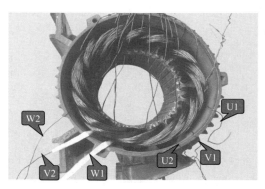

图 6-167　电动机的 3 个引出端

三相电动机的首端 U1、V1、W1 分别在 32、2 和 8 号槽。尾端 U2、V2、W2 分别在 4、10 和 16 号槽。三相电动机首、尾端的位置，如图 6-168 所示。

图 6-168　三相电动机首、尾端的位置

② 极相组间引线的连接和焊接。

（2）极相组之间引线的连接

首先根据电动机出线端（靠近接线盒的一侧），选某一把线的底边作为引出线的首端，然后按该电动机的要求进行连接。若电动机的线圈组连接方式属于显极式（首接首、尾接尾）即把嵌好的线圈的面线接面线、底线接底线，如图6-169所示。若电动机的线圈组连接方式属于庶极式（首尾相接）即面线接底线，面线（尾边）和底线（首边）说明如图6-170所示。

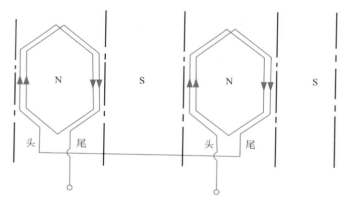

图6-169　显极接线

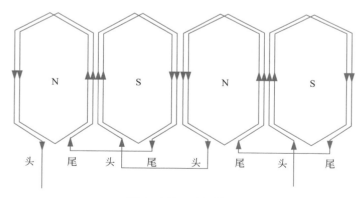

图6-170　庶极接线

　　线圈完全嵌入线槽后，需对线圈或各极相组之间的引线进行连接。接线时应根据记录的数据，弄清绕组的连接方法、并联支路和绕组的接法。此时要弄清引出线的方位，使引出线靠近接线盒的一侧。

　　若电动机线圈连接属于显极式（首接首、尾接尾），即把嵌好的线圈的面线接面线、底线接底线，如图 6-171 所示。

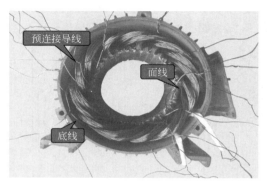

图 6-171　极相组的预连接

　　将预连接的导线分次拆开（如图 6-172 所示），并进行绞接。

图 6-172　将预连接导线分开

　　将绝缘套管套入导线上，并对相接的导线接头处的绝缘层除去后进行绞接（注意对接导线不宜过长），如图 6-173 所示。

图 6-173 导线的绞接

用电烙铁把松香涂在导线的接头处进行去污（图 6-174），然后将锡均匀地涂在接点表面。

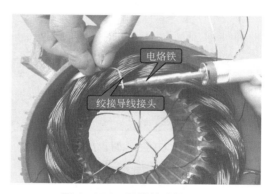

图 6-174 导线接头的焊接

将涂过锡的接头折向无绝缘套管的一侧（图 6-175），并用力压紧，以使绝缘套管通过。

将绝缘套管向接头部位移动，若阻力过大或无法移动，应用钢丝钳适当用力夹紧接头，绝缘套管即可轻松通过，如图 6-176 所示。

按照上述方法，将所有预接头分开、除绝缘漆、绞接、涂锡并套上绝缘套管等操作，如图 6-177 所示。

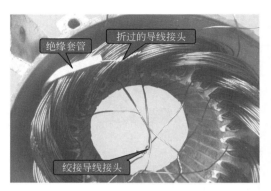

图 6-175 将涂过锡的接头折向一侧

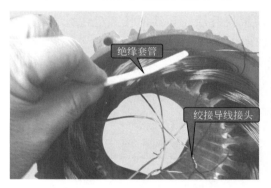

图 6-176 用绝缘套管套住接头

图 6-177 将接头全套上绝缘套管

在 6 根引出线上均匀地套上适当长度的绝缘套管，如图 6-178 所示。

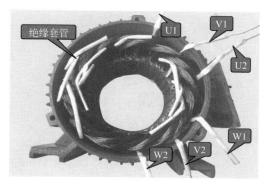

图 6-178 将绝缘套管套在 6 根引出线上

6.5.5 相间绝缘的放置和首、尾引出线的导出

（1）相间绝缘的放置

为防止绕组在端部产生短路现象，应在每个极相组之间加长条形相间绝缘纸而进行绝缘。

放置相间绝缘（图 6-179）时，应按顺序进行。

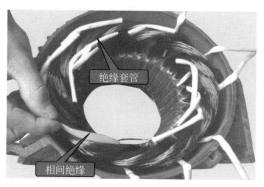

图 6-179 放置相间绝缘

相间绝缘放置完毕后（图 6-180），应剪去较长的部分，以每相线圈不相互接触为宜。

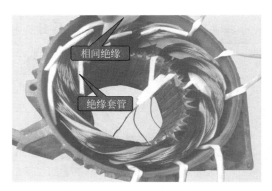

图 6-180　相间绝缘放置完毕

（2）首、尾引出线的导出

将带接线片的橡胶线分别与引出线 U1、V1、W1 和 U2、V2、W2 相连。首先将引出线 U1 与绿色线相连，如图 6-181 所示。

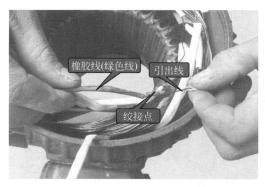

图 6-181　将引出线 U1 与绿色线相连

对 U1 与绿色线的接头处焊锡并用绝缘套管加以绝缘，如图 6-182 所示。

将带接线片的绿色导线从接线盒处的孔中引入接线盒（图 6-183）。

切记，拉动导线时应均匀用力，以免损坏引出线。

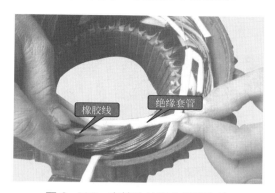

图 6-182　在接头处套上绝缘套管

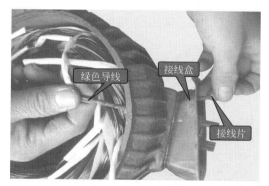

图 6-183　将导线穿入接线盒中

按上述方法将 6 根引出线引入接线盒，并分别将其首、尾引出线分开置于接线板的上部和下部，如图 6-184 所示。

按照星形接法，用短路片将 U2、V2、W2 连接，将 U1、V1、W1 引出接线盒，如图 6-185 所示。

6.5.6　线圈左端部的绑扎和整形

电动机绕组嵌线和接线后，应对其端部线圈进行绑扎。其作用是固定引接线和引出线并增加绕组的机械强度。扎线一般采用0.1mm厚的无碱玻璃丝带或涤纶玻璃丝绳。绑线时，应按顺序将引出线分布在绕组的顶部，并保证相间绝缘的位置不得移动。

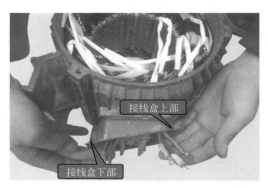

图 6-184　将首、尾引出线置于接线板的上部和下部

图 6-185　引出线首、尾的连接

将一段导线穿入白带端部，以方便穿入和穿出线圈，如图6-186 所示。

将导线与白带绑扎在一起（图6-187），应保证导线头逆向行进方向，以免穿入线圈时受阻或划伤线圈。

将导线头从端部线圈孔隙中穿过（图6-188），以引导白带穿入。

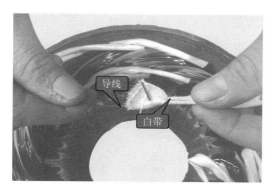

图6-186 将导线穿入白带端部

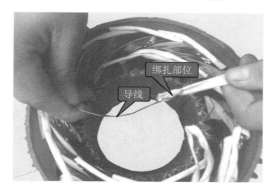

图6-187 将导线与白带绑扎在一起

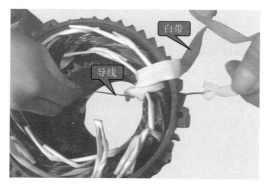

图6-188 用导线引导白带穿入线圈

白带穿过线圈时，应拉紧并在开始部位打结，如图6-189所示。

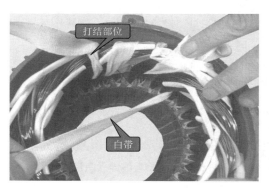

图6-189　拉紧白带

在绑扎线圈过程中，应不停地用橡皮锤对线圈端部进行整形，如图6-190所示。

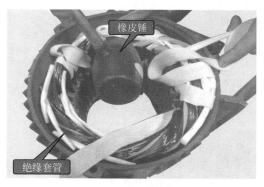

图6-190　对线圈的端部进行整形

在整形过程中，若端部线圈的喇叭口过小或过大，可借助橡皮锤和划线板进行整形，如图6-191所示。

线圈端部绑扎完毕后，需在白带上打一个结（图6-192），以防松动。

白带打结后，用剪刀剪去多余的部分，如图6-193所示。

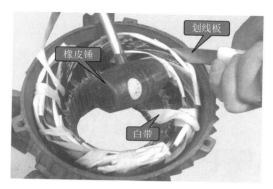

图6-191 橡皮锤和划线板的操作

图6-192 对白带打结

图6-193 剪去多余的白带

6.5.7　浸漆与烘干

　　为了提高电动机绕组的绝缘性能，加强绕组的机械强度，应进行浸漆和烘干处理。浸漆前，将电动机端盖紧固螺钉旋入左端盖螺孔中（图6-194），以便电动机定子倒置后不直接接触地面。

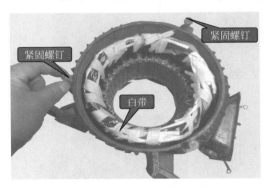

图6-194　将螺钉旋入左端盖螺孔中

　　浸漆前，将电动机端盖紧固螺钉旋入右端盖螺孔中（如图6-195所示）。

图6-195　将螺钉旋入右端盖螺孔中

（1）预烘

　　为了把绕组间隙和绝缘内部的潮气烘出，同时对绕组等进行预烘（图6-196），以便浸漆时漆有良好的渗透性和流动性，故应进行预烘。其方法是将 200～500W 的白炽灯泡置于电动机定子的空腔内，时间一般在5h左右。预烘后绕组的绝缘电阻应为40MΩ左右。

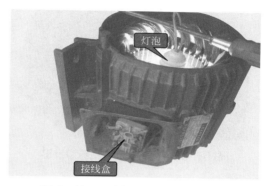

图6-196　对电动机绕组进行预烘

（2）第1次浸漆

预烘后的绕组温度应冷却到 70℃ 左右才能进行第1次浸漆，其温度过低或过高对浸漆都无益处。

采用淋浸方式，让电动机置于漆盘上，用盛漆勺将绝缘漆由上端淋向绕组（图6-197），漆液全部将绕组灌透。

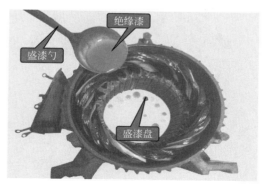

图6-197　用盛漆勺将绝缘漆由上端淋向绕组

淋浸不断进行，直到底部有绝缘漆渗出为止，如图6-198所示。

图 6-198　绕组底部有绝缘漆渗出

滴漆大约 25min 后，将定子倒置，从绕组另一端再淋浸 1 次（图 6-199），直到绕组淋透为止。

图 6-199　对定子绕组另一端淋浸

第 1 次浸漆后进行烘干（图 6-200），其目的是在加热过程中除去绝缘漆中的潮气，有助于绝缘漆的渗透。烘干温度一般保持在 120℃ 左右。没有烘干设备的，可将 200 ～ 500W 的灯泡置于电动机定子的空腔内，通电加热 5h 左右即可。

温馨提示：预烘时，每隔 1h 测量一次电动机绝缘电阻。烘干时间从绝缘电阻达到定值为止。

图6-200　用灯泡对绕组第1次烘干

（3）第2次浸漆

为了提高绕组的防潮能力，应增加漆膜厚度，故进行第2次浸漆。采用毛刷向绕组上浸漆（图6-201）。浸漆时间一般在20min左右，漆的黏度要略高一些。

(a)用毛刷向左侧绕组上浸漆　　　　　(b)用毛刷向右侧绕组上浸漆

图6-201　用毛刷向绕组上浸漆

经滴漆后进行第2次烘干。

（4）第2次烘干

烘干温度一般为115～130℃，烘干时间为12h左右。烘干过程中，应每隔1～1.5h测量一次绕组的绝缘电阻（图6-202）。若连续测量的绝缘电阻误差较小，烘干到此结束。

图 6-202　用灯泡对绕组进行第 2 次烘干

6.5.8　重绕后的检查

新电动机出厂或重绕后都应进行外观检查和一些必要的试验。

重绕后的电动机的主要检查项目有测量绝缘电阻、测量直流电阻、耐压试验、空载试验等。

（1）外观检查

首先检查线圈端部尺寸是否符合要求，必要时重新整形。定子端部喇叭口不宜过小，否则不但影响通风甚至转子放不进去。轴向通风的电动机还要注意端部是否碰风叶。两极电动机端部转子，要注意是否碰端盖，其次检查槽底口上绝缘是否裂开，槽口绝缘是否封好，绝缘纸是否凸出槽口，相间绝缘纸是否垫好，槽楔是否太松等现象。

（2）测量绝缘电阻

绝缘电阻是指电动机绕组对地或绕组相间在常温（冷态）下的电阻值。一般情况下，额定电压为 500V 以下的电动机，应选用 500V 兆欧表进行测量；额定电压为 500 ～ 300V 的电动机，应选用 1000V 兆欧表进行测量。

① 绕组对地绝缘电阻的测量。首先对兆欧表进行开路和短路

试验。

将兆欧表上的红、黑测试线的接线片分别与兆欧表上的"线路L"和"接地E"接线柱相接,如图6-203所示。

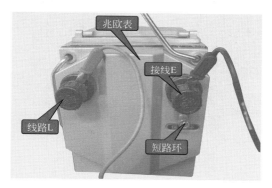

图6-203 兆欧表测试线的连接

兆欧表开路试验。将两只鳄鱼夹分开,以120r/min的速度摇动手柄。兆欧表上的指针,应指向无穷大位置为正常(图6-204),否则表明兆欧表损坏。

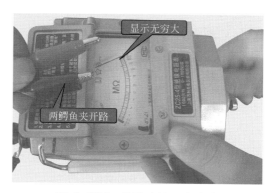

图6-204 兆欧表的开路试验

兆欧表的短路试验。将测试线上的两只鳄鱼夹夹在一起,仍以120r/min的速度摇动手柄,兆欧表上的指针应指向"0"位置为正常（图 6-205），否则表明兆欧表损坏。

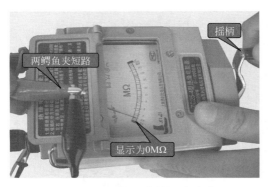

图 6-205　兆欧表的短路试验

将与兆欧表相连的红色线鳄鱼夹夹在接线盒内的任一个接线柱上，另一个鳄鱼夹夹在接线盒上（接地）（图 6-206），然后以 120r/min 的速度摇动手柄，待表针稳定后的读数即是绕组对地的绝缘电阻。

图 6-206　兆欧表的连接

绕组绝缘电阻的测量如图 6-207 所示。正常时，额定电压为 500V 以下的电动机，其绝缘电阻不得低于 0.5MΩ。若绕组重绕，绝缘电阻不得小于 5MΩ。若绕组绝缘电阻较小，则表明绕组绝缘不良，应予以检修。

图 6-207　绕组绝缘电阻的测量

② 绕组相间绝缘电阻的测量。

步骤1　将接线盒中的 U2、V2 和 W2 的尾端相连接的短路片拆下，如图 6-208 所示。

图 6-208　拆下短路片

步骤2　将兆欧表上的"线路 L"和"接地 E"接线柱相连的鳄鱼夹分别接 U1 和 V1、V1 和 W1、W1 和 U1，如图 6-209 所示。

步骤3　以 120r/min 的速度摇动手柄（图 6-210），表针稳定时所指示的数值就是电动机的相间绝缘电阻。

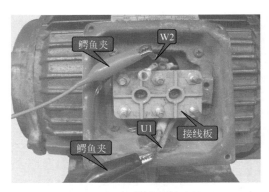

图 6-209　兆欧表的连接

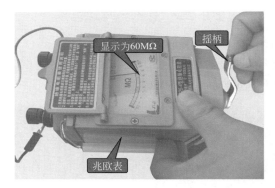

图 6-210　绕组相间绝缘电阻的测量

（3）直流电阻的测量

绕组直流电阻是指绕组每一相的直流电阻。常用的测量仪器有单臂电桥、双臂电桥和单双臂组合电桥。若直流电阻大于 1Ω，应用单臂电桥；若直流电阻小于 1Ω，则用双臂电桥。电桥外形，如图 6-211 所示。

在实际工作中，若没有电桥可用数字万用表的 200Ω 电阻挡测量。

测量步骤如下：

数字万用表的外形，如图 6-212 所示。

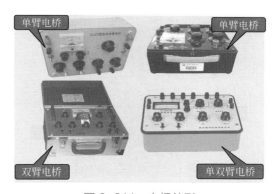

图 6-211 电桥外形

图 6-212 数字万用表外形

步骤 1 将数字万用表的转换开关置于 200Ω 位置，如图 6-213 所示。

步骤 2 在接线盒中，将三相尾端的短路片拆下，如图 6-214 所示。

步骤 3 将数字万用表的黑、红表笔分别接 U1 和 U2、V1 和 V2、W1 和 W2，如图 6-215 所示。

步骤 4 此时数字万用表显示屏上显示的数字，就是某一相绕组的直流电阻，如图 6-216 所示。

图 6-213 将转换开关置于 200Ω 位置

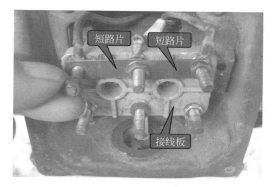

图 6-214 拆下短路片

图 6-215 数字万用表的连接

图 6-216　绕组直流电阻的显示

温馨提示：若某一相绕组的直流电阻与其他两相相差 70%，则表明该绕组有局部短路、匝数过多或焊接不良等情况。多支路并联时可能其中某支路有焊接不良或断路的情况，此时应认真分析其原因并找到故障所在。

（4）耐压试验

为了保证操作人员的人身安全和电动机的可靠性，应对电动机进行耐压试验。耐压试验一般用耐压试验台进行。具体操作如下：

将接线盒中的短路片取下，接着将耐压试验台的输出端接 U1、V1、W1 或 U2、V2、W2 中的任一接线片，其接地端与电动机外壳相连。接通电源进行耐压试验。耐压试验台，如图 6-217 所示。

额定功率为 1kW 以下的电动机，耐压试验的电压有效值应设为 1000V；额定功率为 1kW 以上的电动机，耐压试验的电压有效值应设为 2000V，但不能低于 1500V。

（5）极相组连接的极性检查

每一相的极相组连接是否正确，可用指南针逐相进行检查（图6-218）。每相通以低压直流电（也可用交流电），把指南针放入铁芯内移动一周，看测得的极性是否符合要求，若出现极性在圆周上分布不均匀，或指针动摇不定，则接线可能有错误。

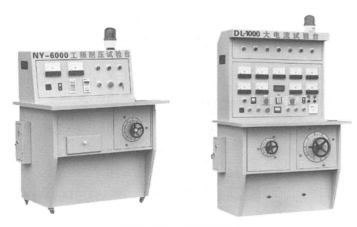

图 6-217　耐压试验台

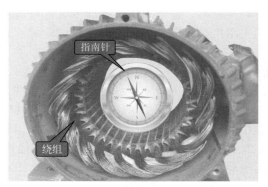

图 6-218　用指南针检查接线

　　如果有相当容量的三相调压器，相组连接的正确与否，可接上三相低压电源（约 30 ～ 60V），如果三相电流平衡，表示接线正确。三相调压器，如图 6-219 所示。

　　（6）短路试验

　　在转子堵住不转的情况下，用调压器逐渐升高电压，在定子电流达到额定值时的电压值称为短路电压即短路线电压值。

　　短路电压过高，表示匝数太多，漏电抗太大。此时，电动机的性能表现为：

①空载电流很小；

②过载能力下降，甚至加不上负载，一加负载就会停机；

③启动电流及启动转矩均较小。

图6-219 三相调压器

短路电压过低，表示匝数太少，漏电抗太小。此时，电动机的性能正好与上述情况相反。

如果短路电流三相不平衡，且随着转子缓慢转动，三相电流轮流摆动，则说明转子断条。

（7）空载试验

在嵌线、接线工艺不大熟练的情况下，或者绕组数据改变后，则宜做空载试验，测出三相空载电流是否平衡。如果三相电流相差较大，且有"嗡嗡"声，则可能是线接错了，或有短路现象。

往往由于修理的电动机铁芯质量较差，而且一般又较大，所示穿透电流比较大，约占额定电流的30%～50%。高转速大容量电动机空载电流百分比值较大。

（8）匝间绝缘强度试验

为了防止线圈匝间短路，在空载试验后，把电源电压提高到额定电压的130%运行5min，应不发生短路现象。在有1kHz的高频电源条件时，则可在不装配转子的情况下，在定子绕组加上130%

额定电压值的高频电压，测量三相高频电流，以此来检查匝间绝缘强度。同时从三相电流的平衡情况来判断接线是否正确。匝间短路测试仪，如图 6-220 所示。

图 6-220　匝间短路测试仪

3 ～ 6kV 高压电动机绕组在嵌线前，匝间绝缘用冲击波电压试验。

已经嵌线、接线的低压定子绕组匝间绝缘或找寻短路线槽，可用匝间短路测试器，或者用脉冲发生器与示波器组合的仪器来测试。

对于需一般修理的电动机来讲，上面 8 项检查试验已能全面地考核电动机的工艺质量及运行性能。有些试验在未浸漆烘干前就应进行，以便及早发现电动机故障，及时补修。因为在浸漆烘干后，绕组已硬化成形，已不易拆修。

第 **7** 章

三相异步电动机的故障检修技巧

　　在准备修理电动机之前，首先应当对电动机的工作环境、工作情况及用户要求等方面进行了解，以便对电动机的故障进行正确的判断和检修。同时，我们还应做好以下记录：

　　① 电动机的用途、使用环境；

　　② 电动机发生故障的现场情况，如：停车、发出噪声、冒烟等；

　　③ 电动机是否修理过，修理的时间和原因；

　　④ 用户对电动机修理的要求，如根据用途修复或是改装等；

　　⑤ 若电动机需要大修，如重换绕组，须对有关的技术数据做详细记录。

　　专家提示：我们在检查电动机时可以按照先外后里、先机后电、先听后检的顺序进行。这就是先检查电动机的外部是否有故障，然后再检查电动机的内部；先检查机械方面，然后再检查电气方面；先听一下使用单位介绍使用和故障情况，然后再动手检查。这样才能迅速准确地找出故障原因。另外，我们可将绕组的修理和电动机机械零件的修理进行平行作业，一般可按图7-1进行。

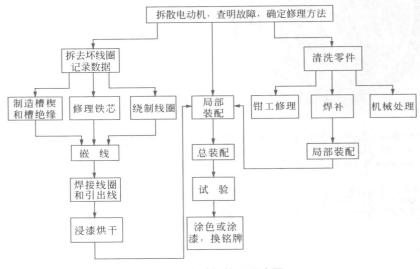

图 7-1 电动机修理程序图

三相异步电动机定子绕组的故障检修技巧

绕组是电动机的"心脏"，又是容易出现故障的部位。电动机因受潮、暴晒、有害气体的腐蚀、绕组绝缘老化、过载、使用不当等，均可造成绕组故障。

绕组的故障一般有接地、断路、短路绝缘电阻降低、接线错误等。

> **要诀** >>>
>
> 绕组电动机之心脏，特别容易出故障，
> 潮湿、暴晒等不当，出现故障没商量；
> 绕组都有啥故障，短路断路是正常。

7.1.1 接地故障

接地故障是指绕组与机体接地或机体间的绝缘损坏而接地，会引起电动机绕组电流过大、绕组过热，严重时造成绕组短路，使电动机不能正常工作，还时常伴有震动和异响。

1. 原因分析

绕组接地的原因有以下几点：

① 电动机因雨淋或环境湿度较大而造成绕组受潮，使绝缘失去作用。

② 因由于电动机扫膛或长期过载的情况下运行，使电动机绕组绝缘久热而老化。

③ 重嵌线圈时，不慎将绝缘移位或损坏，均可导致导线和铁芯相接。

④ 绕组端部过长或引接线绝缘损坏后而与机壳相碰。

⑤ 绕组被进入的金属异物刺破，导致绝缘损坏。

⑥ 绕组绝缘损坏或电压过高而击穿绝缘。

⑦ 铁芯硅钢片松动或有毛刺，造成绕组绝缘损坏。

2. 故障检修

绕组接地的故障检修方法如下：

（1）验电笔测量

拆下电动机接地线，通电后将验电笔触及机壳，正常时验电笔上的氖管不亮；若氖管微亮，则说明绕组绝缘电阻下降，电动机受潮；若氖管较亮，则说明绕组接地或受潮严重。

（2）兆欧表测量

将兆欧表与"线路 L"和"接地 E"接线柱相连的鳄鱼夹分别与电动机接线盒中的相线和外壳相接，如图 7-2 所示。以 120r/min 的速度转动兆欧表手柄，兆欧表显示数值应在 5MΩ 以上为正常。若绝缘电阻为 0，则表明绕组接地。有时在接地处还会发生微弱的放电，并发出"吱吱"的响声。这指明了绕组具体接地的地方。若绝缘电阻在电 0 ～ 5MΩ 之间，则表明绕组受潮。

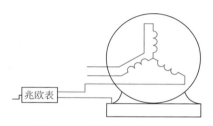

图 7-2　绕组绝缘电阻正常

（3）数字万用表测量

选用万用表的 20MΩ 挡，让一只表笔接外壳，另一只表笔与接线盒中的相线相接，正常时万用表应显示"1"为正常。若万用表显示"0"，则表明绕组接地。若万用表显示值在 0 ～ 0.5MΩ，则表明绕组受潮。

（4）灯泡测量

先从接线盒中将绕组各相线接头拆开（即将短路片拆下即可）。将灯泡与两只测试棒（可用螺丝刀代替）连接，如图 7-3 所示，将一只测试棒接触机壳，另一只测试棒与接地盒中的任一相线接触，通电后正常情况下灯泡不亮，表明绕组良好，如图 7-4 所示。若灯泡发亮，表明绕组有接地故障。

专家提示：要找到接地处，则需细心地检查绕组的绝缘物有无老化或烧坏的地方。这些地方，往往正是故障的发源地——接地处。然后把绕组烘热，使其软化，再把各个线圈上下轻轻地晃动几下，或用木质的东西来回掰几下（注意别把其他绝缘碰坏），注意灯光有无变化，如果发生闪烁，则说明接地处就在这个地方，同时接地处有时还会有火花出现；若灯泡不亮，但测试棒接触电动机时出现火花，则说明绕组严重受潮。

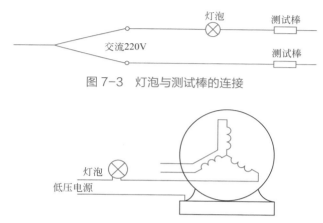

图 7-3　灯泡与测试棒的连接

图 7-4　灯泡的测量

3. 故障处理方法

检修电动机绕组故障，应按从外向内，从简单到复杂的顺序进行。一般情况下，接地点处常有绝缘破裂、焦黑等痕迹，其接地点常出现在铁芯槽口处。若仍找不到，接地点可能在槽内，这时检查方法是把每相绕组的接线端都拆开，然后再分别检查每相绕组是否有接地处。找出接地的一相后，先用观察的方法找出接地的线圈，如果观察无效，可将这一组中间相邻的两个极相组的跨接线首先拆开，分别检查每一半绕组，看哪一半绕组有接地处，然后再按此法找出接地的极相组，如图 7-5 所示。最后拆开接地极相组各线圈的接线，检查每只线圈，找出接地的线圈，如图 7-6 所示。

① 若接地点在槽口附近，可将绕组加热软化后在接地处的导线与机壳间，垫入适当的绝缘材料，并进行涂漆等绝缘处理。

② 若有少数导线损坏，应进行局部包扎并进行绝缘处理。

③ 若个别绝缘纸没垫好，应将绕组加热软化后将绝缘纸垫到

最佳位置。

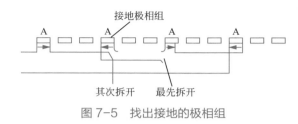

图 7-5　找出接地的极相组

图 7-6　找出接地的线圈

④ 若绕组变潮，应对绕组预烘（70℃左右），待潮气排出后，再次浸漆并烘干，直到绕组的对地绝缘电阻大于 0.5MΩ 为止。

⑤ 若严重受潮或接地点在槽内，一般应按导线的各项参数更换绕组。

⑥ 若铁芯槽内的硅钢片划破绝缘导致绕组接地，可将硅钢片敲平，再将绝缘损坏的地方包绝缘并刷漆。

7.1.2　短路故障

短路故障是指线圈的绝缘漆膜损坏，而使不应相通的线圈直接导通。若绕组短路，通过绕组的电流数倍增加，使绕组发热，加快绝缘老化，甚至烧毁电动机。

1. 故障原因

电动机绕组中的短路故障，是电动机经常发生的故障之一。

专家提示： 产生短路故障的原因很多，电流过大造成绝缘破坏；电动机在长期欠压的情况下满载运行；绕组因年久绝缘老化；绕组受潮；绕组受到不应有的机械振动和外界物件的碰击；新嵌线时不注意把导线绝缘物碰破；绕组绝缘物被定子铁芯中凸出的硅钢片刺破；由于轴承的磨损过甚使转子与定子相互摩擦，产生高热把绕组的绝缘物烧坏等，这些情况均能造成绕组短路。轻微的短路，电动机还可以运转，但使三相电流增加而不平衡，电动机的启动转矩和运转转矩，都有显著的降低。如果绕组发生了严重的短路，则使电动机不能启动，熔丝熔断，绕组发热以致烧毁，电动机壳内有烟冒出。

绕组短路的故障原因有以下几点：

① 绕组严重受潮，通电后被电源电压击穿。

② 绕组因长期过载而老化，在电动机运转振动的情况下，使老化的绝缘开裂并脱落。

③ 维修操作不当，导致绕组漆膜损坏。

④ 绕组层间和相间绝缘纸没垫好。

2. 故障检修

（1）直观法

电动机绕组正常颜色是暗红且有光泽。若颜色变深或有烧焦的线圈则表明绕组短路。若直观检查无异常，让电动机空载转动20min左右，若冒烟或发出焦味应马上停机，立即拆开电动机，用手触摸绕组，温度较高的线圈就是短路线圈。

如果电动机在正常的情况下不能启动，熔丝熔断，绕组发热过甚，有烟从机壳内冒出，嗅到焦臭的气味并观察到有被烧焦的线圈，听到电动机发出不正常的响声，这些情况均可认为是绕组可能发生短路的现象。

> 电动机绕组啥正常，颜色暗红且有光，
> 变深有烧焦线圈象，绕组短路修理忙。

（2）兆欧表测量

兆欧表测量步骤如下：

① 在接线盒中，将接线柱上的连接片拆下。

② 将兆欧表与"线路 L"和"接地 E"相连的鳄鱼夹分别与接线盒中的两相线相连。

③ 以 120r/min 的转速转动手柄，兆欧表显示 0.5MΩ 以上为正常。

④ 若兆欧表显示为 0，则表明绕组短路。

⑤ 若兆欧表显示为 0 ～ 0.5MΩ 之间的数值，则表明绕组有短路现象。

（3）数字万用表测量

数字万用表测量方法如下：

① 选择数字万用表的 20MΩ 挡。

② 在接线盒中，将三相绕组的进线端和出线端通过取下接线片分开，使三相绕组互不相连。

③ 将万用表两表笔分别接任二相绕组的接线端子。

④ 若万用表显示"1"即无穷大为正常。

⑤ 若万用表显示值在 0 ～ 0.5MΩ 之间，则表明绕组短路。

（4）钳形电流表测量

钳形电流表的测量方法如下：

① 分别将钳形电流表的钳头分别卡入三相交流电动机的电源线相线，让电动机空载运行，显示屏显示数值应基本一致。

② 若测某一相绕组的电流较大，则表明该相绕组短路（对星形接法电动机而言）。

③ 若被测电动机是三角形接法，应转为 Y 形接线后进行测量，只需要接线盒中改变短接法即可实现。

（5）开口变压器检查法

为了不使短路的线圈受到大电流烧伤（如用外表检查法），最好用开口变压器（又名短路测试器）来检查。其用法如图7-7所示。

将测试器放在定子铁芯中所要检查的线圈边的槽口上，把测试器的线圈通入交流电，这时测试器与定子铁芯构成一个磁回路。测试器的线圈相当于变压器的初级线圈，而被检查的槽内线圈相当于变压器的次级线圈。若被检查的线圈有短路，则串在测试器线圈回路里的电流表读数就大。若没有电流表也可用一条薄铁片放在被检查线圈的另一边槽口，如被检查线圈有短路，由于这线圈内有感应电流流通，所以这条薄铁片被槽口的磁性吸引而发生振动，发出"吱吱"声。

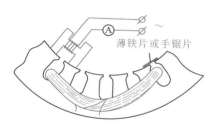

薄铁片或手锯片

图7-7　开口变压器检查法

将测试器沿定子内圆逐槽移动测试，找出短路线圈的位置。使用测试器要注意以下几点：

① 电动机引出线端是△连接的要先拆形。

② 绕组是多路并联的要先拆形。

③ 在双层绕组中，一个槽内嵌有不同线圈的两条边，要确定究竟是哪一个线圈短路时，应分别将铁片放在左边相隔一个节距的槽口和右边相隔一个节距的槽口上都试一下才能确定。如图7-8所示。

专家提示： 当测试器线圈接电源前，必须先将测试器放在铁芯上，使磁路闭合，否则磁路不闭合，线圈中电流很大，时间稍长测试器线圈容易烧坏。

（6）电压降法

把有短路那一相的各级相组间连接线的绝缘套管剥开，并从引线处通入适当的低压交流电，用交流电压表测每组接点间的电压降，电压表读数小的那一组线圈即有短路存在。先检查出哪一组，然后检查出哪一圈。此法的接线如图7-9所示。

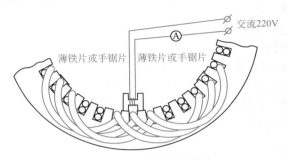

图7-8   短路线圈的检查

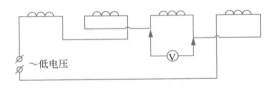

图7-9   电压降法的接线

下面介绍短路侦探器制作及计算方法。

铁芯部分可以用生产电动机的下脚料硅钢片剪制而成，一般检查10kW以下1kW以上的电动机可用的短路侦探器铁芯尺寸如图7-10所示（单位mm）。

计算方法：

① 已知：叠厚2.1cm，F=1kg（吸力）

② 铁芯截面积：

$$S=1.1×2.1=2.3（cm^2）$$

③ 铁芯中磁通最大值：

$$\varPhi=\sigma BS=2.5×4000×2.3=23000（Mx）$$

式中 σ——漏磁系数，一般取2.5；

B——磁通密度。

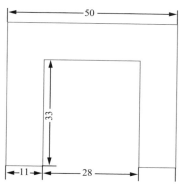

图 7-10　短路侦探器铁芯尺寸

④ 计算线圈匝数：

$$E=0.96×0.85×220=180（V）$$

$$f=50（Hz）$$

$$W=E×10^8/4.44×f×\Phi$$
$$=180×10^8/4.44×50×23000=3500（匝）$$

⑤ 决定导线直径 d：

$$d = 0.377\sqrt{F} = 0.377\sqrt{1} = 0.377（mm）$$

取线径为 0.377mm 的漆包线。

如果没有短路侦探器，那么可以将一个低压电源接到绕组上，然后分别一相一相地用电压表测量每个极相组的两端电压，如果发现有一级相组两端电压的读数较小，就说明这一级相组有短路线圈存在，然后再具体地找到短路的线圈。

专家提示：确定短路线圈或线圈组的另一方法，是将电动机运转几分钟后切断电源，马上把电动机拆开，摸其绕组，这时损坏线圈的温度比其他线圈的温度高。

修理方法：找到短路处，如果线圈的短路情况不太严重，没有把绕组的绝缘烧坏，可进行局部的修理，将损坏的线圈换掉，或电路中隔离。如果绕组的绝缘大部分烧坏了，则需重新更换绕组。但是如果有一个线圈短路损坏而又急于使用，那么我们就可以采取紧急的措施，即把这个线圈拆去，如图 7-11 所示。也可以采取跨接的办法，就是把短路的线圈从绕组线路中去掉，即跨接过去不用如图 7-12 所示，作为临时措施。但这时应将短路线圈一端的导线全部切断（不然将要产生一种短路电流），然后把两边的线头分别扭在一起，用绝缘物包扎好即可。

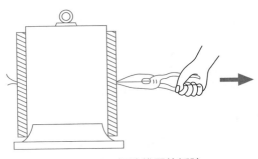

图 7-11　短路线圈的拆除

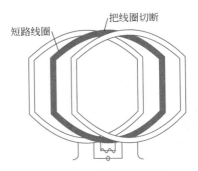

图 7-12　跨接短路线圈

3. 故障修理要点

专家提示： 故障修理原则是短路不严重的线圈可采用修补匝间绝缘的方法进行处理。若短路严重，应更换全部绕组。

具体修理方法如下：

① 其极相组间短路时，可将绕组加热到 70 ～ 80℃左右且线圈

软化后，将绝缘套管套好或垫上绝缘纸。极相组间短路，一般是由于极相组间的绝缘套管未套到线圈端部或绝缘套管损坏所致。

② 线圈间短路的修补　这往往因为每个线圈与本组的其他线圈过桥线处理不当，或叠绕式线圈下线方法不恰当，整形时用锤猛击，造成线圈间短路。双纱包线或玻璃丝包线尤其容易发生此故障。容易发生短路故障的部分如图 7-13 所示。如果短路点在端部，可用绝缘纸垫妥修复。

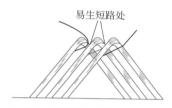

图 7-13　容易发生短路故障的部分

③ 匝间短路修补　这是由于导线绝缘破裂所造成，例如下线时由于槽满率较高，压破导线绝缘，或在修理断线时，由于在断线处焊接的温度太高，烧焦导线绝缘等，使几匝导线短路。匝间短路时，短路电流较大，等到发现短路，往往这几匝导线已烧成裸线了。如果槽绝缘还未完全烧焦，可以将短路的几匝导线在端部剪开，在绕组烘热的情况下，用钳子将已坏的导线抽出如图 7-14（a）

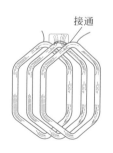

(a) 剪开短路线圈　　　　(b) 将完好的线圈接通

图 7-14　匝间短路修补

所示。如短路的匝数占槽内总匝数的 30% 以下，则不必再串补新导线，只需将原来的线圈接通，即可继续使用，但电气性能较差。如整个线圈短路，占每相总线圈数的 1/12 以下时，可以局部修理，拆去短路导线，串上新导线，如时间不允许，可以在拆去短路导线后，将两边原线圈接通，以应急用，如图 7-14（b）所示。

专家提示：注意抽出短路坏导线时，不要碰伤相邻的线匝。

7.1.3 绕组断路

绕组断路是指导线、极相组连接线、引接线等断开、接头脱焊或虚焊。绕组断路主要表现在线圈导线断开、一相绕组断路、并绕导线中有 1 根或几根断路、并联支路断路和引接线断路等。

专家提示：若正在运行的电动机突然有一相断路，电动机仍继续转动并伴有异常声响，长时间工作会烧毁电动机，但断相的电动机无法启动，或多并联绕组中若有一路断开，会造成绕组三相电流不平衡并伴有绕组发热现象。

1. 故障原因分析

引起绕组断路的故障有以下几点：

① 绕组接线头因电动机运行中振动而断开。

② 绕组因人为外力机械作用而断裂。

③ 绕组因接地、短路故障而造成线圈接线头处烧断。

2. 故障检修方法

绕组断路故障的检修方法如下：

绕组断路的故障可用万用表进行测量，不同的绕组应采用不同的方法处理。

① 单路星形和三角形接法的绕组的静态测量 在接线盒中短接片，用万用表欧姆挡，分别测量每相线首尾端的电阻值（U1 与 U2、V1 与 V2、W1 与 W2 间），正常情况应电阻值较小即 10 ～ 300Ω。若测量某相首尾端电阻值为无穷大，则表明该相断路。

② 多路并联星形接法的绕组的动态测量 多路并联星形接法

的绕组测量如下：

让电动机空载运行，用钳形电流表分别测量三相电源线的电流大小。正常情况下钳形电流表所测三相电流应基本一致，则表明三相绕组平衡且无断路现象；若钳形电流表显示某一相绕组电流较小，而其他相较大，则表明电流较小一相绕组断路。

③ 多路并联三角形接法绕组的动态测量

a. 让电动机空载运行，用钳形电流表分别测量三相电源线的电流大小正常情况下，钳形电流表所测三相电流应基本一致，则表明三相绕组平衡且无断路现象。

b. 若钳形电流表显示某二相绕组电流较小，另一相电流较大，则表明电流较小的一相绕组断路，应拆下绕组接点，找到断路的具体部位。

④ 多路并联星形接法绕组的静态测量

a. 在接线盒中，将短路接片拆下。

b. 用万用表的欧姆挡分别测量每相线间的阻值，应基本相同。

c. 若有一组测量的阻值比其他二相较小，则表明阻值较大的一相绕组中的并联线圈断路，应拆下断路相的线圈接头，查找断路点。

⑤ 多路并联三角形接法绕组的静态测量

a. 在接线盒中，将短路片拆下，有助于绕组的静态测量。

b. 用万用表的欧姆挡，分别测量每相绕组的阻值，应基本相同。

c. 若有一相绕组的阻值比其他二相较小，则表明阻值较大的一相绕组中的并联线圈中有断路现象，应拆下断路相的线圈接头，查找断路点。

3. 故障修理要点

① 绕组断路点在槽外时，可用吹风机将绕组软化后，将断路头刮去绝缘后对接，并进行绝缘浸漆、包扎和整形。

② 若接线头脱落、或接触不良，应除去接线头处的绝缘物，接好接线头并焊接，最后用绝缘材料包好。

③ 若引接线从绕组接线点断开或接触不良，应重新接好并进行绝缘处理。

④ 若绕组断路点在槽内且发生断路的绕组线槽不多，应拆下槽楔，将断路绕组更换（即用穿线法更换绕组）。若断路严重，应更换全部绕组。

修理方法：发生在机槽外部断路，绕组焊接头脱焊或是导线中断，需重新焊接牢固；如果是导线的中断处发生在机槽里面，须把断路线圈拆去重新绕制。如果处于急需的情况下，可以用跨接的方法把断路的线圈跨去不用，如图 7-15 所示，电动机仍然可以继续运转。

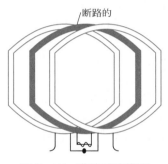

图 7-15　跨接断路线圈

7.1.4　绕组接线错误

定子绕组接线错误，会造成电动机磁场不平衡，导致电动机声音异常且剧烈振动，接线严重错误，可能会烧毁绕组。

1. 故障原因分析

绕组接线错误的原因有以下几点：

① 同一极相绕组中，有一个或几个绕圈嵌反或头尾接错。

② 极相组接反。

③ 多路并联支路接错。

④ 三角形、星形接法错。

2. 故障检修方法

（1）绕组首、尾端接反的检查

若怀疑绕组首、尾端接反，应按以下方法进行检查。

① 绕组并联法　把三相电动机的三相绕组任意接成并联形式，同时将电压表（或用指针式万用表的20V电压挡代替）也接入电路，如图7-16所示。用手均匀地转动转子，若电压表指针摆动，则表明绕组的首端与首端、尾端与尾端未连在一起。这时将任一相的首端与尾端对调试验，若电压表指针不动或微动，则表明绕组的首端与首端或尾端与尾端连在一起。

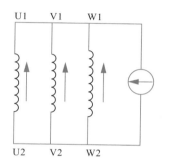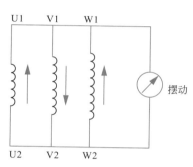

图7-16　绕组首、尾端的判断

② 灯泡法　将电动机三相绕组中的任两相绕组串联在一起（U、V相），将余下的绕组（W相）与灯泡串联。接通电源时若灯泡发亮，则表明与电源相接的两端分别是两串联绕组中某一相的首端和另一端的尾端。若灯泡不亮，可将两串联绕组中的其中一相的首尾对调再进行试验即可判断绕组的首尾端。

要诀　>>>

首尾接反怎么检，　任两相绕组相互串，
余下绕组与灯泡连，　下步需要接通电源，
灯泡发亮怎么判，　首端尾端电源端，
灯泡不亮首尾换，　接好重新做试验。

（2）绕组内部接线错误的检查

绕组内部接线错误是指绕组内部中的个别线圈和极相组接错。检查方法如下：

① 指南针法　指南针法主要用于检查极相组是否接错。

将定子竖放并将接线盒内的短路片拆下，将被测绕组两端（U1、U2）分别接 3 ～ 6V 直流电源，如图 7-17 所示。手拿指南针沿定子内孔圆周移动，正常时，指南针经过每个极相组其南北极应调换一次（即指针转动 180°），如图 7-18 所示。否则，表明该相绕组中有极相组接法错误，应仔细检查即可发现。按上述方法可判断另外两相绕组中的极相组接法是否有误。

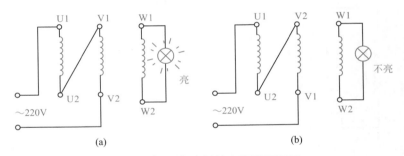

图 7-17　用指南针检查绕组示意图

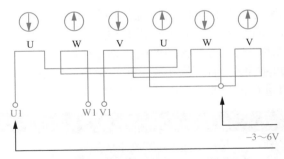

图 7-18　用指南针检查绕组操作

② 钢珠法　钢珠法主要用于检查绕组是否接错。检查方法如下：将电动机转子抽出来，在接线盒上接入 36V 左右的三相低压

交流电，并将一个钢珠置于电动机的定子铁芯上。若绕组正常，通电后钢珠即可沿着定子铁芯内壁滚动。若钢珠被吸而不滚动，则表明钢珠掉落处的绕组接线错误。

> **要诀**　　　　　　　　　　　　　　　　　　　　　　》》》
>
> 　　绕组接错线啥特点，极相组接错和线圈。
> 　　检查方法听我言，转子抽出便于检。
> 　　接线盒处接入安全电，定子铁芯钢珠现，
> 　　绕组正常钢珠转，钢珠被吸铁芯间，
> 　　钢珠掉落现象鉴，掉落之处接错线。

7.1.5　发动机只两相运转

　　运行着的三相电动机，如果三相电源线中有一根断线，一相熔丝熔断，开关或起动器的触点接触不良，导线的接线头脱焊，或定子三相绕组中有一相断路等，均能造成电动机的两相运转的现象。这种事故的发生，可以使电动机发出不正常的响声，绕组发热过甚，电动机不能启动。

　　如果有一台三相星形接线的绕组如图 7-19 所示，电源线上的熔丝和电源线路断开，这样电动机整个负载就要由 V 相绕组和 W 相绕组来承担，而这时它不能产生足够的转矩来胜任满载的负荷，因此就要发热。如果是三角形接线的电动机也是由于 U 相电源线上的熔丝已和电源线路断开，如图 7-20 所示，那么绕组就形成了两条并联的线路，一路经过 W 相绕组，另一路经过 V 相绕组和与它相串联的 U 相绕组，这样通过 W 相绕组的电流就比通过 U、V 两相绕组的电流大得多，而产生的转矩并不能胜任外加负载，W 相绕组则因电流过大发热以致烧坏。

　　检查方法：首先查寻电源线路或开关熔丝，有无断路的现象。然后检查是否因启动器的触点接触不良而引起的断电现象。再检查电动机三相绕组中有无断路处。另外，我们可以用重新启动空载电

动机的方法，来判断电动机是不是两相运转（须是星形接线的绕组）。如果电动机有断线存在，则电动机不能启动，同时发出"嗡嗡"的响声，这就证明电动机是两相运转。

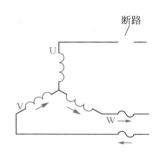

图 7-19　三相星形接线绕组

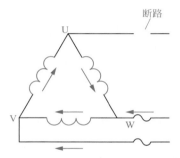

图 7-20　电动机星形接线两相运转

专家提示： 若是电源线断线，则需检查出断开点重新把线接好。若是熔丝熔断，则更换熔丝。若是启动器的故障，则需细心检查修理启动器（一般是触点接触不良）。若是电动机有一相绕组断路，则需接好或更换绕组。

7.1.6　电动机过载运行

1. 故障原因

过载的原因很多，将常见的原因分述如下：

① 端电压太低。指的是电动机在启动或满负载运行时，在电动机引线端测得的电压值，而不是线路空载电压。电动机负载一定时，若电压降低则电流必定增加，使电动机温升过高。严重的情况是电压过低（例如300V以下），电动机将被迫停转或在某一低速下运转，此时电流剧增，电动机将很快烧坏。造成电源电压低的原因，有的是高压电源本身较低，可请供电局调节变压器分接开关。有的是接到电动机的架空线距离远，导线截面小，负荷重（带动电动机太多），致使线路压降太大，应适当增加线路导线的截面积。

② 接法不符合要求。使用电动机务必看清铭牌上的规定，如线电压380V的接法是Y形还是△形（铭牌上电压是指线电压）。

原规定380V Y接，即电动机每相电压是220V，如果错接成△形，这时每相接受到380V的过电压，空载电流就会大于满载额定电流，很快烧坏电动机。

原规定380V △接，即电动机相电压应是380V，运转时如果错接成Y形，这时每相受到的电压仅有220V，在低于额定电压很多的状况下运行，当满负载时，输入电流就要超过每相允许的额定电流，电动机也将烧坏。

③ 机械方面的原因。机械故障种类很多，故障复杂，常见的有轴承损坏，套筒轴承断油咬死。高扬程离心水泵用于低扬程，使出水量增加，负荷重，也会使电动机过载。同样，离心风泵在没有出风口风压的情况下使用，也会使电动机过载。

专家提示：某些机械的轴功率与速度成平方或立方的关系，如风扇，速度增加一倍，功率必须增加三倍才行，因此，不适当的使用机械，也会造成电动机过载。

④ 选型不当，启动时间长。有许多机械有很大的飞轮惯量，如冲剪机、离心甩水机、球磨机等，启动时阻力矩大，启动时间长，往往极易烧坏电动机。这些机械应选用启动电流小，启动转矩大的双笼式、深槽式或绕线式电动机。电动机配套不能只考虑满载电流，还要考虑启动时情况。启动时间长是造成过载故障的原因之一。

专家提示：热态下不准连续启动。如需经常启动，电动机发热解决不了应改用型号适当的电动机，例如绕线转子异步电动机、起重冶金用异步电动机。

⑤制造质量问题，常见原因如下：

a. 定转子间气隙过大，往往空载电流接近，甚至大于额定电流。铁芯质量差、毛刺大，叠压参差不齐，铁耗就会很大，空转几分钟就产生高温。这类情况常见于多次返修的次品杂牌电动机中。

b. 笼型转子铸铝质量不好，容易发生断条。特征是启动发生困难，即使空载启动，转速也达不到额定值，而输入电流却高于额定值，但高于额定值的倍数不多。拆开电动机，取出转子，可见铁芯表面槽口有烧伤的痕迹。短路电压在120V以上。

c. 线圈数据与原设计相差太大。这可能是由于多次修理，匝数线规弄错。在修理时，有些人认为每次修理电动机必烧一下定子，使铁芯变坏，所以每次修理要增加些匝数，其实这种说法是片面的。固然增加匝数会使铁芯损耗下降些，空载电流也小些，但增加匝数势必使定子绕组阻抗增加，过载能力减小，转子转速下降，转子铝耗也上升，结果还是温升增高，因此多次增加匝数是不合理的。

专家提示： 过载烧坏绕组的特征是三相绕组全部均匀焦黑。

2. 处理方法

如属于电源电压低，接法不符合铭牌规定、机械故障、选用电动机型号不适当等因素造成的绕组烧坏，则线圈修复后，务必将这些因素消除或改进后方可使用，否则绕组仍将烧坏。

如属于制造质量问题，修理中要力求改进。例如气隙大，铁芯质量差，定转子同心度不好，这些情况往往被人忽视，以致线圈修好后，还是不能使用。所以在动手修理一台因过载而损伤的电动机以前，一定要仔细检查气隙配合情况、铁芯质量，并采取相应的措施，例如适当增加匝数而导线截面不减小，原用纱包线改用高强度漆包线，采用耐温较高又比较薄的聚酯薄膜等。同时建议降低容量（减少负荷）使用。气隙过大和转子断条，最好另配转子。

专家提示： 以上所说常见的几种故障，有时不是单独存在，往往是多种原因同时存在。我们必须认真地对于复杂的情况和不同的意见加以分析。要想到事情的几种可能性，估计情况的几个方面，找出发生故障的各种原因，迅速排除电动机出现的这些故障。

三相异步电动机转子的故障检修技巧

笼型转子最常见的故障是铸铝条断裂或铜条断裂、脱焊。发生故障使电动机满载时不能启动或使定子绕组发热，即使能启动也不能达到额定转速。

7.2.1　笼型转子断条

1. 故障现象

笼型转子绕组断条后，有"嗡嗡"的电磁声，电动机转速下降、启动困难，甚至无法启动，定子三相电流时高时低，且不平衡。

> **要诀**　　　　　　　　　　　　　　　　　　　　≫≫≫
>
> 转子断条"嗡嗡"声，转速下降难启动，
> 定子相电流不平衡，转子断条特征明。

2. 故障原因分析

① 铸铝转子因所用的材料不良，其上有气孔和缩孔，导条易在这些缺陷处开裂。

② 铜条笼型转子绕组，端环焊接处松脱。

③ 电动机频繁启动、正反转。

3. 故障检查方法

笼型转子绕组断条的检查方法如下：

① 观察法　将转子从电动机空腔内抽出，观察转子铁芯和槽口处是否有小黑洞或烧黑的痕迹。若有此现象，则表明有断条现象。

② 铁粉检查法　铁粉检查法是通过通电导体在周围产生磁场的原理实现的。

将调压器的输出线接在转子端环两端，其输入线接 220V 交流电源。让调压器电压从 0 升高到 6V，这时在转子铜（或铝）条周围均产生磁场。若在转子表面撒入适量的铁粉，正常时，转子表面的铁粉会按槽方向整齐地排列。若转子上的某槽未吸附或吸附很少的铁粉，则表明该槽下的铜（或铝）条没有电流通过，则判断为该槽下的铜（或铝）断路。

③ 侦察器法　断条侦察器也叫断条检查器，它是根据变压器的原理制成。断条侦察器是一个开口的铁芯，铁芯上绕有线圈。使用时，将串有电流表的断条侦察器放在铁芯的槽口上，同时沿转子铁芯外圆逐槽移动。若移动到某槽后电流表显示值突然变小，则表明被测槽内有断条，用短路侦探器检查笼型绕组断路故障，是目前较为方便而又可靠的方法。

专家提示： 正常时，电流表显示值均恒定。

把通电后的短路侦探器横跨在笼型转子铁芯的机槽上如图 7-21 所示，然后把条形薄铁片（厚为 0.5 ～ 1mm）放在被侦探器所跨的笼型条上，若薄铁片不发生振动，则说明转子绕组已有断开的地方。但是，知道了断路的笼条还不行，还要找到它所断开的具体的位置在哪个地方。在检查的过程中，如果发现有一根笼条断裂，那么还要继续检查这一根笼条的断裂点。首先我们应在断裂笼型转子的左端焊上一根比较粗的软导线，然后把侦探器跨在断裂的地方，再把薄铁片放在侦探器的右端，而那根粗软导线也放在那个断裂的笼条的机槽上，并和露在机槽外面的导体相碰接，如图 7-22 所示，我们一点一点地向右，同时移动侦探器、薄铁片、粗导线与转子铁芯之间的相对位置，如果移动到某一位置时薄铁片发生了振动，则说明断裂点就在这里。

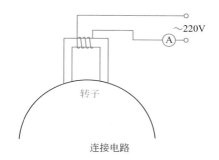

连接电路

图7-21 用侦探器检查笼型转子绕组

实际操作

图7-22 检查笼型转子绕组的断裂点

修理方法：找到了断裂点后，在断裂点的中间用一个与机槽宽度相近的钻头钻个孔，并用丝锥绞丝，然后把螺栓拧上去（是铜导体用铜螺栓，是铸铝的而需特制一个铝螺栓），用铲刀把多余的铲去或用车床车光。如果断裂情况比较严重，即有一个很长的裂口，拧上一个螺栓是不能解决问题的，而需要把断裂处的机槽用錾子錾个长方形的口，把断裂点修齐，测量一下断裂口的长度和宽度，然后按照断裂口的大小把适当的材料（如是铜导体找一块体积和断裂口大小相同的铜料放入机槽内，如是铸铝的则需找一块体积与断裂口的大小相同的铝料放入机槽内）嵌入机槽内，如图7-23所示，而在它的两端还要钻孔攻丝并拧上螺栓。

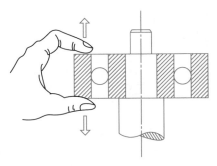

图 7-23　修理断裂导体

4．故障排除方法

（1）铝笼型转子断条

若个别断条，可在断裂处用一只与槽宽相近的钻头钻孔后攻丝，然后拧上合适的螺栓，并将螺栓头部除掉。若多处断条，应将转子置于含 10% 的工业烧碱溶液中浸泡，以使铝溶解，为加速溶解，对溶剂适当加热。将溶化过铝的转子从溶剂中取出，用清水冲洗后即可重新铸铝或改为铜条笼型转子。

（2）铜笼型转子断条

若铜条在转子槽外有明显脱焊，应清除异物后用磷铜材料焊接。若个别断条，应在断条两端的端环上开个缺口，然后敲下断条，用截面相同的新铜条更换即可，注意新铜条应伸出端环 15mm 左右，并把伸长部分敲弯而贴在端环上，最后用铜焊焊牢。

7.2.2　绕线转子故障

绕线转子最常见的故障有短路和接线头松动两种。绕组短路会使转子绕组发热，甚至烧坏，并使定子的电流不平衡，同时发出不正常的响声。绕组接头的松动，则会使电动机转速降低。

专家提示：在空载时一般要下降到额定转速的一半，转矩减小，并使定子绕组的电流发生流动（用钳形电流表测量定子电流时，表针有往返摆动的现象）。

检查方法：首先把转子绕组和滑环的连接处打开，使转子绕组呈现开路的状态。然后把三相电流通入定子绕组里，若转子发生旋转而转速相当高（不会达到额定转速），则说明转子绕组中有短路处。另外也可以用短路侦探器来检查转子绕组是否存在短路的现象。

专家提示： 绕组的接头松动一般出现在绕组的引线头与滑环连接处的螺栓松动或接头脱焊。

修理方法：找出短路处后，增加短路处的绝缘或更换新的绝缘。如果是绕组接头松动，只需把松动处的螺栓紧好或重新焊接好即可。

要诀 >>>

转子故障有几种，短路和接头松动，
绕组短路电流不平衡，同时还会发异声，
绕组接头如松动，电动机转速降低有时停。
短路故障怎么行，增加绝缘故障冲，
绕组接头如松动，松动之处要固定。

7.3

电动机机械部分的修理

电动机由于长时期的机械磨损，外界物体的碰击和拆装时的不注意以及平时维护和管理工作做得不够，也会出现一些机械方面的故障。

电动机机械方面的故障主要有以下几种。

7.3.1　电动机过载

电动机如果和被拖动的设备不配套（设备需要功率超过电动机的最大功率或被拖动的设备发生了故障不能转动），实际上相应的是负载增加了，这些情况均是造成电动机过载的原因。电动机过载把熔丝熔断，长期的过载运行可使定子绕组因电流过大而发热或烧坏。

解决的方法也只能是适当地调整被拖动的设备尽量达到配套的程度。另外对于发生故障的被拖动设备，应当及时加以修理方能消除电动机的过载现象。

7.3.2　轴承的维护和检修

1. 轴承的维护

由于轴承的损坏而引起电动机在机械方面的故障还是占有相当比例的。轴承的损坏会使电动机不能运转，所以，平时我们应当对轴承进行适当的维护，经常检查轴承的温度是否过高（以手和轴承盖相接触即知），经常监听轴承运行时有无杂音。

专家提示： 正常运转的轴承内的润滑油要保持清洁，不允许有沙子或铁屑在里面。对于一般滚动轴承的电动机应当在一年内更换润滑油 1 ～ 2 次。

2. 轴承的检修

轴承损坏的检查方法如下：

（1）声音法

当电动机在运转时，发出不均匀的杂声，表示轴承运行不正常。严重的杂声很大，可以直接听出来。轻微的杂声，可把螺丝刀的一端靠在轴承盖上，其柄贴在耳边来辨别。轻微的杂声，大部分是由于轴承内有沙子、铁屑等杂物或者滚珠有缺陷、轴承油不清洁而引起的。

要诀 >>>

电动机运转有杂音，认真倾听要细心，
杂音较大程度深，更换轴承有原因，
轻微杂音需要近，柄贴耳边不对劲，
要问杂音啥原因，沙子、铁屑等引起。

（2）摇动法

电动机拆开后，用手摇动轴承外圈，如图 7-24 所示，正常的
轴承是觉察不出来松动的。当磨损后，摇动轴承外圈就能觉察到。

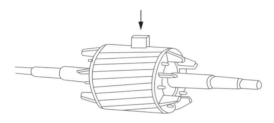

图 7-24 用手摇动轴承

轴承运转时有杂声，必须停车清洗检查。清洗时先将旧油挖
掉，然后用清洁的刷子或布块蘸汽油来清洗，最少洗二次（注意正
在刷时轴承勿转动，避免有毛、线等杂物轧入轴承内）。最好用热
油冲洗。洗净后检查轴承，如无明显摇动和滚珠无表面剥落缺陷，
仍可加润滑油继续使用。

专家提示： 润滑油不要加得过满，一般 1500r/min 以下的电动
机，装三分之二为宜，3000r/min 的电动机装二分之一为宜，也就
是填满轴承，两个油盖再浅浅加一层即可。润滑油过多将直接影响
空载损耗，明显的现象即轴承温度上升，打开轴承盖，可见到润滑
油变色，而且由稠变稀。

专家提示： 清洗轴承时，不必将轴承从轴上拉下。

因为轴承与轴紧密配合，在换装新轴承时，必须用专用工具将
旧轴承拉下，并事先渗些煤油。如无专用工具，可用图 7-25 的简

单工具拉下，或如图 7-26 所示的方法，用铜棒敲打轴承内圈而拆下。

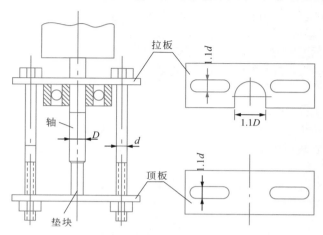

图 7-25　拆卸工具

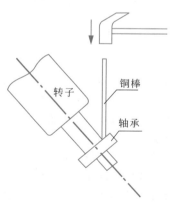

图 7-26　简单拆卸方法

　　新轴承打入轴颈时，最好用适当的钢管套在轴上，使轴承内圈均匀受力。如无钢管，则应在轴承的内圈圆周上用铜棒均匀敲打，如图 7-27 所示。切勿在轴承外圈敲打，以免滚珠本身受力。打入时应使轴承有号码的一面向外，以便查看。

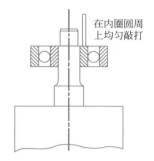

图 7-27　用铜棒均匀敲打轴承的内圈圆

　　装新轴承时要加热，因为轴承加热后，略微胀大一些，这样套入轴颈较为容易。加热方法：可放在油内加热到 90℃ 左右。注意轴承不能放在油槽底部，因为这样轴承会受槽底火焰的作用，引起局部回火而丧失其硬度。最好用铁丝吊在油中，如图 7-28 所示。在农村，也可采用土办法，将轴承放在 100W 电灯泡上烤热，一小时后即可套在轴上，如图 7-29 所示。

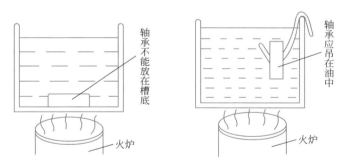

图 7-28　对新轴承加热

　　专家提示：轴承装好后，先用手试转，若转动不灵活，就要检查是否有歪扭、咬住、摩擦增大等现象。

　　轴承的内外圈是与轴和端盖相配合的，这两处的配合对电动机的同心度很有影响，如果它们之间已松动，并有 0.1mm 以上的间隙，就可能会使转子摩擦定子。如果轴承与端盖间松动较多，可在端盖轴承室圆周上用钢凿子凿一排印子，利用表面上的毛疵来卡紧轴承外圈，但这办法只能解决急用，不能长久使用。如果轴承内圈与轴颈处松动，可参阅 7.3.2 轴承的维护和检修，如果电动机急用，也可用凿子将轴颈凿毛，使轴颈略为增大。

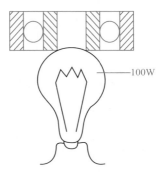

100W

图 7-29　用灯泡对轴承加热

专家提示： 轴承损坏：电动机因长期的运动，轴承极大程度的磨损，可使电动机的机轴下落，造成定子铁芯与转子铁芯相摩擦，使铁芯发热。极度的发热会把机槽的绝缘物烧坏并使线圈短路。根据磨损程度的不同，会出现轴承的保持架有磨坏的现象或轴承的滚珠及滚槽有斑纹出现。这些现象可以使电动机不能运转或在运转时产生不正常的噪声。

检查轴承损坏的方法有两种：

① 手握电动机的机轴，用一定的力量上下掀动，若发现有松动现象，而松动的程度又超过了定子铁芯与转子铁芯的正常间隙，则证明轴承已损坏，如图 7-30 所示。

② 把端盖拆掉，挖去轴承里的废油，再用汽油把轴承洗刷干净，然后用手往返地晃动轴承的外圆，若外圆与内圆之间的活动量很大，如图 7-31 所示，则说明轴承已损坏。

一般电动机轴承的损坏都是在带负载的一端，所以在检查时应特别注意带负载那端的轴承。轴承损坏需更换新的轴承。在更换新轴承时，我们需要把旧轴承拆下，拆卸方法很多，下面我们介绍利用拉轴承工具（即拉力器）的拆卸。拉轴承工具是一种简单而实用的器具，如图 7-32 所示，根据所要拉的轴承直径的大小，可以任意调节它的尺寸。只要旋转手柄，轴承就慢慢地被拉出来。

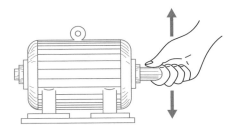

图 7-30　检查轴承是否损坏（1）

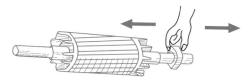

图 7-31　检查轴承是否损坏（2）

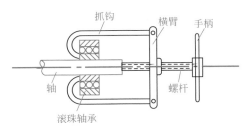

图 7-32　拉力器的使用方法

在使用时应注意下列各点：

① 应将拉力器的抓钩套在轴承的内圈上，而不应套在外圈上。

② 拉出轴承时螺杆应与转轴中心线一致，不能歪斜。

③ 开始拉力要小，防止抓钩脱滑。

7.3.3　定子铁芯或转子铁芯松动

　　电动机因长期的机械振动或搬运时不注意，而造成定子铁芯与机座，或转子铁芯与机轴有松动的现象。定子铁芯的松动使转子不能在定子内腔的中心旋转，造成互相摩擦或在通电后因磁场的吸引使电动机不能转动。转子与机轴发生松动，同样会使转子不能在定子内腔的中心进行正常的旋转而造成摩擦；或由于转子铁芯与机轴的过度松动，造成电动机在通电后转子铁芯在定子的内腔自己旋转，而不能带动机轴一起进行旋转。

　　修理方法：把定子铁芯或转子铁芯安放好，按照原来固定的位置焊好即可。

7.3.4　电动机轴的修理

　　电动机轴是传递转矩、带动机械负载的主要部件。它必须有足够的强度来传递电动机的功率，并要有足够的刚度，使电动机在运转时不发生振动或定子与转子相互摩擦。

　　轴的损坏现象有：轴头弯曲、轴颈磨损、轴裂纹、轴断裂等。

　　轴的修理应该在有条件的工厂进行。轴弯曲后，要在压力机上矫正。如果弯曲过大，可用电焊在弯曲处表面均匀堆焊一层，然后上车床，以转子外圆为基准找出中心，车成要求尺寸。

　　故障处理：轴颈磨损后，可采用电镀法在轴颈处镀一层铬，再磨削至需要的尺寸。如果磨损较多，可用在表面堆焊一层的方法来修复，如图 7-33 所示。磨损过大也可用套筒热套法，如图 7-34 所示，在轴颈处车小 2 ～ 3mm，再车一合适套筒，将套筒加热后趁热套入，最后精车。

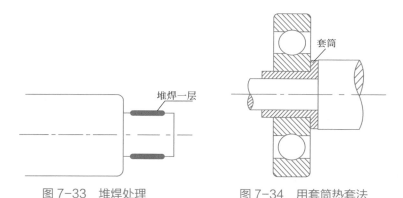

图 7-33　堆焊处理　　　　　图 7-34　用套筒热套法

　　轴有裂纹或已断裂，最好是换一根新轴。小型电动机一般用 35 钢或 45 钢，大、中型电动机应分析轴的成分后，用同样型号的钢来调换。也可用焊接的方法来修理。在裂纹处，用堆焊法进行补救。如电动机的轴已断裂，可用图 7-35 的方法来焊接。

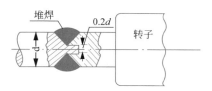

图 7-35　电动机轴的焊接

　　转轴损坏的原因，除制造质量本身有问题外，大多数是由于使用不当而造成。如拆卸皮带轮时，不用专用工具而硬敲，再加上敲打时受力不当而引起的损坏。一般应事先加上一些煤油，再小心敲打。安装时两皮带轮或联轴器不在同一直线上，也容易损坏轴头。

7.3.5 机壳裂纹修理

异步电动机机壳起着支撑定子铁芯和固定电动机的作用，中、小型电动机机座两个端面还需用来固定端盖和轴承。封闭式电动机机壳外表有散热片，散热片一方面起扩大散热面的作用，另一方面，在外风罩的配合下起导风的作用，所以散热片间要经常保持清洁，切勿堆积泥土杂物。

机壳破裂后必须焊复，焊接时注意铁芯位置不能偏移，同时还要保证铁芯在机壳内不能转动。机壳破裂后，由于电动机同心度不准确了，再加上焊接时机壳要变形，所以最好到制造厂调换机壳。

端盖的作用是保护线圈端部，同时在中、小型电动机中还起支撑转子的作用。在装拆电动机时，往往由于过重的敲打，使端盖产生裂纹。小的裂纹不必修理，但最好用油漆划上明显记号，以便下次拆装时注意。如有条件，可用焊接法堵上裂纹。当裂纹已扩展到轴承配合处，就很难修复。因为电焊后会引起歪扭变形，装上转子后同心度差。

专家提示： 装拆电动机时必须注意保护端盖止口及轴承配合面，如凹凸伤痕和毛疵等小伤，可用细锉刀和刮刀来铲修。敲打端盖最好用紫铜锤子，因紫铜较软，不易敲伤端盖。

封闭式电动机大都有外风扇，它起着加强散热的作用。风扇最常见的损坏是夹紧螺栓处断裂。如不能买到现成风扇，可打一个夹紧头，然后用铁皮做好叶片，固定在夹紧头上，如图7-36所示。

图7-36 夹紧头

夹紧螺帽处还应加保险垫圈防松。

7.3.6 组装不恰当

由于没有把电动机端盖或轴承盖安装在正确的位置上，结果造成端盖与机座配合不严密有裂缝存在，或没有掌握好螺栓的松紧程度使端盖承受偏向拉力，这些情况均能使电动机的转子与定子发生摩擦或不能转动。

修理方法：用木锤敲打端盖合不严的地方，使它恢复到正确的位置，然后拧上螺栓并保持一定的松紧程度。

三相异步电动机的故障排除案例

7.4.1 通过转子来区分笼型和绕线型三相异步电动机 技巧

笼型和绕线型三相异步电动机的区别是：笼型电动机的转子绕组是由转子槽内的铜条或铝条串起来形成一组导电回路，如图7-37所示。若把转子铁芯都取下来，则所有的短接导线回路结构像是一个松笼型子，因而得名笼型电动机。绕线型电动机的转子与定子差不多，它用铜线缠绕而成，并分成三相绕组放入转子铁芯的槽中，绕组的首端分别接到各铜滑环上，如图7-38所示。三相绕组像三个纺织用的梭子一样而被铜线环绕。笼型三相异步电动机外形如图7-39所示。绕线型三相异步电动机外形如图7-40所示。

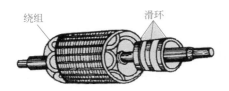

图 7-37 笼型三相异步电动机转子

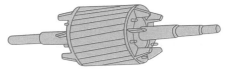

图 7-38 绕线型三相异步电动机转子

图 7-39 笼型三相异步电动机外形

图 7-40 绕线型三相异步电动机外形

专家提示：三相异步电动机因转子绕组缠绕方式不同而形成两

种样式和功能不同的电动机。只需打开电动机的外壳，即可看到：笼型三相异步电动机主转动轴上只有一根通轴，而绕线型三相异步电动机的主转动轴上有三个铜滑环与转子相连。

要诀 >>>

区分电动机有把握，认准转子真利索；
笼型转子数量多，条条铜条串成窝；
绕线转定差不多，三个都像铜纺梭；
细看示图再捉摸，一眼识破不用说。

7.4.2 快速鉴别三相异步电动机的好坏技巧

鉴别三相异步电动机的快速技巧如下：

① 测量绝缘电阻：用兆欧表测量电动机定子绕组与外壳之间的绝缘电阻，若所测绝缘电阻值大于 500kΩ，则表明电动机良好。

② 检查匝间绝缘：用万用表判断各绕组间的电阻值大小，应大小相近，则表明绕组匝间绝缘正常。

③ 检查相间绝缘：若电动机是星形接线时，可将万用表调至最小量程的电流挡，用万用表两只表笔与电动机接线盒中的任两相接头接触，同时用手摇动电动机，使其空转，此时万用表指针若左右摆动，且每两相都摆动幅度基本相同，则表明电动机良好。若电动机绕组是三角形接法，只需将连接片拆下，临时接成星形（且记住原接线位置，以便恢复原状），再用万用表表笔三相中的每两相测定，即可判断出三相异步电动机的好坏。

专家提示： 鉴别电动机的好坏一般应测量绝缘电阻，即绕组与电动机外壳的绝缘和各相绕组匝间的绝缘。各绕组的电阻值应相同，且绕组的对称性也大体相同。

要诀 >>>

三相电动机好与坏，快速鉴别可明白，
绝缘好差用表测，绕组外壳大五百，

绕组阻值不奇怪，匝间不会短路来，
手把电动机转起来，万用表笔测两派，
摆动相同就不赖，星形接法记心怀。

7.4.3 用检验灯检测三相电动机绕组的断路故障的技巧

三相电动机断路故障一般在电动机电源或电动机本身。若电动机电源出现断路故障，则很容易查出。而电动机内部绕组断路，则不易查出。电动机绕组断路故障的检测技巧如下：

① 打开电动机的接线盒，查看电动机接线盒中的接线与接线柱是否脱落。

② 若接线没有脱落，当电动机绕组为星形接法时，可将尾端连接片接在220V电源中性线上，将检验灯的一端接在220V电源相线上，另一端分别与各相绕组的首端相连，分别通电后，如果每个绕组串联上检验灯后，检验灯都正常发光，则表明电动机不存在断路故障。反之，某一相绕组连接后若检验灯不亮，则表明断路故障就在该相绕组内。当电动机绕组为三角形接法时，可将三个连接片全部拆下，把每个绕组分别与检验灯串联在220V电路中，若发光，则表明该绕组无故障，若不发光，则表明该绕组存在断路故障。

专家提示：用检验灯检查绕组断路故障比较直观且方便易学。

要诀　　　　　　　　　　　　　　　　　　　>>>

断路原因有两件，电动机本身和电源；
接线盒内无断连，零线接在连片间；
灯一端接交流源，异端与各绕组缠；
发光正常不挂念，无光则是故障点。

7.4.4 检查异步电动机三相电流不平衡的技巧

检查异步电动机三相电流不平衡的技巧：

① 在功率较大的电动机控制回路中都装设有三相电流表，三相电流不平衡时可从表中清晰看到。一般情况下，三相电压不平衡是三相电流不平衡的原因。应首先用万用表分别测量三相电压大小，若确实为电压原因，可从电源方面查找原因。

② 若三相电压平衡，而三相电流不平衡，则表明三相绕组自身存在问题，若绕组断路，该相电流表无电流显示，其他两相电流急剧增大。若不是上述原因，则表明绕组间有匝间短路现象。

③ 若绕组中有匝间短路现象，该相电流表读数会增大，且该绕组还会因发热而使绝缘介质变脆，并稍有焦臭味产生。

要诀

三相电流不平衡，电压不一是首病；
再查绕组是否同，一相断路不启动；
匝间短路测热冷，电流增大焦味生；
电流不平电动机停，不停马上就会崩。

7.4.5 笼式电动机改成同步电动机的技巧

笼式电动机改成同步电动机的技巧如下：把笼式三相电动机的转子卸下，放在铣床上，在转子外表面均匀铣出与所需同步电动机极数相同的槽数，而槽宽为 1/3 极距，槽深大约 5mm 即可。

笼式电动机的结构如图 7-41 所示。同步电动机的结构和外形如图 7-42 所示。

要诀

笼式电动机改同步，算算磁极要加数；
拆下转子铣槽住，极槽相同不同路；
未铣凸起成极柱，同步磁场产生处；
回装转子试电路，同步电动机做成喽。

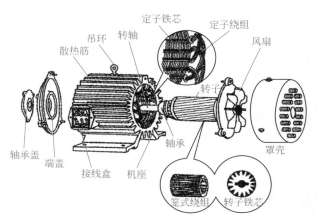

图 7-41 笼式电动机的结构

图 7-42 同步电动机的结构和外形

7.4.6 测量三相异步电动机极数的技巧

测量三相异步电动机极数的技巧如下：选择万用表 2.5V 电压挡，将表笔接触电动机定子绕组的任一相的两个接线端，正常时表针应指示为零。接着按一个方向慢慢转动转子一周，并观察万用表指针偏离零的次数，此时万用表指针偏离零的次数就是三相电动机的极数。如果使用的是双向刻度电压表，按上述操作时，指针偏离零位的次数就是电动机的极对数。

> **要诀**　　　　　　　　　　　　　　　　　　　>>>
>
> 测量极数有技巧，电压量程万用表；
> 表笔测量定子绕，转动转子慢慢跑；
> 线圈产生电势高，偏零次数要记牢。

专家提示： 上述万用表指针在转子转动时每次偏离零位，就是每一组线圈产生的反向电动势的时候，转子转动一周，万用表就把所有线圈产生反向电动势的次数得以显现，从而反映电动机的极数。

7.4.7 用验电笔判断电动机是否漏电的技巧

电动机在运行时，有时操作人员会无意触及其外壳而产生被电"麻"一下的感觉，这会让人心惊。必须检查电动机漏电或外部感应的电荷对人放电，需要进行以下检测。

先让电动机带电工作，然后用验电笔触及三相电动机的外壳，若验电笔的氖管发出亮光，则表明电动机绕组与外壳相碰触或间接接触，是三相电动机漏电的表现。有时用兆欧表测量单相电动机或其他单相用电设备绝缘电阻很高，但用验电笔测量时验电笔氖管仍发亮而显示带电，应为电磁感应产生的电荷放电造成的。

取一只 1500μF 的电容器（耐压值不小于 250V），将其并联在验电笔的氖管两端，然后再用验电笔触及电动机的外壳或带电设备的外部，若此时验电笔氖管仍发出亮光，则表明电动机外壳或带电设备外部漏电，应对设备进行断电检查，找出故障原因，排除后再通电使用，若此时验电笔氖管不亮或暗淡或若隐若现，则表明测得的带电设备外部或电动机外壳是感应电荷，对于感应电荷也应将其排除。当电动机外壳有感应电荷时，应对电动机的外壳接地线进行检查，若接地线接触不良或已生锈而导电能力差，应重新更换接地线；若带电设备外部带电时，可将带电设备的绝缘层或外部接地线进行放电。

要诀 >>>

是否漏电笔来判，漏电击人心胆颤；
电笔触及壳外面，氖管发光有漏电，
单相电动机单相连，摇表摇出高绝缘，
电笔仍亮起了难，可能感应出了电。
为找原由把它验，电容氖管要并联，
触及设备外表面，氖管发光仍漏电，
氖管无光若隐现，感应电荷挂地线。

专家提示：感应电与漏电一样，有时会伤及人体，应将感应电荷及时放掉，这时若人体再触及带电体，就不会对人体安全造成威胁。

7.4.8 电动机振动过大的故障检修技巧

电动机正常运行时会有一些微振现象，但振动过大，就需要对其进行检查，并将故障处理。电动机振动过大时，应按下述方法进行检修。

首先，检查电动机的机座固定情况。若采用膨胀螺栓固定时，要查看螺栓外面的螺母是否松动，若采用木棒或角铁固定，应对电动机进行固定。

再检查电动机与被拖动的机械部分的转轴是否同心或平行，若不同心会看到拖动部分受力不平衡而向某一方向倾斜。若不平行时会使传动轴或传动带摩擦不均匀，且输出实际转矩变小，带动负载时不能正常运行。

然后，检查电动机的转子是否平衡，主要观察转子的转轴是否有偏心弯曲现象，若有，则对其进行修复。若故障电动机是笼式电动机，应检查鼠笼是否存在多处断条，因电动机断条会引起振动甚至卡壳。

最后，对电动机内电磁系统进行检查，主要检查其是否平衡，若不平衡，可导致驱动力不同，即电磁转矩时大时小，而由于动量不平衡导致电动机出现振动现象。

要诀　　　　　　　　　　　　　　　　>>>

振动过大是故障，按序检查莫着慌，
先检机座固定况，螺栓松动加紧忙，
拖动中心偏一旁，（转）矩小运行不正常，
转子转轴偏心象，修复若初振不强，
鼠笼断条有声响，振动卡壳出祸殃，
电磁失衡会晃荡，转矩大小成动量。

专家提示：电动机振动有时会有意想不到的原因，例如，其拖动的负载不同，产生振动的原因可能会有不同。

7.4.9　异步电动机断相的检修技巧

故障现象：接在正反转控制电路中的异步电动机在正转过程中，按下反转按钮，其转向不变，持续按下正转方向旋转，经检查，控制电路未有接错线现象。

检修方法：按下停转按钮，使电动机停下，待电动机完全静止5min后，再按下正转启动按钮，电动机未启动，则表明电动机本身存在断相问题或某相绕组开路。经检查，线路无开路现象，估计电动机断相。若电动机断相，电动机定子绕组与转子会形成大小相等、方向相反的两个转矩，总转矩为零而使电动机不能正常启动。电动机在运行过程中，若有一相断开，此时，该三相电动机相当于单相电动机，电磁转矩方向不变，即使总转矩为零，电动机仍按原方向转动。

要诀   >>>

　　正转电动机运行中，按下反转直前行；
　　按停再启不会动，电动机一定有毛病；
　　检查线路全都通，绕组断相已判定；
　　断相故障不能用，用它可能就会崩。

7.4.10　异步电动机刚启动时，断路器就跳闸的故障检修技巧

　　电动机刚启动时，断路器立即跳闸，如图 7-43 所示。则表明流经断路器中的电流过大。在此围绕电流过大问题进行以下检查：

图 7-43　断路器立即跳闸

　　① 断路器的过流脱扣瞬时电流整定过小。由于启动电流较大，断路器为保护而跳闸，应根据电动机的功率计算它的启动电流，从

而再进行整定，最后根据整定再进行调节或更换断路器。

②定子绕组接地，导致电流过大而断路器跳闸。断电后，拆下电动机主接线，测量定子绕组对地的绝缘电阻是否正常，若绝缘电阻较小，应找出绝缘不够的定子绕组，拆下线找出定子绕组的匝间接地点，对其进行绝缘处理，通电试验合格后，再安装在电动机上使用。

③定子绕组相间短路或绝缘电阻变小而导致电流变大。用万用表测量定子绕组各相间的绝缘电阻是否正常。若显示值很小，表明绕组间有短路现象。应打开电动机外壳，对定子进一步检查，找到短路处并更换故障定子绕组。重新接到电动机上，经测量绝缘电阻合格后再投入使用。

④电动机重载启动，电磁转矩小于带负载的启动转矩或电动机带负载超出设计范围。应检查电动机负载是否过大，若负载过大，应减小负载，或更换大的电动机和配电容量。

⑤电动机型号不符。例如，要采用星形接线的电动机，而购置的却是三角形接线的电动机，安装后可使电动机的启动电流过大。而断路器的过渡脱扣电流是按星形接法进行选择的，应更换同型号电动机。

⑥经检查，若不是上述原因，也可能因接线不牢而导致故障。例如，电动机刚启动时，线路处于接通状态，当启动后，由于电动机振动而导致某相的某根接线脱落，脱落接地的电动机即成为单相启动。

要诀 >>>

电动机启动就跳闸，原因多是电流大；
开关整定过小了，直接跳闸保护它；
定子接地把电拉，相间短路需检查；
重载启动电动机跨，电动机功率需增加；
可查型号接法差，接线脱落也跳闸。

7.4.11 异步电动机空载电流偏大的故障检修技巧

电动机空载启动后，配电盘上的电流表显示明显偏大，为了弄清原因，进行以下检查：

① 电源电压偏高。观察配电盘上的电压指示，看是否过大。或用万用表进行测量，若是电压偏高，应检查电源问题，一般电源电压不会高，可能是因电容过度补偿造成的。

② 绕组内部有匝间短路。由于匝间短路会导致绝缘电阻变小而使空载电流变大，应对绕组进行检查。若有匝间短路现象，应更换电动机或对损坏的绕组进行修复。

③ 定子绕线线径较大，使绕组总电阻减小而导致电动机空载电流偏大，应更换合适的线径进行重绕或更换电动机。

④ 上述故障可能是因损坏而复修的电动机，在维修时可能导致定子匝数不足、内部极性接错、星形接线变成三角形接线，应根据具体情况予以排除。

⑤ 电动机结构方面的原因。若定子与转子铁芯不整齐，应打开端盖仔细观察，若有不齐，进行调整后再通电观察空载电流。若轴承摩擦过大，应涂抹润滑油。若铁芯质量不好或材料不合格，应更换铁芯。

要诀 ≫≫≫

空载偏大是毛病，查找原因弄分明；
电压过高而造成，匝间短路也可能；
电阻偏小换线径，星形三角错接成；
结构原因要查明，修后通电试运行。

7.4.12 异步电动机空载电流偏小的故障检修技巧

电动机空载启动后，若配电盘上的电流表显示明显偏小，应进行以下检修：

① 电源电压偏低。观察配电盘上的电压指示是否过小，或用

万用表测量电源电压是否过小，若是，应检查电源，一般电源电压偏低的原因是总负荷过大所致。

② 绕组内部有匝间短路现象。由于绕组短路会导致电流变大，运用本书中检查的方法对绕组进行检查。若有，更换电动机或对绕组进行整改。

③ 定子绕线线径较小，使绕组总电阻偏大，导致空载电流偏小，应更换电动机或更换接线重绕。

④ 误把绕组三角形接法变为星形接法，应更改接线后重试。

要诀　　　　　　　　　　　　　　　　　>>>>

空载流小也是病，原因一定要查清，
万用表来查分明，负荷过大是实情，
绕组不通与乱通，查找方法在书中，
电阻偏大换线径，三角接线改星形。

7.4.13　电动机温升过高的故障检修技巧

电动机的内部结构如图 7-44 所示。

图 7-44　电动机的内部结构

温升是核定电器质量的最重要因素，温度过高对电器损害最大。电动机温升过高直接影响它的电气寿命和机械寿命，严重时会立即烧毁，有些电动机也会炸裂，将危及人和其他设备的安全。一般电动机用手背可感知电动机温度，有些电动机带有温度传感器输出指示，若发现温度超过一定值时，要请示主管后立即停止运行（消防栓泵和喷淋泵除外），并进行降温处理后，查找原因，以防再次运行时，而使温度过高造成事故。电动机温升过高的故障检修如下：

① 长时间运行而无另附散热设备是电动机温升过高最常见的原因。若电动机长期工作（24h 或常年），并靠电动机自身设计条件来散热，应调查电动机运行记录，即可知道它是否为长时间运行。处理方法是与备用电动机形成互为备用，减小工作周期，或增加通风设备及其他散热方式来降低电动机的温度。

② 负载过重，会使工作电流增大，发热量成指数倍增加，电动机温度迅速升高。检查电动机所带的负载功率是否接近或超过电动机的功率。处理方法是减载运行或更换电动机和成套配电设备。

③ 电动机频繁启动或正反转次数太多。因为电动机的启动电流比运行时工作电流大得多，频繁启动相当于增加负载，使电流平均值较大。电动机正反转次数太多，经常调换方向增加了电动机的制动电阻，发热量也会增大。处理办法是限制启动次数、降级运行、增加设备等。

④ 电源断相或接线方法错误，会使电动机三相运行变为两相运行（相当于单个绕组接受两相电压），这样，很快使电动机绕组因发热而烧毁，应检查电动机主回路的各段接线有无掉线、接触不良等，必须停电检查。若将绕组的三角形接法变成星形接法，由于连接方法不同而使电动机绕组所受的电压变大，电动机会因电流变大而温度升高。

⑤ 电源电压过高或过低，用万用表检查电源电压即可。

⑥ 定子绕组相间或匝间短路，一方面短路使绕组电阻变小，电流增大，另一方面，反馈电压不平衡。这些都可使电动机温度升高，应予以检修。

⑦ 轴承摩擦力过大或杂物卡轴。因电动机长期使用，其内部

的灰尘会使摩擦系数变大，或因振动有其他杂物进入轴承内，卡住轴承连接件，使电动机因摩擦而发热量变大。应停机检查，必要时打开电动机外壳，清理异物或用电风扇吹出灰尘。

⑧ 笼型电动机的转子导条断裂、开焊，使损耗增加而发热，应停机后检查电动机。

⑨ 转子与定子铁芯摩擦严重，导致局部温升过高。停机后，应打开电动机外壳，观察有无磨损的痕迹。

⑩ 电动机的传动部件发生故障，受到外力的反向牵制，导致转速变慢，电流变大。应检查电动机所带负载的传动部件周围有无异常状况。

⑪ 经过大修或重绕的电动机，维修时可能想方便而使每相绕组都去掉一部分，使整体匝数变少。此种电动机需要减载运行、短时带负载或作为备用电动机使用，否则会因运行电流过大而使电动机温度升高。

⑫ 旋转方向反向，因制作电阻或阻尼电阻过大，转速变小，发热量增大，超过一定时限，也会因温度高而烧毁电动机。

要诀 ⟩⟩⟩

电动机运行温度高，它的寿命在减少，
电动机温升要除掉，散热设备必须要，
负载过重受不了，减载运行换成套，
频繁启动惹祸找，断相接错不蹊跷，
电压高低都不好，定子短路把因找，
摩擦起热轴在烧，传动元件中间闹，
电动机大修或重绕，绕组匝数会变少，
减载运行需记牢，反向运行电动机烧。

7.4.14 定子绕组接地的故障检修技巧

检查定子绕组某相是否有接地故障时，应认真观察绕组的实际损坏情况，若接地点较多，应重绕。若接地点较少，应按以下方法进行检修。

① 若绕组受潮，应将整个电动机绕组进行预烘干，再在绕组上浸绝缘清漆，晾干后再进行烘干（切莫浸漆后立即预烘，否则绝缘清漆会快速收缩，造成补漆厚薄不均匀，绝缘程度不一）。

② 双层绕组的上层边槽内部接地。先把绕组用烘箱将其加热到130℃左右使绕组软化后，去掉接地绕组用的槽楔，再把接地线圈的上层边起出槽口后，清出损伤绝缘杂物，并将损坏的绝缘处敷好。同时检查接地点是否有匝间绝缘损坏，若有损坏，应按同样方法处理好。最后把绕组的上层边塞入槽内部，并小心打入槽楔即可。同时用万用表的电阻挡测量故障线圈的绝缘电阻，合格后再用绝缘纸包好，涂上绝缘清漆。

③ 一般情况下，槽口处的绝缘最容易破坏，若只有一根导线绝缘层损伤，可把线圈加热到130℃左右，使绝缘层软化，用划线板撬开接地处的槽绝缘层，把此处烧焦或溃烂的绝缘清理出来，插入稍大一些的新绝缘纸板，然后用万用表测量绝缘电阻正常后在故障点处涂上绝缘清漆即可。

④ 若接地点在端部槽口旁，绝缘破坏一般不大，应在导线与铁芯间垫好绝缘纸板后包好，涂上绝缘清漆后晾干即可。

⑤ 若接地处在槽内部，可抽出槽楔，用划线板将匝线慢慢依次取出，直到取出故障点的匝线后，用绝缘胶带将损坏处包紧，再把取出的线放入线槽内，用绝缘纸包住，加上槽楔。

⑥ 若铁芯的硅钢片凸出而使绕组接地，应用划线板划破绝缘层拆下绕组，将凸出来的硅钢片敲下，并在损坏处进行绝缘处理。

电动机的定子绕组如图7-45所示。

要诀

定子接地是故障，观察绕组何情况，
绕组受潮预烘上，补上清漆外边晾，
边槽内部到地上，加热130℃在烘箱，
去楔拉出上层边，清杂物后包损伤，
恢复原状电阻量，涂上清漆再烘上。

接地位于槽口旁，两种修法记心上，
槽口内部有损伤，包紧绕组线槽装。

专家提示： 修补绝缘不良的绕组，注意不要损坏其他部位的绕组绝缘，要细心观察认真处理并一次性修好。重新装复绕组时要压紧，涂绝缘清漆要均匀。

图 7-45 电动机的定子绕组

7.4.15 异步电动机转速低的故障检修技巧

电动机启动后，其转速小于额定转速，表明电动机未正常运行而转速较低。其检查方法如下：

① 查看配电设备上的电压表，或用万用表测量电源电压，若电压过低，应再观察几秒，确认电压不是瞬时过低时，要立即停机，防止低压运行时因发热量加大而烧毁电动机。应检查电源电压过低的原因并予以排除。

② 检查电动机是否有接线错误，如三角形接法接成星形。打开接线盒，一看便知。若是接线错误，应停电后，按电动机铭牌所标连接进行正确接线。

③ 检查是否负荷过重，或拖动的机械被轻微卡住。应查看电

动机所带负载是否有加重现象，拖动机械有无被卡现象。若有，应立即减载或解除卡件。

④ 若不是上述原因，则可能是电动机内部故障。笼型电动机转子导条断裂或虚焊炸开，其原因大多是启动频繁或重载启动形成的。因为启动时，转子承受较大的机械离心力和热应力作用，若电动机所带负载的冲击性和振动很大，也会因转子疲劳而断条、开焊等。应更换被损元件，同时对其施行减振措施和缓冲办法。

要诀　　　　　　　　　　　　　　　　　　　　　　　>>>

　　异步电动机低速转，必有故障在里边，
　　查看电源低压伴，电压若低快停转，
　　三角接线星形转，接线盒中可看见，
　　负载过重细查看，不是外因拆机现，
　　导条断裂或虚焊，减振措施换元件。

专家提示： 电动机转速低时，不要慌张，应使电动机在不烧毁的前提下运转，分析原因，同时按由外到内，由电气到结构的顺序进行检查。最后采取相应的更正措施。

7.4.16　笼型转子断条的故障检修技巧

要诀　　　　　　　　　　　　　　　　　　　　　　　>>>

　　断条启动不影响，带上负载速下降，
　　电流高低来回晃，转子发热坏现象，
　　电流设备两端放，通过电流 300A 上，
　　铁屑撒在转子上，自动排列因磁场，
　　某处断续零星象，转子损坏此处躺。

笼型转子断条后带负载时，电动机转速立即下降，定子电流会时高时低，并使转子发热。其转子断条故障检修如下：

① 用大电流发生器加在转子的两端，使转子上通过较大的电

流（300A以上），再用铁屑撒在转子上，铁粉在电流产生的磁场作用下，铁屑自动在转子上均匀排列，若均匀排列的铁屑在某处出现开点和零星现象时，则表明转子在此处有断裂或缺陷。如图7-46所示。

图7-46　笼型转子断条

要诀 >>>

定子绕组接星好，分别串入电流表，
调压高侧接电表，低侧定子中线绕，
加压50V以上好，用手拨动转子跑，
观察三只电流表，表针剧摆有断条，
双笼转子看电表，随着节奏来回跳，
周期响声"嗡嗡"叫，转子可能有断条。

②将定子绕组按星形连接后，三相绕组分别串联一只电流表，表的另一端接在三相调压器输出端的高压侧，低压侧接在定子绕组的星形中性点上，均匀加压至50V以上。此时，用手慢

慢转动转子，观察三只电流表，若发现表针有剧烈摆动现象，则表明该绕组有断条。若该电动机为双笼转子时，让电动机带上负荷，再观察电流表，随着双倍转差率的节奏而摆动，并发出"嗡嗡"的响声呈周期性，则表明转子中可能存在断条和缩孔等缺陷。

要诀 >>>

转子扣在铁芯倒，转子均匀逐槽跑，
毫伏表值突变小，铁芯开处有断条。

③ 把转子放在铁芯式断条侦察器的两个铁芯上，把转子逐槽（转一周）均匀移动，若毫伏表读数突然变小，表明铁芯开口下的转子有断条，把每个转子都试一遍，有时断条处不只一处。

要诀 >>>

电磁感应找断条，断条找准哪个槽，
读数值大表完好，若存断条值变小。

④ 可利用电磁感应法，准确判断笼型转子断条的槽位，若电流表读数大，铝条有明显振动，则表明无断条。若电流读数变小，铝条不振动，则表明该转子存在断条故障。

断条的处理方法：

若转子多处断条，可直接更换笼子。若几个笼条断裂，用钻头将笼两头钻通，切记要按斜槽的方向钻，再插入直径相同的新铝条，再用电焊机把两端焊好，同端环成为一个整体，但不要形成虚焊，以免再次断裂。然后对多出的部分进行车削。

对于大型笼型电动机，其笼较大，可用钻头垂直转子表面钻，从槽口钻到故障处，当看到铝条时，再用氩弧焊从槽口向外焊到断裂的位置。

专家提示：进行处理断条故障时，不要把铸铝条改成铜条，一是从经济角度不可，二是不同金属间焊接后的膨胀系数不同，有可能再次断裂。

7.4.17 异步电动机外壳带电的故障检修技巧

用手背触及电动机外壳，若有麻麻的触电感觉，则表明电动机外壳带电。其检查方法如下：

① 电动机在运行时必须将其外壳接地。经检查，电动机接地线完好，但接地线与电动机接地螺栓锈蚀，而不能正常将电动机外壳上的电荷入地。

② 电动机接地不良，是导致人体触电的常见原因，如电动机外壳与内部带电体绝缘良好，其外壳不应带电，应对电动机的引出线盒进行检查，发现接线盒内，有一相绕组引出线裸露长度较长，与线盒内壁很近，在电动机运行时，由于振动，该线与外壳有时会有接触的现象。

要诀 >>>

外壳带电可常见，触及外部用手背，
不良接地来放电，触电内外双因现，
连接要检接地线，内部漏电坏绝缘，
带电碰壳露外边，打开电动机仔细看。

专家提示： 电动机外壳带电有两个原因，内部接线与外壳间有碰触或绝缘不良而漏电；接地线连接有问题而不能正常放电。

7.4.18 异步电动机的转子轴颈磨损的处理技巧

① 转子轴颈有磨损时，若只有一两处摩擦痕迹，可采取镀铬法，在摩擦位置绕轴颈一周镀一层铬或镍铬合金即可。

② 轴颈摩擦严重时，将转子轴颈取下，放在车床上使轴颈直径减小 4mm 左右，再用 45 钢在车床上车一个合适的套筒，将其套在轴颈上，使两者过盈配合。最后用车床精车至新轴颈的直径，同时应对套管进行表面热处理。

异步电动机的转子轴颈磨损的处理如图 7-47 所示。

图 7-47 异步电动机的转子轴颈磨损的处理

要诀 >>>

轴颈工作常磨损，处理心情要放稳，
镀上一层铬合金，美观耐磨耐高温，
磨损严重拆机身，车床上面再磨整，
做个套筒上轴颈，两者配合需过盈，
精车过后新轴径，表面处理要加工。

专家提示： 电动机轴颈在工作中容易磨损，应将耐磨材料镀在轴颈上。

7.4.19 交流电动机不能启动的检修技巧

按下启动按钮，交流电动机不能启动，经检查电动机无元件烧毁。其故障检修技巧如下：

① 控制回路接线断路。应检查各个开关、接触器、热继电器等主回路元件及负载接线是否牢靠，若有接触不良，应进行重新接线。

② 检查控制回路接线是否有原理性错误或接线不通，应按原理图进行检查。

③ 电源电压过低。若用万用表测量电网电压过低，查出故障原因修复来提高电压。

④ 检查定子绕组或转子绕组是否断路。用表测量定子或转子绕组的电阻值，若为无穷大，则表明断路。若电动机有一相断路将无法启动。

⑤ 主开关与电动机容量不匹配，导致电动机无法带动负载。

要诀　　　　　　　　　　　　　　　　　　　　　➢➢➢

交流电动机不启动，先看元件是否熔，
检查接线是否通，查看原理无错成，
原理错误快纠正，接线跟着也变更；
表测电压低不行，修复故障电压中，
绕组断路用表整，容量不合要换型。

专家提示： 排除无元件烧毁大部分因素，检查相对简单。

7.4.20　短路侦察器检查定子绕组短路的技巧

短路侦察器是检查定子绕组短路的好方法，有两种操作方法。

① 第一种方法所用设备有单相交流电源、开关、电流表。把接线盒内的连接片取下，如图7-48所示，将各设备接成回路，把短路侦察器的开口放在铁芯上，打开控制开关，侦察器通电，让它贴着定子铁芯的内表面缓慢移动，当被测线圈中有短路现象时，电流表指针指示变大。关上开关，将侦察器放在定子铁芯其他槽中后，重新操作移动一遍，若定子绕组有短路处，则一定能够找到。

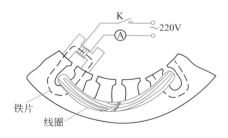

图7-48　短路侦察器定子绕组短路的检查接线（1）

② 第二种方法所用设备有单相交流电源、开关、侦察器，把接线盒内的连接片取下，如图7-49所示，将交流电源、开关与侦察器接成回路，把侦察器的开口放在被检查的定子铁芯槽口处。合

上开关后，用侦察器的钳子钳住条形铁片放在槽口附近的另一边的槽上面很近的位置，感觉到钳住的铁片有吸力，若松手放在槽上，铁片会发出"吱吱"的叫声，则表明被测绕组中有短路现象。同理，用侦察器可侦察其他两相绕组。

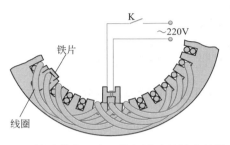

图 7-49　短路侦察器定子绕组短路的检查接线（2）

要诀 ＞＞＞

侦察操作有两种，方法原理大致同；
所列元件全得用，两图回路能接成，
移动短路侦察器，电流表上见分明，
读数变大就锁定，再查一遍心放平；
钳住铁片不要动，感到吸力短路通，
铁片落下"吱吱"声，可查其他绕组行。

专家提示： 侦察器与短路处形成回路时有交流电产生，所形成的磁场吸附铁片，形成回路中的电流因有短路而使回路电阻变小，电流增大而发现短路部位。切记，断电前侦察器不应离开铁芯，以防止线圈产生大电流而危及操作者的人身安全。

7.4.21　绕组绝缘电阻偏低的故障检查技巧

绕组绝缘电阻偏低时，电动机通电后绕组内的电流偏大而发热，也可引起三相电流不平衡，该电动机若继续运行，会被烧坏。

检查方法：将接线盒内的连接片取下，把电动机平放在地上。

接着让兆欧表自检一下，把兆欧表的两个接线夹分别夹住电动机的外壳和接线盒内的任一相绕组的接线端子。将表平放，一只手按住表不动，另一只手摇表手柄，以 120r/min 转速摇动，观察兆欧表上指针或数显表的显示值较稳定时，记录其读数。当读数是500kΩ 以上，则表明绕组完好；若读数低于该值，则表明绕组绝缘电阻偏小，应对三相绕组分别测量，若不合格，应把绕组全部找出并换掉。

要诀　　　　　　　　　　　　　　　　　　　　>>>>

　　查找可用兆欧表，线盒连片要去掉，
　　摇表测前自检好，把表平放线接到，
　　指针稳定再细瞧，显示 500kΩ 则为好，
　　低于此值用不了，三相测量分别找。

专家提示： 每种元件都有它的绝缘电阻，它都会受温度、湿度的影响，从而影响它的工作质量，甚至会造成事故，用表摇一摇，即可测定。

7.4.22　电动机轴承过紧或过松的故障维修技巧

① 轴承装配过紧。电动机轴承是电动机输出动力的主要部件。在装配过程中，若轴承内径与轴，或端盖与轴承外径通过强力压装，属于过盈配合，都会使轴承受到外力作用而损坏。此种安装方法有时会导致轴承因过紧而发热，若电动机长时间运行，会使轴承温度升高并导致电动机温升迅速提高，并有烧毁电动机的可能。若轴承装配过紧，应根据公差大小用砂纸打磨或放在外圆磨床进行磨削，对其进行表面处理后，重新装配，达到图纸要求。若仍过紧，可在过紧的配合部位涂上润滑油脂。

② 轴承装配过松。若轴承装配过松，轴承会受离心力的作用而发生变形导致偏离中心，同时轴承与轴之间的部分被磨细，从而使输出转矩变小，导致电动机的输出功率也变小。此时，电动机相当于过负荷运行，危害性不言而喻。轴承装配过松时，应检查轴

承，有"跑外套"的可将轴颈磨细，应用骑缝螺栓与端盖固定，无法修复者，应进行更换。

③ 电动机在运行中，由于机械振动会导致轴承松动，或对电动机大修后，经多次拆装而使轴承松动或轴承外圈与端盖配合不牢，而不同步运行。这样，造成轴承滚动磨损，从而使实际输出功率变小，同时也造成定子、转子发生摩擦，使电动机局部过热。

处理方法是：若轴承受损应更换轴承，若出现外钢圈与轴承座不同步，可在轴与轴承接触部位涂一层金属镍但不要使轴承过紧。

要诀 >>>>

轴承过紧或过松，不利电动机做运动；
装配过紧热发功，长期工作过温升；
砂纸打磨重新用，仍紧再涂油脂松；
装配过松轴变形，停机修理别运行；
磨细骑缝螺栓定，减载运行别逞能；
大修拆装轴松动，磨损过重换轴承。

专家提示：轴承过紧或过松都会给电动机带来不利，轴承直接关系到输出能量的大小。因此实际工作中若有上述故障，应立即停机修理，可延长电动机的寿命。

7.4.23　电动机转轴有变形或弯曲的故障处理技巧

电动机运行过程中，若转轴由于材质差、温度过高的影响，会使电动机转轴出现变形、径向或纵向的裂纹现象。若予以更换新轴，将带来一定的经济负担，应进行修复。具体方法如下：

① 由于转轴输出转动力矩，必然受外力的作用，转轴会发生明显的变形，严重时，会产生扫膛现象，使电动机转子不能在定子内部转动，有时输出连接部件会出现甩脱现象，并造成重大安全事故。应用测量工具测量转轴的同心度和同轴度，若纵向弯曲超过 0.1mm，应采用压力机进行加压校正，若有较好的焊接材料和焊工，可在其弯曲部分均匀堆焊后，用车床车铣后再用外圆磨床，

进行表面处理到要求的精度和表面粗糙度。若弯曲度过大，则应更换轴。

② 如果转轴断裂或裂纹超过 15%，且影响电动机的输出性能和安全时，应更换新轴。同时检查故障是否是材质不良造成的，以免换上新轴后同样断裂。

③ 如果转轴纵向裂纹小于 10%，或径向裂开小于轴径的 15%，应采用特殊的焊条对破损处进行补焊。然后，对外表面车铣和磨圆，再对其表面进行热处理，仍可继续使用（要降级或减载使用）。电动机转轴有变形或弯曲的检查如图 7-50 所示。

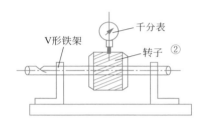

图 7-50　电动机转轴有变形或弯曲的检查

要诀 >>>

电动机长期在运行，质差转轴有变形，
停机修理莫逞能，甩脱事故可不轻；
变形若小可校正，弯曲过大用焊工；
裂缝过大换新轴，裂纹修复可使用。

专家提示： 在修复过程中，对于有裂纹的转轴可修补好，最好减载或降级使用。

7.4.24　电动机滚动轴承异响的故障检修技巧

对运行中的电动机，可将螺丝刀的刀尖压在轴承盖上，让耳朵贴近螺丝刀手柄，监听轴承的响声。若能听到滚动轴承有隐约的滚动声，声音单一而均匀，则表明轴承良好。若滚动轴承发声嘶哑、低沉有力，则表明轴承内、外圈间有杂质侵入，应更换润滑油脂，必要时需要清洗轴承。电动机滚动轴承的结构如图 7-51 所示。

图 7-51　电动机滚动轴承的结构

要诀　　　　　　　　　　　　　　　　　　　　>>>

轴承检测有一招，用一木柄螺丝刀，
刀尖要抵轴承帽，耳朵贴近木柄腰，
响声均匀而隐约，轴承良好不说孬，
响声嘶哑有征兆，内外圈间杂物闹，
清洗轴承便修好，油脂润滑不可少。

专家提示：利用共振原理通过螺丝刀将声响传递到外部，并根据声音情况判断轴承摩擦是否正常。

7.4.25　清洗电动机滚动轴承的技巧

当电动机的滚动轴承有污物时，应进行清洗。不同防护方法，清洗所用材料和方法各有不同，具体如下：

①用汽油、煤油，可清洗有防锈油封的轴承。

②若是用高黏度油和防锈油脂进行防护的轴承，可把轴承放入温度在 100℃以下的轻质矿物油、机油或变压器油中，等防锈油脂完全熔化后，再将轴承从油中取出，晾干后再用汽油或煤油清

洗，清洗时，不能用铁刷或毛刷清洗，应用油布擦洗。

③ 若是用防锈水、气相剂和其他水溶性防锈材料防锈的轴承，可用肥皂水或其他清洗剂清洗。用一般钠皂洗时，第一次取 2% 油酸皂配制溶液，加热温度到 80℃ 左右，清洗 3min；第二次清洗，不用加热，在常温下清洗 3min；第三次用水冲刷（用 664 清洗剂或其他清洗剂混合）。用水冲后的轴承，应先脱水再涂防锈油脂，最后加入润滑剂。

④ 清洗后的轴承，要用干净的布或纸垫在底部，不要放在工作台等不干净的地方。也不要用手碰轴承，以免手出汗使它生锈，最好戴上专用透明橡胶手套操作。

要诀

清洗轴承要分清，不同型号法不同；
多种污物进轴承，汽油煤油请选用，
高黏度油护轴承，放入油中加热净，
取出晾后煤油清，后用净布擦干净；
其他防护剂轴承，先用肥皂水泡清，
三次清洗有规定，涂防油前用水冲，
洗后放位要干净，用时莫用手来碰。

专家提示： 轴承的种类不同，使用和保养方法应有所区别。

7.5

电动机绕组的始端和末端的判断

三相异步电动机的绕组有六个出线头：U1、V1、W1、U2、V2、W2，如果已经分不清它们的始端和末端，则必须重新查明。

下面介绍几种方法。

7.5.1 灯泡检查法

首先分清哪两个线头是属于同一相的，如图7-52所示，然后决定它们的始端和末端。将任意两相串联起来接到220V电源上，第三相的两端接上36V灯泡。如灯亮，表示第一相的末端是接到第二相的始端，如图7-53（a）所示；如灯不亮，即表示第一相的末端是接到第二相的末端，如图7-53（b）所示。同样方法可以决定第三相的始端和末端。试验进行要快，以免电动机内部长时间流过大电流而烧坏。

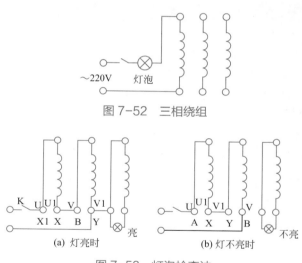

图7-52 三相绕组

图7-53 灯泡检查法

7.5.2 万用表检查法

将三相绕组接成Y形，把其中任意一相接上低压36V交流电，在其余二相出线端接上万用表10V交流挡，如图7-54（a）所示，记下有无读数，然后改接成图7-54（b）所示，再记下有无读数。

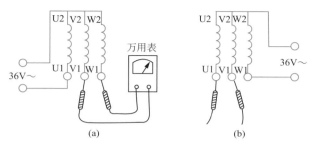

图 7-54　万用表检查法

　　若两次都无读数，说明接线正确；若两次都有读数，说明两次都没有接电源的那一相始端和末端颠倒了；若两次中只有一次无读数，另一次有读数，说明无读数的那一次接电源的一相始端和末端颠倒了。

　　专家提示：如果没有 36V 交流电源，可用干电池（甲电池）作电源，万用表选 10V 以下直流电压挡。一个引线端接在电池的正极，将另一引线端接在电池的负极，当电表的指针摆动，即表示有读数。如电表的指针不摆动，即表示无读数。

7.5.3　转向法

　　对小型电动机不用万用表也可以辨别接法是否正确，如图 7-55 所示，首先分清哪两个线头属于同一相，然后每相任意取一个线

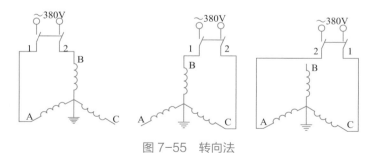

图 7-55　转向法

头，将三个线头接成一点，并将该点接地。用两根电源线分别顺序接在电动机的两个引线头上，看电动机的旋转方向。

如果三次接上去，电动机转向是一样的，则说明三相首尾接线正确。如果三次接上去，电动机有两次反转，则说明参与过这两次反转的那相绕组首尾接反了。如第一次 U、V 相，第二次 V、W 相都反转，V 相有两次参与，说明 V 相首尾接反，将 V 相的两个线头对调即可。

定子绕组电压的改变

我们在修理工作中，常遇到三相绕组的电压与所用网路系统的电压不相符合，造成电动机不能使用。为了使电动机在不同的电源电压下能继续使用，就需要对电动机的三相绕组重新改接。

7.6.1 改接要求

在改接中必须注意以下几个问题：

① 首先要考虑电动机原来绕组的绝缘是否能承受改接后的新电压。一般高压电动机改为在低压电源上运行的不必考虑绝缘问题，而低压电动机要改为在高压电源上运行时，则所改的新电压不应超过原来电压的 2 倍，否则绕组的绝缘要求达不到。

② 电动机的极数是否能适应绕组连接的路数。我们把电流通过的路径称为电路。所谓异步电动机定子绕组的路数，就是指每一组电流通过的路径数，若一相电流只从一条路径通过便是一路，若一相电流分别从两条路径通过便是二路，以此类推，每相电流通过几条路径，我们就说此绕组是几路绕组（对星形绕组而言）。电动

机的极数是确定绕组连接路数的一个重要因素，它和连接路数应成倍数关系。例如一台四极的电动机，如果原定子绕组是一路接法，那么改接后的绕组可为二路或四路接法，而改为三路或五路接法就不行了，因为磁极数不能被路数所平分，因此无法连接。二极到十极的电动机可以并联的支路数见表 7-1。

表 7-1　二极到十极的电动机可以并联的支路数

极　数	2	4	6	8	10
许可的并联支路数	1,2	1,2,4	1,2,3,6	1,2,4,8	1,2,5,10

③ 改接后电动机的容量、极数、线圈节距、温升、铁芯各部分的磁通密度，以及三相绕组中的电流强度和绕组中每匝所承受的电压则一律应保持和原绕组中的数值一样或稍微有些差别。

7.6.2　改接绕组

在改接绕组之前，首先要把改接的绕组的百分数求出。如果把一路 Y 形接线的绕组，改接为二路 Y 形接线的绕组，则绕组串联的匝数减少了一半；如果把原绕组定为 100%，那么改接为二路 Y 形接线后的绕组，即为原绕组的 50%；如果把一路 Y 形接线的绕组，改为一路△形接线的绕组，则改接后的绕组即是原来接线绕组的 57.7%（我们把原设计△形接线绕组的导线匝数定为 100%）。因△形接线绕组的匝数是 Y 形接线绕组串联匝数的 1.73%，当把一路 Y 形接线的绕组改接为一路△形接线时，绕组中的实际导线匝数并没有改变，故一路 Y 形接线的绕组在改为一路△形接线后，是原设计一路△形绕组的 57.7%。

根据以上所述，找出其行动的规律，并且应用这些规律指导行动，其结果是如果把原 Y 形接线的绕组改接为数路的 Y 形接线或数路的△形接线，只要把原绕组 Y 形接线的路数除以要改接的 Y 形接线或△形接线的路数（改△形接线时须乘上 57.7%），把所得的商乘上百分数就是改接绕组的百分比；如果原绕组是△形接线时，要把它改接为数路△形接线或数路 Y 形接线，同样，是把原来△形接线的路数除以要改的△形接线的路数（改 Y 形接线时须再乘上 1.73），所得的商乘上百分数，就是改接绕组的百分比。

知道了绕组的百分比后，还需把要改的电压与原电压的百分比求出来。我们把原电压定为 100%，把要改的新电压除以原电压，再乘上百分数，即是新电压同原电压的百分比。知道了电压的百分比，那就可以知道要改绕组的接线。只要绕组的百分比与改接电压的百分比相同，那就是要改绕组的接线。

为了便于换算和使用方便，我们把一路至六路要改的 Y 形或△形接线的路数和它们的百分比列一表（表 7-2），在实际应用时只要我们把新电压与原电压的百分比求出，在表上就能查出改接绕组的接线。

表 7-2　三相绕组改变接线的电压比　　　　%

绕组改后接线法 / 绕组原来接线法	一路 Y 形	二路并联 Y 形	三路并联 Y 形	四路并联 Y 形	五路并联 Y 形	六路并联 Y 形	一路△形	二路并联△形	三路并联△形	四路并联△形	五路并联△形	六路并联△形
一路 Y 形	100	50	33	25	20	17	58	29	19	15	12	10
二路并联 Y 形	200	100	67	50	40	33	116	58	39	29	23	19
三路并联 Y 形	300	150	100	75	60	50	173	87	58	43	35	29
四路并联 Y 形	400	200	133	100	80	67	232	116	77	58	46	39
五路并联 Y 形	500	250	167	125	100	83	289	144	96	72	58	48
六路并联 Y 形	600	300	200	150	120	100	346	173	115	87	69	58
一路△形	173	86	58	43	35	29	100	50	33	25	20	17
二路并联△形	346	173	115	87	69	58	200	100	67	50	40	33
三路并联△形	519	259	173	130	104	87	300	150	100	75	60	50
四路并联△形	692	346	231	173	138	115	400	200	133	100	80	67
五路并联△形	865	433	288	216	173	144	500	250	167	125	100	83
六路并联△形	1038	519	346	260	208	173	600	300	200	150	120	100

例　有一台电动机的绕组为一路 Y 形接线，原电压为 2200V，

现在要用在 380V 的电压上，问此电动机的绕组改为几路 Y 形接线或几路△形接线最合适？

首先要把改接的新电压与原电压的百分比求出：

$$\frac{380}{2200} \times 100\% = 17.3\%$$

知道了百分比后查表 7-2，我们顺着一路 Y 形的那一行横着向前查，在查到六路并联 Y 形接线的一行中找到了有 17% 的数值，这与 17.3% 相差不大，那么改接为六路并联 Y 形接线最为合适。

7.7
三相异步电动机故障处理汇总

三相异步电动机的故障有时表现为多种形式，其原因也多种多样，我们必须对电动机的各种故障进行分析，找出原因并加以解决。异步电动机的常见故障及处理方法见表 7-3。

表 7-3 异步电动机的常见故障及处理方法

故障现象	故障原因	处理方法
（1）开关刚接通，熔丝立即烧毁	①定子绕组接地	在接地处垫上绝缘材料
	②定子绕组相间短路	在短路处垫上绝缘材料
	③定子绕组有一相接反	找到接反绕组的首尾端后，应按规定接线
（2）电动机不能转动	①电源未接入电动机或供电电压过低	开关、熔断器、导线接头处故障，应更换或紧固
	②至少 2 相以上的熔断器损坏	查明原因后，予以更换
	③开关或启动设备有二相以上接触不良	查出接触不良处，予以修复

续表

故障现象	故障原因	处理方法
（2）电动机不能转动	④负载过大	应减负运行
	⑤传动机构异常	应检修并修复
	⑥定子绕组严重短路	找出短路点进行绝缘或更换全部绕组
	⑦定子绕组重绕时接线有误	根据原始资料重新接线
（3）电动机负载运行时转速低于额定值	①电源电压过低	等电源电压正常时使用或调高电源电压
	②负载过大	减负运行，或更换容量较大的电动机
	③连接错误，如三角形接线误接为星形	按正确方法接线
	④电刷与集电环接触不良（绕线转子）	用砂纸打磨集电环并调整电刷压力
	⑤定子绕组其并联支路断路	找对断路点进行处理
	⑥绕线转子其一相断路	查出断路处进行修复
（4）电动机转速不稳定空载或负载时	①绕线转子其相电刷接触不良	改善电刷与集电环的接触并调整电刷压力
	②绕线转子的集电环的短路装置接触不良	应检修
	③笼型转子断条	检查断条位置并修复
	④绕线转子某相断路	检查断路处并修复
（5）电动机外壳带电	①电源线与接地线接错	对接线进行校正
	②绕组绝缘老化	更换绕组
	③绕组受潮绝缘电阻下降	对绕组进行干燥
	④电动机引出线的绝缘破皮损坏	更换引出线
（6）电动机运转时异响	①电动机安装不牢	对电动机进行紧固
	②转子扫膛	应检查轴承和转子轴
	③转子弯曲	予以更换
	④缺油或轴承损坏	添加润滑脂或更换轴承
	⑤定子绕组短路	修理短路点或更换绕组

续表

故障现象	故障原因	处理方法
（7）电动机运转时振动过大	①转子轴弯曲	校正或更换
	②轴头弯曲	校正或更换
	③传动带轮盘轴孔偏心	校正或更换转轴
	④传动带盘不平衡	校正或更换
（8）轴承过热	①轴承损坏	更换轴承
	②轴承与轴配合间隙过大或过小	过松时对转轴镶套，过紧时进行加工
	③轴承与端盖配合间隙过大或过小	过松时对端盖镶套，过紧时进行加工
	④传动皮带过紧	进行调整
	⑤轴承或端盖未装平	重新装复
（9）电动机过热或冒烟	①电动机负载过大	应减小负载或更换适当功率的电动机
	②电动机缺相运转	检查熔断器、开关以排除故障
	③电动机风道堵塞	清除风道内的异物
	④周围环境温度过高	采取降温运行
	⑤定子绕组接地	检查与修复
	⑥电源电压过低或过高	调整电源电压
	⑦定子绕组匝间或相间短路	检修短路处或全部更换绕组
（10）集电环火花较大（绕线或转子）	①电刷尺寸不当	更换合适电刷
	②电刷与集电环间有异物	清除异物
	③集电环表面严重烧蚀	应用砂纸打磨或铁削加工
	④电刷压力过大	调整电刷压力或更换电刷
	⑤电刷在刷握内移动有阻	磨小电刷到适当位置
（11）空载转动时，三相电流不平衡	①电源电压不平衡	调整电源电压
	②绕组有严重的匝间短路	将短路绕组更换
	③部分线圈匝数有错误	更换匝数错误的线圈
	④部分线圈间的接线错误	用指南针法找出接错的线圈，然后纠正过来

故障现象	故障原因	处理方法
（12）电动机发热超过温升标准或冒烟	①电压过低或过载，拖动机器卡住或润滑不良	• 测量电压是否过低。如电源线太细，压降太大，可与供电部门协商解决 • 用电流表测量电流。如过载，适当降低负载。有条件时可用风扇吹或鼓风机吹，加强冷却 • 排除机器问题，给机器加润滑油
	②电动机通风不好或曝晒	• 检查电动机风扇是否损坏或未固紧 • 移去阻塞风道的物件 • 搭一简易凉棚
	③电压过高或接法错误	• 如电压超出标准很多，可与供电部门协商解决 • △形接电动机，误接 Y 形工作，此时相电压降低 $\sqrt{3}$ 倍。轻负载能运行，重负载要发热 • Y 形接电动机，误接△形工作，此时相电压增高 $\sqrt{3}$ 倍。应立即停车改接，否则马上就烧毁电动机
	④笼式转子断条或滑环式转子绕组接线松脱	• 笼式转子断条详见转子断条处理方法 • 用试灯或万用表查出松脱处。将松脱处焊牢或用螺栓固紧
	⑤正反转频繁或启动次数过多	减少正反运转和启动次数，或改用其他合适类型的电动机
	⑥定转子相摩擦	• 如轴承松动，须换新轴承 • 锉去定转子相摩擦部分 • 校正转轴中心线
	⑦定子绕组有小范围短路，或定子绕组有局部接地。	• 打开电动机，目视鼻闻，是否烧焦。手摸，比较温度，找出短路处，分开短路部分 • 用试灯或万用表查出接地处，垫好绝缘，刷绝缘漆烘干

续表

故障现象	故障原因	处理方法
（13）电动机不能启动有"嗡嗡"声	①有某相线路不通或单相运行	• 开关至定子绕组的接头有油泥或氧化物，应刮净接好 • 接线柱松脱，应固紧 • 电源线不通，有断线或假接，用试灯或万用表查出修复 • 启动设备接触不良，查出修复
	②电压太低	• 电源线太细，启动压降太大，应更换粗导线 • △形接电动机接成 Y 形，又是重载启动，应按△接法启动 • 设法提高电压
	③带动的机械设备被卡住	检查机械设备，排除故障
	④黄油太硬，小容量电动机不能启动	此类故障发生在严冬无保温场所的电动机。拆开油盖加入少量机油
	⑤定子或转子绕组断路	用万用表或试灯检查断路处，修复
	⑥槽配合不当	• 将转子外圈适当车小或选择适当定子线圈跨距 • 换新转子
	⑦电动机绕组内部接反或定子出线首尾接反	• 给定子绕组通直流电，用指南针查极性 • 异步电动机绕组局部修理
（14）闸刀开关合上后烧熔丝	①单相启动	检查开关和保险丝
	②开关和定子之间接线有短路	拆开电动机接线头，检查导线的绝缘性能，消除故障
	③定子绕组接地或短路	参阅表 7-3 中故障现象（12）处理方法
	④电动机负载过大或有机械卡住。	用电流表检查定子电流或转动转子有无卡住现象，减轻负载消除故障
	⑤熔丝选择太细	熔丝对电动机过载不起保护作用，只要求对短路和过载启动时起保护作用。所以一般按熔丝额定电流 $\geqslant \dfrac{启动电流}{2 \sim 2.5}$ 选用

续表

故障现象	故障原因	处理方法
（15）电动机启动困难	①电源电压低	检查电源电压
	②接线应该接成△形的误接成Y形	检查定子接线情况与铭牌对照
	③转子笼条松动或断开	拆开电动机检查转子笼条情况。详见前文中的转子断条修理
	④定子绕组内部有局部线圈接错，此时，电流也不平衡	拆开电动机，检查每相极性
（16）电动机空载电流偏大	①电源电压过高	检查电源电压
	②电动机本身气隙较大	拆开电动机，用内卡、外卡测量定子内径和转子外径
	③电动机定子绕组匝数未绕够	重绕定子绕组，增加匝数
	④电动机装配不当	用手试转电动机，如转子转动不灵活，则可能是转子轴向位移过多，或端盖螺栓没有平衡上紧，可放松螺栓再试转
	⑤电动机定子绕组应该是Y形接线而误接成△形	检查定子接线与铭牌规定
（17）机壳带电	①引出线或接线盒接头的绝缘损坏碰地	检查后套上绝缘套管或包扎绝缘布
	②端部太长碰机壳	端盖卸下后接地现象即消除，此时应将绕组端部刷一层绝缘漆，并垫上绝缘纸再装上端盖
	③槽子两端的槽口绝缘损坏	细心扳动绕组端接部分，耐心找出绝缘损坏处，然后垫上绝缘纸再涂上绝缘漆
	④槽内有铁屑等杂物未除尽，导线嵌入后即通地	拆开每个线圈接头，用淘汰法找出接地线圈后，进行局部修理
	⑤在嵌线时，导体绝缘有机械损伤	
	⑥外壳没有可靠接地	按上面几个方法排除故障后，将电动机外壳可靠接地

续表

故障现象	故障原因	处理方法
（18）绝缘电阻降低	①潮气浸入或雨水滴入电动机内	用摇表检查后，进行烘干处理
	②绕组上灰尘污垢太多	清除灰尘、油污后，浸渍处理
	③引出线和接线盒接头的绝缘即将损坏	重新包扎引出线接线头
	④电动机过热后绝缘老化	功率 7kW 以下电动机可重新浸渍处理
（19）轴承盖发热，比机壳温度高	①新换轴承装得不好，有扭歪、卡住等不灵活现象	转动转子或拆端盖，转动轴承找出故障
	②轴承油干涩，润滑油太少	清洗轴承加上轴承润滑油
	③有漏油现象，润滑油太多	一般润滑油加到轴承室的 70% 左右，即轴承加满，轴承盖浅浅加一层即可
	④皮带张力太紧或联轴器装配不在同一线上	转动转子，检查皮带紧张情况，联轴器连接情况
	⑤轴承油内有灰砂杂质和铁屑等物	用铁棒或螺丝刀一头放在轴承端盖处用耳倾听，轴承运转有杂声，立即停车清洗轴承
	⑥轴承已损坏	换上同型号轴承
	⑦端盖与机座不同心，转起来很紧	检查端盖同心度

专家提示： 电动机的故障现象很多，原因也各不相同，但可以大体归纳为电磁的原因和机械的原因两个方面。另外，电动机是从电源吸收电能，在轴上输出机械能，所以对电源与负载这两方面也要详尽分析。由于电动机本身有很多薄弱环节，外界的任何一个偶然因素都能使电动机产生故障。所以分析故障时，必须认真地了解现象，详细地调查研究，具体地分析情况，包括做一些必要的试验。

本章介绍的一些故障现象和分析方法，仅仅是实践中的一部分，供分析时参考。在今后的实践中，应认真观察现象，虚心听取用户的反馈，才能找到故障的根本原因。

第 8 章

三相异步电动机的重绕和改绕简单计算技巧

8.1

三相异步电动机的重绕计算技巧

若要修复一台无铭牌、无绕组的空壳电动机，就必须测量电动机定子铁芯的有关数据，通过计算可估计原来的绕组数据，以便对电动机进行重绕。

8.1.1　电动机的极数 $2p$ 或极对数的计算

测量电动机的铁芯内径 D 和定子铁芯轭高 h_c。定子铁芯轭高是指槽底至定子铁芯外缘的高度。

电动机的极对数 p 可根据下列公式估算：

$$p = 0.28 \frac{D_1}{h_n}$$

式中，D_1 为定子铁芯外径，cm；h_n 为定子槽的深度，mm。

计算结果接近整数的数值即是电动机的极数 $2p$ 或极对数。

8.1.2　电动机的极距计算

电动机的极距可根据下列公式估算：

$$\tau = \frac{\pi D}{2p}$$

式中，τ 为极距，cm；π 为圆周率；D 为定子铁芯内径，cm；p 为极对数。

8.1.3　电动机额定输出功率的计算

电动机额定功率可根据以下公式估算：

$$P_H = \frac{(0.74 \sim 0.97) D^2 L B_g A n_c}{10^8}$$

式中，P_H 为额定功率，kW；D 为定子铁芯内径，cm；L 为定子铁芯长度，cm；B_g 为气隙磁通密度，Gs；A 为线负载，A/cm；n_c 为电动机同步转速，r/min。同步转速为：

$$n_c = \frac{60f}{p}$$

式中，f 为电源频率；p 为极对数。

电动机的气隙磁通密度 B_g 和线负载 A 的参考数据如表8-1所示。

表 8-1 电动机的气隙磁通密度 B_g 和线负载 A 的参考值

极数		极距 τ/cm		
		< 20	20 ~ 40	40 ~ 70
2p =2	B_g/Gs	5000 ~ 6000	6000 ~ 6500	6500 ~ 7000
	A/(A/cm)	120 ~ 200	200 ~ 300	300 ~ 420
2p =4	B_g/Gs	6500 ~ 7000	7000 ~ 7500	7500 ~ 8000
	A/(A/cm)	200 ~ 300	360 ~ 380	380 ~ 460
2p =6	B_g/Gs	7000 ~ 7300	7300 ~ 7600	7600 ~ 8000
	A/(A/cm)	220 ~ 320	320 ~ 380	380 ~ 460

8.1.4　电动机绕组系数的计算

三相电动机的绕组系数有分布系数 K_p、短距系数 K_y 和绕组系数 K_w 等几种。

（1）分布系数 K_p

分布系数是指极相组内所串联线圈的有效边切割气隙磁通密度的最大值。每极相槽数 q 为整数的电动机绕组分布系数可根据以下公式求出：

$$K_p = \frac{0.5}{q\sin\left(\dfrac{30°}{q}\right)}$$

式中，q 为每极相槽数。绕组的分布系数 K_p 的数值随每极相槽数的增大而减小，当每极相槽数大于 6 槽以上时，分布系数的变化接近于常数。

（2）短距系数 K_y

在双层绕组中，为了节省用铜量和改善电动机的运转性能，而采用短距线圈，短距可按公式 $y = \dfrac{5}{6}\tau$ 计算。短距系数可根据以下公式求出：

$$K_y = \sin\left(90° \frac{y}{\tau}\right)$$

式中，y 为线圈的节距，cm；τ 为绕组的极距，cm。

（3）绕组系数 K_w

绕组系数等于分布系数和短距系数的乘积，即

$$K_w = K_p K_y = \frac{0.5}{q\sin\dfrac{30°}{q}} \times \sin\left(90° \frac{y}{\tau}\right)$$

双层短距绕组的绕组系数 K_w 如表 8-2 所示。

表8-2 双层短距绕组的绕组系数 K_w

每极相槽数	分布系数 K_p	短距系数 K_y					
		0.95	0.9	0.85	0.8	0.75	0.7
1	1	0.997	0.988	0.972	0.951	0.924	0.891
2	0.966	0.963	0.954	0.939	0.919	0.893	0.861
3	0.960	0.957	0.948	0.933	0.913	0.887	0.855
4	0.959	0.955	0.947	0.931	0.911	0.855	0.854
≥5	0.957	0.954	0.946	0.930	0.910	0.884	0.853

8.1.5 每槽导线匝数的计算

电动机的每槽导线匝数主要由铁芯各部的磁通密度决定，若铁芯经过的磁通密度过大，表明铁芯饱和，铁耗会变大，导致通过绕组的电流增大，电动机容易发热而烧毁；若铁芯经过的磁通密度过小，会导致电动机铜耗增大，相当于电动机工作在欠压状态。为了使铁耗变大，一般取磁通密度最大值来计算导线匝数。

（1）根据气隙磁通密度计算每槽导线匝数 n_s

$$n_s = \frac{1.27 K_E U_{相} 2p \times 10^2}{DLZB_g K_w}$$

式中，K_E 为压降系数（一般取 0.88 ~ 0.97）；$U_相$ 为电动机的相电压（当电动机绕组为三角形接法时相电压等于额定工作电压，当绕组为星形接法时相电压等于 0.58 倍的额定工作电压）；p 为极对数；D 为定子铁芯内径；L 为定子铁芯长度；Z 为定子槽数；B_g 为气隙磁通密度；K_w 为绕组系数。

（2）根据定子铁芯齿部磁通密度计算每槽导线匝数 n_s

$$n_s = \frac{4.34 K_E U_相 2p \times 10^6}{Z^2 b_t L B_t K_w}$$

式中，b_t 为定子齿部的最小宽度，cm；B_t 为定子齿部磁通密度（一般取 1.40 ~ 1.75T），T。

（3）根据定子铁芯轭部磁通密度计算每槽导线匝数 n_s

$$n_s = \frac{1.44 K_E U_相 10^6}{Z h_c L B_c K_w}$$

式中，K_E 为压降系数（一般取 0.88 ~ 0.97）；$U_相$ 为相电压（绕组为星形时相电压为 0.58 倍的额定工作电压；绕组为三角形时，相电压等于工作电压）；Z 为定子槽数；h_c 为定子铁芯轭高；B_c 为轭部磁通密度（一般取 1.20 ~ 1.50T）；K_w 为绕组系数。

（4）根据每极磁通计算每槽导线匝数 n_s

$$n_s = \frac{2 m n_1}{z_1}$$

式中，m 为相数；n_1 为每相串联匝数，即 $n_1 = \dfrac{U_相}{4.44 f \Phi K_w}$；$U_相$ 为相电压；f 为电源频率；Φ 为每极磁通；K_w 为绕组系数；z_1 为磁极数。根据以上数据可算出每槽导线匝数。

8.1.6 导线截面积的计算

根据导线的电流密度 j 的大小可计算出导线的面积。若导线的电流密度 j 取值过大，导线截面积会变小，定子槽满率较低，嵌线操作虽方便，但绕组的电阻相对变大，电动机导线的损耗变大、效率降低。若导线的电流密度 j 取值过小，定子槽满率较高，嵌线操作困难，铁耗增大。针对以上现象，防护式电动机导线的电流密度 j 一般为 $4.8 \sim 6A/mm^2$，封闭式电动机导线的电流密度 j 一般为 $4 \sim 5A/mm^2$。

① 导线的截面积可用下列公式求出：

$$S = \frac{I_{相}}{j}$$

式中，$I_{相}$ 为电动机相电流；j 为导线电流密度。

② 导线的直径可用公式 $d = 1.13\sqrt{S}$ 求出。式中，d 为导线直径；S 为导线的截面积。

③ 根据槽的截面积 S_c 和每槽的导线匝数可计算导线的截面积。常见的槽形有圆底斜顶、平底圆顶和圆底圆顶等几种。它们的截面积可根据不同的公式计算。

a. 圆底斜顶的槽面积可根据公式 $S_c = \frac{d_2 + b_1}{2}(h_2 - h_1) + \frac{\pi d_2^2}{8}$ （mm^2）求出。

b. 平底圆顶槽面积可根据公式 $S_c = \frac{b + d_1}{2}[h_2 - (h_1 + 0.5d_1)] + \frac{\pi d_1^2}{8}$ （mm^2）求出。

c. 圆底圆顶槽面积可根据公式 $S_c = \frac{(d_1 + d_2)}{2}h + \frac{\pi(d_1^2 + d_2^2)}{8}$ （mm^2）求出。

几种不同型号的槽形和各部尺寸如图 8-1 所示。

8.1.7 额定电流的计算

电动机的工作电流决定着电动机的运转性能。三相异步电动机的额定电流可由下列公式求出：

$$I_H = \frac{P_H \times 10^3}{1.73U_H \eta \cos\varphi}$$

式中，P_H 为额定功率；U_H 为额定电压；η 为电动机的工作效率（$1 \sim 100$kW 电动机的效率一般为 $0.78 \sim 0.9$，实际应用中功率大的取值较大）；$\cos\varphi$ 为电动机的功率因数（$1 \sim 100$kW 电动机的功率因数一般为 $0.78 \sim 0.88$，功率大的取较大值）。

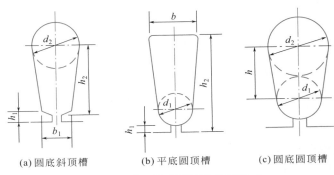

(a) 圆底斜顶槽   (b) 平底圆顶槽   (c) 圆底圆顶槽

图 8-1 定子铁芯槽形和各部尺寸

在三角形接法的电动机中，额定电流 $I_H = \dfrac{P_H \times 10^3}{1.24 U_H}$，单位为 A。

在星形接法的电动机中，额定电流 $I_H = \dfrac{P_H \times 10^3}{2.15 U_H}$，单位为 A。

电动机的改绕组计算技巧

8.2.1 绕组导线的替代计算

电磁导线是电动机转换能量的主要部件，它影响电动机的运转性能，在重绕电动机绕组时，应尽量保持原来的导线规格。若在重绕时计算出导线的面积较大，会给嵌线过程造成困难或使槽满率过高，此时在保持电动机性能不变的情况下，可用几根合格的导线代替绕制。另外，修理时若手边无原电动机的导线，可通过计算用其他导线替代。操作时应通过改变绕组的并绕根数、改变绕组的并联支路数和改变绕组的接线方式等进行计算，才能确定导线的粗细。

8.2.2 改变绕组并绕根数的计算

若电动机所计算的导线太粗或无合格的原配导线，可采用几根较细的导线并绕代替。但所代用的几根导线的截面积之和需与原电动机绕组导线的截面积相同或接近，选用的几根导线中应用直径相同的导线。可用公式 $S_1 = \dfrac{S}{n_1}$ 或 $S_1 n_1 = Sn$ 计算。式中，S_1 为改绕的导线截面积；n_1 为改绕后的导线并绕根数；S 为原导线截面积；n 为原导线的并绕根数。

计算导线直径或截面积时，可用公式 $d = 1.13\sqrt{S}$（或 $S = 0.785d$）求出，式中，d 为导线直径；S 为导线截面积。

例1： 一台电动机绕组重绕，计算所得的导线截面积 S 为 4.012mm^2，导线直径为 2.26mm，此导线较粗，不易嵌线操作，可改用几根导线并绕。

若改用 2 根导线并绕，其改绕的导线规格计算如下：

根据公式 $S_1 = \dfrac{S}{n_1}$ 计算改绕绕组的导线截面积 S_1，即

$$S_1 = \frac{4.012}{2} = 2.006 \text{（mm}^2）$$

或用公式 $S_1 n_1 = Sn$ 计算 S_1，即

$$S_1 = \frac{n}{n_1}S = \frac{1}{2} \times 4.012 = 2.006 \text{（mm}^2）$$

根据 $S_1 = 2.006\text{mm}^2$，可得导线直径 d 接近于 1.62mm，即用 2 根直径为 1.62mm 的导线并绕代替重绕。

若改用 3 根导线并绕，其改绕后的导线规格计算如下：

根据公式 $S_1 = \dfrac{S}{n_1}$ 计算，S_1 即

$$S_1 = \frac{4.012}{3} = 1.337 \ （\text{mm}^2）$$

或用公式 $S_1 n_1 = Sn$ 计算 S_1，即

$$S_1 = \frac{n}{n_1}S = \frac{1}{3} \times 4.012 = 1.337 \ （\text{mm}^2）$$

根据 $S_1 = 1.337\text{mm}^2$，可得导线直径 d 接近于 1.30mm，即用 3 根直径为 1.30mm 的导线并绕代替重绕。

8.2.3 改变绕组并联支路数的计算

对于一台中功率电动机，可将单根过粗导线用几根细导线并绕替代。对于功率较大的电动机，采用这种方法会使线圈的并绕根数太多，导致嵌线操作困难和绕组排列不整齐，此时可通过改变电动机的并联支路数减少线圈中的并绕根数。从原理上分析，采用改变并联支路数和改变并绕根数是一样的。

若改变并联支路数，应使绕组导线的总截面积与改绕前的导线总截面积不变，即改绕后的导线截面积和支路数的乘积与原导线截面积和支路数的乘积相等：

$$Sa = S_1 a_1$$

式中，S 为改绕前的导线截面积；a 为改绕前的并联支路数；S_1 为绕后的导线截面积；a_1 为改绕后的并联支路数。

若改变绕组的并联支路数后，要增加每槽导线的匝数，保持每组的串联匝数不变，即改绕前与改绕后支路数与每槽导线匝数的关系为

$$\frac{a}{n} = \frac{a_1}{n_1}$$

式中，a 为改绕前的并联支路数；a_1 为改绕后的并联支路数；n 为改绕前的每槽导线匝数；n_1 为改绕后的每槽导线匝数。

在改绕并联支路时，需使电动机的极数为改绕支路数的整数倍，即 $2p/a_1$ 为整数。

例 2： 一台 6 极双层绕组的电动机，按一路接法时，导线的截面积为 4.68mm^2，每槽导线匝数 $n=19$ 根，试用合格的导线代替重绕。

导线截面积为 4.68mm^2，导线直径为 2.44mm，但导线过粗，会对嵌线操作等造成困难。根据并联支路数为极数的整数倍，即 6 级电动机可改绕成 2、3、6 路并联支路。下面以改成 2 路并联支路为例，计算改绕后的匝数与导线规格。

根据公式 $Sa=S_1 a_1$ 算出改绕后的导线截面积：

$$S_1 = \frac{a}{a_1} S = \frac{1}{2} \times 2.4 = 1.2 \ (\text{mm}^2)$$

2 根直径为 0.90 mm 的导线并绕的截面积接近 1.26 mm^2。

直径为 1.25 mm 的导线的截面积 $S=1.22\text{mm}^2$。

根据公式 $S_1 = \frac{1}{\sqrt{3}} S = 0.59S$，求出改绕后的导线截面积

$$S_1 = 0.59 \times 1.22 \approx 0.72 \ (\text{mm}^2)$$

截面积为 0.72 mm^2 的漆包线直径为 0.95 mm。

由此可得出，此电动机改为三角形接法时导线直径为 0.95mm，每槽导线匝数为 59 根。

电动机的改极计算技巧

8.3.1 改极计算技巧

电动机的转速主要由电动机的磁极数决定。在某些场合，电动

机的转速与机械需求转速不相符，此时可通过改变电动机的极数来达到要求。改变电动机的极数主要是通过改变绕组的方法来实现，这种方法一般适用于笼型电动机。电动机改极后其性能发生很大的变化，因此在改极时需要注意以下几点。

1. 电动机的定子槽数 Z 和转子槽数 Z_1 应符合的条件

① $Z–Z_1 \neq 0$、$Z–Z_1 \neq \pm 2p$，$Z–Z_1 \neq 1 \pm 2p$，$Z–Z_1 \neq 2 \pm 4p$。

如果不符合上述条件，电动机会出现较大噪声、振动、转速异常和启动困难等异常现象。

② 所改变的极数不能与原极数相差过大，特别对于提高转速的改极。

③ 当多极数变为少极数时，电动机的转速会比原来的转速高，此时电动机的转子和转动轴承应符合要求。

④ 电动机改极后转速会发生变化，电动机的各项性能也发生相应变化，可根据要求对电动机进行改极，以满足改极后对负载的要求。

2. 改绕后线圈的节距

新改绕线圈的节距由下式计算：

$$y = y' \frac{2p'}{2p}$$

式中，y' 为改绕前绕组线圈的节距；p' 为改绕前的极数；p 为改绕后的极数。

3. 每槽导线匝数

电动机改极后铁芯上的部分磁通密度发生变化，使电动机改极后不符合性能指标。所以要使改极后的电动机性能符合要求，其绕组线圈匝数要相应改变。因此，在改变绕组匝数时需注意以下几点。

① 改绕后极数减少时，每槽导线数的计算应根据定子轭部磁通密度来计算。即每槽导线数

$$S_n = \frac{1.44 K_E U_{相} \times 10^6}{Z h_c L B_c K_w}$$

式中，K_E 为压降系数（一般情况下 K_E =0.88 ～ 0.97）；$U_相$ 为电动机的相电压（绕组为星形接法时 $U_相$=0.58U，绕组为三角形接法时 $U_相$=U，U 为电动机工作电压）；Z 为定子槽数；h_c 为定子铁芯轭高；L 为定子铁芯长度；B_c 为轭部磁通密度，一般情况下 B_c=1.20 ～ 1.50T；K_w 为绕组系数。

② 改绕后极数增加时，每槽导线数的计算应根据气隙磁通密度和齿部磁通密度计算。

改绕后线圈每槽导线匝数可由以下公式计算：

$$n_1 = \frac{2p}{2p'} n \times 0.95$$

式中，n_1 为改绕后线圈每槽导线匝数；p 为改绕后的极数；p' 为改绕前的极数；n 为改绕前的每槽导线匝数。

4. 改绕后的导线规格

电动机改极后，若要保持槽满率与改极前相同，改绕后导线的规格可根据以下公式计算：

$$d = d_1 \sqrt{\frac{n}{n_1}}$$

式中，d 为电动机改绕后的导线直径；d_1 为电动机改绕前的导线直径；n 为改绕前的每槽导线匝数；n_1 为改绕后的每槽导线匝数。

5. 改绕后的功率

电动机改绕后，其输出功率会发生相应变化，输出功率可根据下式求出：

$$P = P_H \frac{d^2}{d_1^2}$$

式中，P_H 为改绕前的功率；d_1 为改绕前的导线直径；d 为改绕后的导线直径。

电动机改极时，除根据上述公式计算各项参数外，还可根据表8-3 中的参数进行计算。

表 8-3　电动机改极经验数据表

极数变化	线圈匝数	导线截面积	功　率	节距/极距
2 改 4	$n_4=(1.4\sim1.5)\,n_2$	$S_4=(0.75\sim0.8)\,S_2$	$P_4=(9.55\sim0.6)\,P_2$	0.9
4 改 2	$n_2=(0.7\sim0.75)\,n_4$	$S_2=(1.2\sim1.27)\,S_4$	$P_2=(1.3\sim1.4)\,P_4$	0.8
4 改 6	$n_6=(1.3\sim1.4)\,n_4$	$S_6=0.8S_4$	$P_6=0.7P_4$	0.85
6 改 4	$n_4=(0.75\sim0.85)\,n_6$	$S_4=(1.15\sim1.2)\,S_6$	$P_4=(1.25\sim1.3)\,P_6$	0.8
6 改 8	$n_8=(1.25\sim1.3)\,n_6$	$S_8=0.9S_6$	$P_8=0.8P_6$	0.85
8 改 6	$n_6=(0.8\sim0.95)\,n_8$	$S_6=(1.1\sim1.5)\,S_8$	$P_6=(1.2\sim1.25)\,P_8$	0.8

专家提示：对 J、J0 型老式电动机，匝数系数取较大值，导线截面积系数取较小值。

8.3.2　改极计算举例

例 3：一台 10kW 的 6 极电动机，三角形接线，定子槽数 $Z_1=54$ 槽，转子槽数 $Z_2=44$ 槽，铁芯外径 $D_1=280$mm，铁芯内径 $D_2=200$mm，铁芯长度 $L=175$mm，每槽导线匝数 $n=11$ 匝，并绕根数为 2 根，线圈节距 $y'=8$，导线直径 $d_1=1.12$mm。若将该电动机改绕为 8 极电动机，其改绕后的数据计算如下。

第一种方法：根据公式计算。

（1）计算定子和转子是否符合改绕条件

$Z_1-Z_2=54-44=10$，$2p=8$，将数值代入定子和转子是否符合条件的公式中，经计算均符合条件，表明该电动机可改为 8 级。

（2）计算改绕后的线圈节距

线圈节距

$$y=y'\frac{2p'}{2p}=8\times\frac{2\times3}{2\times4}=6\ （槽）$$

（3）计算每槽导线匝数

每槽导线匝数

$$n_1=\frac{2p}{2p'}n\times0.95=\frac{2\times4}{2\times3}\times11\times0.95=13.9\ （匝）$$

实际可取 n_1=14 匝。

（4）计算改绕后的导线规格

改绕后的导线直径

$$d = d_1 \sqrt{\frac{n}{n_1}} = 1.12 \times \sqrt{\frac{11}{14}} = 1.06 \text{（mm）}$$

（5）计算改绕后的电动机功率

改绕后的电动机功率

$$P = P_\text{H} \frac{d^2}{d_1^2} = 10 \times \frac{1.06^2}{1.122} = 8 \text{（kW）}$$

第二种方法：可根据表格参数进行计算。

（1）改极后的导线匝数

改极后的导线匝数

$$n_1 = (1.25 \sim 1.3)n = 13.7 \sim 14.3 \approx 14 \text{（匝）}$$

（2）改极后的导线规格

改极后的导线截面积

$$S_8 = 0.9\, S_6 = 0.9 \times 0.985 \approx 0.887 \text{（mm}^2\text{）}$$

导线直径为 1.06mm。

（3）改极后的线圈节距

改极后的线圈节距

$$y = 0.85\tau = 0.85 \times \frac{54}{8} \approx 5.74$$

该节距应选为 6 槽。

（4）改极后的电动机功率

改极后的电动机功率

$$P = 0.8\, P_\text{H} = 0.8 \times 10 = 8 \text{（kW）}$$

由此可得出：电动机改为 8 极后导线匝数为 n=14 匝；线圈节距 y_1=6 槽；导线规格 d=1.06mm；电动机的输出功率 P=8kW。

电动机的改压计算技巧

一些工厂为提高供电质量且减少材料损耗，使电动机的性能充分发挥，可将原来的 380V 电压改为 660V 供电电压。在这种电压升高的场合中，为使额定电压 380V 的电动机在 660V 电压下能正常工作，这时需要对该电动机进行改压。电动机的改压一般有两种方法：一是改变电动机定子绕组的接线；二是重新绕制电动机的定子绕组。

8.4.1 改变定子绕组的接线

采用改变定子绕组的接线进行改压计算，也就是电动机从一种电压工作状态变换到另一种电压的工作状态。这种方法使电动机的每个线圈或极相组在改前和改后所加的电压相同，且改压后的电动机性能基本不变。改压方法有以下几点。

① 计算改压前后的每个线圈电压的百分比。

通过以下公式可确定改压前后的每个线圈电压的百分比

$$S_\% = \frac{U_1}{U} \times 100\%$$

式中，U_1 为改压后的电动机额定工作电压；U 为改压前的电动机额定工作电压。

② 改压后的绕组并联支路数与极数应使极数为并联支路数的整数倍，即 $2p/a=$ 整数，其中，p 为极对数，a 为改接后的并联支路数。

③ 三相绕组改变接线的电压比如表 8-4 ～表 8-7 所示。若计算的电压比与表中的数值不相同，可查到相近的数值，当与相近的数值相差不超过 5% 时，可采用相近的数值作为改接参考，但要满足

下式要求：

$$\left(\frac{U_\%}{U_{1\%}}-1\right)\times100\% \leqslant \pm5\%$$

式中，$U_\%$ 为改压前后的电压比值；$U_{1\%}$ 为表中所查的数值。

④ 改接前，首先检查电动机的原来接法属于哪种形式和绕组的并联支路数。

⑤ 若所改接的电动机是将低压改成高压，需考虑原电动机的绝缘耐压是否符合要求。

表 8-4　三相绕组改变接线的电压比（原来绕组电压 =100%）

电压比 $U_\%/\%$　　绕组改接后接线　　原绕组接线	1 路 Y	2 路 Y	3 路 Y	4 路 Y	5 路 Y	6 路 Y	8 路 Y	10 路 Y
1 路 Y	100	50	33	25	20	16.6	12.5	10
2 路 Y	200	100	67	50	40	33	25	20
3 路 Y	300	150	100	75	60	50	38	30
4 路 Y	400	200	133	100	80	67	50	40
5 路 Y	500	250	167	125	100	83	63	50
6 路 Y	600	300	200	150	120	100	75	60
8 路 Y	800	400	267	200	160	133	100	80
10 路 Y	1000	500	333	250	200	167	125	100

表 8-5　三相绕组改变接线的电压比（原来绕组电压 =100%）

电压比 $U_\%/\%$　　绕组改接后接线　　原绕组接线	1 路 △	2 路 △	3 路 △	4 路 △	5 路 △	6 路 △	8 路 △	10 路 △
1 路 Y	58	29	19.2	14.4	11.5	9.6	7.2	5.8
2 路 Y	115.5	58	38.4	29	23	19	14.4	11.5

续表

电压比 $U_{\%}/\%$ 原绕组接线　　绕组改接后接线	1 路 △	2 路 △	3 路 △	4 路 △	5 路 △	6 路 △	8 路 △	10 路 △
3 路 Y	173	86.4	58	43	35	29	21.7	17.3
4 路 Y	231	115.5	77	58	46	38.4	29	23
5 路 Y	289	144	96	72	58	48	36	29
6 路 Y	346	173	115.5	86.4	69	58	43	35
8 路 Y	462	231	154	115.5	92	77	58	46
10 路 Y	577	289	192	144	115.5	96	72	58

表 8-6　三相绕组改变接线的电压比（原来绕组电压 =100%）

电压比 $U_{\%}/\%$ 原绕组接线　　绕组改接后接线	1 路 Y	2 路 Y	3 路 Y	4 路 Y	5 路 Y	6 路 Y	8 路 Y	10 路 Y
1 路 △	173	87	58	43	35	29	21.6	17.3
2 路 △	346	173	115.5	87	69	58	43	35
3 路 △	519	260	173	130	104	87.0	65	52
4 路 △	693	346	231	173	138	115.5	87.5	69
5 路 △	866	433	289	217	173	144	108	87.5
6 路 △	1039	520	346	260	208	173	130	104
8 路 △	1385	693	462	346	277	231	173	139
10 路 △	1732	866	577	433	346	289	216	173

例 4： 将一台 4 级、380V、22kW、2 路并联，△形接法的电动机，经改压后接到 660V 电源上，应对定子绕组接线端子重接，但应做相应计算。

① 计算改压前后的每个线圈电压的百分比。

表 8-7　三相绕组改变接线的电压比（原来绕组电压 =100%）

电压比 $U_{\%}/\%$ 原绕组接线＼绕组改接后接线	1 路△	2 路△	3 路△	4 路△	5 路△	6 路△	8 路△	10 路△
1 路△	100	50	33.3	25	20	16.6	12.5	10
2 路△	200	100	67	50	40	33	25	20
3 路△	300	150	100	75	60	50	38	30
4 路△	400	200	133	100	80	67	50	40
5 路△	500	250	167	125	100	83	63	50
6 路△	600	300	200	150	120	100	75	60
8 路△	800	400	267	200	160	133	100	80
10 路△	1000	500	333	250	200	167	125	100

$$U_{\%} = \frac{U_1}{U} \times 100\% = \frac{660}{380} \times 100\% \approx 174\%$$

② 计算改压后的绕组并联支路数与极数是否符合要求。

$$2p/a=2 \times 2/2=2$$

极数是并联支路数的 2 倍，为整数倍，符合改压要求。

③ 将计算出的电压百分比与表 8-6 中的百分比相比较，找出改压后的并接支路数和接法形式。在表 8-6 中，先找到纵行 2 路△形接法，同时在同一横行中找出 173 的数值，而后在 173% 比值的纵行中，查得改压后的绕组接法为 2 路 Y 形接法。

8.4.2　重新绕制电动机的定子绕组

有些电动机在改压时不能改变定子绕组的接线，需重新绕制电动机的定子绕组进行改压。重换定子绕组时，应保证铁芯的磁通密度和导线电流密度不变。改绕后线圈的每槽导线匝数

$$n_1 = \frac{U_1 a_1}{Ua} \times n$$

式中，n_1 为改绕后的导线匝数；n 为改绕前的导线匝数；U_1 为改绕后的绕组电压；U 为改绕前的绕组电压；a_1 为改绕后的并联支路数；a 为改绕前的并联支路数。

改绕后导线的截面积

$$S_1 = \frac{U_1 n_0}{U n_2} S$$

式中，S_1 为改绕后的导线截面积；S 为改绕前的导线截面积；U 为改绕前的绕组电压；U_1 为改绕后的绕组电压；n_0 为改绕前的导线并联根数；n_2 为改绕后的导线并联根数。

专家提示： 在重新绕制定子绕组改压时，若高压改成低压，电动机要求绝缘耐压低，槽内绝缘变薄。计算出改绕后的导线截面积比实际导线截面积稍大些，这样可有利于提高电动机的效率。当低压改成高压时，电动机要求的绝缘耐压增高，槽内绝缘变厚。采用改绕的实际导线截面积可比计算出的导线截面积小些，可避免槽满率过高而导致嵌线操作困难。

例 5： 将一台 JO$_2$ 系列的 3kW、200V 电动机改为 280V 电压使用。拆除原绕组时，检查发现原来绕组为 1 路 Y 形接法，并绕根数为 1 根，每槽导线数 n =56 匝，导线直径 d=0.90mm。现重新更换绕组进行改压，试求出有关数据。

（1）计算改绕后的每槽导线匝数

$$n_1 = \frac{U_1 a_1}{U a} \times n = \frac{380 \times 1}{220 \times 1} \times 56 \approx 97 \text{（匝）}$$

（2）计算改绕后的导线截面积

原导线的截面积

$$S = \frac{1}{4} \pi d^2 = \frac{1}{4} \times 3.14 \times 0.9^2 \approx 0.64 \text{（mm}^2\text{）}$$

改绕后的导线截面积

$$S_1 = \frac{U_1 n_0}{U n_2} \times S = \frac{220 \times 1}{380 \times 1} \times 0.64 \approx 0.37 \text{（mm}^2\text{）}$$

从导线规格表中查出截面积 $S_1 \approx 0.37\text{mm}^2$ 的导线直径 $d=0.67\text{mm}$。

从计算结果得出，改绕后的电动机每槽导线匝数为97，可用直径为0.67mm的漆包线绕制。

三相异步电动机空壳重绕计算技巧

8.5.1　容量的确定

对于旧壳电动机的重新处理和局部改变某些性能，首先要对这些电动机进行全部或局部的计算。如何正确判断和确定电动机的容量，是重新处理电动机的一个关键问题。对于计算电动机的容量，在许多书籍中都有介绍，但由于这些计算涉及到数学上的问题较多，计算又较烦琐，因此对于修理工人是不太适应的。

从实践经验中知道：电动机的容量大小决定于铁芯的截面积，铁芯的截面积越大，容量越大，反之则小。下面介绍几种由铁芯尺寸来决定电动机容量大小的计算方法，它所涉及的理论计算方法不多，使用比较方便，但不够精确，望大家在实践中来改进。

1.　第一种计算方法

利用定子铁芯内径和定子铁芯长度来计算电动机的容量。

计算公式：

2极电动机的计算公式：

$$P = \frac{D^3 L \times 0.28}{1000}$$

4 极电动机的计算公式：

$$P = \frac{D^3 L \times 0.14}{1000}$$

6 极电动机的计算公式：

$$P = \frac{D^3 L \times 0.08}{1000}$$

8 极电动机的计算公式：

$$P = \frac{D^3 L \times 0.058}{1000}$$

式中 D——定子铁芯内径，cm；

L——定子铁芯长度，cm；

P——电动机的容量，kW。

例 6： 有一台旧壳电动机的定子内径是 15.5cm，铁芯净长是 9cm，此电动机若按 4 极使用其容量是多少？

代入 4 极电动机的计算公式：

$$P = \frac{D^3 L \times 0.14}{1000} = \frac{15.5^3 \times 9 \times 0.14}{1000} = 4.7(\text{kW})$$

此电动机按 4 极使用它的容量是 4.5kW。

2. 第二种计算方法

电动机的转子铁芯总长与定子铁芯总长相同，转子的外径差不多和定子的内径相同，而和定子的外径有着一定的比例关系，所以我们不妨以转子铁芯的总长和外径来决定电动机的容量。

先求出转子铁芯外径 D 与转子铁芯长度 L 的乘积数，再根据图 8-2 和图 8-3 的曲线查对应值的竖坐标，即可找出电动机的容量值。

例 7： 有旧电动机一台，其转子外径为 15cm，转子铁芯长度为 10cm，此电动机按 4 极使用时其容量为多大？

先求出 $D \times L = 15 \times 10 = 150$（cm²），再根据这一数据查图 8-2

中 $D×L$ 一边的尺标，在数字 150 外沿线向上，到与第二根曲线（4 极）相交处，再使视线平行向左，在左尺标上找的数字为 7，即说明此电动机在 4 极时的容量是 7kW。

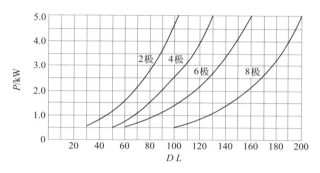

图 8-2　特性曲线 A

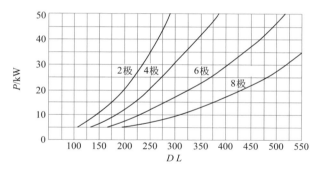

图 8-3　特性曲线 B

专家提示： 在决定极数时，还必须先考虑一下定子的槽数是否适合于你所决定的极数，这就是说槽数的多少与极数是有很大关系的。电动机的槽数多不宜应用于高速（极数少），槽数少不宜应用于低速（极数多），也就是说，我们不能将一台 54 槽的旧电动机改作 2 极，而把一台 24 槽的旧电动机任意改作 8 极。我们不能任意过多地改变，否则就要影响到电动机的性能。

3. 第三种计算方法

此方法适用于以前的仿制产品和进口产品。现将计算方法简述如下：

① 电动机的极数按下式估算：

$$2p = (0.35 \sim 0.40) \frac{Z_1 b_{t_1}}{h_{c_1}}$$

式中　　$2p$——极数；

　　　　b_{t_1}——定子齿宽；

　　　　h_{c_1}——定子轭高。

取相近的偶数为极数，并参考电动机的槽数，一般槽数少则极数少，槽数多则极数多。

② 按下列公式估计电动机的容量：

$$P_H = P\eta\cos\varphi$$

额定功率：

对于 2 极电动机

$$P = 2.5 \times （107+11.5D） D^2L \times 10^{-5} （防护式）$$

$$P = 1.6 \times （107+11.5D） D^2L \times 10^{-5} （封闭式）$$

对于 4 极电动机

$$P = 1.4 \times （107+10D） D^2L \times 10^{-5} （防护式）$$

$$P = 1.06 \times （107+7D） D^2L \times 10^{-5} （封闭式）$$

对于 6 极电动机

$$P = （107+7D） D^2L \times 10^{-5} \quad （防护式）$$

$$P = 0.75 \times （107+7D） D^2L \times 10^{-5} （封闭式）$$

对于 8 极电动机

$$P = 70D^2L \times 10^{-5} （防护式）$$

$$P = 62D^2L \times 10^{-5} （封闭式）$$

式中　P——电动机的容量，kW；

D——定子铁芯内径，cm；

L——定子铁芯长度，cm。

8.5.2　绕组的计算

为使绕制线圈工作的顺利进行，并且使新线圈在新的工作条件下可靠地运行，就必须对确定了容量的电动机进行必要的绕组计算。列举的五种计算方法如下。

1. 第一种计算方法

记录原始数据：①定子有效铁芯的外径 D_{a_1}；②定子有效铁芯的内径 D_i；③电动机的极数 $2p$（p 为极对数）；④极距 $\tau = \pi D_i/2p$；⑤定子铁芯的全长 l_{t_1}；⑥定子槽数 Z_1；⑦槽的面积 S_n；⑧定子轭铁的两倍高度 $2h_{a_1} = D_{a_1} - (D_i + 2h_z)$（$h_z$ 为槽高）。

计算中先给出电动机定子的相电压 U_1 和绕组的型式（单层或双层），再进行下列数据的计算。

（1）气隙中的极距面积

$$S_\delta = 0.01\tau l_1 \text{（cm}^2\text{）}$$

（2）每极磁通

$$\Phi = 0.637 S_\delta B_\delta \text{（cm}^2\text{）}$$

（3）定子轭铁的双倍断面积

$$2S_{a_1} = 0.0092 h_a l_1 \text{（cm}^2\text{）}$$

（4）定子轭铁的磁通密度

$$B_{a_1} = \Phi / 2S_{a_1}$$

把得到的 B_{a_1} 值同表 8-9 所列的数据核对一下，如果 B_{a_1} 的大小与表内数据出入很大，这就证明 $2p$ 或空气隙磁通密度 B_δ（或两者）取得不正确。若根据绕组数或电动机铭牌已知极数，那么应适当地修改 B_{a_1}，修改后再进行上述计算。

（5）对于梯形——椭圆形槽和椭圆形槽定子齿的计算宽度

$$b_{z_1} = \frac{\pi(D_i + 2h_{s_1} + d_2)}{Z_1} - d_2$$

式中　h_{s_1}——定子槽数的高度。

对于矩形——椭圆形槽的定子齿计算宽度

$$b_{z_1} = \frac{\pi\left(D_i + \frac{2}{3}h_{z_1}\right)}{Z_1} - a$$

（6）每极的齿断面积

$$S_{z_1} = 0.01\frac{Z_1}{2p}b_{z_1} \times 0.9l \text{（cm}^2\text{）}$$

式中　0.9——定子铁芯压装系数（硅钢片组的压装系数）。

（7）定子齿的磁通密度

$$B_{z_1} = 1.57\Phi / 2S_{z_1}$$

得到的 B_{z_1} 值应符合表 8-9 所列的数据，如果 B_{z_1} 值大于表中所列的数值，应相应地减少空气隙中的磁通密度。

（8）绕组节距的求法

全节距 $y = Z/2p$ 绕组节距也可查表。

（9）频率为 50 周 / 秒时的每相有效匝数

① 单层绕组　$W' = U_1 \times 10^6 / 2.22\Phi$

② 双层绕组　$W' = U_1 \times 10^6 / 2.22\Phi K_w$

式中　K_w——绕组系数，可查表 8-13 和表 8-14。

（10）每槽有效导线数

$$W'_n = 6W' / Z_1$$

（11）槽的有效断面

$$S'_n = K_n / S_n$$

式中　K_n——槽满率，一般取 0.4。

采用薄层绝缘时槽满率可增大到 0.46 ～ 0.5。

（12）计算绝缘在内的每根有效导线的断面

$$F' = S'_n / W'_n$$

（13）每槽并列导线数 n 与并联分路数 b 的乘积

① 10kW 以下的小型电动机（$D_{a1} < 300mm$），其铜线直径在 1.56mm 以下（带绝缘的导线直径为 1.77mm），对于这种电动机：

$$nb \geqslant F'/2.3$$

② 10kW 以上的电动机，其铜线直径在 2.1mm 以下（带绝缘的导线直径为 2.37mm），对于这种电动机：

$$nb \geqslant F' \times 4.4$$

把乘积 nb 化为最近的大整数，（最小值用于 10kW 以下电动机），如果小型电动机的 $nb < 3$，中型电动机的 $nb < 4$，则绕组应无并联分路，即 $b=1$，这样就可预定每槽的并列导线数。如果乘积（nb）大于上述所列值，最好做到绕组有并联分路的和每槽有并列导线的。

为了在选择并联分路时便于估计，可见表 8-8 中的数据。

表 8-8　并联分路数

极数	2	4	6	8	10	12
许可的并联分路数	1	1, 2	1, 2, 3	1, 2, 4	1, 2, 5	1, 2, 3, 4, 6

（14）每导线的断面根据所取的并联分路数和并列导线数确定

$$F = F'/nb$$

（15）带绝缘的导线直径

$$d_u = 1.14\sqrt{F}$$

（16）裸导线的直径

$$d_1 = d_u - \Delta$$

式中　Δ——绝缘厚度，根据导线的线号和直径而有不同，按来决定，求得的裸体直径须化为最近似的标准值。

（17）每槽中的导线数：

$$W_n = W'_n nb$$

（18）每元件的导线数：

① 在单层绕组时为 W_n。

② 在双层绕组时为 $0.5W_n$。

（19）每相的导线数

$$W = \frac{Z_1}{3} W_n$$

（20）每根导线的断面

$$q_n = \pi d^2 / 4$$

（21）每相导线的断面

$$q_\varphi = nb q_n$$

（22）相电流

$$I_1 = q_\varphi j_1 \text{（A）}$$

式中　j_1——按表 8-9 所用的电流密度。

（23）每根导线中的电流

$$I_n = I_1 / nb$$

（24）直线负载

$$A_{s_1} = I_1 W' Z_1 / \pi D_i \text{（A/cm）}$$

式中　D_i——定子铁芯内径，cm。

如果 A_{s_1} 值不符合表 8-9、表 8-10 所列的范围则需变更 I_1 值及相应的 j_1 和 I_n 值。

2. 第二种计算方法

用比例法求空壳铁芯异步电动机数据。这种方法可运用相似原理求空壳电动机的容量、线圈匝数、导线直径。方法介绍如下：

表 8-9　感应电动机的电磁负载

量的名称	符号	测量单位	定子有效铁芯的外径 D_{a_1} /cm		
			15 ～ 25	25 ～ 50	50 ～ 100
定子绕组的直线负载	A_{s_1}	A/cm	150 ～ 250	200~350	350 ～ 550
气隙中的磁通密度	B_δ	Gs	7500 ～ 8500	8000 ～ 9500	8000 ～ 9000
定子轭中的磁通密度	B_{a_1}	Gs	11000 ～ 15000	12000 ～ 15000	13000 ～ 15000
定子齿中的磁通密度	B_{z_1}	Gs	15000 ～ 17000	16000 ～ 175000	17000 ～ 18000
定子绕组的电流密度	j_1	A/cm²	6 ～ 8	5 ～ 7.5	5 ～ 5.5
笼型转子铜的电流密度	j_2	A/cm²	7～9	6~8	6.5~7.5
转子齿中的磁通密度	B_{z_2}	Gs	15000 ～ 17000	16000 ～ 17500	17000 ～ 18000
绕线式转子绕组的电流密度	j_2	A/cm²	—	6 ～ 6.5	6 ～ 6.5

表 8-10　绕组用导线的绝缘厚度（两面）

导线	圆导线的直径 /mm									
	由 0.1 到 0.19	由 0.2 到 0.25	由 0.27 到 0.29	由 0.31 到 0.38	由 0.41 到 0.49	由 0.51 到 0.69	由 0.72 到 0.96	由 1.0 到 1.45	由 1.5 到 2.1	由 2.26 到 5.2
双纱包线	—	0.19	0.22	0.22	0.22	0.22	0.22	0.27	0.27	0.33
耐油磁漆和单纱包线	—	0.125	0.155	0.16	0.165	0.17	0.18	0.21	0.21	—
单丝包线	0.12	0.12	0.12	0.12	0.12	0.12	0.12	0.13	—	—
耐油磁漆和单丝包线	0.075	0.09	0.10	0.105	0.11	0.115	0.125	0.135	—	—
涂有两层磁漆	0.025	0.035	0.04	0.05	0.05	0.06	0.07	0.07	0.08	—
双层玻璃线	—	—	—	—	—	—	—	0.15	0.25	0.30
耐热磁漆和耐油磁漆	—	—	—	—	—	0.13	0.14	0.15	—	—

续表

导线	圆导线的直径 /mm									
	由 0.1 到 0.19	由 0.2 到 0.25	由 0.27 到 0.29	由 0.31 到 0.38	由 0.41 到 0.49	由 0.51 到 0.69	由 0.72 到 0.96	由 1.0 到 1.45	由 1.5 到 2.1	由 2.26 到 5.2
涂有三角形石棉的导线	—	—	—	—	—	—	—	0.25	0.25	0.30
单纱包线	—	0.1	0.12	0.12	0.12	0.12	0.12	0.14	0.14	—

① 测量定子铁芯内径 D_t，长度 L_t，轭高 h_t，齿宽 b_t，槽数 Z_t。

② 电动机的极数可按下式估计：

$$2p = (0.35 \sim 0.4)\frac{Z_t b_t}{h_t}$$

③ 在技术数据绕组中找出型号相同（J 或 JO 型）、极数相同、定子内径 D 和铁芯长度 L 尽可能接近的电动机作参考，并查出它的每个线圈匝数 W、槽数 Z、导线直径 d 和容量 P。

④ 按下列关系计算。

所求电动机每个线圈匝数：

$$W_t = \frac{DLZ}{D_t L_t Z_t} W$$

导线直径：

$$d_t = d\sqrt{\frac{D_t}{D} \times \frac{WZ}{W_t Z_t}}$$

容量：

$$P_t = \frac{d_t^2}{d^2} P$$

用此法计算出的电动机数据，其接法、并联路数、绕组型式（单层或双层）、并绕根数、短距系数均要和参考电动机相同。最后核算一下槽满率，若槽满率偏高，可适当减小导线直径。

例 8： 一台封闭式感应电动机，定子内径 $D_t=\phi112\text{mm}$，铁芯长度 $L_t=73.5\text{cm}$，轭高 $h_t=18\text{mm}$，齿宽 $b_t=8\text{mm}$，槽数 $Z_t=24$。

① 估计极数：

$$2p = \frac{(0.35 \sim 0.4) \times 24 \times 8}{18} = 3.73 \sim 4.26$$

取 $2p=4$。

② 在绕组技术数据中，找到型式相同，极数相同，尺寸相近的 JO41-4，1.7kW 电动机数据：定子内径 $D=110\text{mm}$，铁芯长 $L=80\text{mm}$，36 槽，电磁线直径 $\phi1.0\text{mm}$，单层绕组，每个线圈匝数 $W=52$，1 路，Y 接。每极 9 槽，节距 $1 \sim 8$。短距系数 $\beta=7/9=0.778$。

③ 利用比例法求出。

每个线圈匝数：

$$W_t = \frac{110 \times 80 \times 36}{112 \times 73.5 \times 24} \times 52 = 83 \text{（匝）}$$

导线直径：

$$d_t = \sqrt{\frac{112}{110} \times \frac{36 \times 52}{24 \times 83}} \times 1.0 = 0.98 \text{（mm）}$$

采用 $\phi1.0\text{mm}$ 标准直径。

容量：

$$P_t = \frac{1.0^2}{1.0^2} \times 1.7 = 1.7 \text{（kW）}$$

因而得出空壳电动机全部数据：容量 1.7kW，电磁线直径 $\phi1.0\text{mm}$，单层绕组，每个线圈匝数 83，1 路，Y 接，每极 6 槽，取与参考电动机相近的短距系数，则节距 $1 \sim 6$。

专家提示： 利用上述方法计算的根据是对于转速相同，尺寸接近的电动机，它们的电磁负荷具有接近的数值，因而可按相似原理用比例法求出。经过多次实践证明：这种方法比较简捷、准确、实用。

3. 第三种计算方法

这个方法不但适用于日本制的电动机，而且也适用于其他设计型式的旧电动机，苏联的封闭型电动机有时也适用，其他型式的苏制电动机，算出线圈匝数常少于原来的匝数，方法如下：

① $\dfrac{马力 \times 736\ (W)}{效率 \times 功率因数}$ = 输入功率（V·A）（1W=1VAcosφ，

cosφ 是功率因数）。

效率和功率因数可查表 8-11 得出。

② $\dfrac{额定电压(V)}{\sqrt{3}}$ = 相电压（V，Y 接）。

③ $\dfrac{输入功率(V·A)}{相电压(V) \times 相数}$ = 线电流（A）= 相电流（A，Y 接）。

④ $\dfrac{额定电流(A)}{电流密度}$ = 导线截面积（mm^2）。

⑤ $\dfrac{定子内径(cm) \times n}{定子槽数}$ = 定子齿轮（cm）。

⑥（定子内径）^{2} × 铁芯沿轴长度（cm）= $D_i^2 l$ 将得出的数在图 8-4 曲线中寻找电气常数。

⑦ $\dfrac{电子常数 \times 定子齿距(cm)}{线电流\ (A)}$ = 槽内导体数。

⑧ $\dfrac{槽内导体数}{2}$ = 一只线圈的匝数（双层绕组时）。

⑨ $\dfrac{定子槽数}{极数}$ = 满节距。

节距缩短到 80% 左右时不必增加线匝数。

查图 8-4 的方法：

例9： $D_i^2 l$ =53^2×60.5=169945，在图 8-4 横坐标里找出 169945（≈1699×10^2）竖着往上找到 C 曲线上，对着纵坐标的数字约为 300（即电气常数）。

表8-11 三相异步电动机效率及功率因数参考数据表

频率/Hz	50	60	50	60	50	60	50	60	50	60	50	60	50	60
转速/(r/min)	428	450	500	514	600	720	750	900	1000	1200	1500	1800	3000	3600
功率/马力	功率因数	效率	功率因数	效率	功率因数	效率	功率因数	效率	功率因数	效率	功率因数	效率	功率因数	效率
½	64	68	68	69	71	70	73	71	76	73	79	75	82	75
1	68	74	71	75	73	76	75	77	78	78	82	80	84	80
2	72	76	75	77	77	78	80	79	81	80	84	81	85	81
3	76	78	78	79	80	80	82	80	83	81	86	82	86	82
7½	80	81	82	82	84	83	85	83	86	84	87	84	88	84
10	82	82	83	83	84	83	85	84	87	85	88	85	89	85
15	83	83	84	84	85	84	86	84	87	86	88	86	89	86
20	84	83	85	85	86	86	87	86	88	87	89	87	90	87
25	84	84	85	85	87	86	87	86	88	87	89	87	90	87
30	85	86	86	87	87	87	87	87	88	88	90	88	90	88
40	85	87	86	87	87	87	88	87	89	88	90	88	91	88
50	86	87	87	88	88	88	89	88	90	88	90	88	91	88

续表

功率/马力 频率/Hz	60	50	60	50	60	50	60	50	60	50	60	50	60	50
转速/(r/min)	3600	3000	1800	1500	1200	1000	900	750	720	600	514	500	450	428
	效率	功率因数	效率	功率因数	效率	功率因数	效率	功率因数	效率	功率因数	效率	功率因数	效率	功率因数
75	89	91	90	91	89	90	88	89	89	89	89	88	88	87
100	89	91	90	91	89	91	90	90	90	90	90	88	89	88
150	90	92	91	92	90	91	91	91	91	90	91	89	90	88
200	90	92	91	92	90	91	91	91	91	91	91	90	91	88
200	90	92	91	92	90	91	91	91	91	91	91	90	91	88
250	91	92	92	92	91	92	92	91	92	91	92	90	92	89
300	91	92	92	92	91	92	92	91	92	91	92	91	92	89
500	92	92	93	92	92	92	93	91	93	91	92	91	92	90

注：1 马力 =0.746kW。

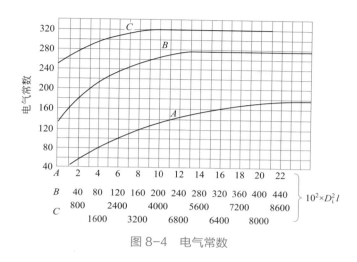

图 8-4　电气常数

4. 第四种计算方法

① 根据"容量的确定"中介绍的第二种方法求得电动机的容量。

② 电动机绕组的确定：在求得了电动机的容量后，就可以根据要求的极数在图 8-5 和图 8-6 中求得绕组所需每相串联的导线匝数了。

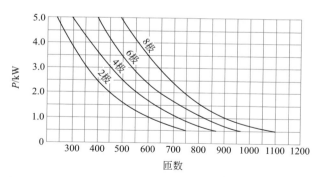

图 8-5　绕组每相串联的导线匝数（1）

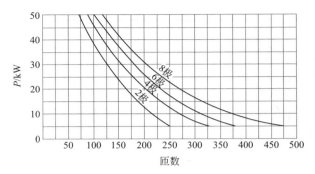

图 8-6　绕组每相串联的导线匝数（2）

例 10： 已知一台电动机 4 极时的功率为 7kW，求该电动机每相串联导线匝数为多少？

从图 8-5 左尺标上 7kW 处，视线右移与第二根曲线（4 极）相交处，再垂直往下看，在下面尺标中查得数字为 300，这就是该电动机绕组每相需要 300 匝导线串联。假定这个电动机为 36 槽，则：

$$每相的槽数=36/3=12（槽）$$

$$每槽的导线匝数=300/12=25（匝）$$

如为双层绕组，则该电动机共需线圈 36 个，每个线圈为 12 匝或 13 匝（因为 25/2=12.5），如为单层绕组，则该电动机共需线圈 18 个，每个线圈为 25 匝。

③ 导线截面的选择：一般电动机我们可以估计每千瓦满载电流为 2 安。但较小容量或低速电动机的满载电流可以估计得偏高一些（即满载电流 ≥ 2A/kW），而较大容量或高速电动机的满载电流可以估计得偏低一些（即满载电流以 ≤ 2A/kW）。一般电动机所采用的电流密度为 4 ～ 6A/mm^2。

$$导线截面积=\frac{满载电流}{电流密度}$$

④ 槽线的配合：每槽的导线截面虽经确定，但是否能恰当地安放在槽子里，还得预先考虑，其方法有二种：

a. 用比例的方法求铜线总截面积与槽子面积的比，设比值为 K，则：

$$K = \frac{铜线总截面积}{槽子的面积}$$

K 值也随铜线的绝缘层不同而变，从经验中得出：用双纱包线 K 值在 0.32 左右，纱漆包线在 0.38 左右，漆包线在 0.42 左右，如与上述数字相差过多，则不是太松就是太紧，那时就需要另作计算。

b. 如有现成的纱包线，可以用一条青壳纸测量一下槽子的展开长度，如所有导线均能箍在青壳纸的记号范围之内而稍有松动，则表示能够嵌进，反之则说明这个槽子不能容纳这些导线，也可以说明该铁芯不能在计划的极数下达到这些容量，那时就应该考虑适当减少容量或增加转速，凑到合适为止。

5. 第五种计算方法

① 计算每槽导线匝数。

$$W_n = \frac{Up \times 2.61 \times 10^8}{DLZ \times 13 K_w}$$

式中　　U——相电压，V；

　　　　p——磁极对数；

　　　　D——定子铁芯内径，mm；

　　　　L——定子铁芯长度，mm；

　　　　Z——定子槽数；

　　　　K_w——绕组系数。

② 应用上述公式的几点说明：

a. 此公式计算出来的导线匝数是一路 Y 形接成的绕组。

b. 气隙磁通密度取值高低与定子铁芯直径以及磁极数有关（一般定子铁芯直径越大，磁极数越多，则所取的气隙磁通密度越高）。气隙磁通密度取值范围如表 8-12 所示：

表 8-12　气隙磁通密度取值范围　　　　　单位: Gs

型　式＼极　数	2	4	6	8
开启式	6300 ～ 7500	7000 ～ 8000	7000 ～ 8000	7000 ～ 8000
封闭式	5000 ～ 6500	6000 ～ 7500	6000~7500	6400~7400

1956 年以前出品的电动机气隙磁通密度较低, 一般约在 5500Gs, J、JO 等系列约为 6000 ～ 7500Gs, 还有个别的达 8000 ～ 9000Gs。至于封闭式电动机的气隙磁通密度较同容量开启式的为低。J2、JO2 系列电动机的气隙磁通密度可较表 8-12 增加 10% 左右。

c. 关于绕组系数 K_w 的取值范围可参见表 8-13、表 8-14。

d. 槽的截面积的求法:

平底槽　$S_n = \dfrac{1}{2}(b_1 + b_2)h \left(h = h_z - \dfrac{b_1}{2} \right)$

圆底槽　$S_n = \dfrac{1}{2}(b_1 + 2r_2)h + \dfrac{\pi}{2}r_2^2$

绝缘的截面积:

平底槽双层绕组　$S_{n_3} = 2.5b_1 + 0.54 \left(2h + \dfrac{b_1 + b_2}{2} + 6 + b_2 \right)$

平底槽单层绕组　$S_{n_3} = 2.5b_1 + 0.54(2h + 6 + b_2)$

圆底槽双层绕组　$S_{n_3} = 2.5b_1 + 0.54 \left(2h + \dfrac{b_1 + 2r_2}{2} + 6 + \pi r_2 \right)$

圆底槽单层绕组　$S_{n_3} = 2.5b_1 + 0.54(2h + 6 + \pi r_2)$

$$S_n' = S_n - S_{n_3}$$

式中　S_n'——槽内容纳导线截面积, mm^2;

S_n——槽截面积, mm^2;

S_{n_3}——槽内绝缘截面积, mm^2。

表 8-13 三相双层绕组的绕组系数 K_w

每极每相槽数 q	槽节距	空间位置短距系数 β	短距系数 K_y	绕组系数 K_w	每极每相槽数 q	槽节距	空间位置短距系数 β	短距系数 K_y	绕组系数 K_w
$1\frac{1}{5}$	1~4	0.835	0.97	0.924		1~9	0.952	0.997	0.953
$1\frac{1}{4}$	1~4	0.8	0.95	0.910	$2\frac{4}{5}$	1~8	0.833	0.966	0.922
$1\frac{2}{5}$	1~5	0.95	0.985	0.953		1~7	0.715	0.902	0.862
$1\frac{1}{2}$	1~5	0.89	0.985	0.94		1~9	0.927	0.994	0.948
$1\frac{4}{5}$	1~6	0.926	0.994	0.948	$2\frac{7}{8}$	1~8	0.81	0.956	0.913
$1\frac{7}{8}$	1~6	0.89	0.985	0.94		1~10	1	1	0.96
2	1~6	0.833	0.966	0.934	3	1~9	0.89	0.985	0.945
$1\frac{1}{10}$	1~7	0.952	0.998	0.953		1~8	0.778	0.94	0.902
	1~6	0.794	0.955	0.912		1~7	0.667	0.866	0.831
$2\frac{1}{8}$	1~7	0.94	0.992	0.95		1~10	0.938	0.995	0.95
	1~6	0.784	0.943	0.90		1~9	0.833	0.966	0.922
$2\frac{1}{7}$	1~7	0.933	0.995	0.95	$3\frac{1}{5}$	1~10	0.923	0.993	0.948
	1~6	0.778	0.94	0.90		1~9	0.82	0.959	0.916
$2\frac{1}{5}$	1~7	0.91	0.99	0.945		1~8	0.718	0.903	0.862
	1~6	0.76	0.925	0.887	$3\frac{3}{7}$	1~10	0.875	0.981	0.937
	1~8	0.933	0.995	0.95		1~9	0.778	0.94	0.902
$1\frac{1}{2}$	1~7	0.8	0.951	0.907		1~11	0.952	0.997	0.953
	1~6	0.667	0.866	0.827	$3\frac{1}{2}$	1~10	0.857	0.974	0.93
$2\frac{4}{7}$	1~8	0.907	0.989	0.944		1~9	0.762	0.93	0.884
	1~7	0.778	0.94	0.90		1~8	0.667	0.866	0.831
	1~11	0.925	0.99	0.945	$4\frac{1}{4}$	1~12	0.854	0.98	0.933
$3\frac{3}{5}$	1~10	0.835	0.97	0.923		1~11	0.785	0.944	0.901
	1~9	0.743	0.917	0.877		1~13	0.89	0.985	0.94
$3\frac{3}{4}$	1~10	0.89	0.985	0.97	$4\frac{1}{2}$	1~12	0.815	0.959	0.916
	1~10	0.8	0.951	0.907		1~11	0.74	0.917	0.877

续表

每极每相槽数 q	槽节距	空间位置短距系数 β	短距系数 K_y	绕组系数 K_w	每极每相槽数 q	槽节距	空间位置短距系数 β	短距系数 K_y	绕组系数 K_w
$3\frac{4}{5}$	1~11	0.88	0.98	0.937	$4\frac{3}{4}$	1~13	0.84	0.97	0.926
	1~10	0.79	0.945	0.903		1~12	0.733	0.935	0.894
$3\frac{6}{7}$	1~11	0.865	0.978	0.934	$4\frac{4}{5}$	1～14	0.902	0.988	0.943
	1～10	0.778	0.94	0.902		1～13	0.833	0.966	0.922
4	1～12	0.916	0.991	0.95	5	1～14	0.866	0.978	0.435
	1～11	0.833	0.966	0.926		1～13	0.8	0.951	0.91
	1～10	0.75	0.924	0.885		1～12	0.733	0.914	0.875
	1～9	0.667	0.866	0.831	$5\frac{1}{2}$	1～14	0.79	0.944	0.902
$4\frac{1}{5}$	1～12	0.872	0.98	0.935		1～15	0.848	0.972	0.928
	1～11	0.792	0.948	0.905	6	1～16	0.833	0.966	0.925
						1～15	0.778	0.94	0.9

表 8-14 三相单层绕组的绕组系数 K_w

螺旋绕组每极每项槽数 q		链形绕组，其节距为							
		3	5	7	9	11	13	15	17
$1\frac{1}{2}$	0.960	0.831	(0.945)	—	—	—	—	—	—
2	0.966	0.757	(0.966)	0.966	0.707	—	—	—	—
$2\frac{1}{2}$	0.957	—	0.829	0.951	0.910	0.711	—	—	—
3	0.960	—	0.735	0.902	0.960	0.902	0.735	—	—
$3\frac{1}{2}$	0.956	—	—	0.828	0.932	(0.953)	0.890	0.747	—
4	0.958	—	—	0.766	0.892	(0.958)	0.958	0.892	0.766
$4\frac{1}{2}$	0.955	—	—	0.695	0.827	(0.915)	(0.954)	0.941	0.877
5	0.957	—	—	—	0.774	0.874	(0.936)	(0.957)	0.936
6	0.956	—	—	—	0.679	0.786	(0.870)	(0.927)	(0.956)

注：对所推荐的节距数值，取用括弧内的绕组系数。

平底槽如图 8-7 所示，圆底槽如图 8-8 所示。

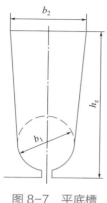

图 8-7　平底槽

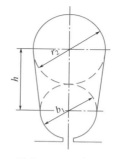

图 8-8　圆底槽

8.5.3　实际应用举例一

我们把实际修复的电动机的部分典型实例集合在一起，以供读者在修复电动机时参考对照。但在修复的过程中，一定要根据电动机的具体情况来选择一种恰当的计算方法，也可以用其他计算方法来核对，切忌死搬硬套。

1. 原铭牌数据

容量 0.6kW，电压 220V/380V；电流 2.36A/1.36A；转速 2850r/min；接线△ /Y 接法；频率 50Hz；制造厂开封电动厂。

2. 测量及原绕组数据

D_i=65mm；D_a=130mm；l=65mm；Z_1=24；绕组型式单层；上齿宽 =4mm；下齿宽 =4mm；并联数 =1；分路数 =1；每槽匝数 =120 匝；每元件匝数 =120 匝；线径 0.63mm；节距 y=9；接线 Y 接法。

定子槽形尺寸如图 8-9 所示。

3. 计算

（1）每极每相的槽数

$$q = \frac{Z_1}{m2p} = \frac{24}{3 \times 2 \times 1} = \frac{24}{6} = 4$$

375

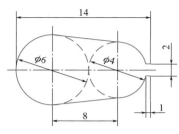

图 8-9　定子槽形尺寸

（2）定子线圈组的数目

$$K_c = \frac{Z_1}{q} = \frac{24}{6} = 6$$

（3）一相中的线圈组数

$$K_\phi = \frac{K_c}{m} = \frac{6}{3} = 2$$

（4）绕组节距

$$y = \frac{Z_1}{2p} = \frac{24}{2 \times 1} = 12$$

（5）取短节距

$y_1 = 9$，查表 8-13，绕组系数 $K_w = 0.885$

（6）气隙中的极距面积

$$S_\delta = 0.01 \frac{\pi D_i}{2p} l$$
$$= 0.01 \times \frac{3.14 \times 65}{2 \times 1} \times 65 = 66.3 (\text{mm}^2)$$

（7）每极的磁通

$$\Phi = 0.637 S_\delta B_\delta = 0.637 \times 66.3 \times 6500$$
$$= 274000 (\text{Mx})$$

式中　B_δ 查表 8-12。

（8）定子轭铁的双倍高度

$$2h_a = D_a - (D_i + 2h_z) = 130 - (65 + 2 \times 14) = 37(\text{mm})$$

（9）定子轭铁的双倍断面积

$$2S_{a_1} = 0.009 \times 2h_a l = 0.009 \times 37 \times 65 = 21.6(\text{mm}^2)$$

（10）定子轭铁的磁通密度

$$B_{a_1} = \frac{\Phi}{2S_{a_1}} = \frac{274000}{21.6} = 12700(\text{Gs})$$

（11）定子齿的计算宽度

$$b_{z_1} = \frac{\pi(D_i + 2h_s + d_2)}{Z_1} - d_2 = \frac{3.14 \times (65 + 2 \times 1 + 4)}{24} - 4 = 5.3(\text{mm})$$

（12）每极的齿断面积

$$S_{z_1} = 0.01 \frac{Z_1}{2p} b_{z_1} \times 0.9l = 0.01 \times \frac{24}{2} \times 5.3 \times 0.9 \times 65 = 37(\text{mm}^2)$$

（13）定子齿中的磁通密度

$$B_{z_1} = \frac{1.57\Phi}{S_{z_1}} = \frac{1.57 \times 274000}{37} = 11620(\text{Gs})$$

（14）每槽中的有效匝数

① $W_n' = \dfrac{2.61Up \times 10^8}{Z_1 L D_i K_w B_\delta}$

$$= 2.61 \times 220 \times 1 \times \frac{10^8}{24} \times 65 \times 65 \times 0.885 \times 6500$$

$$= 99(\text{匝})$$

② $W_n' = \dfrac{6U \times 10^6}{2.22 Z_1 \Phi K_w} = \dfrac{6 \times 220 \times 10^6}{2.22 \times 24 \times 274000 \times 0.885} = 100(\text{匝})$

（15）定子槽的断面积

$$S_n = 0.5h(d_1 + d_2) + \frac{\pi}{8}(d_1^2 + d_2^2)$$

$$= 0.5 \times 8 \times (6 + 4) + 0.39 \times (6^2 + 4^2) = 60(\text{mm}^2)$$

（16）定子槽的有效断面积

$$S_n' = S_n K_n = 60 \times 0.6 = 36(\text{mm}^2)$$

（K_n 一般取 0.5）

（17）计算绝缘在内的每根有效导线的断面积

$$F' = \frac{S_n'}{W_n'} = \frac{36}{100} = 0.36(\text{mm}^2)$$

（18）带绝缘导线直径

$$d_v = 1.14\sqrt{F'} = 1.14\sqrt{0.36} = 0.684(\text{mm})$$

（19）裸体导线直径

$$d_1' = d_v - \Delta = 0.684 - 0.06 = 0.624(\text{mm})$$

取 d_1 =0.63mm 漆包线

式中　Δ——导线绝缘厚度，查表 8-10。

（20）每根导线的截面积及电流密度的验算

$$q_n = \frac{\pi d_1^2}{4} = \frac{3.14 \times 0.63^2}{4} = 0.312(\text{mm}^2)$$

$$j = \frac{I}{q_n} = \frac{1.36}{0.312} = 4.37(\text{A}/\text{mm}^2)$$

经查表 8-10，电流密度 j 小于规定的数值，故可采用。

（21）计算结论

① 根据计算应下 100 匝线径为 0.63mm 的漆包线，但此电动机已修理过多次，由于淬火次数多，磁铁性能方面不佳，故多下 10 匝，为 110 匝；

② 重绕后，校验运行良好。

4. 重绕数据

电压 220V/380V；空载电流 0.5A；线径 0.63mm 漆包线；接线 Y 接法；每槽匝数 110 匝；每元件匝数 110 匝；绕组形式单层；节距 =9；并联数 =1；分路数 =1。

8.5.4　实际应用举例二

1. 原铭牌数据

容量 1kW，电压 220V/380V；电流 4.25A/2.45A；转速 1420r/min；接线 △ /Y；频率 50Hz；制造厂大连电动厂。

2. 测量及原绕组数据

D_i=90mm；D_a=146mm；l=100mm；Z_1=24；绕组形式单层；上齿宽 =4.5mm；下齿宽 =4.5mm；并联数 =1；分路数 =1；每槽匝数 =87 匝；每元件匝数 =87 匝；线径 0.9mm；节距 y=5；接线 Y 接法。

定子槽形尺寸如图 8-10 所示。

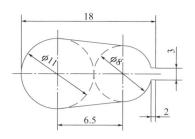

图 8-10　定子槽形尺寸

3. 计算

（1）每极每相的槽数

$$q = \frac{Z_1}{m2p} = \frac{24}{3 \times 2 \times 2} = 2$$

（2）定子线圈组的数目

$$K_c = \frac{Z_1}{q} = \frac{24}{2} = 12$$

（3）一相中的线圈组数

$$K_\phi = \frac{K_c}{m} = \frac{12}{3} = 4$$

（4）绕组节距

$$y = \frac{Z_1}{2p} = \frac{24}{2 \times 2} = 6$$

（5）取短节距

$y_1 = 5$，查表 8-13，绕组系数 $K_w = 0.934$

（6）气隙中的极距面积

$$S_\delta = 0.01 \frac{\pi D_i}{2p} l = 0.01 \times \frac{3.14 \times 90}{2 \times 2} \times 100 = 71 (\text{mm}^2)$$

（7）每极的磁通

$$\Phi = 0.637 S_\delta B_\delta = 0.637 \times 71 \times 6000 = 270000 (\text{Mx})$$

式中 B_δ 查表 8-12。

（8）定子轭铁的双倍高度

$$2h_a = D_a - (D_i + 2h_z) = 146 - (90 + 2 \times 18) = 20 (\text{mm})$$

（9）定子轭铁的双倍断面积：

$$2S_{a_1} = 0.009 \times 2h_a l = 0.009 \times 20 \times 100 = 18 (\text{mm}^2)$$

（10）定子轭铁的磁通密度

$$B_{a_1} = \frac{\Phi}{2S_{a_1}} = \frac{270000}{18} = 15000 (\text{Gs})$$

（11）定子齿的计算宽度

$$b_{z_1} = \frac{\pi(D_i + 2h_s + d_2)}{Z_1} - d_2 = \frac{3.14 \times (90 + 2 \times 2 + 8)}{24} - 8 = 5.3(\text{mm})$$

（12）每极的齿断面积

$$S_{z_1} = 0.01 \times \frac{Z_1}{2p} b_{z_1} \times 0.9l = 0.01 \times \frac{24}{2 \times 2} \times 5.3 \times 0.9 \times 100 = 28.6(\text{mm}^2)$$

（13）定子齿中的磁通密度

$$B_{z_1} = \frac{1.57\Phi}{S_{z_1}} = \frac{1.57 \times 270000}{28.6} = 14800(\text{Gs})$$

（14）每槽中的有效匝数

① $W'_n = \dfrac{2.61Up \times 10^8}{Z_1 LD_i K_w B_\delta} = \dfrac{2.61 \times 220 \times 2 \times 10^8}{24 \times 100 \times 90 \times 0.934 \times 6000} = 95(\text{匝})$

② $W'_n = \dfrac{6U \times 10^6}{2.22 Z_1 \Phi K_w} = \dfrac{6 \times 220 \times 10^6}{2.22 \times 24 \times 270000 \times 0.934} = 98(\text{匝})$

（15）定子槽的断面积

$$S_n = 0.5h(d_1 + d_2) + \frac{\pi}{8}(d_1^2 + d_2^2)$$
$$= 0.5 \times 6.5 \times (11 + 8) + 0.36 \times (11^2 + 8^2)$$
$$= 134(\text{mm}^2)$$

（16）定子槽的有效断面积

$$S'_n = S_n K_n = 134 \times 0.5 = 67(\text{mm}^2)$$

（K_n 一般取 0.5）

（17）计算绝缘在内的每根有效导线的断面积

$$F' = \frac{S'_n}{W'_n} = \frac{67}{90} = 0.74(\text{mm}^2)$$

（18）带绝缘导线直径

$$d_v = 1.14\sqrt{F'} = 1.14\sqrt{0.74} = 1.14 \times 0.86 = 0.98(\text{mm})$$

（19）裸体导线直径

$$d_1' = d_v - \Delta = 0.98 - 0.07 = 0.91(\text{mm})$$

取 $d_1 = 0.9\text{mm}$ 漆包线

式中　Δ——导线绝缘厚度，查表 8-10。

（20）每根导线的截面积及电流密度的验算

$$q_n = \frac{\pi d_1^2}{4} = \frac{3.14 \times 0.9^2}{4} = 0.636(\text{mm}^2)$$

$$j = \frac{I}{q_n} = \frac{2.45}{0.636} = 3.85(\text{A}/\text{mm}^2)$$

经查表 8-10，电流密度 j 小于规定的数值，故可采用。

（21）计算结论

① 此电动机根据计算匝数比原绕组匝数多，取 90 匝；

② 重绕后，经校验运行良好。

4．重绕数据

电压 220V/380V；空载电流 0.9A；线径 0.9mm 漆包线；接线 Y 接法；每槽匝数 90 匝；每元件匝数 90 匝；绕组形式单层；节距 =5；并联数 =1；分路数 =1。

8.5.5　实际应用举例三

1．原铭牌数据

容量 1kW，电压 220V/380V；电流 4A/2.33A；转速 1410r/min；接线 △/Y 接法；频率 50Hz；制造厂上海革新电动厂。

2．测量及原绕组数据

D_i=85mm；D_a=145mm；l=60mm；Z_1=24；绕组形式单层；上齿宽 =4mm；下齿宽 =7mm；并联数 =1；分路数 =1；每槽匝数 =85 匝；每元件匝数 =85 匝；线径 0.9mm；节距 y=10；接线 Y；绕组为二极接法。

定子槽形尺寸如图 8-11 所示。

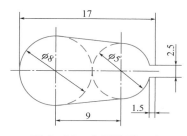

图 8-11　定子槽形尺寸

3．计算

（1）每极每相的槽数

$$q = \frac{Z_1}{m2p} = \frac{24}{3 \times 2 \times 2} = 2$$

（2）定子线圈组的数目

$$K_c = \frac{Z_1}{q} = \frac{24}{2} = 12$$

（3）一相中的线圈组数

$$K_\phi = \frac{K_c}{m} = \frac{12}{3} = 4$$

（4）绕组节距

$$y = \frac{Z_1}{2p} = \frac{24}{2 \times 2} = 6$$

（5）取短节距

$y_1 = 5$，查表 8-13，绕组系数 $K_w = 0.934$

（6）气隙中的极距面积

$$S_\delta = 0.01 \times \frac{\pi D_1}{2p} l = 0.01 \times \frac{3.14 \times 85}{2 \times 2} \times 60 = 40 (\text{mm}^2)$$

（7）每极的磁通

$$\Phi = 0.637 \times S_\delta B_\delta = 0.637 \times 40 \times 8000 = 203000 (\text{Mx})$$

式中 B_δ 查表 8-12。

（8）定子轭铁的双倍高度

$$2h_a = D_a - (D_i + 2h_z) = 145 - (85 + 2 \times 17) = 26 (\text{mm})$$

（9）定子轭铁的双倍断面积

$$2S_{a_1} = 0.009 \times 2h_a l = 0.009 \times 26 \times 60 = 14 (\text{mm}^2)$$

（10）定子轭铁的磁通密度

$$B_{a_1} = \frac{\Phi}{2S_{a_1}} = \frac{203000}{14} = 14500 (\text{Gs})$$

（11）定子齿的计算宽度

$$b_{z_1} = \frac{\pi(D_i + 2h_s + d_2)}{Z_1} - d_2 = \frac{3.14 \times (85 + 3 + 5)}{24} - 5 = 7 (\text{mm})$$

（12）每极的齿断面积

$$S_{z_1} = 0.01 \frac{Z_1}{2p} b_{z_1} \times 0.9l = 0.01 \times \frac{24}{2 \times 2} \times 7 \times 0.9 \times 60$$
$$= 22.7 (\text{cm}^2)$$

（13）定子齿中的磁通密度：

$$B_{z_1} = \frac{1.57\Phi}{S_{z_1}} = \frac{1.57 \times 203000}{22.7} = 14000 (\text{Gs})$$

（14）每槽中的有效匝数

① $W'_n = 2.61Up \dfrac{10^8}{Z_1 LD_i K_w B_\delta} = \dfrac{2.61 \times 220 \times 2 \times 10^8}{24 \times 60 \times 85 \times 0.934 \times 8000}$
$= 125 (\text{匝})$

② $W'_n = \dfrac{6U \times 10^6}{2.22Z_1 \Phi K_w} = \dfrac{6 \times 220 \times 10^6}{2.22 \times 24 \times 203000 \times 0.934} = 130 (\text{匝})$

（15）定子槽的断面积：

$$S_n = 0.5h(d_1 + d_2) + \frac{\pi}{8}(d_1^2 + d_2^2)$$

$$= 0.5 \times 9 \times (8 + 5) + \frac{3.14}{8} \times (8^2 + 5^2) = 93(\text{mm}^2)$$

（16）定子槽的有效断面积

$$S_n' = S_n K_n = 93 \times 0.5 = 47(\text{mm}^2)$$

（K_n 一般取 0.5 左右）

（17）计算绝缘在内的每根有效导线的断面积

$$F' = \frac{S_n'}{W_n'} = \frac{47}{130} = 0.36(\text{mm}^2)$$

（18）带绝缘导线直径

$$d_v = 1.14\sqrt{F'} = 1.14\sqrt{0.36} = 1.14 \times 0.6 = 0.684(\text{mm})$$

（19）裸体导线直径

$$d_1' = d_v - \Delta = 0.684 - 0.06 = 0.624(\text{mm})$$

取 d_1=0.63mm 漆包线

式中　Δ——导线绝缘厚度，查表 8-10。

（20）每根导线的截面积及电流密度的验算

$$q_n = \frac{\pi d_1^2}{4} = \frac{3.14 \times 0.63^2}{4} = 0.312(\text{mm}^2)$$

$$j = \frac{I}{q_n} = \frac{2.33}{0.312} = 7(\text{A / mm}^2)$$

经查表 8-9，电流密度 j 小于规定值，故可采用。

（21）计算结论

① 此电动机铭牌是四极，根据用户介绍此电动机是由四极改成二极使用，所以原绕组系按二极绕的；

② 根据用户介绍改成二极后运行特性不够好；

③ 根据计算，这次又按四极重绕，重绕后，经校验运行良好。

4. 重绕数据

电压 220V/380V；空载电流 0.8A；线径 0.63mm 漆包线；接线 Y 四级接法；每槽匝数 130 匝；每元件匝数 65 匝；绕组形式双层；节距 =5；并联数 =1；分路数 =1。

8.5.6 实际应用举例四

1. 原铭牌数据

容量 1.7kW，电压 220V/380V；电流 6.36A/3.68A；转速 1450r/min；接线 △/Y 接法；频率 50Hz；制造厂和平电动机厂。

2. 测量及原绕组数据

D_i=111mm；D_a=189mm；l=72mm；Z_1=36；绕组形式单层；上齿宽 =5mm；下齿宽 =4mm；并联数 =1；分路数 =1；每槽匝数 =52 匝；每元件匝数 =52 匝；线径 0.1mm；节距 y=11；接线 Y 接法。

定子槽形尺寸如图 8-12 所示。

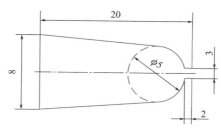

图 8-12　定子槽形尺寸

3. 计算

（1）每极每相的槽数

$$q = \frac{Z_1}{m2p} = \frac{36}{3 \times 2 \times 2} = 3$$

（2）定子线圈组的数目

$$K_c = \frac{Z_1}{q} = \frac{36}{3} = 12$$

（3）一相中的线圈组数

$$K_\phi = \frac{K_c}{m} = \frac{12}{3} = 4$$

（4）绕组节距

$$y = \frac{Z_1}{2p} = \frac{36}{2 \times 2} = 9$$

（5）取短节距

$y_1 = 7$，查表 8-13，绕组系数 $K_w = 0.902$

（6）气隙中的极距面积

$$S_\delta = 0.01 \frac{\pi D_i}{2p} l = 0.01 \times \frac{\pi \times 111}{2 \times 2} \times 72 = 63 (mm^2)$$

（7）每极的磁通

$$\Phi = 0.637 S_\delta B_\delta = 0.637 \times 63 \times 7500 = 300000 (Mx)$$

式中　B_δ 查表 8-12。

（8）定子轭铁的双倍高度

$$2h_a = D_a - (D_i + 2h_z) = 189 - (111 + 40) = 38 (mm)$$

（9）定子轭铁的双倍断面积

$$2S_{a_1} = 0.0092 h_a l = 0.009 \times 38 \times 72 = 24.6 (mm^2)$$

（10）定子轭铁的磁通密度

$$B_{a_1} = \frac{\Phi}{2S_{a_1}} = \frac{300000}{24.6} = 12200 (Gs)$$

（11）定子齿的计算宽度

$$b_{z_1} = \frac{\pi(D_1 + 2h_s + d_2)}{Z_1} - d_2 = \frac{3.14 \times (111 + 4 + 5)}{36} - 5$$

$$= 5(mm)$$

（12）每极的齿断面积

$$S_{z_1} = 0.01 \times \frac{Z_1}{2p} b_{z_1} \times 0.9l = 0.01 \times \frac{36}{4} \times 5 \times 0.9 \times 72$$

$$= 29(cm^2)$$

（13）定子齿中的磁通密度

$$B_{z_1} = \frac{1.57\Phi}{S_{z_1}} = \frac{1.57 \times 300000}{29} = 16200(Gs)$$

（14）每槽中的有效匝数

①$W_n' = \frac{2.61Up \times 10^8}{Z_1LD_1K_wB_\delta} = \frac{2.61 \times 220 \times 2 \times 10^8}{36 \times 72 \times 111 \times 0.902 \times 7500} = 60(匝)$

②$W_n' = \frac{6U \times 10^6}{2.22Z_1\Phi K_w} = \frac{6 \times 220 \times 10^6}{2.22 \times 36 \times 300000 \times 0.902} = 61(匝)$

（15）定子槽的断面积

$$S_n = 0.5(a + d_2) \times [h_z - (h_s + 0.5d_2)] + \frac{\pi d_2^2}{8}$$

$$= 0.5 \times (8 + 5) \times [20 - (2 + 0.5 \times 5)] + \frac{3.14 \times 5^2}{8}$$

$$= 110(mm^2)$$

（16）定子槽的有效断面积

$$S_n' = S_n K_n = 110 \times 0.5 = 55(mm^2)$$

（K_n 一般取 0.5）

（17）计算绝缘在内的每根有效导线的断面积

$$F' = \frac{S'_n}{W'_n} = \frac{55}{60} = 0.92(\mathrm{mm}^2)$$

（18）带绝缘导线直径

$$d_v = 1.14\sqrt{F'} = 1.14\sqrt{0.92} = 1.14 \times 0.96 = 1.10(\mathrm{mm})$$

（19）裸体导线直径

$$d'_1 = d_v - \Delta = 1.10 - 0.07 = 1.03$$

$$取\ d_1 = 1.0\mathrm{mm}\ 漆包线$$

式中　Δ——导线绝缘厚度，查表 8-10。

（20）每根导线的截面积及电流密度的验算

$$q_n = \frac{\pi d_1^2}{4} = \frac{3.14 \times 1^2}{4} = 0.785(\mathrm{mm}^2)$$

$$j = \frac{I}{q_n} = \frac{3.68}{0.785} = 4.7(\mathrm{A}/\mathrm{mm}^2)$$

经查表 8-9，电流密度 j 小于规定的数值，故可采用。

（21）计算结论

① 此电动机根据计算匝数比原绕组匝数多 10 匝；

② 重绕按 60 匝则运行性能良好；

③ 估计原绕组可能不是原设计数据。

4. 重绕数据

电压 220V/380V；空载电流 1.2A；线径 1.0mm 漆包线；接线 Y 接法；每槽匝数 60 匝；每元件匝数 30 匝；绕组形式双层；节距 =7；并联数 =1；分路数 =1。

8.5.7　实际应用举例五

1. 原铭牌数据

容量 2.8kW，电压 220V/380V；电流 10.6A/5.6A；转速 1480r/

min；接线△/Y 接法；频率 50Hz；制造厂上海中亚机械厂。

2. 测量及原绕组数据

D_i=121mm；D_a=191mm；l=128mm；Z_1=36；绕组形式双层；上齿宽 =5mm；下齿宽 =5mm；并联数 =1；分路数 =1；每槽匝数 =34匝；每元件匝数 =17 匝；线径 1.12mm；节距 y=9；接线 Y 接法。

定子槽形尺寸如图 8-13 所示。

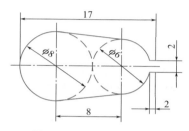

图 8-13　定子槽形尺寸

3. 计算

（1）每极每相的槽数

$$q = \frac{Z_1}{m2p} = \frac{36}{3 \times 2 \times 2} = 3$$

（2）定子线圈组的数目

$$K_c = \frac{Z_1}{q} = \frac{36}{3} = 12$$

（3）一相中的线圈组数

$$K_\phi = \frac{K_c}{m} = \frac{12}{3} = 4$$

（4）绕组节距

$$y = \frac{Z_1}{2p} = \frac{36}{2 \times 2} = 9$$

（5）取短节距

$y_1=7$，查表 8-13，绕组系数 $K_w=0.902$。

（6）气隙中的极距面积：

$$S_\delta = 0.01\frac{\pi D_i}{2p}l = 0.01\times\frac{3.14\times 121}{4}\times 128 = 125(\text{mm}^2)$$

（7）每极的磁通

$$\Phi = 0.637S_\delta B_\delta = 0.637\times 125\times 7000 = 560000(\text{Mx})$$

式中　B_δ 查表，8-12。

（8）定子轭铁的双倍高度

$$2h_a = D_a - (D_i + 2h_z) = 191 - (121+34) = 36(\text{mm})$$

（9）定子轭铁的双倍断面积：

$$2S_{a_1} = 0.009\times 2h_a l = 0.009\times 36\times 128 = 41.5(\text{mm}^2)$$

（10）定子轭铁的磁通密度

$$B_{a_1} = \frac{\Phi}{2S_{a_1}} = \frac{560000}{41.5} = 13500(\text{Gs})$$

（11）定子齿的计算宽度

$$b_{z_1} = \frac{\pi(D_i + 2h_s + d_2)}{Z_1} - d_2 = \frac{3.14\times(121+4+6)}{36} - 6 = 5(\text{mm})$$

（12）每极的齿断面积

$$S_{z_1} = 0.01\frac{Z_1}{2p}b_{z_1}\times 0.9l = 0.01\times\frac{36}{2\times 2}\times 5\times 0.9\times 128 = 52(\text{mm}^2)$$

（13）定子齿中的磁通密度

$$B_{z_1} = \frac{1.57\Phi}{S_{z1}} = \frac{1.57\times 560000}{52} = 16900(\text{Gs})$$

（14）每槽中的有效匝数

① $W_n' = \dfrac{2.61Up \times 10^8}{Z_1 LD_i K_w B_\delta} = \dfrac{2.61 \times 220 \times 2 \times 10^8}{36 \times 128 \times 121 \times 0.902 \times 7000} = 32.6(匝)$

② $W_n' = \dfrac{6U \times 10^6}{2.22 Z_1 \Phi K_w} = \dfrac{6 \times 220 \times 10^6}{2.22 \times 36 \times 560000 \times 0.902} = 32.6(匝)$

（15）定子槽的断面积

$$S_n = 0.5h(d_1 + d_2) + \frac{\pi}{8}(d_1^2 + d_2^2)$$

$$= 0.5 \times 8 \times (8 + 6) + \frac{3.14}{8} \times (8^2 + 6^2) = 95(\text{mm}^2)$$

（16）定子槽的有效断面积

$$S_n' = S_n K_n = 95 \times 0.5 = 48(\text{mm}^2)$$

（K_n 一般取 0.5 左右）

（17）计算绝缘在内的每根有效导线的断面积

$$F' = \frac{S_n'}{W_n'} = \frac{48}{34} = 1.4(\text{mm}^2)$$

（18）带绝缘导线直径

$$d_v = 1.14\sqrt{F'} = 1.14\sqrt{0.36} = 1.14 \times 1.18 = 1.345(\text{mm})$$

（19）裸体导线直径

$$d_1' = d_v - \Delta = 1.345 - 0.27 = 1.08(\text{mm})$$

取 d_1=1.12mm 漆包线

式中　Δ——导线绝缘厚度，查表 8-10。

（20）每根导线的截面积及电流密度的验算

$$q_n = \frac{\pi d_1^2}{4} = \frac{3.14 \times 1.12^2}{4} = 0.985(\text{mm}^2)$$

$$j = \frac{I}{q_n} = \frac{5.6}{0.985} = 5.7(\text{A} / \text{mm}^2)$$

经查表 8-9，电流密度 j 小于规定的数值，故可采用。

（21）计算结论

重绕后，经校验运行良好。

4. 重绕数据

电压 220V/380V ；空载电流 2A ；线径 1.12mm 双纱包线；接线 Y 接法；每槽匝数 34 匝；每元件匝数 17 匝；绕组形式双层；节距 =7；并联数 =1；分路数 =1。

8.5.8　实际应用举例六

1. 原铭牌数据

容量 2.8kW，电压 220V/380V ；电流 10.7A/6.7A ；转速 2800r/min；接线 △ /Y 接法；频率 50Hz；制造厂上海跃进电动机厂。

2. 测量及原绕组数据

D_i=98mm；D_a=188mm；l=105mm；Z_1=24；绕组形式单层；上齿宽 =6mm；下齿宽 =6mm；并联数 =1；分路数 =1；每槽匝数 =38 匝；每元件匝数 =38 匝；线径 1.25mm；节距 $y=10^{1\sim12}_{2\sim11}$；接线 Y 接法。

定子槽形尺寸如图 8-14 所示。

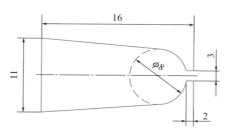

图 8-14　定子槽形尺寸

3. 计算

（1）每极每相的槽数

$$q = \frac{Z_1}{m2p} = \frac{36}{3 \times 2 \times 1} = 4$$

393

（2）定子线圈组的数目

$$K_c = \frac{Z_1}{q} = \frac{24}{4} = 6$$

（3）一相中的线圈组数

$$K_\phi = \frac{K_c}{m} = \frac{6}{3} = 2$$

（4）绕组节距

$$y = \frac{Z_1}{2p} = \frac{24}{2 \times 1} = 12$$

（5）取短节距

$y_1 = 10$，查表 8-13，绕组系数 $K_w = 0.926$。

（6）气隙中的极距面积

$$S_\delta = 0.01 \frac{\pi D_i}{2p} l = 0.01 \times \frac{3.14 \times 98}{2} \times 105 = 161(\text{mm}^2)$$

（7）每极的磁通

$$\Phi = 0.637 \times S_\delta \times B_\delta = 0.637 \times 161 \times 6600 = 675000(\text{Mx})$$

式中，B_δ 查表 8-12。

（8）定子轭铁的双倍高度

$$2h_a = D_a - (D_i + 2h_z) = 188 - (98 + 32) = 58(\text{mm})$$

（9）定子轭铁的双倍断面积

$$2S_{a_1} = 0.009 \times 2h_a l = 0.009 \times 58 \times 105 = 55(\text{mm}^2)$$

（10）定子轭铁的磁通密度

$$B_{a_1} = \frac{\Phi}{2S_{a_1}} = \frac{675000}{55} = 12300(\text{Gs})$$

（11）定子齿的计算宽度

$$b_{z_1} = \frac{\pi(D_i + 2h_s + d_2)}{Z_1} - d_2 = \frac{3.14 \times (95 + 4 + 8)}{24} - 8 = 6(\text{mm})$$

（12）每极的齿断面积

$$S_{Z_1} = 0.01 \frac{Z_1}{2p} b_{Z_1} \times 0.9l = 0.01 \times \frac{24}{2} \times 6 \times 0.9 \times 105 = 68(\text{mm}^2)$$

（13）定子齿中的磁通密度

$$B_{Z_1} = \frac{1.57\Phi}{S_{Z_1}} = \frac{1.57 \times 675000}{68} = 15600(\text{Gs})$$

（14）每槽中的有效匝数

① $$W_n' = \frac{2.61Up \times 10^8}{Z_1 L D_i K_w B_\delta} = \frac{2.61 \times 220 \times 1 \times 10^8}{24 \times 105 \times 98 \times 0.926 \times 6600} = 38(\text{匝})$$

② $$W_n' = \frac{6U \times 10^6}{2.22 Z_1 \Phi K_w} = \frac{6 \times 220 \times 10^6}{2.22 \times 24 \times 675000 \times 0.926} = 39.8(\text{匝})$$

（15）定子槽的断面积

$$S_n = 0.5(a + d_2)[h_z - (h_s + 0.5d_2)] + \frac{\pi d_2^2}{8}$$

$$= 0.5 \times (11 + 8) \times [16 - (2 + 0.5 \times 8)] + \frac{3.14 \times 8^2}{8}$$

$$= 120(\text{mm}^2)$$

（16）定子槽的有效断面积

$$S_n' = S_n K_n = 120 \times 0.5 = 60(\text{mm}^2)$$

$$(K_n \text{ 一般取 } 0.5)$$

（17）计算绝缘在内的每根有效导线的断面积：

$$F' = \frac{S_n'}{W_n'} = \frac{60}{38} = 1.58(\text{mm}^2)$$

（18）带绝缘导线直径：

$$d_v = 1.14\sqrt{F'} = 1.14\sqrt{1.58} = 1.14 \times 1.26 = 1.44(\text{mm})$$

（19）裸体导线直径

$$d_1' = d_v - \varDelta = 1.44 - 0.27 = 1.17(\text{mm})$$

取 $d_1 = 1.25\text{mm}$ 双纱包线

式中　$\varDelta$——导线绝缘厚度，查表 8-10。

（20）每根导线的截面积及电流密度的验算

$$q_n = \frac{\pi d_1^2}{4} = \frac{3.14 \times 1.25^2}{4} = 1.228(\text{mm}^2)$$

$$j = \frac{I}{q_n} = \frac{6.7}{1.228} = 5.45(\text{A}/\text{mm}^2)$$

经查表 8-9，电流密度 j 小于规定值，故可采用。

（21）计算结论

① 此电动机根据下线情况，取裸体导线直径 1.25mm 为宜；

② 重绕后，经校验运行良好。

4. 重绕数据

电压 220V/380V；空载电流 2.2A；线径 1.25mm 双纱包线；接线 Y 接法；每槽匝数 38 匝；每元件匝数 38 匝；绕组形式单层；节距 =10；并联数 =1；分路数 =1。

8.5.9　实际应用举例七

1. 原铭牌数据

容量 4.5kW，电压 220V/380V；电流 14.1A/9.3A；转速 1450r/min；接线△/Y 接法；频率 50Hz；制造厂开封电动机厂。

2. 测量及原绕组数据

$D_i = 155\text{mm}$；$D_a = 237\text{mm}$；$l = 100\text{mm}$；$Z_1 = 36$；绕组形式双层；并联数 =1；分路数 =1；每槽匝数 =30 匝；每元件匝数 =15 匝；线径 1.4mm；节距 $y = 8$；接线 Y 接法。

定子槽形尺寸如图 8-15 所示。

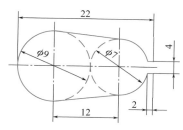

图 8-15　定子槽形尺寸

3. 计算

（1）每极每相的槽数

$$q = \frac{Z_1}{m2p} = \frac{36}{3 \times 2 \times 2} = 3$$

（2）定子线圈组的数目

$$K_c = \frac{Z_1}{q} = \frac{36}{3} = 12$$

（3）一相中的线圈组数

$$K_\phi = \frac{K_c}{m} = \frac{12}{3} = 4$$

（4）绕组节距

$$y = \frac{Z_1}{2p} = \frac{36}{2 \times 2} = 9$$

（5）取短节距

$y_1 = 7$，查表 8-13，绕组系数 $K_w = 0.902$。

（6）气隙中的极距面积

$$S_\delta = 0.01 \frac{\pi D_i}{2p} l = 0.01 \times \frac{3.14 \times 155}{2 \times 2} \times 100 = 122 (\text{cm}^2)$$

（7）每极的磁通

$$\Phi = 0.637 S_\delta B_\delta = 0.637 \times 122 \times 6500 = 505000 (\text{Mx})$$

式中 B_δ 查表 8-12。

（8）定子轭铁的双倍高度

$$2h_a = D_a - (D_i + 2h_z) = 237 - (155 + 2 \times 22) = 38 (\text{mm})$$

（9）定子轭铁的双倍断面积

$$2S_{a_1} = 0.009 \times 2h_a l = 0.009 \times 38 \times 100 = 34.2 (\text{mm}^2)$$

（10）定子轭铁的磁通密度

$$B_{a_1} = \frac{\Phi}{2S_{a_1}} = \frac{505000}{34.2} = 14700 (\text{Gs})$$

（11）定子齿的计算宽度

$$b_{z_1} = \frac{\pi(D_i + 2h_s + d_2)}{Z_1} - d_2 = \frac{3.14 \times (155 + 4 + 7)}{36} - 7 = 7.5 (\text{mm})$$

（12）每极的齿断面积

$$S_{z_1} = 0.01 \frac{Z_1}{2p} b_{z_1} \times 0.9l = 0.01 \times \frac{36}{4} \times 7.5 \times 0.9 \times 100 = 61 (\text{mm}^2)$$

（13）定子齿中的磁通密度

$$B_{z_1} = \frac{1.57\Phi}{S_{z_1}} = \frac{1.57 \times 505000}{61} = 13000 (\text{Gs})$$

（14）每槽中的有效匝数

① $$W'_n = \frac{2.61Up \times 10^8}{Z_1 LD_i K_w B_\delta} = \frac{2.61 \times 220 \times 2 \times 10^8}{36 \times 100 \times 155 \times 0.902 \times 6500} = 35 (\text{匝})$$

② $$W'_n = \frac{6U \times 10^6}{2.22 Z_1 \Phi K_w} = \frac{6 \times 220 \times 10^6}{2.22 \times 36 \times 505000 \times 0.902} = 36.5 (\text{匝})$$

（15）定子槽的断面积

$$S_n = 0.5h(d_1 + d_2) + \frac{\pi}{8}(d_1^2 + d_2^2)$$
$$= 0.5 \times 12 \times (9 + 7) + \frac{3.14}{8} \times (9^2 + 7^2)$$
$$= 147(\text{mm}^2)$$

（16）定子槽的有效断面积

$$S_n' = S_n K_n = 147 \times 0.5 = 74(\text{mm}^2)$$

（K_n 一般取 0.5）

（17）计算绝缘在内的每根有效导线的断面积

$$F' = \frac{S_n'}{W_n'} = \frac{74}{34} = 2.17(\text{mm}^2)$$

（18）带绝缘导线直径

$$d_v = 1.14\sqrt{F'} = 1.14\sqrt{2.17} = 1.14 \times 1.46 = 1.67(\text{mm})$$

（19）裸体导线直径

$$d_1' = d_v - \Delta = 1.67 - 0.27 = 1.4(\text{mm})$$

取 d_1=1.4mm 双纱包线

式中 Δ——导线绝缘厚度，查表 8-10。

（20）每根导线的截面积及电流密度的验算

$$q_n = \frac{\pi d_1^2}{4} = \frac{3.14 \times 1.4^2}{4} = 1.539(\text{mm}^2)$$

$$j = \frac{I}{q_n} = \frac{9.3}{1.539} = 6.1(\text{A}/\text{mm}^2)$$

经查表 8-9，电流密度 j 小于规定的数值，故可采用。

（21）计算结论

① 根据线包外观可推知不是出厂绕组；

② 根据计算，应下线 35 ～ 38 匝，由于槽满率太大，故实际下线取 34 匝；

③ 根据重绕后的校验，运行正常。

4．重绕数据

电压 220V/380V ；空载电流 3.5A ；线径 1.4mm 双纱包线；接线 Y 接法；每槽匝数 34 匝；每元件匝数 17 匝；绕组形式双层；节距 =7；并联数 =1；分路数 =1。

8.5.10　实际应用举例八

1．原铭牌数据

容量 7kW，电压 220V/380V ；电流 2A/13.8A ；转速 2980r/min；接线△ /Y 接法；频率 50Hz；制造厂大连电动机厂。

2．测量及原绕组数据

D_i=145mm ；D_a=245mm ；l=144mm ；Z_1=24；绕组形式双层；上齿宽 =7mm，下齿宽 =7mm ；并联数 =1；分路数 =1；每槽匝数 =26 匝；每元件匝数 =13 匝；线径 1.4mm 与 1.6mm 各一根；节距 y=10；接线 Y 接法。

定子槽形尺寸如图 8-16 所示。

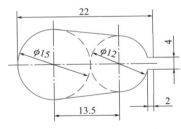

图 8-16　定子槽形尺寸

3．计算

（1）每极每相的槽数

$$q = \frac{Z_1}{m2p} = \frac{24}{3 \times 2 \times 1} = 4$$

（2）定子线圈组的数目

$$K_c = \frac{Z_1}{q} = \frac{24}{4} = 6$$

（3）一相中的线圈组数

$$K_\phi = \frac{K_c}{m} = \frac{6}{3} = 2$$

（4）绕组节距

$$y = \frac{Z_1}{2p} = \frac{24}{2 \times 1} = 12$$

（5）取短节距

$y_1 = 10$，查表8-13，绕组系数 $K_w = 0.926$。

（6）气隙中的极距面积

$$S_\delta = 0.01\frac{\pi D_i}{2p}l = 0.01 \times \frac{3.14 \times 145}{2} \times 144 = 328(\mathrm{mm}^2)$$

（7）每极的磁通

$$\Phi = 0.637 S_\delta B_\delta = 0.637 \times 328 \times 5500 = 1165000(\mathrm{Mx})$$

式中，B_δ 查表8-12。

（8）定子轭铁的双倍高度

$$2h_a = D_a - (D_i + 2h_z) = 245 - (145 + 44) = 56(\mathrm{mm})$$

（9）定子轭铁的双倍断面积：

$$2S_{a_1} = 0.009 \times 2h_a l = 0.009 \times 56 \times 144 = 73.5(\mathrm{mm}^2)$$

（10）定子轭铁的磁通密度

$$B_{a_1} = \frac{\Phi}{2S_{a_1}} = \frac{1165000}{73.5} = 15800(\mathrm{Gs})$$

（11）定子齿的计算宽度

$$b_{z_1} = \frac{\pi(D_i + 2h_s + d_2)}{Z_1} - d_2 = \frac{3.14 \times (145 + 4 + 12)}{24} - 12 = 9(\text{mm})$$

（12）每极的齿断面积

$$S_{z_1} = 0.01\frac{Z_1}{2p}b_{z_1} \times 0.9l = 0.01 \times \frac{24}{2} \times 9 \times 0.9 \times 144 = 140(\text{mm}^2)$$

（13）定子齿中的磁通密度

$$B_{z_1} = \frac{1.57\Phi}{S_{z_1}} = \frac{1.57 \times 1165000}{140} = 13000(\text{Gs})$$

（14）每槽中的有效匝数

$$① \quad W_n' = \frac{2.61Up \times 10^8}{Z_1 L D_i K_w B_\delta} = \frac{2.61 \times 220 \times 1 \times 10^8}{24 \times 144 \times 145 \times 0.926 \times 5500} = 22.4(\text{匝})$$

$$② \quad W_n' = \frac{6U \times 10^6}{2.22Z_1\Phi K_w} = \frac{6 \times 220 \times 10^6}{2.22 \times 24 \times 1165000 \times 0.926} = 23(\text{匝})$$

（15）定子槽的断面积

$$S_n = 0.5h(d_1 + d_2) + \frac{\pi}{8}(d_1^2 + d_2^2)$$

$$= 0.5 \times 13.5(15 + 12) + \frac{3.14}{8}(15^2 + 12^2)$$

$$= 326(\text{mm}^2)$$

（16）定子槽的有效断面积

$$S_n' = S_n K_n = 326 \times 0.5 = 163(\text{mm}^2)$$

（K_n 一般取 0.5 左右）

（17）计算绝缘在内的每根有效导线的断面积

$$F' = \frac{S_n'}{W_n'} = \frac{163}{26} = 6.3(\text{mm}^2)$$

（18）带绝缘导线直径

$$d_v = 1.14\sqrt{F'} = 1.14\sqrt{6.3} = 1.14 \times 2.5 = 2.85(\text{mm})$$

（19）裸体导线直径

$$d_1' = d_v - \varDelta = 2.85 - 0.33 = 2.52(\text{mm})$$

取 d_1=1.4mm，d_2=1.6mm 各一根双纱包线

式中　$\varDelta$——导线绝缘厚度，查表 8-10。

（20）每根导线的截面积及电流密度的验算

$$q_n = \frac{\pi(d_1^2 + d_2^2)}{4} = 1.539 + 2.011 = 3.55(\text{mm}^2)$$

$$j = \frac{I}{q_n} = \frac{13.8}{3.55} = 3.9(\text{A}/\text{mm}^2)$$

经查表 8-9，电流密度 j 小于规定的数值，故可采用。

（21）计算结论

① 为了下线方便，用线径 1.4mm 与 1.6mm 的双纱包线各一根并绕而成；

② 经校验运行良好。

4. 重绕数据

电压 220V/380V；空载电流 4.8A；线径 1.4mm 和 1.6mm 双纱包线各一根；接线 Y 接法；每槽匝数 26 匝；每元件匝数 13 匝；绕组形式双层；节距 =10；并联数 =1；分路数 =1。

第 9 章

三相多速电动机绕组的展开图的制作

三相多速电动机概述

9.1.1 三相多速电动机的调速原理

三相异步电动机的转速与电动机的极数和电源频率有关。例如，电动机的极对数越少，电动机的转速越高；相反电动机的极对数越多，电动机的转速会越低。如果改变定子绕组的布局和接线，就可改变电动机的极数。这样，改变电动机极对数即可实现电动机调速。

电动机的同步转速

$$n = \frac{60f}{p}$$

式中，f 为电源频率；p 为电动机的极对数。

从公式可知，要改变电动机的转速有以下两个方法：

① 改变子绕组的极对数。

② 改变电动机的电源频率。

本章重点介绍通过改变定子绕组的极对数改变电动机转速的方法。

改变定子绕组的极对数一般有 3 种方法：

① 单绕组中改变其中不同的接法，可得到不同的极对数。

② 在定子槽内嵌放极对数为 2 的独立绕组。

③ 在定子槽内嵌放两个极对数不同的独立主绕组，且每个绕组又有不同的接线方法，而出现不同的极对数。

因第一种方法比较简单，在实际操作中得到广泛应用。

专家提示： 绕组的极对数改变可分倍极比和非倍极比两种。倍极比是极数成倍地变换，如 2 变 4、4 变 8；非倍极比是极数的变换较相近，如 4 变 6、6 变 8。一般情况下，倍极比双速电动机在高速时为 60° 相带绕组，即极相组分布在 60° 电角度内；在低速时为 120° 相带绕组，即极相组分布在 120° 电角度内。非倍极比的双速电动机绕组的接线方法有两种：一种是两个极数绕组系数相差很远，极数少时绕组系数很高，极数多时绕组系数很低；另一种是两个极数绕组系数相近，极数少量和极数多时绕组系数均很高。

9.1.2 三相异步电动机的变极调速

单绕组多速电动机的变极方法有反向法、换相法和变节距法等。

1. 反向变极法

反向变极法又称反向法，这种方法是按绕组正规方法排列。现以 2/4 极双速电动机线圈为例，说明反向变极的原理。

如图 9-1 所示，当电流经过绕组线圈时，每个线圈周围产生感应磁场，根据右手螺旋定则可判断出线圈产生的磁极。图 9-1（a）为两个极相组反接串联绕组，当电流经过该绕组时便产生 2 个磁极，如果将其中的一相绕组经过的电流方向反向，就变成如图 9-1（b）所示的连接方式。这时电流经过绕组时可产生 4 个磁极，使磁极数增加一倍，即可使电动机的转速发生变化。这种变极法为倍极比反向法。

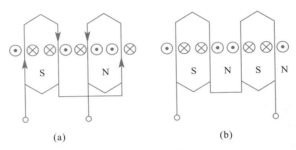

(a) (b)

图 9-1 反向变极

利用反向法变极，除了能得到 2/4、4/8 倍极比等多速电动机外，还可得到 4/6、6/8 非倍极比多速电动机。现以 4/6 极双速电动机为例，说明非倍极比的变速原理如图 9-2 所示。在图 9-22（a）中，各绕组之间反接串联，当电流经过 4 个极相绕组时会产生 4 个磁极，若将极相组 3、4 反接，就变与如图 9-2（b）所示的方式。这时电流经过绕组时可产生 6 个磁极，这样使电动机的磁极发生变化，可实现 4/6 极双速电动机的调速。

2. 换相法

换相法和反向法的原理相似，只是它们的接线改变方法不同而已。反向法是在电动机各槽相号不变的情况下，通过改变部分线圈电流的方向来改变极数；而换相法是在部分线圈反接时，改变某些线圈的相号，如将 U 相的部分线圈变为 V 相，将 V 相的部分线圈变为 W 相，或将 W 相的部分线圈变为 U 相。这种接线方法的优点是：电动机在该极数下运行时能弥补反向法接线中的不足之处，使电动机的性能得到改善。换相法的缺点是绕组的出线接头较多。

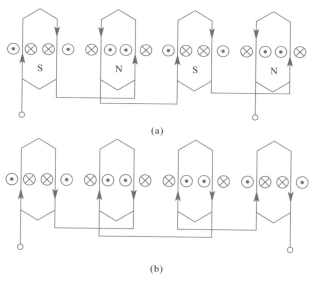

图 9-2 非倍极比变速

3. 变节距法

变节距法的主要作用是在单绕组中嵌放两种不同节距的绕组，即一部分绕组为短距绕组，另一部分绕组为全距绕组，这样有利于满足更多极数变换的需要。采用变节距法可获得单绕组三速电动机的变速，使绕组的系数增大，且出线头较少，有利于控制。

倍极比双速电动机绕组的展开图的制作

9.2.1　双速电动机绕组的制作

现以绕组槽排列表介绍双速电动机绕组的制作步骤。

第一步：选取基准极，绘制倍极比双速电动机的绕组排列，均以少极数作为基准极。

第二步：绘制多极数的槽电势分布表。

① 编写槽号。

槽号的纵行数为极对数 p，横行数为 Z/p。其中 Z 为定子槽数，p 为极对数。而后在表中标出每槽电角度。

② 确定电动机的相度、相轴和槽号。

根据基准极每槽相度不变的原则，确定多极数的各槽相度。相轴的确定除需保证三相电角度对称外，还要求相轴的前后 90° 的范围内使绕组线圈在绕制时能连成一组，有利于绕组在改接时方便进行。若相轴选择不当，会使一组线圈被分割成两组，给操作带来困难，甚至造成三相不对称。

③ 检查三相是否平衡。

④ 画出多极数绕组槽电势排列图。

第三步：根据两种极数槽电势排列图画出单绕组双速电动机的绕组排列表。

第四步：画出单绕组双速电动机的接线图。

9.2.2　异步电动机槽电势排列图的绘制

① 计算基本参数。根据绕组的基本参数，算出槽电势排列图所需的每极相槽数和每槽电角度。

② 编写槽号。编写槽号从 1 号槽开始排列，每行槽数为 Z/p。其中 Z 为总槽数，p 为极对数。编号的纵行等于极对数 p。

③ 确定槽的相度和标示每槽电角度，以每极相槽数 q 槽为一相带。每个相带按 U、V、W 顺序循环排列。

④ 确定 U、V、W 相轴和 U、V、W 的副轴，在任意相带中取一对称位置，画出某相的相轴，再距该相轴 120° 和 140° 电角度处画出另外两组的相轴，使三个相轴互差 120° 电角度，再距某相轴 180° 电角度处画出三个副轴。

⑤ 确定槽电势方向与相轴同相的槽，在相轴左右 90° 电角度以内者为正，与副轴同相的槽，在相轴左右 90° 电角度以内者为负。在槽电势排列图中，当某槽电势为负时，用 "—" 号标在相应槽的相号上方。

⑥ 检查三相是否对称。

9.2.3　举例

例 1： 现以定子为 36 槽、4/8 极单绕组双速电动机为例，用反向法来说明绕组的排列方法。

以少数槽作为基准极，选 4 极为基准极，画出槽电势排列图。

① 计算各项参数。

每槽电角度　$\alpha = \dfrac{p \times 360°}{Z} = \dfrac{2 \times 360°}{36} = 20°$

每极相槽数　$q = \dfrac{Z}{2pm} = \dfrac{36}{2 \times 2 \times 3} = 3(槽)$

② 编写槽号。

因极数 $2p$ 为 4，所以极对数 $p=2$，即横行数为 2 行。

纵行数（即每行的槽数）$= \dfrac{Z}{p} = \dfrac{36}{2} = 18(槽)$。

③ 确定槽的相度和三相的相轴和副轴。

因每极相槽数 $q=3$ 槽，所以取每一相带为 3 槽，按 U、W、V 的顺序循环排列。

④ 确定槽电势方向并画出槽电势排列图。

槽电势排列图如图 9-3 所示。

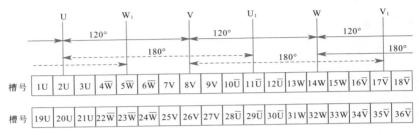

<table>
<tr><td>槽号</td><td>1U</td><td>2U</td><td>3U</td><td>4W̄</td><td>5W̄</td><td>6W̄</td><td>7V</td><td>8V</td><td>9V</td><td>10Ū</td><td>11Ū</td><td>12Ū</td><td>13W</td><td>14W</td><td>15W</td><td>16V̄</td><td>17V̄</td><td>18V̄</td></tr>
<tr><td>槽号</td><td>19U</td><td>20U</td><td>21U</td><td>22W̄</td><td>23W̄</td><td>24W̄</td><td>25V</td><td>26V</td><td>27V</td><td>28Ū</td><td>29Ū</td><td>30Ū</td><td>31W</td><td>32W</td><td>33W</td><td>34V̄</td><td>35V̄</td><td>36V̄</td></tr>
</table>

图 9-3　槽电势排列图

⑤ 槽三相是否对称，把同相度各槽归类如图 9-4 所示。

U	V	W
1U 、2U 、3U	7V、8V、9V	13W、14W、15W
19U 、20U 、21U	25V、26V、27V	31W、32W、33W
10Ū 、11Ū 、12Ū	16V̄、17V̄、18V̄	22W̄ 、23W̄ 、24W̄
28Ū 、29Ū 、30Ū	34V̄、35V̄、36V̄	4W̄ 、5W̄ 、6W̄

图 9-4　同相度各槽归类

例 2： 8 极槽的电势分布可参考 4 极槽电势的方法绘制。

① 计算各项参数。

每槽电角度 $\alpha = \dfrac{p \times 360°}{Z} = \dfrac{4 \times 360°}{36} = 40°$

极相组的槽数与基准极的 4 极时相同，每极相槽数相同 $q=3$ 槽，横行数等于极对数 $p=4$，即横行数为 4 行。

纵行数（即每行的槽数）$= \dfrac{Z}{p} = \dfrac{36}{4} = 9$（槽）。

② 确定槽电势。

单绕组双速 8 极电动机的槽电势排列图如图 9-5 所示。

③ 把同相度各槽归类如图 9-6 所示。

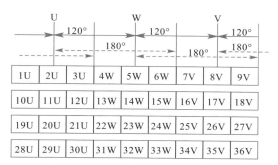

图 9-5　单绕组双速 8 极电动机的槽电势排列图

U	V	W
1U 、2U 、3U	7V 、8V 、9V	13W 、14W 、15W
19U 、20U 、21U	25V 、26V 、27V	31W 、32W 、33W
10U 、11U 、12U	16V 、17V 、18V	22W 、23W 、24W
28U 、29U 、30U	34V 、35V 、36V	4W 、5W 、6W

图 9-6　同相度各槽归类

④ 根据两种极数槽电势排列图，画出单绕组双速电动机的绕组排列，如表 9-1 所示。

表 9-1　单绕组双速电动机的绕组排列

槽号	1	2	3	4	5	6	7	8	9	10	11	12	13	14	15	16	17	18
4 极	U	U	U	$\overline{W}$	$\overline{W}$	$\overline{W}$	V	V	V	$\overline{U}$	$\overline{U}$	$\overline{U}$	W	W	W	$\overline{V}$	$\overline{V}$	$\overline{V}$
8 极	U	U	U	W	W	W	V	V	V	U	U	U	W	W	W	V	V	V
反向指示				×	×	×				×	×	×				×	×	×
槽　号	19	20	21	22	23	24	25	26	27	28	29	30	31	32	33	34	35	36
4 极	U	U	U	$\overline{W}$	$\overline{W}$	$\overline{W}$	V	V	V	$\overline{U}$	$\overline{U}$	$\overline{U}$	W	W	W	$\overline{V}$	$\overline{V}$	$\overline{V}$
8 极	U	U	U	W	W	W	V	V	V	U	U	U	W	W	W	V	V	V
反向指示				×	×	×				×	×	×				×	×	×

⑤ 根据以上内容，画出 36 槽 4/8 极双速电动机的接线图和示意图。

a. 连接极相组。

从极数中任选其中一极为基准极，并将同相度、同电流方向且相邻的槽号连成极相组。在变极时，将反向的线圈组和不需反向的线圈分别串联。

b. 画出三相接线示意图和引出线端的接线图，如图 9-7 所示。

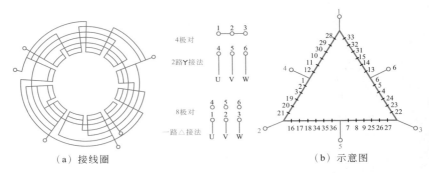

（a）接线圈　　　　　　　　　　（b）示意图

图 9-7　36 槽 4/8 极双速电动机的接线图和示意图

根据 36 槽 4/8 极绕组的排列表，不需反向的线圈组有：

U 相，1 号槽、2 号槽、3 号槽和 19 号槽、20 号槽、21 号槽；

V 相，7 号槽、8 号槽、9 号槽和 25 号槽、26 号槽、27 号槽；

W 相，13 号槽、14 号槽、15 号槽和 31 号槽、32 号槽、33 号槽。

需要反向的线圈组有：

U 相，10 号槽、11 号槽、12 号槽和 28 号槽、29 号槽、30 号槽；

V 相，16 号槽、17 号槽、18 号槽和 34 号槽、35 号槽、36 号槽；

W 相，4 号槽、5 号槽、6 号槽和 22 号槽、23 号槽、24 号槽。

非倍极比双速电动机绕组展开图制作

9.3.1 非倍极比双速电动机简介

双速电动机绕组的每槽电势分布是有规律的，称为正规分布绕组。非倍极比双速绕组的排列，有可能在选某一极为基准时能排出对称绕组，而若选另一极为基准极则不能排出对称绕组。因而非倍极比电动机应选合适的极数作为基准极，不像倍极比双速电动机绕组选用少数极作为基准极。

9.3.2 非倍极比双速电动机绕组的制作

现以定子为 36 槽 4/6 极单绕组正规分布的双速电动机为例，说明绕组的排列方法和接线示意图。

① 画出 4 极绕组槽电势分布表。

每槽电角度 $\alpha = \dfrac{p \times 360°}{Z} = \dfrac{2 \times 360°}{36} = 20°$

极相组槽数 $q = \dfrac{Z}{2pm} = \dfrac{36}{2 \times 2 \times 3} = 3$（槽）

横行数 $= p = 2$（行）

纵行数 $= \dfrac{Z}{p} = \dfrac{36}{2} = 18$（槽）

根据以上参数绘制的 4 极绕组槽电势排列图如图 9-8 所示。

② 根据 4 极绕组槽电势分布表画出 6 极绕组槽电势分布表。

每槽电角度 $\alpha = \dfrac{p \times 360°}{Z} = \dfrac{3 \times 360°}{36} = 30°$

横行数 $= p = 3$（行）

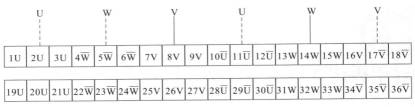

$$纵行数 = \frac{Z}{p} = \frac{36}{3} = 12 \text{（槽）}$$

根据以上参数绘制的 6 极绕组槽电势排列图如图 9-9 所示。

	V₁			U			W₁			V			U₁			W	
1U	2U	3U	4$\overline{W}$	5$\overline{W}$	6$\overline{W}$	7V	8V	9V	10$\overline{U}$	11$\overline{U}$	12$\overline{U}$
13W	14W	15W	16V	17$\overline{V}$	18$\overline{V}$	19U	20U	21U	22$\overline{W}$	23$\overline{W}$	24$\overline{W}$
25V	26V	27V	28$\overline{U}$	29$\overline{U}$	30$\overline{U}$	31W	32W	33W	34$\overline{V}$	35$\overline{V}$	36$\overline{V}$

图 9-9　6 极绕组槽电势排列图

③ 根据两种极数的电势排列图，画出单绕组双速电动机的绕组排列表。

单绕组双速电动机的绕组排列如表 9-2 所示。

表 9-2　单绕组双速电动机的绕组排列

槽号	1	2	3	4	5	6	7	8	9	10	11	12	13	14	15	16	17	18
4 极	U	U	U	$\overline{W}$	$\overline{W}$	$\overline{W}$	V	V	V	$\overline{U}$	$\overline{U}$	$\overline{U}$	W	W	W	$\overline{V}$	$\overline{V}$	$\overline{V}$
6 极	U	U	U	$\overline{W}$	$\overline{W}$	$\overline{W}$	V	V	V	$\overline{U}$	$\overline{U}$	$\overline{U}$	W	W	$\overline{W}$	$\overline{V}$	V	V
反向指示															×		×	×

槽号	19	20	21	22	23	24	25	26	27	28	29	30	31	32	33	34	35	36
4 极	U	U	U	$\overline{W}$	$\overline{W}$	$\overline{W}$	V	V	V	$\overline{U}$	$\overline{U}$	$\overline{U}$	W	W	W	$\overline{V}$	$\overline{V}$	$\overline{V}$
6 极	$\overline{U}$	$\overline{U}$	$\overline{U}$	W	W	W	$\overline{V}$	$\overline{V}$	$\overline{V}$	U	U	U	$\overline{W}$	$\overline{W}$	W	V	$\overline{V}$	$\overline{V}$
反向指示	×	×	×	×	×	×	×	×	×	×	×	×	×	×		×		

④ 根据绕组排列表绘出三相接线示意图，如图 9-10 所示。

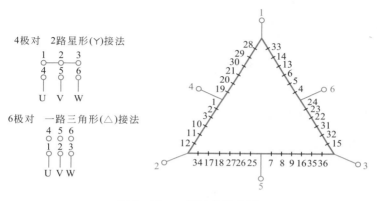

图 9-10　三相接线示意图

根据绕组的排列表不需反向的绕组有：

U 相，1 号槽、2 号槽、3 号槽和 10 号槽、11 号槽、12 号槽；

V 相，7 号槽、8 号槽、9 号槽和 16 号槽、35 号槽、36 号槽；

W 相，4 号槽、5 号槽、6 号槽和 13 号槽、14 号槽、33 号槽。

需要反相的槽有：

U 相，19 号槽、20 号槽、21 号槽和 28 号槽、29 号槽、30 号槽；

V 相，17 号槽、18 号槽、34 号槽和 25 号槽、26 号槽、27 号槽；

W 相，15 号槽、31 号槽、32 号槽和 22 号槽、23 号槽、24 号槽。

第 10 章

三相同步电动机

在交流电动机中，转子转速等于同步转速 $n_s=60f_1/p$ 的电动机称为同步电动机。它包括同步发电机、同步电动机和同步补偿机。三相同步电动机的主要用途是发电，全世界的电力网几乎都是三相同步发电机供电的。用作电动机时，因为它的结构比异步电动机复杂，没有启动转矩，以及不能调速，应用范围受到限制，但是它具有改善电网的功率因数、转速稳定、过载能力强等优点，常用于不需调速的大型设备上。同步补偿机又称同步调相机，它相当于一台空载的同步电动机，通过改变励磁电流可以调节电网的无功功率，提高电力系统的功率因数。

三相同步发电机的工作原理和基本结构

10.1.1 三相同步发电机的工作原理

图 10-1 是具有两个磁极的凸极式同步发电机,它的定子和三相异步电动机一样对称地安放着三相绕组。转子则是由磁极铁芯和套在磁极上的励磁绕组构成,励磁绕组中加入直流电流后,就会在气隙中产生一个恒定的主极磁场。若用原电动机拖动发电机转子以同步转速旋转,主磁极产生的恒定主极磁场随着转子的转动形成一个旋转磁场,在定子绕组中就会感应出交变电动势。因为结构设计使主磁场在空间按正弦规律分布,所以各相绕组中产生的交变电动势也随时间按正弦规律变化。即

$$e=E_m\sin\omega t$$

式中　E_m——绕组相电动势的最大值,V;

　　　ω——交变电动势的角频率,rad/s,$\omega=2\pi f$。

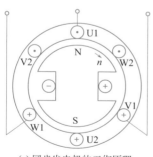

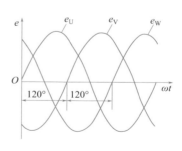

(a) 同步发电机的工作原理　　　　(b) 三相电动势的波形

图 10-1　同步发电机

由于三相绕组在空间彼此互差 120° 电角度，在如图 10-1（a）所示旋转方向下，N 极磁通将依次切割 U 相、V 相、W 相绕组。因此，定子三相电势大小相等，相位彼此互差 120° 电角度。设 U 相绕组的初相角为零，则三相电动势的瞬时值为：

$$e_U = E_m \sin \omega t$$

$$e_V = E_m \sin (\omega t - 120°)$$

$$e_W = E_m \sin (\omega t + 120°)$$

同步发电机的定子绕组中就产生了如图 10-1（b）所示的三相对称电动势，若在定子绕组上接上负载，则同步发电机就会向负载输出三相交流电流。

三相电动势的频率由发电机的磁极数和转速决定：当转子为一对磁极时，转子旋转一周，绕组中的感应电动势变化一个周期；当电动机有 p 对磁极时，则转子转过一周，感应电动势变化 p 个周期。设转子每分钟转数为 n，则每秒钟旋转 $n/60$，因此感应电动势每秒变化 $pn/60$ 个周期，即电动势的频率 f 为：

$$f = \frac{pn}{60}$$

专家提示： 我国国家标准规定工业交流电的频率为 50Hz，汽轮发电机在高转速下运行比较经济，转速一般为 $n=3\,000r/min$ 或 $n=1\,500r/min$，发电机对应为一对磁极或为两对磁极。相反，水轮发电机为低速发电机，它的转子磁极对数很多，如 $n=100r/min$ 时，发电机磁极对数有 30 对。

10.1.2 同步电动机的基本结构

由于同步电动机主磁极绕组的电压、电流、容量比较小，便于从电刷和集电环上引入，所以一般同步发电机都做成旋转磁极式的，并广泛应用于大、中型同步电动机中，已成为同步电动机的基本结构形式。另一种是旋转电枢式，即将三相交流绕组装在转子上，主磁极装在定子上，由于三相绕组的电压较高，电流较大，要通过电刷和集电环引出电流，从绝缘和载流量考虑，都比较困难，因此这种形式用得较少。

在旋转磁极式同步电动机中，按照磁极的形状又可分为隐极式转子和凸极式转子两种。隐极式的转子上没有明显凸出的磁极，其气隙是均匀的，转子成圆柱形，如图 10-2（a）和图 10-3 所示，它常用作高速旋转的汽轮发电机的转子。汽轮发电机的转子采用整块的有良好导磁性能的高强度合金钢与转轴锻成一个整体。为了减少离心力，其直径做得较小，长度较长，像一个细长的圆柱体；转子铁芯的表面铣有槽，用来安放励磁绕组。不开槽的部分形成一个大齿，大齿的中心实际上就是磁极的中心。这种结构可以比较牢固地将励磁绕组嵌在转子槽中，高速运行时不会被巨大的离心力甩出去。

凸极式的转子上有明显凸出的磁极，气隙不均匀，极弧下气隙较小，极间部分气隙较大。水轮发电机等转速较低的同步电动机一般都采用凸极式的转子。由于转速低，转子磁极对数多，因此要增大直径，转子的长度相对比较短。凸极式的转子在运行时转速低，部件承受的离心力比较小，转子绕组的固定不困难，因此加工比较容易，如图 10-2（b）、图 10-2（c）所示。

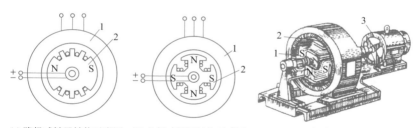

(a) 隐极式转子结构示意图　(b) 凸极式转子结构示意图　(c) 凸极式同步发电机组

图 10-2　隐极式和凸极式同步电动机
1—定子；2—转子；3—励磁机

图 10-3　汽轮发电机的隐极式转子

专家提示：同步发电机的定子铁芯一般用厚 0.5mm 的硅钢片叠成，铁芯上嵌有三相绕组，绕组的排列和接法与三相异步电动机的定子绕组相同。由于汽轮发电机的转子具有细长的形状，因此定子也就比较长。水轮发电机的转子一般采用扁盘形状，直径较大，因此定子的直径也较大，制造时常常先把定子铁芯分成几瓣，安装时再拼成一个完整的定子。

同步发电机的励磁方式

同步发电机运行时，需要在励磁绕组中通入直流电励磁，提供直流励磁的装置称为励磁系统，励磁系统的性能对同步发电机的工作影响很大，特别是对低压时的强励磁和故障时的快速灭磁性能要求很高。励磁方式主要有发电机励磁和半导体励磁两大类。

10.2.1 直流发电机励磁

如图 10-4 所示是直流发电机励磁系统的原理图。一台小容量的直流并励发电机，也称励磁机，与同步发电机同轴连接。励磁机发出的直流电，直接供给同步发电机的励磁绕组，当改变励磁机的励磁电流时，励磁机的端电压就会变化，从而使同步发电机的励磁电流和输出端电压随之发生改变。随着同步发电机单机容量日益增大，制造大电流、高转速的直流励磁机越来越困难。因此，大容量的同步发电机均采用半导体励磁系统。

10.2.2 半导体励磁系统励磁

半导体励磁系统分自励式和他励式两种。

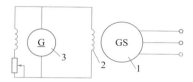

图 10-4　同轴直流发电机励磁系统原理线路

1—同步发电机；2—同步发电机励磁绕组；3—直流励磁发电机（励磁机）

1. 自励式

自励式励磁系统所需的励磁功率直接从同步发电机所发出的功率中取得，如图 10-5 所示是这种励磁方式原理简图。同步发电机发出的交流电，由晶闸管整流器整流后再接到同步发电机的励磁绕组，提供直流励磁电流。励磁电流的大小可通过晶闸管整流器来调节。

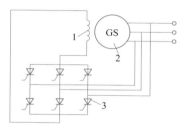

图 10-5　自励式励磁系统原理线路

1—同步发电机励磁绕组；2—同步发电机；3—晶闸管整流器

2. 他励式

他励式半导体励磁系统如图 10-6 所示，它包括一台交流励磁机（主励磁机）G1、一台交流副励磁机 G2、三套整流装置。交流主励磁机 G1 是一个中频（100Hz）的三相交流发电机，其输出电压经硅整流装置向同步发电机 G3 的励磁绕组提供直流电。副励磁机 G2 是一个频率为 400Hz 的中频交流发电机，它输出交流电压有两条路径，一条经晶闸管整流后作为主励磁机的励磁电流；另一条经硅整流装置供给它自身所需的励磁电流。自动调节励磁装置取样于同步发电机的电压和电流，经电压和电流互感器及自动电压调整器来改变晶闸管控制角，以改变主励磁机的励磁电流而进行自动调压。

专家提示：我国制造10万千瓦、12.5万千瓦、20万千瓦和30万千瓦的汽轮发电机都采用这种励磁系统。

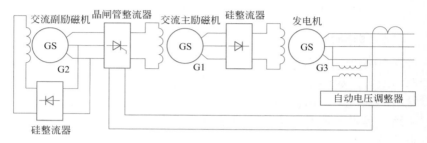

图10-6 采用交流励磁机的励磁系统

10.3

同步发电机的并联运行

10.3.1 并联运行的优点

在一个发电厂里一般都有多台发电机并联运行，现代电力系统中又把许多水电站和火电站并联起来，形成横跨几个省市或地区的电力网，向用户供电。这种做法有很多好处，主要优点如下。

1. 提高供电的可靠性，减少备用机组容量

多台发电机并联运行后，若其中一台出现故障需要维修时，可

以由其他发电机来承担它的负荷，继续供电，从而避免停电事故，还可以减少发电厂备用机组的容量。

2. 充分合理地利用动力资源

发电站的能源是多种多样的，有水力、火力、风力、核能、潮汐能、太阳能等。水力发电厂发电，不需要燃料，成本较低，在丰水期，让水电站满载运行发出大量的廉价电力。有风时风力发电站工作，无风时，枯水期主要靠火电站补充，则可以使火电站节约燃料，使总的电能成本降低。水轮发电机的启动，停止比较方便，电网中还常常用作承担高峰负载。

3. 便于提高供电质量

许多发电厂、发电站并联在一起，形成强大的供电网，其容量相当大，因此在发生负载变动或有发电机启动、停止等情况时对电网的电压和频率扰动大大减少，从而提高供电质量。

10.3.2 同步发电机并联运行的条件

同步发电机与电网并联合闸时，为了避免电流的冲击和造成严重的事故，必须满足一定的并网条件：

① 发电机的电压和电网电压应具有相同的有效值、相位和波形（正弦波）；

② 发电机的频率应与电网的频率相同；

③ 发电机输出电压的相序和电网电压的相序一致。

专家提示： 上述条件中，除相位、频率外，其他条件在设计安装中都可得到保证。因此，发电机要并网时，必须对它的相位、频率做严格监控，直到完全符合条件时才能合闸并网，而这个十分精确又关系重大的操作程序现在都由自动装置完成，过去采用的"灯光旋转法"已被淘汰。

同步电动机的工作原理

10.4.1 定子旋转磁场与转子励磁磁场的关系

同步电动机的定子结构和三相异步电动机是一样的，当通入三相对称电流时，它将产生一个同步速度旋转的正弦分布磁场，而这时转子上也有一个直流励磁正弦分布的磁场。当三相同步电动机正常工作时，转子也是以同步转速旋转，所以这两个磁场在空间上的位置是相互固定的，因此它们之间的作用也是固定的。

根据这两个磁场的相对位置不同，可分成三种情况：

1. 转子磁场超前定子磁场 θ 角

如图 10-7（a）所示，因为磁场是同性相斥、异性相吸，这时转子磁场的 S、N 极与定子磁场的 N、S 极相吸，而转子磁场超前 θ 角。从能量、力矩的平衡关系分析，转子的（机械）驱动力矩应等于定子磁场的（电磁）阻力矩，转子做的功（机械功）应等于定子中产生的功（电功）。转子的功是由原动机提供的，同步电动机处于发电机运行状态。

2. 转子磁场落后定子磁场 θ 角

如图 10-7（b）所示，显而易见，这时是定子磁场吸引着转子作同步转速运转。同样符合物理学的能量、力矩平衡关系。可以看出，这时是定子磁场做功，转子是输出机械功，即同步电动机工作在电动机状态。由于磁力线（即磁场）拉着越长，拉力越大。因此，当转子的负荷增加时，拉力就会增大，磁力线会被拉长，转子落后的角度 θ 就会增加，所以 θ 角也称为功角。当其他条件（如电压、励磁电流）不变时，θ 角的大小也反映输出功率的大小（$\theta < 90°$）。

因为 $P=T\omega$，ω 是同步转速的对应角速度，是不变的，当拉力增加时，力矩 T 就增加，当然功率 P 也相应增加。

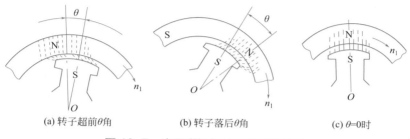

(a) 转子超前 θ 角　　(b) 转子落后 θ 角　　(c) $\theta=0$ 时

图 10-7　定子磁场与转子磁场的关系

3. 转子磁场与定子磁场的夹角 θ 为零

如图 10-7（c）所示，这时定子磁场和转子磁场正好重合，虽然相互有吸力，但这个吸力方向是经过转子的轴心的，所以不会产生力矩，因此也就不会输出功率。当空载时，虽然转子没有输出功率，但电动机总有一定的摩擦力矩、空气阻力矩等，所以 θ 角不可能完全为零，但 θ 角很小。

10.4.2　失步现象

从前面分析看出，电动机运行时，定子磁场拖动转子磁场旋转。两个磁场之间存在着一个固定的力矩，这个力矩的存在是有条件的，必须两者的转速要相等，即同步才行，所以这个力矩也称为同步力矩。一旦两者的速度不相等，则同步力矩就不存在了，电动机就会慢慢停下来。这种转子速度与定子磁场不同步，而造成同步力矩消失，转子慢慢停下来的现象，称为"失步现象"。

为什么失步时，电动机就没有旋转力矩呢？因为当转子与定子磁场不同步的话，两者的相对位置就会起变化，即 θ 角就会变化。当转子落后定子磁场角度在 $\theta=0°\sim180°$ 时，定子磁场对转子产生的是驱动力；当 $\theta=180°\sim360°$ 时，定子磁场对转子产生的是阻力，所以平均力矩为零。每当转子比定子磁场慢一圈时，定子对转子做的功半圈是正功（使转子前进），半圈是负功（使转子后退），平均下来，做功为 0。由于转子没有得到力矩和功率，因此就慢慢停下来了。

发生失步现象时，定子电流迅速上升，是很不利的，应尽快切断电源，以免损坏电动机。

专家提示： 当电源频率一定时，同步电动机的转子速度一定为同步转速才能正常运行。这是同步电动机的特点，也是它的优点。因此，同步电动机可用于不需调速，要求速度稳定性较高的场合，如大型空气压缩机、水泵等。

同步电动机的启动方法

10.5.1　启动转矩

在工作原理中讲到：同步电动机只有在同步转速下才有同步力矩。同步电动机刚启动时，定子上立即建立起以同步转速 n_S 旋转的旋转磁场，而转子因惯性的作用不可能立即以同步转速旋转，这样主极磁场与电枢旋转磁场就不能保持同步状态，即产生失步现象。所以同步电动机在启动时，没有启动力矩，如果不采取其他措施，是不能自行启动的。

10.5.2　启动方法

1. 辅助电动机启动法

选用与同步电动机极数相同的异步电动机（容量为同步电动机的 5% ～ 15%）作为辅助电动机，启动时先由异步电动机拖动同步电动机启动，接近同步转速时，切断异步电动机的电源，同时接通同步电动机的励磁电源，将同步电动机接入电网，完成启动。此法只能用于空载启动，由于设备多，操作复杂，故已基本不用。

2. 调频启动法

启动时将定子交流电源的频率降到很低的程度，定子旋转磁场的同步转速因而很低，转子励磁后产生的转矩即可使转子启动，并很容易进入同步运行。逐渐增加交流电源频率，使定子旋转磁场的转速和转子转速同步上升，一直到额定值。调频启动法的性能虽好，但由于变频电源比较复杂，目前采用不多，随着变频技术的发展，调频启动法将会更完善。

3. 异步启动法

这是同步电动机最常用的启动方法。它依靠转子极靴上安装的类似于异步电动机笼型绕组的启动绕组产生异步电磁转矩，把同步电动机当作异步电动机启动。

如图 10-8 所示，先合上开关 QS2 在 I 的位置，在同步电动机励磁回路串接一个约 10 倍于励磁绕组电阻的附加电阻 R_p，将励磁绕组回路闭合；然后合上开关 QS1，给定子绕组通入三相交流电，则同步电动机将在启动绕组作用下异步启动。当转速上升到接近于同步转速（约 $0.95n_s$）时，迅速将开关 QS2 由 I 位合至 II 位，给转子通入直流电流励磁，依靠定子旋转磁场与转子磁极之间的吸引力，将同步电动机牵入同步速度运行。转子达到同步转速以后，转子笼型启动绕组导体与电枢磁场之间就处于相对静止状态，笼型绕组中的导体中就没有感应电流而失去作用，启动过程随之结束。

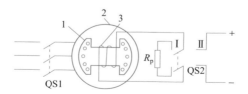

图 10-8　同步电动机异步启动电路图
1—笼型启动绕组；2—同步电动机；3—同步电动机励磁绕组

专家提示：同步电动机异步启动时，同步电动机的励磁绕组切忌开路。因为刚启动时，定子旋转磁场相对于转子的转速很大，而励磁绕组的匝数又很多，因此会在励磁绕组中感应出很高的电动势，可能会破坏励磁绕组的绝缘，造成人身和设备安全事故。但也不能将励磁绕组直接短接，否则会使同步电动机的转速无法上升到接近同步转速，使同步电动机不能正常启动。

10.6
同步电动机功率因数的调速

10.6.1　同步电动机的电压平衡方程式

图 10-9（a）所示为同步电动机的等效电路图，图中 r_1 是定子绕组电阻，阻值很小，可以忽略；X 是定子绕组的感抗，定子绕组中除了电阻和电抗会产生电压降外，转子产生的磁场旋转切割定子绕组也会产生反电动势 $\dot{E}_0$（$\dot{E}_0$ 与 $\dot{I}$ 方向相反）。所以电源电压 $\dot{U}$ 要与这三个电压平衡，如果忽略电阻 r_1，就有电压平衡方程式：

$$\dot{U} = \dot{I}r_1 + j\dot{I}X + \dot{E}_0 \approx j\dot{I}X + \dot{E}_0$$

根据上式可画出相量图，如图 10-9（b）所示。

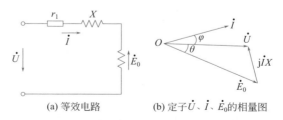

(a) 等效电路　　(b) 定子 $\dot{U}$、$\dot{I}$、$\dot{E}_0$ 的相量图

图 10-9　同步电动机等效电路图及相量图

10.6.2 同步电动机的电磁功率

根据同步电动机原理的分析可以知道，同步电动机的电磁功率（即电能转换成机械能的功率）只与两个因素有关，一个是转子的励磁大小，励磁大，即吸力大，功率就大，而励磁的大小可以用 E_0 来代表，因为励磁大，产生的反电动势 E_0 才大；另一个是功角 θ，前面已经讲过，在同样的磁场作用下，定、转子磁极距离越大，即 θ 越大（$\theta < 180°$），就像牛皮筋一样拉得越长，力越大，产生的功率也越大。所以，同步电动机的电磁功率可以用下式表示：

$$P_{em}=KE_0\sin\theta$$

式中 P_{em}——电动机的电磁功率；

$\quad\quad$ K——与电动机结构、电源电压有关的常数；

$\quad\quad$ E_0——转子励磁在定子上产生的反电动势（因为它的方向与 I 相反）；

$\quad\quad$ θ——功角，由转子与定子磁场相对位置决定，它反映负载功率的大小。

10.6.3 同步电动机功率因数的调速

由上面公式可以看出，电动机的电磁功率由 E_0 和 θ 决定，而 E_0 是可以通过改变转子励磁来改变的。如果在改变 E_0 的同时也改变 θ，就可保持电磁功率 P_{em} 不变，但这时电动机的无功功率却变化了，因此 $\cos\varphi$ 就得到调速，它对电网有着十分重要的意义。下面分三种情况来分析。

1. 正常励磁

如图 10-10（a）所示，当励磁大小恰当时，$\dot{U}$ 与 $\dot{I}$ 同相位，$\varphi=0$，$\cos\varphi=1$，电动机只有有功功率 P_{em}，而无功功率为零。

2. 过励磁

如图 10-10（b）所示，当 E_0 增加，即增加励磁时，$\dot{I}$ 会超前 $\dot{U}$ 一个 θ 角。这时同步电动机实际上是容性负载，可以中和电网中的感性负载，使电网的功率因数提高。所以，大容量的同步电动机，一般都工作在过励磁状态。这也是同步电动机的显著优点。这时的 E_0 较大，所以称为过励磁。

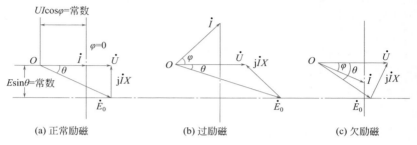

(a) 正常励磁　　　　　(b) 过励磁　　　　　(c) 欠励磁

图 10-10　同步电动机功率因数的调速

3. 欠励磁

如图 10-10（c）所示，当 E_0 减小，工作在欠励磁状态时，$\dot{I}$ 就会落后 $\dot{U}$，成为感性负载，同步电动机就和异步电动机一样了，这对电网不利，所以一般都不在这个状态工作。

由图 10-10 可以看出，因为励磁的变化，引起 $\cos\varphi$ 的变化，而输入有功功率 $\sqrt{3}\,UI\cos\varphi$ 和电磁功率 $KE_0\sin\varphi$ 都保持不变，但无功功率却变化了。

专家提示：同步电动机的无功功率、功率因数是可以通过改变励磁来调节的，这是一个很大的优点。如果把这样的同步电动机安装在大量感性负载的工厂附近，就可减少在工厂和发电厂之间的线路传输损耗了。

10.6.4　同步补偿机

过励磁状态下的同步电动机可以输出感性的无功功率，可以提高电网的功率因数，人们利用这一特性制造了一种同步电动机，它不带任何机械负载，专门在过励磁状态下空载运行，只向电网输出感性无功功率，这种同步电动机称为同步补偿机，也称为同步调相机。

从图10-10（b）中可知，当电动机不输出有功功率时，$E_0\sin\theta \approx 0$，$UI\cos\varphi \approx 0$，即有 $\theta \approx 0°$，$\varphi \approx 90°$，就可得到图10-11所示的同步补偿机的电压、电流相量图。可见同步补偿机是在过励磁状态下空载运行，电流 I 将超前电压 U 为90°。同步补偿机在运行时能够输出较大的感性无功功率，这就相当于给电网并联了一个大容量的电容器，使电网的功率因数得到提高。

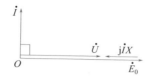

图10-11 同步补偿机相量图

专家提示：同步补偿机在使用时，一般应将其接在用户区，以就近向用户提供感性无功功率，使线路上的感性无功电流大大减少，从而达到降低电网线路损耗的目的。

10.7

发电机的故障检修

10.7.1 发电机转子滑环的故障检修技巧

① 首先将挡板螺钉紧固，使密封垫压紧而不漏气。

② 检查滑环的引线螺钉是否紧固，锁垫是否锁紧，通风孔、螺旋槽与月牙槽是否有油垢，若有上述现象，擦拭干净并将部件紧固。

③ 检查滑环表面是否有锈斑、灼烧或表面粗糙现象。

发电机转子滑环如图 10-12 所示。

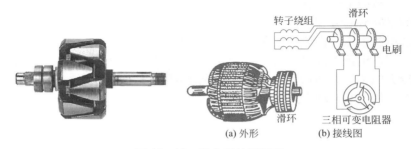

图 10-12　发电机转子滑环

要诀　>>>

转子滑环需检修，三条检查不用愁；
挡板螺钉紧度够，密封压紧气不漏，
引线各件压紧喽，再看是否有油垢；
滑环表面有斑锈，车铣打磨达要求。

专家指导： 滑环和引线要牢固，其表面要光滑、干净。

10.7.2　发电机护环有裂纹的检修技巧

护环的检查要有顺序，才能最快找到裂纹之处并及时处理。护环的裂纹位置不同，处理方法也不相同。

① 护环拆下后，先用丙酮清洗干净，再检查护环表面有无被碰的凹痕、单个裂纹或小裂纹。若护环外表面上的凹痕深达 2mm，或有大面积损伤，则需更换护环。

② 再检查护环与中心环的内表面，由于内表面不易观察，应用磁力进行探伤。若存在局部裂纹，可用细砂粒的砂轮机或油石慢慢打磨，磨掉裂纹，但深度要小于 0.2mm。

③ 打磨后，再用磁力进行探伤，看裂纹是否还在，若仍有裂纹，再用 15% 的硝酸、酒精溶液对护环进行预处理，然后立即打

磨检查，无裂纹方可使用。

> **要诀**　　　　　　　　　　　　　　　　　　**>>>**
>
> 裂纹检查要认真，拆下查找有方针，
> 可用丙酮洗净身，再看表面有破痕，
> 损伤过大凹痕深，更换护环有原因，
> 磁力探伤找裂纹，砂粒油石磨不深，
> 处理用 15% 酒精、酸，检查无纹才放心。

专家指导： 护环若有裂纹，若不消除，在使用过程中会继续扩大，导致全部裂开。

10.7.3　发电机定子铁芯松动的检修技巧

发电机定子铁芯松动的检修如下：

① 打开发电机，抽出转子，观察铁芯表面的通风槽内有无锈蚀，若锈迹点发红，则表明铁芯松动，可用竹片将生锈的斑点轻轻刮去，再用气泵把锈粉吹干净。

② 若发现铁芯磁轭或齿轮松动，应用小螺钉刀将松动的硅钢片拨开，把较薄的云母片涂上环氧漆后，插入拨开的缝隙并插紧。若缝隙较大，则可用胶木或绝缘纸板蘸上环氧漆，将缝隙塞满，但应保持与齿轮轮廓一致。应小心不要弄破相邻硅钢片间的绝缘，将缝隙塞满后，喷上一层防潮绝缘漆。

③ 若铁芯齿部松动，可用涂上环氧漆的楔块，在轴向不同位置插入多个楔块，不要碰伤线棒绝缘和相邻的铁芯。

④ 若检查铁芯边端叠片松动，可在靠边叠片与齿压条之间的缝隙塞入无磁性钢楔条，再用 3AT 电焊条将其焊在齿压条上，焊得要快，小心别让铁芯熔化。若边端叠片的齿是由两根齿压条压紧的，则在每个齿与风道条间打入铜楔条，并焊在风道条上。

⑤ 若铁芯中间出现松动，先拆下线圈，对于螺栓拉紧的铁芯，将其拧紧，压紧铁芯；对于内压装的铁芯，可用汽油将松动部件上的油污和锈斑擦掉，再用布擦干净。若有塞刀撑开冲片，用云母片

插入塞牢，然后用环氧树脂固化。若铁芯太松，用几个槽样棒在圆周对称处，插入铁芯槽内，然后把齿压条焊点剥开，再重新压紧铁芯，将齿压条焊好，小心不要弄破铁芯绝缘。

要诀 >>>

铁芯松动要修理，抽出转子看内里，
通风槽内无锈迹，铁芯松动要刮去，
磁轭齿轮可能松，螺刀拨开小缝隙，
薄云母片涂上漆，拨开缝隙往里挤，
胶木蘸漆塞满隙，最后喷上防潮漆，
若是松动铁芯齿，插入楔块要涂漆，
叠片松动不用紧，要塞无磁性钢楔，
快焊齿压条上里，若叠片为双齿挤，
风道条间打负楔，焊在其上不动的，
中间松动可过气，铁芯拧紧压紧皮，
内装铁芯擦锈迹，撑开冲片塞进去，
太松可用槽样棒，焊时莫破绝缘漆。

专家指导： 无论以何种方法处理，都不要弄破相邻的绝缘，否则功亏一篑。

10.7.4 用绝缘导线检测低压发电机轴承绝缘情况的技巧

将单芯绝缘导线的一端固定在可靠接地位置，绝缘导线的另一端露出铜导线，使其与正在运行中的低压发电机的转轴轻轻碰几下，如果不出现火花，则表明发电机轴承绝缘良好，若产生火花，则表明被检测发电机轴承绝缘不良，有漏电现象。

要诀 >>>

电动机轴承检绝缘，一根导线即可完；

一端接在地上边，一端触及转轴面；
没有火花漏电难，火花有时人不安；
各种方法测绝缘，哪个没有这简单。

专家指导： 发电机轴承绝缘不良时，会使发电机外壳带电。

第 11 章

单相异步电动机的结构、原理和拆装技巧

单相异步电动机是异步电动机的一种，由于其工作只需要单相交流电，故应用范围比较广泛。

11.1

单相异步电动机的结构

单相异步电动机都是由定子、转子、启动元件（离合开关、

PTC、电容器等）等组成。其结构与一般小型笼式电动机相似，如图 11-1 所示。

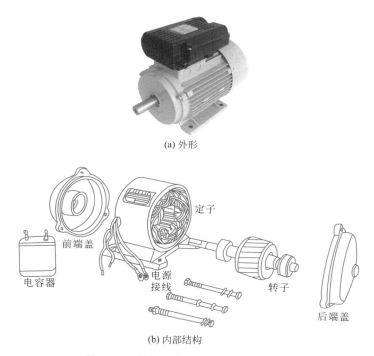

(a) 外形

(b) 内部结构

图 11-1　单相异步电动机的外形和结构

11.1.1　定子

定子是指电动机不运转部分，由定子铁芯、定子绕组和机座组成，如图 11-2 所示。

1. 定子铁芯

定子铁芯由厚度 0.35 ~ 0.5mm 的硅钢片冲槽叠压而成，其特性是铁损小、导磁性好。

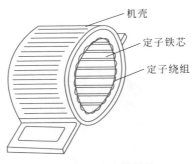

图 11-2　定子的结构

2．定子绕组

单相异步电动机的定子绕组由主绕组和副绕组组成。主绕组又叫运行绕组，其漆包线一般较粗，电阻值较小；副绕组又叫启动绕组，其漆包线一般较细，电阻值较大，如图 11-3 所示。

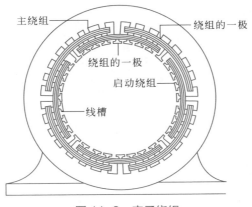

图 11-3　定子绕组

专家提示：漆包线的线径和电阻值的大小是区别主、副绕组的依据，但也有主、副绕组的漆包线线径一样，电阻值相等的情况，如洗衣机用电动机。

3. 机壳

机壳一般采用铸铁、铸铝和钢板等材料制作，单相异步电动机的机壳可分为开启式、封阀式、防护式等几种。

专家提示： 有些专用电动机没有机壳，只是把电动机与机壳制作成一个整体，如电锤、电钻等便携式电动工具。

4. 气隙

气隙是指定子和转子之间的间隙，对电动机的性能影响较大。中小型异步电动机的气隙一般为 0.2 ～ 2.0mm 之间。

11.1.2　转子

转子是指电动机运转的部分，由转子铁芯、转子绕组和转轴等组成。转子绕组可分为笼型转子（由若干较粗的导体条和导体环构成的闭合转子绕组）和绕线转子（由漆包线绕制成的转子绕组）。转子外形如图 11-4 所示。

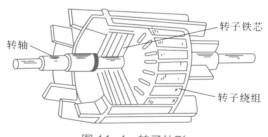

图 11-4　转子外形

11.1.3　启动元件

单相异步电动机没有启动力矩，不能自行转动，需要启动元件和副绕组一起工作，电动机才能运转。单相异步电动机的种类不同，所结合的启动元件也有所不同。常用的启动元件有离心开关、启动继电器、PTV 起动器、动合按钮和电容器等。

1．离心开关

在单相异步电动机中，常用的有盘形和 U 形夹片式离心开关。

离心开关包括静止部分与旋转部分。旋转部分装在转轴上。静止部分是由两个半圆形铜环组成，中间用绝缘材料隔开，装在电动机的前端盖内，其结构如图 11-5 所示。

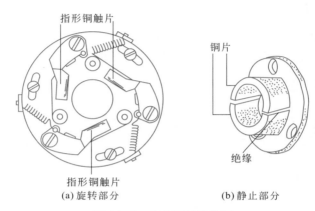

指形铜触片

铜片

指形铜触片

绝缘

(a) 旋转部分　　　　(b) 静止部分

图 11-5　离心开关结构图

离心开关包括静止部分、可动部分和弹簧。静止部分装在前端盖内，用以接通副绕组回路；可动部分和弹簧装在转子上。

开关部分由 U 形磷铜夹片和绝缘接线板组成，还有一对动触点和静触点，以分断电路。开关部分一般安装在端盖内，其外形如图 11-6 所示。

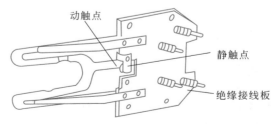

动触点

静触点

绝缘接线板

图 11-6　离心开关的开关部分

离心开关工作原理如图 11-7 所示。电动机静止时，在弹簧压力作用下两触点闭合，接通副绕组，电动机通电启动。当转速达到同步转速的 70% ～ 80% 时，可动部分在离心力作用下，转动的重块克服弹簧拉力而使触点断开，这时只有主绕组参与运行。

离心开关运行可靠，但结构复杂，应用较少。

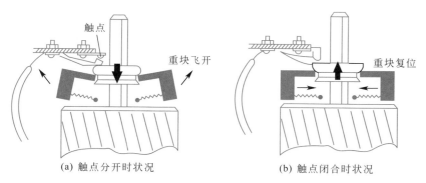

（a）触点分开时状况　　　　　　　　　（b）触点闭合时状况

图 11-7　离心开关工作原理示意图

专家提示：含有启动元件的单相异步电动机运行或停转时，都可听到"咔嗒"一声的响声。这是离心开关闭合和断开时发出的声音。

2. 启动继电器

① 电流继电器　继电器的线圈连入主绕组回路，触点连到副绕组回路如图 11-8 所示。电动机合闸前，触点在重锤的作用下打开，电动机合闸后，主绕组中流经较大的启动电流，流经继电器磁力线圈后产生磁力，动触点上移，吸合触点，副绕组接通，电动机开始启动。随着电动机转速上升，主绕组电流下降，磁铁吸力减小，在重锤的作用下，断开副绕组（在 $n=78\%n_1$ 左右时继电器动作），完成启运过程。

② 电压继电器　在定子绕组中再嵌放一附加绕组，并与继电器的线圈相连，如图 11-9 所示。在电动机合闸前，触点在弹簧作用下接通，电动机开始启动。随着转速上升，附加绕组上便有与转

速有关的电势增加，当达到一定数值后，便可吸开触点，使副绕组从电网上断开（$n=78\%n_1$ 左右时继电器动作）。

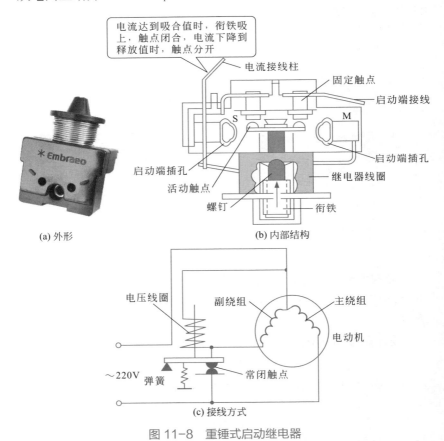

(a) 外形　　　　　　　　　　　　(b) 内部结构

(c) 接线方式

图 11-8　重锤式启动继电器

3. 动合按钮

动合按钮作为启动元件在电阻式起动电动机的应用，如图 11-10 所示。其原理是将动合按钮串接电动机的副绕组电路中，电动机通电并按下动合按钮，此时副绕组接通。电动机启动后，松下动合按钮，副绕组电路失电而停止工作，电动机正常运转，靠主绕组单独完成。

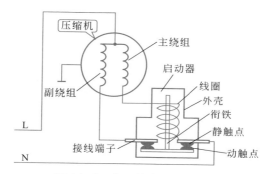

图 11-9　电压继电器的接线图

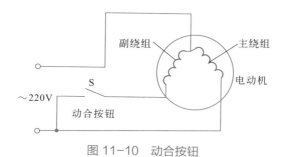

图 11-10　动合按钮

4. PTC 起动器

PTC 元件为正温度系数热敏电阻，它是掺入微量稀土元素，用特殊工艺制成的钛酸钡型半导体。PTC 启动继电器又称为无触点启动继电器，实际上就是正温度系数热敏电阻启动继电器，图 11-11 所示为 PTC 启动继电器的安装位置图。

在实际应用中，PTC 启动继电器的连接线路图如图 11-12 所示。当电冰箱或空调器的压缩机刚开始启动时，PTC 启动继电器的温度较低，电阻值较小，在电路中呈通路状态。当启动电流增大到正常运行电流的 4 ～ 6 倍时，启动绕组中通过的电流很大，使压缩机产生很大的启动转矩。与此同时，大电流使元件温度迅速升高（一般为 100 ～ 140℃），其阻值急剧上升，通过的电流又下降到很小的稳定值，断开启动绕组，使压缩机进入正常运转状态。

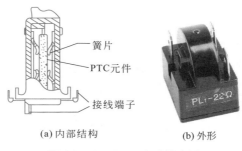

(a) 内部结构　　　　(b) 外形

图 11-11　PTC 启动继电器

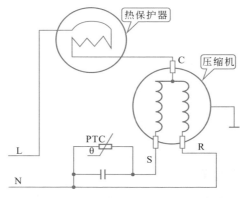

图 11-12　PTC 启动继电器的连接线路图

PTC 启动继电器结构简单，无触点和运动部件，故性能可靠。由于 PTC 元件的热惯性，每次启动后需隔 4 ～ 5min，等元件降温后才能再次启动。

专家提示: PTC 热敏电阻是一种新型半导体元件，它的电阻温度特性（图 11-13）中电阻急骤增加的温度点 T_C 为居里点。居里点的高低可通过原材料配方来调节。温度在 T_C 以下时，电阻值很低；温度超过 T_C 后，电阻随温度迅速上升；以后又趋于稳定。最大值与最小值之比可达 1000。

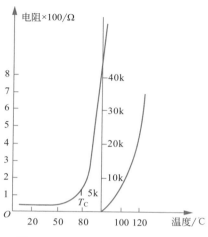

图 11-13　PTC 元件的温度特性

　　PTC 热敏电阻用于分相式电动机副绕组后，在启动初期，因 PTC 热敏电阻尚未发热，阻值很低，副绕组在通路状态下，电动机开始启动。随着转速上升，PTC 热敏电阻的温度超过 T_C，电阻剧增，副绕组相当于断开，但还有一个很小的维持电流，并有 2～3W 的功耗，使 PTC 热敏电阻的温度保持在 T_C 以上。当电动机停转以后，PTC 热敏电阻温度不断下降，约 2～3min 阻值降到 T_C 点之内，又可以重新启动。

5. 电容器

　　电容器是电容分相式单相异步电动机上的必需启动元件，通常情况下，在电容起动式单相异步电动机上配置一只电容器，在电容运转式单相异步电动机上配置一只运行电容器，在电容起动运转式单相异步电动机上配置两只电容器。

　　（1）运转电容器

　　运转电容器常采用纸介式电容器或油浸式电容器，这两种电容器只有两根引出线没有极性区别，其外形如图 11-14 所示。

(a) 纸介式电容器   (b) 油浸式电容器

图 11-14   运转电容器

（2）启动电容器

启动电容器常采用电解电容器，电解电容器的一个极板是由铝箔做成，另一个极板是由电糊状的电解液浸附在薄纸上而形成。电解电容器的介质是铝金属表面利用化学反应生成的一层极薄的氧化物薄膜。电解电容器由两个极板引出的接线均标有"+""–"极性。

电容器的容量单位是法拉，简称"法"，常用于 F 表示。另外还有微法 μF，$1F=10^6μF$。单相电容电动机的电容量一般小于 150μF。

电容器在单相电动机中比较常用，一般选用金属箔电容、金属化薄膜电容，交流耐压为 250 ～ 630V，表 11-1 列出了常见单相电动机的电容选配表。

表 11-1   常见单相电动机的电容选配表

电容启动	电动机 /W	120	180	250	370	550	750	1100	1500
	电容 /μF	75	75	100	100	150	200	300	400
电容运行	电动机 /W	16	25	40	60	90	120	180	250
	电容 /μF	2	2	2	4	4	4	6	8
双值电容	电动机 /W	250	370	550	750	1100	1500	2200	
	启动电容 /μF	75	75	75	75	100	200	300	
	运行电容 /μF	12	16	16	20	30	35	40	

专家提示：电解电容器有极性分别，接反后容易击穿损坏，但

正常用在交流电路时的安全通电时间只有几秒，重复频繁通电易损坏。油浸式电容器和纸介式电容器没有极性分别，只用在小型单相异步电动机上。

11.2

单相异步电动机的工作原理

在三相异步电动机中曾讲到，向三相绕组通入三相对称交流电，则在定子与转子的气隙中会产生旋转磁场。当电源一相断开时，电动机就成了单相运行（也称为两相运行），气隙中产生的是脉动磁场。单相异步电动机工作绕组通入单相交流电时，产生的也是一个脉动磁场，脉动磁场如图 11-15（a）中分布，脉动磁场的磁通大小随电流瞬时值的变化而变化，但磁场的轴线空间位置不变，因此磁场不会旋转，当然也不会产生启动力矩。但这个磁场可以用矢量分解的方法分成两个大小相等（$B_1=B_2$）、旋转方向相反的旋转磁场。从图 11-15（b）中看出：在 t_0 时刻 B_1、B_2 正处在反向位置，

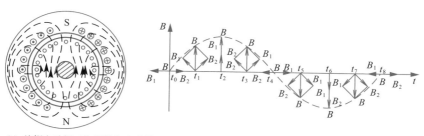

(a) 单相电动机工作绕组的脉动磁场　　　　　　(b) 脉动磁场的分解

图 11-15　单相脉动磁场及其分解

矢量合成为零；在 t_1 时刻 B_1 顺时针旋转 45°，B_2 逆时针旋转 45°，矢量合成为 $\sqrt{2}\,B_1$；在 t_2 时刻 B_1、B_2 又各转了 45°，相位一致，矢量合成为 $2B_1$……如此继续旋转下去，两个正、反向旋转的磁场就合成了时间上随正弦交流电变化的脉动磁场。

　　脉动磁场分解成两个大小相等（$B_1 = B_2$）、旋转方向相反的旋转磁场。这两个旋转磁场产生的转矩曲线如图 11-16 中的两条虚线所示。转矩曲线 T_1 是顺时针旋转磁场产生的，转矩曲线 T_2 是逆时针旋转磁场产生的。在 $n=0$ 处，两个力矩大小相等、方向相反，合力矩 $T=0$，说明了缺相的三相异步电动机不会自行启动的原因；在 $n \neq 0$ 处，两个力矩大小不相等、方向相反，但合力矩 $T \neq 0$，从而也说明了运行中的三相异步电动机如缺相后仍会继续转动的原因。缺相运行的三相异步电动机工作的两相绕组可能会流过超出额定值的电流，时间稍长会过热损坏。从图 11-16 中还可以看出，转矩曲线 T_1 和 T_2 是以原点对称的，它们的合力矩 T 是用实线画的曲线。说明单相绕组产生的脉动磁场是没有启动力矩的，但启动后电动机就有力矩了，电动机正反向都可转，方向由所加外力方向决定。

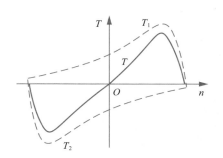

图 11-16　单相异步电动机的转矩特性

11.3

单相异步电动机的分类

为了获得单相电动机的启动转矩，通常在单相电动机定子上安装两套绕组，两套绕组的空间位置相差 90° 电角度。一套是工作绕组（或称主绕组），长期接通电源工作；另一套是启动绕组（或称为副绕组、辅助绕组），以产生启动转矩和固定电动机转向，根据启动方式的不同，就有了以下几种单相异步电动机。

单相异步电动机的种类较多，其分类如图 11-17 所示。

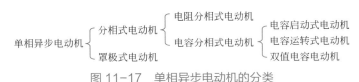

图 11-17　单相异步电动机的分类

11.3.1　单相电容运行异步电动机

单相电容运行异步电动机的定子铁芯上嵌放两套绕组，绕组的结构基本相同，空间位置上互差 90° 电角度，如图 11-18（a）所示。工作绕组 LZ 接近纯自感负载，其电流 I_{LZ} 相位落后电压接近 90°；启动绕组 LF 上串接电容器，合理选择电容值，使串联支路电流 I_{LF} 超前 I_{LZ} 约为 90°，绕组上电压、电流的相量如图 11-18（b）所示。通过电容器使两个支路电流的相位不同，所以也称为电容分相。流过两绕组的电流 I_{LZ}、I_{LF} 波形如图 11-19（a）所示，向空间位置上互差 90° 电角度的两相定子绕组通入相位上互差 90° 的电流，也会产生旋转磁场，从电流相位超前的绕组转向电流相位落后的绕组，如图 11-19（b）所示。所以单相异步电动机的旋转磁场产生条件为：

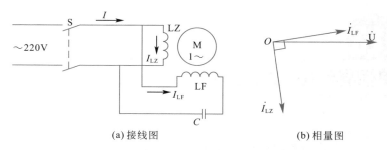

(a) 接线图　　　　　　　　　(b) 相量图

图 11-18　单相电容运行异步电动机原理图

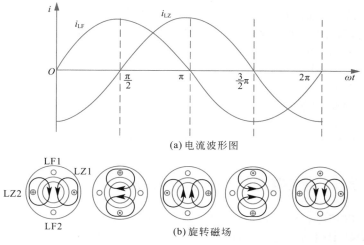

(a) 电流波形图

(b) 旋转磁场

图 11-19　两相旋转磁场的产生

① 空间上有两个相差 90° 电角度的绕组。

② 通入两绕组的电流在相位上相差 90°，两绕组产生的磁动势相等。

笼型转子在该旋转磁场作用下获得启动转矩而使电动机旋转，转子的转速总是小于旋转磁场的转速，所以称为单相异步电动机。

单相电容运行电动机结构简单，使用维护方便，堵转电流小，有较高的效率和功率因数，但启动转矩较小，多用于电风扇、吸尘器等。电风扇的电动机结构如图 11-20 所示。

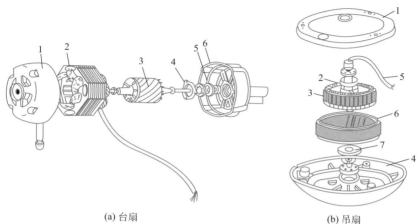

(a) 台扇

1－前端盖；2－定子；3－转子；4－轴承盖；
5－油毡圈；6－后端盖

(b) 吊扇

1－上端盖；2,7－挡油罩；3－定子；
4－下端盖；5－引出线；6－外转子；

图 11-20　电风扇的单相电容运行电动机结构图

专家提示： 启动和运转过程，电容器和主、副绕组都接入电路。功率因数、效率、过载能力较其他单相电动机强，但启动转矩只有额定转矩的 35%～60%。

由于它的启动转矩较小，但运行性能优越，所以在启动转矩较小的家电中应用普遍，例如洗衣机、电风扇、水泵等。

11.3.2　单相电容启动异步电动机

单相电容启动异步电动机的结构与单相电容运行异步电动机相类似，但电容启动异步电动机的启动绕组中又串联一个启动开关 S，如图 11-21 所示。当电动机转子静止或转速较低时，启动开关 S 处于接通位置，启动绕组和工作绕组一起接在单相电源上，获得启动转矩。当电动机转速达到 80% 左右的额定转速时，启动开关 S 断开，启动绕组从电源上切除，此时单靠工作绕组已有较大转矩，拖动负载运行。由于启动绕组只在启动阶段接入电源，设计时将启动绕组的电流密度设计得比较高，达 30 ～ 50A/mm²，大大超过工作绕组的 4 ～ 8A/mm²。

电容启动电动机具有较大启动转矩（一般为额定转矩的 1.5 ～ 3.5 倍），但启动电流相应增大，适用于重载启动的机械，例如小型空压机、洗衣机、空调器等。

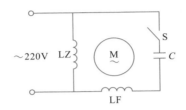

图 11-21　单相电容启动异步电动机电路图

专家提示： 电动机刚通电时，离心开关是闭合的，有电流通过主、副绕组和启动电容器，电动机转动。由于启动电容器容量较大（一般为 150 ～ 250μF），所以流过副绕组的电流较大，启动转矩也较大。当转速达到额定转速的 75% ～ 80% 时，离心开关在离心力作用下断开，副绕组处于断路状态，不参与运转（否则，副绕组容易烧毁）。

电容启动电动机启动转矩大，运行性能略逊于电容运转式电动机，常用于启动负荷较大的场合，如空压机、磨粉机等。

11.3.3　单相电阻分相启动电动机

单相电阻启动电动机的结构与单相电容启动异步电动机相似，其电路如图 11-22 所示。工作绕组 LZ 匝数多、导线较粗，可近似看成纯电感负载；启动绕组 LF 导线较细，又串有启动电阻 R，可近似看成纯电阻性负载，通过电阻来分开两个支路电流的相位，所以也称电阻分相。启动时两个绕组同时工作，当转速达到 80% 左右的额定值时，启动开关断开，启动绕组从电源上切除。实际上许多电动机的启动绕组没有串联电阻 R，而是设法增加导线电阻，从而使启动绕组本身就有较大的电阻。

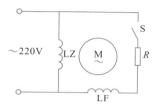

图 11-22　单相电阻启动电动机电路图

单相电阻启动电动机与前两种电动机比较，节约了启动电容，具有中等启动转矩（一般为额定转矩的 1.2 ～ 2 倍），但启动电流较大。它在电冰箱压缩机中得到广泛的应用。

专家提示：其启动过程与电容启动式电动机相同，启动转矩为额定转矩的 1 ～ 1.5 倍。

该电动机适用于中等启动转矩和过载能力小且启动不太频繁的场合，如鼓风机、医疗器材、小型冰箱压缩机等。

11.3.4　双值电容单相异步电动机

双值电容单相异步电动机电路如图 11-23 所示，$C1$ 为启动电容，容量较大；$C2$ 为工作电容，容量较小。两只电容并联后与启动绕组串联，启动时两只电容器都工作，电动机有较大启动转矩，转速上升到 80% 左右额定转速后，启动开关将启动电容 $C1$ 断开，启动绕组上只串联工作电容 $C2$，电容量减少。因此双值电容电动机既有较大的启动转矩（约为额定转矩的 2 ～ 2.5 倍），又有较高的效率和功率因数。它广泛地应用于小型机床设备。

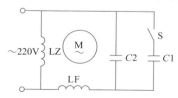

图 11-23　双值电容单相异步电动机电路图

专家提示：刚通电时，离心开关是闭合的，有电流流过 C1、C2 和主、副绕组，转子转动。当转速达到额定值的 75%～80% 时，开关断开，C2 不接入电路，此时的电动机就和电容运转式电动机一样。

这类电动机启动转矩大、性能好，集电容启动式和电容运转式电动机的优点于一身，常用于启动负荷较大的场合。

11.3.5 单相罩极式异步电动机

罩极式异步电动机旋转磁场的产生与上述电动机不同。先来了解一下凸极式罩极电动机的结构，如图 11-24 所示。电动机定子铁芯通常由厚 0.5mm 的硅钢片叠压而成，每个磁极极面的 1/3 处开有小槽，在极柱上套上铜制的短路环，就好像把这部分磁极罩起来一样，所以称罩极式电动机。励磁绕组套在整个磁极上，必须正确连接，以使其上下刚好产生一对磁极。如果是四极电动机，则磁极极性应按 N、S、N、S 的顺序排列。当励磁绕组内通入单相交流电时，磁场变化如下：

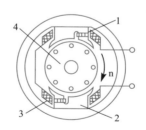

图 11-24　凸极式罩极电动机的结构
1—短路环；2—凸极式定子铁芯；3—定子绕组；4—转子

① 当电流由零开始增大时，则电流产生的磁通也随之增大，但在被铜环罩住的一部分磁极中，根据楞次定律，变化的磁通将在铜环中产生感应电动势和电流，并阻止磁通的增加，从而使被罩磁极中的磁通较疏，未罩磁极部分磁通较密，如图 11-25（a）所示。

② 当电流达到最大值时，电流的变化率近似为零，电流产生

的磁通虽然最大，但基本不变。这时铜环中基本没有感应电流产生，铜环对整个磁极的磁场无影响，因而整个磁极中的磁通均匀分布，如图11-25（b）所示。

③ 当电流由最大值下降时，则电流产生的磁通也随之下降，铜环中又有感应电流产生，以阻止被罩磁极部分中磁通的减小，因而被罩部分磁通较密，未罩部分磁通较疏，如图11-25（c）所示。

从以上分析可以看出，罩极电动机磁极的磁通分布在空间上是移动的，由未罩部分向被罩部分移动，好似旋转磁场一样，从而使笼型结构的转子获得启动转矩，并且也决定了电动机的转向是由未罩部分向被罩部分旋转。其转向是由定子的内部结构决定的，改变电源接线不能改变电动机的转向。

罩极电动机的主要优点是结构简单、制造方便、成本低、运行时噪声小、维护方便。按磁极形式的不同，可分为凸极式和隐极式两种，其中凸极式结构较为常见。罩极电动机的主要缺点是启动性能及运行性能较差，效率和功率因数都较低，方向不能改变。主要用于小功率空载启动的场合，如计算机后面的散热风扇、各种仪表风扇、电唱机等。

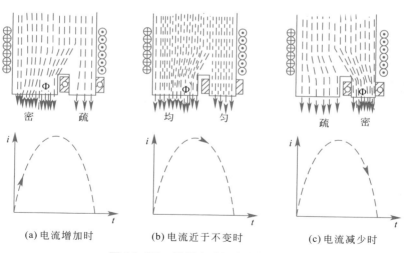

图 11-25　罩极电动机中磁场分布

第12章

单相异步电动机的调速、正反转和三相改单相

12.1

单相异步电动机的调速

在实际运用中，单相异步电动机的调速常用方法有变极调速、绕组抽头调速、电抗器调速和自耦变压器调整等。

12.1.1 变极调速

单相异步电动机的转速公式为

$$n = n_1(1-S) = \frac{60f_1}{p}(1-S)$$

式中　n——单相异步电动机转速；

n_1——同步转速；

S——单相异步电动机的转差率；

f_1——电源频率；

p——电动机极对数。

由此可见，只要改变绕组的极对数 p 就可以改变单相异步电动机的转速 n。极对数 p 愈多则电动机转速愈低，反之，极对数 p 愈少则电动机转速 n 愈高。

专家提示：改变定子铁芯中绕组的元件的连接方式，产生不同的极对数，就可以改变电动机的转速。

① 对电容启动式电动机，启动完成后只有主绕组参与工作，因此，要具有几种转速，就设计几套不同极数的主绕组，副绕组只需一套。由于这样做会增大导线在槽内所占的空间，所以只适用于具有 2 ～ 3 种转速的电动机，不适用于转速较多的电动机。

② 对电容运转式电动机，主、副绕组都可设计两套不同极数的绕组，以产生两种不同的转速。例如，某波轮式洗衣机，洗涤转速为 400 ～ 500r/min，脱水转速为 800 ～ 1000r/min，可采用图 12-1 所示的电路。

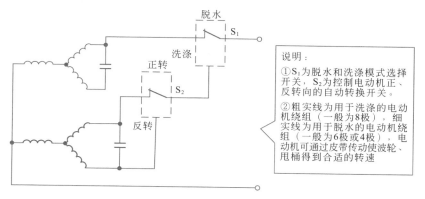

说明：
① S_1 为脱水和洗涤模式选择开关，S_2 为控制电动机正、反转向的自动转换开关。
② 粗实线为用于洗涤的电动机绕组（一般为8极），细实线为用于脱水的电动机绕组（一般为6极或4极），电动机可通过皮带传动使波轮、甩桶得到合适的转速

图 12-1　双速电容运转式电动机变速原理图

12.1.2　绕组抽头调速

目前单相电容运转电动机常用定子绕组抽头调速。这种调速无需增加额外辅助部件只用改变定子绕组接线和抽头就可实行电动机的调速。

应用绕组抽头调速的电动机应有主绕组、副绕组和调速绕组。调速绕组可嵌于主绕组和副绕组同一槽内，它的电磁作用与调速功能则没有差别。实用中调速绕组多与副绕组嵌置于同一槽内。通过改变调速绕组的抽头以改变主绕组的电压降及磁场强度，从而实现对单相电动机的调速。

专家提示：绕组抽头调速的电动机用料省、重量轻、耗电少是该种调速方法的显著特点。其缺点是工艺性相对较差，电动机的绕组、嵌线、接线均较传统绕组麻烦、费时，从而使其应用范围受到某些限制。

1．L−1型接法

现以L−1型2速接法为例加以说明，其原理接线如图12-2所示。这种接法中调速绕组与主绕组串联后直接接电源，主绕组与调速绕组为同槽嵌线，故两套绕组在铁芯空间上是同相位。一般情况下，调速绕组均嵌在主绕组的上面，其线径较小。当调速开关转到1号位置时电动机高速运行。这时调速绕组全部串接于副绕组中，主绕组则直接接入电源，可满足两相对称运行。调速开关转到2号位置

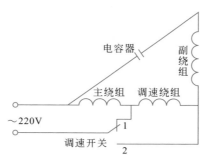

图 12-2　L−1 型 2 速接法原理图

时，调速绕组与主绕组相连，使主绕组匝数增加而致电压与磁通相继降低，使电动机进入低速运行状态。

图 12-3 与图 12-2 相比调速开关增加了一个中速挡即 3 个挡。中挡时调速绕组的一部分线圈被接入副绕组而另一部分接入了主绕组，从而使电动机中速运行。高速、低速运行原理参见 L-1 型 2 速接法原理。

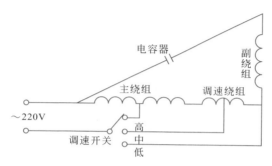

图 12-3　L-1 型 3 速接法原理图

2. L-2 型接法

L-2 型接法原理如图 12-4 所示。由图看出，调速绕组与副绕组为同槽嵌线，故两套绕组的空间分布为同相位。同槽中调速绕组嵌放在副绕组的上面，其绕组线径一般与副绕组相同。

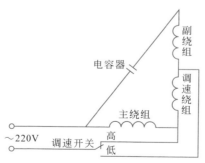

图 12-4　L-2 型 2 速接法原理图

图 12-5 是将调速绕组分为两段，而成为 3 速接法即调速开关有 3 个挡位。

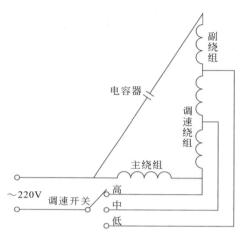

图 12-5 L-2 型 3 速接法原理图

3. T 形接法

T 形接线原理如图 12-6 所示，调速绕组串接在主、副绕组相并联的电路以外，调压是对主、副绕组同时进行的。这种接法通常以调速绕组与主绕组同槽嵌线，它们的空间同相位。

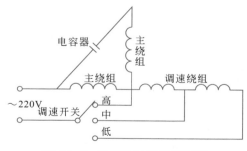

图 12-6 T 形接法接线原理图

4．H形接法

H形接线原理如图12-7所示，这种接法是将调速绕组与副绕组串接以后再并联在主绕组的抽头和电源之间。其调速绕组与副绕组同槽嵌线，两套绕组空间同相位。调速方法是使主绕组的上半部分、下半部分和副绕组的这部分绕组之间，形成相位不一致的三个非对称的相位差。当改变调速绕组的抽头位置时也就改变了这三个绕组间的非对称的相位差，可实现单相电动机的调速。

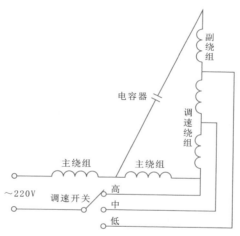

图12-7　H形接法接线原理图

12.1.3　电抗器调速接法

将电抗器串接到电动机单相电源电路中，通过变换电抗器的线圈抽头来实现降压而进行调速，图12-8为电抗器调速接线图。调速开关置于不同的速度挡位（低、中、高）时，电源电压经电抗器绕组分压后加到电动机绕组上的电压是不同的，从而得到不同的转速。

当调速开关转到低挡位时主绕组与电抗器串接到电源上，则电源电压一部分降在电抗器的全部绕组上。这时主绕组上的电压降低使其产生的磁场减弱，故电动机转速降低；当调速开关转到高挡位时，电抗器线圈脱离电路（不起作用），主绕组将在额定电压下运行，这时电动机的转速达到最高转速；调速开关转到中挡位时，电抗器部分线圈串入主绕组，则主绕组和副绕组的工作电压处于高速和低速电压之间，电动机中速运行。

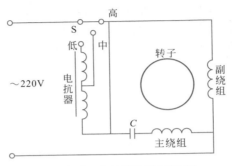

图 12-8　电抗器调速接线图

12.1.4　自耦变压器调速接法

调速开关置于自耦变压器次级绕组不同的抽头时，电动机可得到不同的电压，从而以不同的速度转动。具体接线方法有以下几种：

1. 主绕组降压调速

如图 12-9 所示，通过自耦变压器绕组串入主绕组的多少，来改变主绕组的电源电压而实现变速。

专家提示： 由于启动转矩与所加电压的平方成正比，所以降压调速时，启动转矩也在降低，适用于轻载启动的场合。

2. 主、副绕组同电压降压调速

图 12-10 为主、副绕组同电压降压调速原理图。自耦变压器以相同电压对单相电动机的主、副绕组作电压调节来进行调速的。

3. 主、副绕组异电压降压调速

如图 12-11 为主、副绕组异电压降压调速接线图。自耦变压器是分别以不同电压施加到主、副绕组来进行降压调速的。

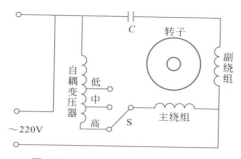

图 12-9 主绕组降压调速接线图

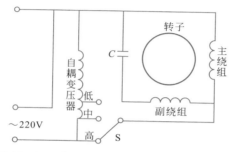

图 12-10 主、副绕组同电压降压调速接线图

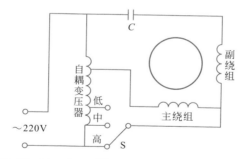

图 12-11 主、副绕组异电压降压调速接线图

专家提示：采用自耦变压器降压调速方法，能使电动机的启动性能和电能消耗均有较大改善，其缺点是在加装自耦变压器后使整体成本增加。

12.2

单相异步电动机的正、反转

调速电动机的正、反转的方法较多，现以最常用的为例加以说明。

12.2.1 对调主或副绕组的首尾实现反转

将主或副绕组的两根出线端互换，即主、副绕组的首尾端互换，电动机的转动方向就会相反，如图 12-12 所示。

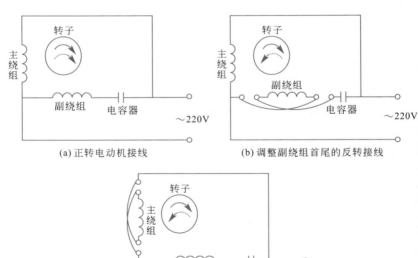

(a) 正转电动机接线   (b) 调整副绕组首尾的反转接线

(c) 调整主绕组首尾的反转接线

图 12-12 对调主绕组或副绕组的首尾实现反转

专家提示： 单相分相式电动机和电容式电动机，可通过对调主或副绕组的首、尾实现反转。

12.2.2 通过转换开关交换使用主、副绕组实现反转

通过转换开关将主绕组和副绕组交换使用来改变电动机的转动方向，如图12-13所示。其原理是：转换开关处于1位置时，绕组A为主绕组，绕组B为副绕组。转换开关处于2位置时，绕组A为副绕组，绕组B为主绕组，此时电动机的转动方向与转换开关处于1位置时相反。

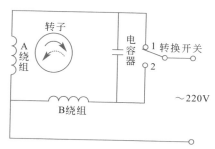

图12-13 通过转换开关交换使用主、副绕组实现反转

专家提示：通过转换开关交换使用主、副绕组实现反转的方法，适用于主、副绕组匝数、绕径、分布完全相同的单相电容运转式电动机，常用于洗衣机电动机。

12.3

三相电动机改单相电动机

在实际工作中，若某地区没有三相电源，或使用三相电源不方便时，可将小功率电动机接线方式进行改变可当成单相电动机使

用。省时省力，给工农业生产带来极大方便。

三相电动机改单相电动机的方法如下：

12.3.1 电容移相接法

电容移相接法是三相异步电动机改单相运行时最简便实用的方法，它适用于定子绕组为 Y 形连接的三相异步电动，也适用于定子绕组为△形连接的三相异步电动机。图 12-14 为采用电容移相 Y 形连接的原理接线图，图 12-15 为采用电容移相△形连接的原理接线图。图中的 C_2 为电动机的工作电容，C_1 则为电动机的启动电容其作用是为了增大电动机的启动转矩。

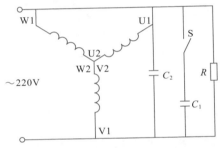

图 12-14　电容移相 Y 形连接原理图

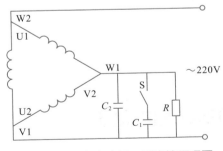

图 12-15　电容移相△形连接原理图

当三相异步电动机改单相电源运行启动时，启动电容 C_1 和工

作电容 C_2 同时并联被接入电源。在电动机启动至接近额定转速时，自动开关 S 将启动电容 C_1 从电路中切除。为减小启动电容 C_1 的电容量则在 C_1 的两端并联了电阻 R。同时，在 C_1 从电源中切除后使其能迅速地向电阻 R 放电，以便电动机可以进行频繁的再启动过程。电动机工作电容 C_2 的电容量可按以下经验公式计算

$$C_p = \frac{1950 I_N}{U_N \cos\varphi} (\mu F)$$

式中　I_N——电动机铭牌上的额定电流，A；

　　　U_N——电动机铭牌上的额定电压，V；

　　$\cos\varphi$——电动机铭牌上的功率因数。

专家提示： 为保证电容器正常可靠地运行，其工作电压不得小于电动机额定电压的 1.25 倍，并必须采用纸介电容器或油浸纸介电容器。

12.3.2　拉开 Y 形连接

拉开 Y 形连接只能用于 380V 的单相电源，这对于某些远离三相电源的边远农村则是很有实际意义的。当农忙季节需要抗旱、排渍时，可将 220V 照明线路中的零线改接在电力变压器的另一根相线上，则得到 380V 电压的电源。图 12-16 所示即为采用拉开 Y 连接的原理接线图，图中 V 和 W 两相绕组串接后构成主绕组，U 相绕组则在与电容器 C_2 进行串接后作为副绕组。为了提高电动机的

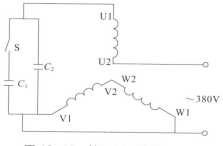

图 12-16　拉开 Y 形连接原理图

启动转矩线路中还并联了一只启动电容器 C_1。当电动机启动后的转速达到接近额定转速时，自动开关 S 即将启动电容器 C_1 从线路中切除出去，仅留下工作电容 C_2 参与长期运行。

在作拉开 Y 形连接时，工作电容的电容量可按下面经验公式计算。

$$C_p = \frac{I_N \times 10^6}{44 \times 314}(\mu F)$$

式中 I_N——三相电动机的额定电流，A。

启动电容器 C_1 的电容量则可按 $C_1 = （0.8 \sim 0.9）C_2$ 估算即可。

专家提示： 采用接开 Y 形连接用于单相电源时，能使电动机的输出功率达到其在三相运行时额定功率的 85% ～ 95%。其使用的电容器则应选择近似值的标准纸介或油浸纸介电容器，工作电压则最好选取 630V 的为好。

12.3.3 电感电容移相接法

电感电容移相接法的实质就是在电动机外部经过电感 L 和电容 C 的移相作用，将单相电源变换成三相对称电源后再加于三相电动机上。因而此时电动机定子产生的仍将是一个三相旋转磁场，其工作原理也与三相供电时完全相同，只不过是以 220V 的单相电源取代了 380V 的三相电源而已。图 12-17 为采用电感电容移相的 Y 形

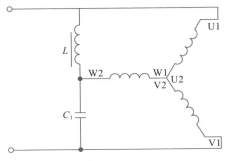

图 12-17 电感电容移相 Y 形连接原理图

接法原理接线图。图 12-18 为采用电感电容移相△形连接的原理接线图。

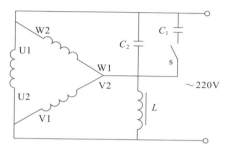

图 12-18 电感电容移相△形连接原理图

当采用电感电容移相接法时，其最佳电感量 L 和最佳电容量 C_2 可按下式计算

$$L = \frac{1}{\omega C_p} = \frac{1.5 U_e \times 10^3}{S\omega \sin(60° + \varphi)} (\text{mH})$$

$$C_2 = C_p = \frac{0.67 S \sin(60° + \varphi) \times 10^6}{\omega U_e^2} (\mu\text{F})$$

式中 U_e——单相电源电压，V；

     φ——电动机功率因数角；

     S——电动机输入端三相视在功率，V·A；

     ω——角频率，$\omega = 2\pi f$。

专家提示：采用电感电容移相接法时只要电感值 L 和电容量 C_2 选配适当，就能维持电压稳定的对称和获得 220V 的三相对称电源，从而使电动机在单相运行时得到和在三相运行时同等的功率输出。电感电容移相接法的缺点是需要配置电容器和带铁芯电感，因而增加了成本和运行时的维护工作量。

12.3.4 拉开△形连接

拉开△形连接可适用于 220V 或 380V 的单相电源，图 12-19

为拉开△形连接原理接线图。采用的这种接法与拉开 Y 形连接的基本原理都是相同的，但与拉开 Y 形连接比较则有如下一些不同特点。

① 从图 12-19 中可以看出，该电动机的三相绕组只有 U 相一相绕组作为主绕组，而 V 相和 W 相绕组串接后则作为副绕组，但在图 12-16 的拉开 Y 形连接中则是由 V 相和 U 相串联后构成主绕组的，仅由 W 相一相绕组作为副绕组。

② 在图 12-19 中其绕组 U1 与绕组 V1、W1 构成一个自耦变压器，由于自耦变压器的升压作用，使得电容器 C_1 和 C_2 所承受的电压约为单相电源电压的三倍，因此需要选用比图 12-16 拉开 Y 形连接时具有更高工作电压的电容器。

③ 如果要使电动机反转，则只需将图 12-19 中副绕组的两端 W2、V1 对换，或者将绕组线端 U1、U2 对调即可。

④ 图 12-16 拉开 Y 形连接与图 12-19 拉开△形连接相比较，两种接法所需工作电容 C_2 的电容量大小相近，但拉开 Y 形连接所需启动电容 C_1 的电容量，则都要比拉开△形连接时大得多，将达到 $C_1=(2 \sim 4)C_2$。

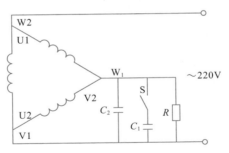

图 12-19　拉开△形连接原理接线图

第13章

第 **13** 章

单相异步电动机的
展开图和嵌线技巧

13.1

单相正弦绕组的展开图和嵌线技巧

正弦绕组是一种电气性能要求较高的特殊双层同心式绕组。正弦绕组的定子绕组排列不均匀，但有一定的规律，它能降低额外转矩和损耗，可提高电动机的工作效率，改善电动机的启动性能。正弦绕组一般用在单相电动机中。现以 4 极 24 槽电动机为例，说明正弦双层绕组展开图和嵌线方法。

13.1.1 正弦绕组展开图的绘制

1. 计算各项参数

每极相槽数（主、副绕组） $q = \dfrac{2Z}{2pm} = \dfrac{2 \times 24}{2 \times 2 \times 3} = \dfrac{48}{12} = 4$ （槽）

每槽电角度 $\alpha = \dfrac{p \times 360°}{Z} = \dfrac{2 \times 360°}{24} = 30°$

极距 $\tau = \dfrac{Z}{2p} = \dfrac{24}{2 \times 2} = 6$ （槽）

第一节距 $y_1 = \tau - 1 = 5$ （槽）

第二节距 $y_2 = y_1 - 2 = 5 - 2 = 3$ （槽）

第三节距 $y_3 = y_2 - 2 = 3 - 2 = 1$ （槽）

2. 主绕组展开图的绘制步骤

先画出 24 个竖线代表定子绕组线槽，并标明序号。而后根据第一节距 $y_1 = 5$ 槽，第二节距 $y_2 = 3$ 槽，第三节距 $y_3 = 1$ 槽，再根据反接串联接法的原则，将主绕组绕圈接好，如图 13-1 所示。

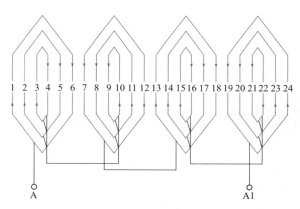

图 13-1 正弦双层绕组的主绕组展开图

根据电动机的工作原理，单相电动机的主绕组和副绕组的首端相位互差 90° 电角度，所以副绕组的首端应在 4 号槽，尾端应在 22 号槽。

13.1.2 正弦绕组的嵌线步骤

① 先将主绕组嵌在定子槽的下层，即把主绕组带有出线头的其中一组线圈中的最小线圈根据节距 y_3=1 槽，分别嵌在 3 号槽和 4 号槽的下层，并放好层间绝缘。

② 将中把线圈根据节距 y_2=3 槽，分别嵌在 2 号槽和 5 号槽的下层，并放好层间绝缘。

③ 将最大线圈根据节距 y_1=5 槽，分别嵌在 1 号槽和 6 号槽的下层，并放好层间绝缘。

④ 然后将第二组线圈的最小线圈根据反接串联接法，将小线圈的两边分别嵌在 9 号槽、10 号槽的下层，并放好层间绝缘。

⑤ 将第二组线圈的中把线圈根据节距 y_2=3 槽，分别嵌在 8 号槽、11 号槽的下层，并放好层间绝缘。

⑥ 将第二组线圈的大把线圈根据节距 y_1=5 槽，分别嵌在 7 号槽、12 号槽的下层，并放好层间绝缘。

⑦ 然后根据以上步骤将主绕组的第三组和第四组线圈分别嵌在其他对应的槽下层。

⑧ 根据主、副绕组的首端出线槽在相位上相差 90° 的原则，将副绕组带有引出线的其中一组线圈的最小把线圈根据节距 y_3=1 槽，分别嵌在 6 号槽、7 号槽的上层并封好槽口。

⑨ 将副绕组第一组线圈的中把线圈根据节距 y_2=3 槽，分别嵌在 5 号槽、8 号槽的上层，并封好槽口。

⑩ 将副绕组第一组线圈的大把线圈根据节距 y_1=5 槽，分别嵌在 4 号槽、9 号槽的上层，并封好槽口。

⑪ 将副绕组第二组线圈的最小线圈根据反接串联接法，将小线圈的两边分别嵌在 12 号槽、13 号槽的上层，并封好槽口。

⑫ 将副绕组第二组线圈的中把线圈根据节距 y_2=3 槽，分别嵌在 11 号槽、14 号槽的上层，并封好槽口。

⑬ 将副绕组第二组线圈的大把线圈根据节距 $y_1=5$ 槽，分别嵌在 10 号槽、15 号槽的上层，并封好槽口。

⑭ 然后根据以上步骤将副绕组的第三组和第四组线圈嵌在其他对应的槽上层。

⑮ 4 极 24 槽电动机正弦绕组嵌线完成，其展开图如图 13-2 所示。

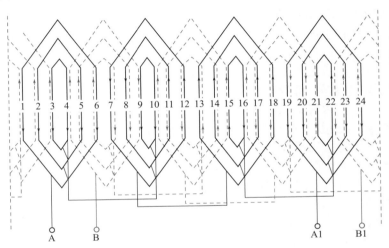

图 13-2　4 极 24 槽电动机正弦绕组的展开接线图

专家提示： 在单相正弦波绕组中，线圈的节距和绕组匝数均不相同，主绕组（运行绕组）嵌放在槽的下层，副绕组（启动绕组）嵌放在槽的上层。嵌线过程中，层间绝缘要放好，否则会使电动机出现故障，缩短寿命。主、副绕组的线径不相同。主绕组和副绕组的首尾端必须在相位上互差 90° 电角度，否则电动机不能正常运转。嵌线时先嵌小把线圈，后嵌中把线圈，再嵌大把线圈。

13.2

分相式电动机绕组的展开图和嵌线

13.2.1 分相式电动机的结构

电容器分相式电动机利用副绕组中串接的电容器使副绕组中产生的电流与主绕组产生的电流在相位上超前 90° 电角度。电容器分相式电动机有较大的启动转矩和较小的启动电流。在这种电动机的副绕组中串接有启动元件，启动元件主要有离心开关、启动继电器和 PTC 启动器等。

1. 离心开关

离心开关安装在带有皮带轮（带动负载）一端的转子轴上，它由可动部分和静止部分组成。静止部分带有触点并固定在端盖上，用来控制副绕组的通断。可动部分安装在转轴上，用来控制静止部分触点的通断和控制副绕组的工作状态。其工作原理是电动机未加电时，在离心开关内部弹簧的作用下，使静止部分的触点处在闭合状态，使副绕组接入启动电路。加电后，当电动机的转速达到一定时，在离心力的作用下，静止部分的触点分开，副绕组脱离电源，仅主绕组单独工作。

2. 启动继电器

启动继电器有电流启动继电器和电压启动继电器两种。

电流启动继电器的控制线圈串接在主绕组回路中，用来控制触点接入副绕组回路。其工作原理是：电动机未加电时，触点在弹簧的作用下处于断开状态。在电动机加电瞬间，主绕组中产生的电流较大，该电流经过启动器控制线圈后，产生磁力吸引磁铁动作，使启动器触点闭合，副绕组接入电源，与主绕组在相位上产生 90° 的电角度，使电动机启动运转。当电动机转速达到一定时，启动继电器线圈中的电流下降，所产生的磁力减小，在弹簧的作用下，触点断开使副绕组脱离电源，主绕组单独运行工作。

电压启动继电器是指在定子绕组中嵌放一个附加线圈绕组，该线圈与启动器的线圈构成闭合回路。其工作原理是电动机未加电时，启动器触点在弹簧的作用下处在闭合接通状态。当电动机加电转速达到一定值时，附加绕组上产生恒定电压，该电压使继电器线圈产生磁场，使磁铁动作，控制触点断开使副绕组脱离电源，此时，主绕组单独工作，副绕组起到启动作用。

3. PTC 启动器

PTC 启动器是一种正温度系数热敏电阻，其阻值随温度的升高而增大，在冷态下其阻值很小，该热敏电阻串接在启动绕组的回路中。其工作原理是电动机未加电时，PTC 启动元件在冷态下阻值很小，当电动机加电后在副绕组产生启动电流，此时电流经过 PTC 元件并使其温度急剧上升，阻值变大，相当于开路状态，副绕组接近于断开状态。此时电源经 PTC 元件到副绕组有个很小的电流经过，可维持 PTC 元件温度使其保持在相当于开路状态，保持电动机的正常运转。例如，家用冰箱、空调的压缩机采用此种启动方法。

13.2.2 电容器分相式电动机

1. 电容器分相启动的工作原理

电容器分相式电动机的启动原理如图 13-3 所示。这种电动机利用副绕组中的启动电容器，使电动机接通电源后副绕组中的电流超前主绕组中的电流一定相位角，形成的旋转磁场近似为圆形，使电动机转动。当转速达到一定时，在离心力的作用下，离心开关断开，使副绕组和启动电容器脱离电源，主绕组单独接入电源而使电动机正常工作。

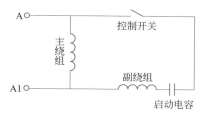

图13-3 电容器分相式电动机的启动原理

2. 电容器分相式电动机绕组的嵌线步骤

电容器分相式电动机没有附属启动装置。这种电动机在正常工作时，副绕组与启动电容器串联接于电路中进行分相启动运转。电容器运转式电动机是分相电动机的一种。绕组分主、副绕组，主绕组使用的漆包线较粗、匝数比副绕组少，副绕组使用的漆包线较细、匝数较多。其绕组方式采用同心式，各绕组间采用反接串联。这种电动机的电气性能和功率因数都较高，但启动转矩较小。这类电动机主要用在洗衣机和家用小型水泵中。

现以2极24槽电容器分相式电动机为例，讲述其绕组的展开图绘制和嵌线方法。

（1）计算各项参数

极距 $\tau = \dfrac{Z}{2p} = \dfrac{24}{2} = 12$ （槽）

第一节距 $y_1 = \tau - 1 = 12 - 1 = 11$ （槽）

第二节距 $y_2 = y_1 - 2 = 11 - 2 = 9$ （槽）

第三节距 $y_3 = y_2 - 2 = 7$ （槽）

第四节距 $y_4 = y_3 - 2 = 5$ （槽）

第五节距 $y_5 = y_4 - 2 = 3$ （槽）

每极相槽数 $q_{主} = q_{副} = \dfrac{2Z}{2 \times 2p} = \dfrac{24}{2 \times 2} = 6$ （槽）

每槽电角度 $\alpha = \dfrac{p \times 360°}{Z} = 15°$

（2）主绕组展开图绘制步骤

首先画出 24 个竖线代表定子绕组槽数，并注明序号。由于电容器分相式电动机每极相槽数较多，为了改善电动机的性能且嵌线方便，多采用同心式正弦绕组。这类电动机的主、副绕组均采用 5 个大小不同的线圈构成极相组。两组绕组采用反接串联法。而后根据第一节距 y_1=11 槽、第二节距 y_2=9 槽、第三节距 y_3=7 槽、第四节距 y_4=5 槽、第五节距 y_5=3 槽的原则，将主绕组线圈接好，如图 13-4 所示。

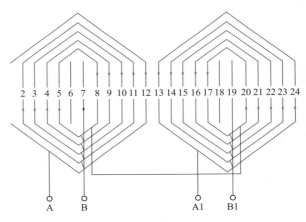

图 13-4　主绕组展开图

根据电动机的工作原理（单相电动机的主绕组和副绕组的首尾端在相位上互差 90° 电角度），决定了副绕组的首端应在 7 号槽，尾端应在 19 号槽。

（3）嵌线步骤

① 将主绕组嵌在定子槽的下层，先嵌最小线圈，然后从小线圈到大线圈依次嵌放。将最小线圈根据节距 y_5=3 槽，分别嵌放在 5 号槽和 8 号槽，并放好层间绝缘。

② 再将其他 4 把线圈从小线圈到大线圈根据不同的节距分别嵌在 4 号槽、9 号槽、3 号槽、10 号槽、2 号槽、11 号槽和 1 号槽、12 号槽，嵌好第一组线圈后，将最大线圈的槽口封好。

③ 将第二组线圈根据反接串联接法，从小线圈到大线圈依次嵌在 17 号槽、20 号槽，16 号槽、21 号槽，15 号槽、22 号槽，14 号槽、23 号槽和 13 号槽、24 号槽，然后将最大线圈的槽口封好。

④ 根据主、副绕组的首端出线槽在相位上相差 90° 的原则，从 1 号槽数 6 槽，确认 7 号槽为副绕组的出线首端后，将副绕组的一组线圈的最小线圈根据节距 y_5=3 槽，嵌在 11 号槽、14 号槽的上层，并封好槽口。

⑤ 然后将其他 4 把不等的线圈从小线圈到大线圈根据不同的节距分别嵌在 10 号槽、15 号槽，9 号槽、16 号槽，8 号槽、17 号槽，7 号槽、18 号槽的上层，并封好槽口。

⑥ 将第二组副线圈根据反接串联接法，从小线圈到大线圈依次嵌在 23 号槽、2 号槽，22 号槽、3 号槽，21 号槽、4 号槽，20 号槽、5 号槽，19 号槽、6 号槽的上层，然后封好所有槽口。

⑦ 2 极 24 槽电容器分相式电动机正弦绕组嵌放完毕，其展开图如图 13-5 所示。

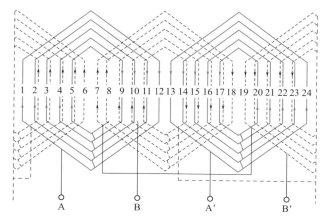

图 13-5　2 极 24 槽电容器分相式电动机正弦绕组展开图

专家提示： 电容器分相式电动机没有离心开关或启动继电器等装置。在这种电动机中，主、副绕组的线径根据电动机的不同，有的主、副绕组线径一致，有的主绕组线径粗，有的副绕组线径细，且大小线圈的匝数不同，但主、副绕组所占的槽数相等。嵌线时先嵌主绕组后嵌副绕组，不能将主、副绕组装反，否则会影响电动机的散热性能。启动电容器与副绕组串联后与主绕组一同接在电源上。

13.2.3 电阻分相式电动机

电阻分相式电动机的原理如图 13-6 所示。这种电动机的定子槽中嵌放有主绕组和副绕组。在主绕组出线端标记为 A、A′，副绕组出线端标记为 B、B′。主绕组所用的线径比副绕组粗，副绕组的电阻大于主绕组。副绕组串接一个离心控制开关与主绕组并联接在220V 交流电源上。接通电源时，因主绕组和副绕组的电阻大小不同，使主绕组流过电流的相位不同，导致主绕组中的电流滞后副绕组电流产生一定的相位角，并形成椭圆形的旋转磁场，使电动机运转。当电动机转子速度达到一定值时，在离心力的作用下，离心开关断开，使副绕组脱离电源，主绕组单独工作。

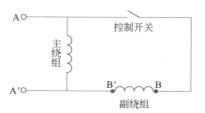

图 13-6　电阻分相式电动机的原理

电阻分相式电动机和电容器分相式电动机的原理和结构基本相同。在电阻分相式电动机中无启动电容器，其主绕组线径需比副绕组线径粗，因而副绕组的电阻远大于主绕组电阻。其主绕组中的电流滞后副绕组电流的相位角大约为 30° ～ 40°，所以电阻分相式电动机的启动转矩和启动电流均大于电容器分相式电动机。在电阻分相式电动机中，主、副绕组所占的定子槽数不等。为了消除主绕组在运行时产生的三次谐波，其主、副绕组每极相槽数可根据以下公式计算：

主、副绕组每极相槽数 $q = \dfrac{2Z}{3 \times 2p}$

式中，Z 为定子槽数；p 为极对数。

现以 4 极 24 槽电阻分相式电动机为例，说明其绕组的展开图绘制方法。

各项参数计数如下：

主绕组每极相槽数 $q_{主} = \dfrac{2Z}{3 \times 2p} = \dfrac{2 \times 24}{3 \times 2 \times 2} = \dfrac{48}{12} = 4$ （槽）

副绕组每极相槽数 $q_{副} = \dfrac{2Z}{3 \times 2p} = \dfrac{24}{3 \times 2 \times 2} = 2$ （槽）

极距 $\tau = \dfrac{Z}{2p} = \dfrac{24}{4} = 6$ （槽）

第一节距 $y_1 = \tau - 1 = 5$（槽）

第二节距 $y_2 = y_1 - 2 = 5 - 2 = 3$（槽）

每槽电角度 $\alpha = \dfrac{p \times 360°}{Z} = \dfrac{2 \times 360°}{24} = 30°$

根据以上计算参数可画出 4 极 24 槽电阻分相式电动机单层同心式绕组展开图，具体如图 13-7 所示。

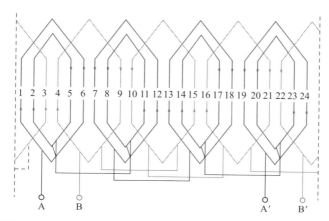

图 13-7 4 极 24 槽电阻分相式电动机单层同心式绕组展开图

其嵌线过程和接线原理可参考电容器分相式电动机的具体内容。

13.3
罩极式电动机绕组的展开图和嵌线技巧

13.3.1 单相罩极式电动机概述

罩极式电动机形成旋转磁场须满足的条件是主绕组和副绕组（短路环）在空间上相差一定的电角度。由于该电角度小于 90°，在转动时产生磁场的椭圆度很大。电动机加电后，一部分磁通经过磁极的未罩部分，另一部分磁通穿过副绕组（短路环），并在副绕组上形成感应电动势。由于副绕组的作用，当穿过副绕组中的感应电动势发生变化时，副绕组中产生的感应电动势和电流，总是阻碍磁通的变化，副绕组中的磁通滞后未罩部分的磁通，使磁场的中心发生移动，于是在电动机内部便产生移动磁场，使电动机启动旋转。当电动机的转速正常后，副绕组中的磁通失去作用。

罩极式电动机根据磁极形式可分凸极式和隐极式两种。凸极式电动机的铁芯上有凸起，在每极的凸极极面上的同一侧开有槽口，将短路环（副绕组）嵌在槽内，罩住主磁极的一部分。短路环是由线径较粗的电磁线直接短接在凸极一侧开口槽中，一般由 1~2 匝线圈组成。主绕组由绕好的集中式线圈直接嵌放在定子铁芯的凸极上。凸极式罩极电动机以 2 极或 4 极较多。主绕组各线圈的连接根据相邻极性相反的原则，采用反接串联接法。如图 13-8 所示为凸极式 2 极电动机，如图 13-9 所示为凸极式 4 极电动机。

罩极式电动机的铁芯和一般通用电动机的铁芯相同，主绕组和罩极绕组分别嵌放在定子槽的上下层，但罩极绕组只占总槽数的

1/3。罩极线圈采用反接串联接法接成闭合回路。主绕组和罩极绕组在空间相位上互差 45° 电角度。

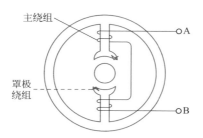

图 13-8 凸极式 2 极电动机

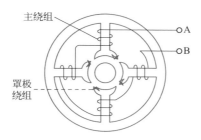

图 13-9 凸极式 4 极电动机

专家提示：罩极绕组和主绕组在定子上的相对位置可改变电动机的旋转方向，嵌放罩极绕组时，需根据电动机的旋转方向来决定罩极绕组和主绕组的位置。

13.3.2 单相罩极式电动机绕组展开图的画法

现以 2 极 16 槽单相罩极式电动机为例讲述其绕组的展开图绘制方法。

各项参数计算如下：

每极相槽数 $q_主 = \dfrac{Z}{2pm} = \dfrac{16}{2 \times 2} = 4$ （槽）

极距　　　$\tau = \dfrac{Z}{2p} = \dfrac{16}{2} = 8$（槽）

第一节距　$y_1 = \tau - 1 = 8 - 1 = 7$（槽）

第二节距　$y_2 = 7 - 2 = 5$（槽）

第三节距　$y_3 = y_2 - 2 = 5 - 2 = 3$（槽）

第四节距　$y_4 = y_3 - 2 = 3 - 2 = 1$（槽）

每槽电角度　$\alpha = \dfrac{p \times 360°}{Z} = \dfrac{360°}{16} = 22.5°$

根据以上计算参数，嵌放 2 极 24 槽罩极式单相电动机的绕组。

嵌线步骤：

① 先嵌放主绕组，后嵌放罩极绕组，将主绕组的第一组线圈最小线圈，根据最小节距 $y_4 = 1$ 槽，分别嵌放在 4 号槽、5 号槽，再将第二把小线圈根据节距 $y_3 = 3$ 槽，嵌放在 3 号槽、6 号槽，然后将第一组线圈的绕组从小线圈到大线圈，根据相应的节距嵌在 2 号槽、7 号槽和 1 号槽、8 号槽内。

② 根据反接串联接法将第二组线圈的绕组从小线圈到大线圈，根据不同节距分别嵌在 12 号槽、13 号槽，11 号槽、14 号槽，10 号槽、15 号槽和 9 号槽、16 号槽中。

③ 根据主绕组和罩极绕组在空间相位上互差 45° 电角度的原则，将罩极绕组的第一组的小线圈嵌在 4 号槽、8 号槽，大线圈嵌在 3 号槽、9 号槽，把罩极绕组的第二组线圈的小线圈嵌在 12 号槽、16 号槽，大线圈嵌在 11 号槽、1 号槽内。而后将罩极线圈的 3 号槽和 11 号槽，8 号槽和 16 号槽的出线相接，使罩极线圈组成闭合回路。

④ 单向罩极电动机绕组嵌线完毕，其展开图如图 13-10 所示。

专家提示： 罩极式电动机的启动转矩较小，主要用在要求不高的场合。罩极式电动机和单相分相式电动机相比，它的启动绕组（罩极绕组）不接入电源，而且单独形成闭合回路，且主绕组和罩极绕组在空间相位上互差 45° 电角度。若要改变电动机的运转方向，将电动机定子铁芯拆下对调装配即可。

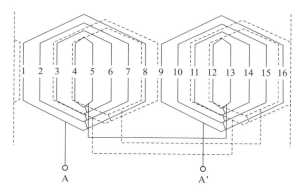

图 13-10　2 极 24 槽单相罩极式电动机绕组展开图

特种单相电动机绕组的展开图和嵌线技巧

　　单相电动机除有上述电动机外，还有微型同步电动机和定子转动电动机。微型同步电动机的定子类型和单相异步电动机相似，但微型同步电动机的转子结构与一般同步电动机相比有很大差别。根据转子结构的不同，微型电动机可分为反应式、磁滞式和永磁式等几种。

13.4.1　反应式同步电动机

　　反应式同步电动机由笼型电动机演变而来，其定子部分和异步电动机基本相同。转子结构常见的有外反应式、内反应式和内外反应式。

　　电动机同步转动时，若转子凸极轴线与定子旋转磁场的轴线夹角为零，它的磁路磁阻很小，产生的磁力线最短，这时转子的转矩为零。当转子有负载时，转子凸极轴线滞后定子磁场轴线一定角度，这时磁路磁阻加大，产生转矩使转子转动，随着负载的加大，产生的转矩逐渐减小，使电动机进入异步转动状态。

反应式电动机的启动方式有电容器分相式、电容器运转式和电容器启动运转式三种。电容器分相式的启动转矩高，电容器运转式的功率因数和效率都较高，但它们的启动转矩相对较小；电容器启动运转方式的启动转矩高且运行性能好。

13.4.2 磁滞式同步电动机

磁滞式同步电动机的定子结构和单相异步电动机基本相同，而转子为采用磁滞材料制成的表面光滑的圆柱体。

电动机加电定子产生旋转磁场后，转子上的磁滞材料开始磁化，转子磁化后的磁场和定子上产生的旋转磁场有一定的夹角，形成转矩而使电动机旋转。该夹角的大小由转子磁性材料的磁滞特性决定，与转子的转速无关。

磁滞式同步电动机具有自启动能力，可自行进入同步状态，因此，转子不需设置笼型启动绕组而采用电容器运转启动。

13.4.3 永磁式同步电动机

永磁式电动机的定子结构和单相异步电动机基本相同，而转子是用永磁材料制成，其启动方式有爪极式启动和异步启动两种。

爪极式启动电动机的定子由环形机壳、单相线圈和爪极触片组成；转子由铁氧体材料制成。电动机加电后，定子在脉振磁场的作用下，靠极片中心线和转子磁极中心线的偏移而产生扭矩使转子运转。

异步启动永磁式电动机的定子与单相异步电动机基本相同，而转子采用永磁材料制成，并带有笼式启动绕组。电动机加电后，产生一个旋转磁场，依靠笼式启动绕组产生启动转矩而使转子旋转。当转速达到一定值时，定子旋转磁场与永久磁铁相互吸引，使转子进入同步状态，此时启动绕组失去启动作用。

13.4.4 定子转动电动机

这种电动机的转子在电动机的外部，定子在电动机的内部。定子转动电动机需要配置调速装置，定子绕组的结构比较特殊。这种电动机主要用作单相吊扇和空调的排风电动机。以吊扇电动机为例加以说明。

吊扇电动机在实际中常采用 12、14、16、18 等极数。因这种电动机的极数较多，每极相组只有一个线圈，绕组均采用单层链式形式。绕组布线采用庶极式，各线圈之间用顺接串联接法，即各线圈之间采用首尾相连。

现以 16 极 32 槽电动机为例讲述其嵌线步骤。

1. 计算各项参数

每极相槽数　$q_\pm = \dfrac{Z}{2pm} = \dfrac{32}{2 \times 2 \times 8} = 1$（槽）

极距　$\tau = \dfrac{Z}{2p} = \dfrac{32}{2 \times 8} = 2$（槽）

节距　$y = \tau = 2$（槽）

每槽电角度　$\alpha = \dfrac{p \times 360°}{Z} = \dfrac{8 \times 360°}{32} = 90°$

在庶极式绕组电动机中，因一相中每组线圈形成 2 个磁极，则极相组数为 8，其计算方法如下：

极相组数 $= \dfrac{2pm}{Z} = \dfrac{2 \times 8}{2} = 8$

2. 嵌线步骤

① 先嵌主绕组，后嵌副绕组。将主绕组带有引出线的线圈的一个有效边嵌在 1 号槽，另一边根据节距 $y=2$ 槽，嵌在 3 号槽。

② 在庶极式绕组中，每个线圈中的磁极极性都相同，所有线圈内的电流方向都相同，根据相邻两个线圈首尾接头的连接原则，将第二个线圈嵌在 7 号槽、5 号槽中，第三个线圈嵌在 11 号槽、9 号槽，第四个线圈嵌在 15 号槽、13 号槽，第五个线圈嵌在 19 号

槽、17 号槽，第六个线圈嵌在 23 号槽、21 号槽，第七个线圈嵌在 27 号槽、25 号槽，第八个线圈嵌在 31 号槽、29 号槽中。

③ 嵌完主绕组后，根据主、副绕组首端在相位上互差 90° 电角度，将副绕组带有引出线的线圈的一个有效边嵌在 2 号槽，另一边根据节距 $y=2$ 槽，嵌在 4 号槽。

④ 根据庶极式绕组的接法（各绕组之间采用顺接串联法），将副绕组的第二个线圈嵌在 8 号槽、6 号槽，第三个线圈嵌在 12 号槽、10 号槽，第四个线圈嵌在 16 号槽、14 号槽，第五个线圈嵌在 20 号槽、18 号槽，第六个线圈嵌在 24 号槽、22 号槽，第七个线圈嵌在 28 号槽、26 号槽，第八个线圈嵌在 32 号槽、30 号槽内。

⑤ 16 极 32 槽电动机定子绕组嵌线完毕，其展开图如图 13-11 所示。

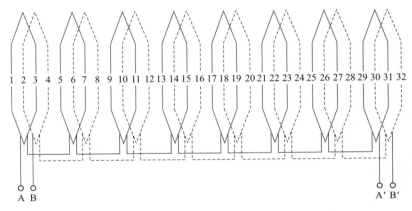

图 13-11 16 极 32 槽电动机定子绕组展开图

专家提示： 在多极小型电动机中，只有吊扇电动机绕组接线采用庶极式接线法。嵌线时，先嵌主绕组后嵌副绕组，各绕组线圈间尾首相接。主、副绕组在空间上的相位差 90° 电角度。其出线端有 3 根，即主绕组的首端，副绕组的首尾和主、副绕组的尾端接在一起的出线端。

单相调速电动机绕组的展开图和嵌线技巧

13.5.1 调速方法

实际应用中，这种电动机主要用于落地扇和台扇，它们均采用4极单电容器运转方式，运转方向为逆时针旋转，一般采用二速和三速等几种。有的用电动机外部调速器进行降压调速，有的采用电动机定子内部绕组抽头的方法进行调速。在这类调速电动机中，主、副绕组接线采用显极式（即各线圈之间为首接首、尾接尾，反接串联接法），而调速绕组采用庶极式（即各线圈之间为尾接首，顺接串联接法）。

13.5.2 嵌线操作

现以4极16槽电动机为例，讲述调速电动机绕组嵌线方法。

1. 计算各项参数

每极相槽数 $q_{主} = \dfrac{Z}{2pm} = \dfrac{16}{2 \times 2 \times 2} = 2$（槽）

极距 $\tau = \dfrac{Z}{2p} = \dfrac{32}{2 \times 8} = \dfrac{16}{4} = 4$（槽）

节距 $y = \tau - 1 = 4 - 1 = 3$（槽）

每槽电角度 $\alpha = \dfrac{p \times 360°}{Z} = \dfrac{2 \times 360°}{16} = 45°$

2. 嵌线步骤

① 首先嵌放主绕组，后嵌放副绕组和调速绕组。根据节距 $y=3$ 槽，每极相槽 $q=2$ 槽，将主绕组带有引出线线圈的一个有效边嵌放

489

在 1 号槽，另一有效边嵌放在 4 号槽。

② 根据反接串联接法将第二把线圈嵌在 5 号槽、8 号槽，第三把线圈嵌在 9 号槽、12 号槽，第四把线圈嵌在 13 号槽、16 号槽。

③ 根据单相电动机首端出线在空间上互差 90° 电角度，将副绕组（副绕组和调速绕组并联绕制）的其中一组线圈嵌在 3 号槽、6 号槽，第二把线圈嵌在 7 号槽、10 号槽，第三把线圈嵌在 11 号槽、14 号槽，第四把线圈嵌在 15 号槽、2 号槽。

④ 从 3 号槽中找出副绕组的引出线，根据反接串联接法，将副绕组的各线圈连接好。

⑤ 调速线圈的绕组根据庶极式绕组接线方法连接成两路，将任两根同一方向的引出线接在一起为调速线圈的公共端，其他两根中的其中一根和主绕组的尾端相接，另一根和副绕组的尾端相接。

⑥ 4 极 16 槽电动机绕组嵌放完毕，其展开图如图 13-12 所示。

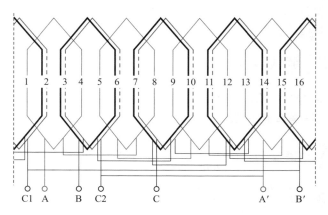

图 13-12　4 极 16 槽电动机绕组展开图

专家提示： 在多速电动机绕组中，其主、副绕组的各绕组之间连接均采用反接串联接法（即首接首、尾接尾），调速绕组之间连接采用顺接串联接法（即首尾相接）。该类电动机的引出线有 5 根，这些线与控制电路连接时不能接错，否则会造成电动机不能正常运转或烧坏电动机。

第14章

单相异步电动机和单相串励电动机的重绕计算技巧

14.1

单相异步电动机的重绕计算技巧

对一台无铭牌和无绕组的空壳单相异步电动机进行修复，需测量电动机铁芯的有关数据，通过计算求出有关数值后进行重绕。

14.1.1 主绕组的计算

1. 测量出电动机定子铁芯的有关数据

例如，测量定子铁芯内径 D、铁芯长度 L、槽形尺寸、定子槽数 Z、定子齿部宽度 b_t 和定子铁芯轭高 h_c 等。

2. 计算极数

$$2p = (0.35 \sim 0.4) \frac{Zb_t}{h_c}$$

式中，Z 为定子槽数；b_t 为定子齿部宽度；h_c 为定子铁芯轭高。

3. 计算极距

$$\tau = \frac{\pi D}{2p}$$

式中，π=3.14（定值）；D 为定子铁芯内径；p 为极对数。

4. 计算每极磁通

$$\Phi = a_g B_g \tau L \times 10^{-4} (\text{T})$$

式中，Φ 为每极磁通；a_g 为弧系数（一般为 0.6 ～ 0.7）；B_g 为气隙磁通密度。当电动机的极数为 2 极时，B_g=0.35 ～ 0.5T；电动机的极数为 4 极时，B_g=0.55 ～ 0.7T。

5. 计算串联总匝数

$$n_s = \frac{E}{4.44 f \Phi K_W}$$

式中，E 为绕组感应电动势；K_W 为电动机绕组系数，在集中式绕组中，K_W 为 1，单层绕组中 K_W 为 0.9，正弦绕组中 K_W 为 0.78；f 为电源频率；Φ 为每极磁通。

而感应电动势可由公式 $E=K_E U_c$ 求出，其中，K_E 为电动势系数，一般为 0.8 ～ 0.94，电动机的功率小时取小值；U_c 为电源工作电压。

6. 计算导线截面积

计算导线截面积时，首先算出槽的有效截面积，即

$$S_1 = KS_c$$

式中，K 为导线占槽的内部空间系数，一般情况下取 $0.5 \sim 0.6$；S_c 为槽的截面积，不同的槽形可根据公式计算。

导线截面积可根据槽的有效截面积与主绕组每槽导线数求出，公式如下：

$$S = \frac{S_1}{n_2}$$

式中，S_1 为槽的有效截面积；n_2 为主绕组的每槽导线数。

在单相电动机中，若主绕组占定子槽数的 2/3 时，它的主绕组每槽导线数

$$n_2 = \frac{2n_1}{\frac{2}{3}Z} = \frac{3n_1}{Z}$$

式中，n_1 为串联总导线数；Z 为定子绕组槽数。如果属于正弦绕组，主绕组应选取导线最多的槽数来计算。

若电动机的槽中嵌有副绕组，计算槽的有效面积 S_1 时，应减去副绕组所占的面积或降低导线占槽的内部空间系数 K 值。

若已知电动机的额定电流，可根据以下公式计算有效面积：

$$S_r = \frac{I_1}{j}$$

式中，I_1 为额定电流，A；j 为电流密度，一般情况下 j 取 $4 \sim 7\mathrm{A/mm^2}$，实际中可根据电动机的极数来选取，电动机的极数小时取小值，电动机的极数大时取大值。

7. 计算电动机的功率

计算电动机的功率时，首先确定电动机的额定电流，额定电流可由以下公式求得：

$$I_1 = Sj$$

式中，S 为导线截面积；j 为电流密度。

电动机的功率可根据以下公式求得：

$$P_H = U_H I_1 \eta \cos\varphi$$

式中，U_H 为工作电压，V；I_1 为额定电流，A；η 为机械效率；$\cos\varphi$ 为功率因数。

14.1.2　副绕组的计算

① 在单相电动机中，分相式与电容器启动式的副绕组串联总匝数的计算方法相同，即

$$n_3 = (0.5 \sim 0.7)n_1$$

式中，n_1 为主绕组串联总匝数。

副绕组导线截面积可由以下公式计算：

$$S_2 = (0.25 \sim 0.5)S$$

式中，S 为主绕组导线截面积。

② 在单相电动机中，电容器运转式电动机的串联总匝数可由以下公式计算：

$$n_3 = (1 \sim 1.3)n_1$$

式中，n_1 为主绕组串联总匝数。

电动机中的导线截面积与匝数成以下反比关系：

$$S_2 = \frac{S}{(1 \sim 1.3)n_3}$$

③ 电容器值的计算

在单相电容器启动式电动机中，电容器的容量

$$C = (0.5 \sim 0.8)P_H$$

式中，P_H 为电动机的功率，kW；C 为电容，μF。

电容器运转式电动机电容器的容量

$$C = 8j_1 S_2$$

式中，j_1 为副绕组电流密度，一般取 5 ～ 7A/mm^2；S_2 为副绕组导线截面积。

14.1.3　计算实例 1

现以一台丢失铭牌的空壳单相电动机为例，求出绕组的各项技术参数。

首先测出各项数据：定子铁芯外径 D_1=14.5cm，定子铁芯内径 D=8.7cm，铁芯长度 L=7cm，定子槽数 Z=36，定子齿部宽度 b_t=0.28cm，铁芯轭高 h_c=1.1cm。槽形为圆底斜顶槽，d_2=10mm，b_1=8mm，h_2=12mm，h_1=2mm。

要绕成单相电容器运转式电动机需要求出以下数据。

1. 主绕组的参数

① 估算极数。

$$2p = (0.35 \sim 0.4)\frac{Zb_t}{h_c} = \frac{36 \times 0.28}{1.1} \times (0.35 \sim 0.4) = 2.98 \sim 3.4$$

因 $2p$=2.98 ～ 3.4，可取 $2p$=4，即为 4 极电动机。

② 估算极距。

$$\tau = \frac{\pi D}{2p} = \frac{3.14 \times 8.7}{4} \approx 6.8(\text{cm})$$

③ 估算每极磁通。

$$\varPhi = a_g B_g \tau L \times 10^{-4}(\text{T})$$

式中，取极弧系数 a_g=0.6T，取气隙磁通密度 B_g=0.6T，将已知数据代入上式，得

$$\varPhi = 0.6 \times 0.6 \times 7.8 \times 7 \times 10^{-4} = 19.6 \times 10^{-4}(\text{T})$$

④ 估算主绕组的串联总匝数。

$$n_1 = \frac{E}{4.44 f \varPhi K_W}$$

根据公式 $E = K_E U_C$ 算出感应电动势 E（K_E 为电动势系数），取 $K_E=0.8$，即 $E=0.8\times220=176$（V）。取绕组系数 $K_W=0.8$。将已知数据代入公式得

$$n_1 = \frac{E}{4.44 f \Phi K_W} = \frac{176}{4.44 \times 50 \times 0.8 \times 19.6 \times 10^{-4}} \approx 506$$

⑤ 估算导线截面积。

$$S = \frac{S_1}{n_2}$$

因槽形为圆底斜顶形，槽的截面积

$$S_c = \frac{d_2 + b_1}{2}(h_2 - h_1) + \frac{\pi d_2^2}{8}$$

将已知数据代入，得

$$S_c = \frac{10+8}{2} \times (12-2) + \frac{3.14 \times 10^{-2}}{8} = 129.2(\text{mm}^2)$$

根据公式 $S_1=KS_c$ 算出槽的有效面积，取槽的内部空间系数 $K=0.5$，即

$$S_1=KS_c=0.5 \times 129.2=64.6 \text{（mm}^2\text{）}$$

取正弦绕组匝数最多的槽匝数 $n_2=150$ 匝，将已知数据代入公式 $S = \dfrac{S_1}{n_2}$，则算得导线截面积

$$S = \frac{S_1}{n_2} = \frac{64.4}{150} \approx 0.43(\text{mm}^2)$$

2. 副绕组的参数

① 在电容器运转式电动机中副绕组的串联总匝数可由公式 $n_3=(1\sim1.3)n_1$ 计算，该电动机（$1\sim1.3$）的数据选为1，即

$$n_3=（1\sim1.3）n_1=（1\sim1.3）\times主绕组总匝数 n_1=1\times505.6\approx506（匝）$$

副绕组中的导线截面积

$$S_2 = \frac{S}{(1 \sim 1.3)n_3} = \frac{0.43}{(1 \sim 1.3) \times n_3} = \frac{0.43}{1 \times 506} = 0.00085(\text{mm}^2)$$

式中，（1~1.3）的数据选为 1。

② 电容器的估算。

单相电容器运转式电动机的电容器的公式 $C = 8j_1S_2$，将有关数据代入，则

$$C = 8j_1S_2 = 8 \times 5 \times 0.00085 = 0.034 \ （\mu\text{F}）$$

14.2

单相串励电动机的重绕计算技巧

14.2.1 定子绕组的计算

单相串励电动机的定子绕组一般为集中式绕组，它的计算相对较简单。

1. 每极匝数的计算

$$n_1 = (0.2 \sim 0.3)\frac{N_0}{2}$$

式中，n_1 为定子每极匝数；N_0 为定子总导线匝数。

2. 导线截面积的计算

$$S = 2pS_1$$

式中，p 为极对数；S_1 为定子导线截面积，mm^2。

14.2.2 转子绕组的计算

1. 测量出单相串励电动机的转子铁芯的有关数据

测量转子铁芯内径 D、铁芯长度 L、转子槽数 Z、换向片数和铭牌上的有关数据。

2. 计算线圈的节距

当转子槽数为奇数时，线圈节距

$$y = \frac{Z-1}{2}$$

当转子槽数为偶数时，线圈节距

$$y = \frac{Z-2}{2}$$

式中，Z 为转子槽数。

3. 计算总导线匝数

$$N_0 = \frac{2\pi D A_s}{I_a}$$

式中，π 为 3.14（定值）；D 为转子铁芯外径，cm；A_s 为转子线负载，一般 A_s=9 ～ 120A/cm；I_a 为串励电动机的额定电流，A。

4. 计算每把线圈匝数

$$n_2 = \frac{N_0}{2K}$$

式中，N_0 为总导线匝数；K 为换向片数。

5. 计算每槽导线匝数

$$n_3 = 2n_2 \frac{K}{Z}$$

式中，n_2 为每把线圈匝数；K 为换向片数；Z 为转子槽数。

6. 计算并绕根数

$$n = \frac{K}{Z}$$

式中，K 为换向片数；Z 为转子槽数。

7. 计算导线截面积

$$S_1 = \frac{I_a}{2j_1}$$

式中，I_a 为额定电流；j_1 为电流密度，一般 $j_1 = 8 \sim 10\text{A/mm}^2$。

14.2.3 计算实例2

现以一台单相串励 2 极单相切割机的电动机绕组全部烧毁为例，求出绕组的各项技术参数。

由电动机铭牌知，额定电压 $U_H = 220\text{V}$，额定电流 $I_a = 2.4\text{A}$，转子外径 $D = 5.15\text{cm}$，转子槽数 $Z = 14$，换向片数 $K = 42$ 片。根据以上数据，求出定子绕组和转子绕组数据。

1. 转子绕组的计算

（1）计算线圈的节距

根据铭牌上的数据，转子槽数为 $Z = 14$ 槽，为偶数，则线圈的节距

$$y = \frac{Z-2}{2} = \frac{14-2}{2} = 6 \text{（槽）}$$

（2）计算总导线匝数

$$N_0 = \frac{2\pi D A_s}{I_a}$$

先确定未知数据，如转子负载 A_s 取 100A/cm，则

$$N_0 = \frac{2\pi D A_s}{I_a} = \frac{2 \times 3.14 \times 5.15 \times 100}{2.4} \approx 1348$$

（3）计算每把线圈匝数

$$n_2 = \frac{N_0}{2K} = \frac{1348}{2 \times 42} \approx 16$$

（4）计算每槽导线匝数

$$n_3 = 2n_2 \frac{K}{Z} = 2 \times 16 \times \frac{42}{14} \approx 96$$

（5）计算并绕根数

$$n = \frac{K}{Z} = \frac{42}{14} = 3$$

（6）计算导线截面积

$$S_1 = \frac{I_a}{2j_1}$$

先确定未知数，如电流密度 j_1 取 8A/mm² ，则

$$S_1 = \frac{I_a}{2J_1} = \frac{2.4}{2 \times 8} = 0.15(\text{mm}^2)$$

2. 定子绕组计算

（1）计算每极匝数

$$n_1 = (0.2 \sim 0.3)\frac{N_0}{2} = (0.2 \sim 0.3) \times \frac{1348}{2} \approx 169(\text{匝})$$

式中，（0.2～0.3）一般取 0.25。

（2）计算导线截面积

$$S = 2pS_1 = 2 \times 1 \times 2 \times 0.15 = 0.3(\text{mm}^2)$$

第15章

单相异步电动机的检修技巧

15.1

单相异步电动机主要元件的检修

15.1.1 离心开关

离心开关的主要电气部件是触点，也是易损部位，常见故障有铜触点磨损或粘连，而造成副绕组回路不通或无法断开。常表现为离心开关断路或短路现象。

> **要诀** >>>
>
> 离心开关啥元件，电气核心是触点，
> 机械触点可通断，经常使用故障现，
> 常见故障哪几点，触点磨损和粘连，
> 触点坏了怎么办，离合开关及时换。

1. 离心开关断路

离心开关断路的原因如下：

① 弹簧失效而无弹力，使重块飞开而触点无法闭合接通电路。

② 触点簧片因过热而失效，导致动、静触点接触压力过小或无压力，最终使触点不能有效接通。

③ 触点烧坏脱落或凸起高度下降，导致动、静触点无法闭合。

④ 机械机构卡死，而使动、静触点无法闭合。

⑤ 接线螺钉松动、绝缘板断裂等均可使动、静触点因无法闭合而不能接入电源。

离心开关断路的检查如下：

使用万用表的电阻挡，用黑红表笔分别接接线盒中离合开关的2个接线柱。电动机静止时，离心开关应闭合，万用表显示值很小。若此时万用表显示值较大，则表明离心开关接触不良；若此时万用表显示值为无穷大，则表明离心开关断路。应找到故障点予以排除。

2. 离心开关短路

离心开关短路的原因如下：

① 机械结构变形、磨损，导致动、静触点难以分离而不能断开电源。

② 动、静触点因严重烧蚀而粘连。

③ 新装弹簧过硬、簧片因过热失效均导致动、静触点分而不离。

离心开关短路的检测如下：

在副绕组线路中串入电流表，电动机通电运行过程中若仍有电流通过，则表明动、静触点未分开。这时应停机检查发现故障予以处理。

专家提示： 离心开关常出现触点磨损或粘连，会造成副绕组回路不通或无法断开。由于电动机启动电流较大，因此通断时动、静触点间产生的火花会烧坏触点，使触点拐角不良或因粘接而无法分开。维修时，可用金相砂纸或细油石抛光继续使用。

15.1.2　重锤式启动继电器

重锤式启动继电器常用于空调、电冰箱等压缩机的保护电路。其故障常表现为继电器工作失灵和继电器触点烧毁。

要诀　　　　　　　　　　　　　　　　　>>>

　　重锤式启动继电器，通常保护压缩机，
　　继电器故障不可使，工作失灵常有的，
　　继电器触点易烧蚀，也是故障之其一。

一般正常的情况下，热过载保护器是不动作的，造成其动作的原因，有电源电压太低、启动继电器损坏、压缩机电动机有问题等。使压缩机电流过大、热过载保护器动作，其中最常见的原因为启动继电器损坏。

专家提示： 将电冰箱或空调器接通电源，如发现不能启动运转，可将手背触及压缩机外壳感觉一下是否有微微的震动。如感觉不到震动，同时听到断续的"咔咔"声，根据故障现象，压缩机无微微震动则说明压缩机没有运转，无启动电流，而听到的断续"咔咔"声应为热过载保护器断续通断而发出的声音。

重锤式启动继电器的检测可通过检测启动继电器的插孔阻值来判断它是否损坏。检测重锤式启动继电器的阻值时要分别检测线圈的阻值和接点的阻值。首先将重锤式启动继电器正置（线圈朝下），用万用表检测继电器接点的阻值，正常情况下其阻值为无穷大。

然后将重锤式启动继电器倒置（线圈朝上），检测线圈的阻值，将两只表笔接线圈的两端，正常时线圈的阻值较小或为零。

如果经检测线圈的阻值也为无穷大，说明此启动继电器的动触点没有与静触点接通，造成不通的原因通常有两点。

① 接触点接触不良。

② 重锤衔铁卡死。

这两个故障都要进行内部的简单修理。

15.1.3　PTC 启动继电器

检修 PTC 启动继电器时，用万用表电阻挡测量其各引脚的电阻值，我们根据测量数值来判断故障所在。下面以美菱 BCD-191（无氟）电冰箱中所用的 PTC 启动继电器为例，介绍 PTC 启动继电器的故障速查方法。

专家提示：电冰箱接通电源后，门灯亮，压缩机不能启动，同时伴有断续的"咔咔"声。根据故障现象，压缩机不能启动运转，说明无启动电流通过，可初步判断为启动继电器有故障，应进行检测。

在电冰箱中启动继电器和碟形热保护继电器是合为一体的，根据 PTC 启动继电器内部结构，检测其阻值时应检测的引脚。

将万用表表笔分别连接到一体化 PTC 启动继电器的两个连接引脚上。若检测 PTC 启动继电器两个引脚之间的阻值为 20 Ω 左右，则说明启动继电器正常；如果检测到的阻值与标准范围相差过大，则说明启动继电器损坏，需要更换新的启动继电器。

接下来检测单独的 PTC 启动继电器的阻值。将两只表笔分别接在两个接点处，在常温下 PTC 启动继电器的阻值一般在 15 ～ 40Ω 之间。如果测得该 PTC 启动继电器的阻值为 20Ω 左右，说明启动继电器正常；如果检测的阻值与标准范围相差过大，则说明启动继电器损坏，需要更换新的启动继电器。

15.1.4　电容器

电容器是单相电容式电动机不可缺少的元件（移位元件），其常见故障有以下几点：

① 电容器减少或消失。

② 电容器因长时间使用、保管不当，使引线接头或引线等腐蚀而引起断路或接触不良。

③ 电容器在较高的电压下，其电解老化，绝缘程度降低。

④ 电容器因电流过大而使内部温度增高而电介质击穿。电容器的检测方法有以下 2 种。

1.　用万用表检测电容器

电解电容器的容量较一般固定电容大得多，可利用电容器是否有充放电现象进行检测，进而判断其好坏。测量时，应针对不同容量选用合适的量程。根据经验，一般情况下，0.01 ～ 10μF 间的固定电容器，可用 "R×10k" 挡测量，10 ～ 47μF 间的电容，可用 "R×100" 挡测量，大于 47μF 的电容器可用 "R×10" 或 "R×1" 挡测量。测试时，一般先对电容器放电将电容器的两个电极相碰一下即可。

将万用表红表笔接负极，黑表笔接正极，在刚接触的瞬间，万用表指针即向右偏转较大幅度（对于同一电阻挡，容量越大，摆幅越大）接着逐渐向左回转，直到停在某一位置。此时的阻值便是电解电容器的正向漏电阻，此值远大于反向漏电阻。实际使用经验表明，电解电容的漏电阻一般应在几百千欧以上，否则，将不能正常工作。

在测试中，若正向、反向均无充电的现象，即表针不动，则说明电容器容量消失或内部断路；如果表针偏转到无穷大位置而回转幅度较小或不回转，即所测阻值很小或为零，说明电容器漏电大或已击穿损坏，不能再使用。

如果要判断一只电容器的容量是否足够，可以用一只与被测电容器容量相同的好电容器作对比，分别观察测试两只电容器充放电时表针的摆动幅度，可大致判断被测电容器的容量是否足够。

要诀 >>>

电容检测真重要，低挡应测容量小；

100 以上 100 挡找，1 至 100 把 1k 挡挑；

1 以下 10k 叫，上述选挡要做到；

表笔接触电容脚，表针马上向零抛；

向零抛后无穷到，表明电容性能好；

容量越大远处跳，不摆不回应弃掉。

10 微法容量要关照，以上技巧无法搞。

测前应把电放掉，才能辨别是否好。

专家提示： 电容器正负极性判定方法

对于正、负极标志不明的电解电容器，可利用上述测量漏电阻的方法加以判别。测量时，先假定某极为正极，让其与万用表的黑表笔相接，另一电极与万用表的红表笔相接，记下表针停止的刻度（表针靠左表示阻值大），然后将电容器放电（即两根引线碰一下），两只表笔对调，重新进行测量。两次测量中，表针最后停留的位置更靠左（阻值大）时黑表笔接的就是电解电容的正极，而红表笔接的是负极。测量时最好选用"R × 100"挡或"R × 1k"挡。

2. 用充放电检测电容器

用一根导线按图将 10A 的熔丝和电容器串接起来。

将 2 个线头插入 220V 交流电源插座。若熔丝立即熔断则表明电容器已短路。

若接入电源后熔丝不熔断，接着让电容器充电 1 ~ 2s 后断开电源。用螺丝刀的金属部分间断短接电容器的 2 个接线柱或将电容器的 2 根搭碰进行放电，正常时会有强烈的电火花并伴有声响现象。电容器的容量越大，火花越强且声音越大。若无电火花或电火花较弱，则表明电容断路或容量减小，但不能判断电容量减小的具体数量，只是粗略估计。

> **要诀** >>>
>
> 电容器来怎么检，10A 保险与电容串，
> 接电源保险不断，接着电容断电源，
> 螺丝刀短接电容线，搭碰办法来放电，
> 正常火花与声响伴，现象没有应更换。

专家提示： 用充放电法检测电解电容器时，通电时间不得超过2s，否则，容易对电解电容器造成不等程度的损坏。

3．替换法

将被怀疑有故障的电容器从电动机上拆下来，用额定电压、容量、类型等参数相同的电容器换上去，若电动机工作正常，则表明原电容器损坏，应予以更换。若电动机仍不能正常工作，应检查电动机连接导线或其他项目。

15.2

单相异步电动机绕组的检修技巧

单相电动机的绕组常因长期过载发热使绕组绝缘老化或绝缘受潮击穿等原因，均可能使绕组损坏而发生故障。绕组常见故障有绝缘受潮、绕组接地、绕组短路和绕组断路，下面将分述这些故障的检查及修理。

15.2.1　绕组绝缘受潮

故障检查：电动机若经雨淋或环境潮湿并已长期未用，绕组绝缘均可能受潮。电动机重新使用前，应检查绕组的绝缘电阻。若主、副绕组和调速绕组对机壳的绝缘电阻小于 0.5MΩ，则表明电动机绕组绝缘受潮严重。

处理方法是采用灯泡、电炉或电吹风机等对绕组进行烘干。有些电动机由于使用时间长，绕组绝缘老化，遇到这种情况则可在烘干后再用绝缘漆做一次浸渍处理，以增强电动机绝缘能力并延长使用寿命。

要诀 ＞＞＞

绕组受潮啥原因，环境潮湿或雨淋，
电动机搁置才启用，绝缘电阻啥值行，
大于 5MΩ 常用，小于 0.5MΩ 受潮严重，
受潮严重进行烘，绝缘漆浸渍要使用，
绝缘能力及寿命，动力强劲如年轻。

15.2.2　绕组接地

绕组接地俗称碰壳。当发生绕组接地故障时电动机启动不正常，机壳带电，熔断器熔断，用兆欧表测量时绝缘电阻为零。绕组接地的原因有以下几种：

1. 绝缘热老化

电动机使用时间长，或经常过负荷运行，导致绕组及引线的绝缘热老化，降低或丧失绝缘强度而引起电击穿，导致绕组接地。绝缘热老化一般表现为：绝缘发黑、枯焦、酥脆、剥落等。

2. 机械性损伤

嵌线时主绝缘受到外伤，线圈在槽内松动，端部绑扎不牢，冷却介质中尘粒过多，使电动机在运行中线圈发生振动、摩擦及局部

位移而损坏主绝缘。

3. 局部烧损

由于轴承损坏或其他机械故障，造成定、转子相擦，铁芯产生局部高温烧坏主绝缘而接地。

4. 铁磁损坏

槽内或线圈上附有铁磁物质，在交变磁通作用下产生振动，将绝缘磨破（洞或沟状）。若铁磁物质较大，则产生涡流，引起绝缘的局部热损坏。

专家提示： 电动机若长期超载运行会因绕组温升过高而导致绝缘老化，或因受潮、腐蚀、定转子相摩擦、机械损伤、制造工艺不良等，均有可能产生绕组接地故障。一旦发现电动机绕组存在接地故障，则应进行检试和修复。

故障检查方法如下。

① 外观检查法。仔细目测电动机定子铁芯内、外侧、槽口、绕组直线部分、绕组端部、引出线端等部位，看有无绝缘破损、烧焦、电弧痕迹等迹象，以及是否有绝缘烧焦后发出的气味等，通过反复认真地观察往往能发现一些故障处。

② 兆欧表检测法。测量时，选用 500V 兆欧表，将兆欧表的火线接电动机接线盒上的任一接线柱，另一根地线接电动机的机壳。然后按照兆欧表所规定的转速（通常为 120r/min）转动手柄，此时如表上指针指零就表示绝缘已被击穿绕组已经接地；假如指针只在零的附近摇摆不定时，则说明绝缘还具有一定的电阻值还没有到完全击穿的程度。

③ 220V 试灯检查法。若手边没有兆欧表则可采用 220V 电源串接灯泡的方法进行检查。检测时如灯泡发亮则表明绕组绝缘损坏已直接通地。这时可以拆开端盖取出电动机转子，并认真检查出绕组的接地故障点。

专家提示： 采用这种试灯检测法时要特别注意人身安全，以防止触电伤人事故的发生。

④ 万用表检查法。可用万用表的"R×10k"挡对绕组接地故

障进行检测。测量时将万用表的一根表笔接电动机接线盒的任一接线柱，另一根表笔接电动机的机壳。若万用表显示屏显示电阻值为零，则说明绕组已直接接地。若万用表显示屏显示一定电阻值，应根据经验分析和判断电动机绕组是严重受潮还是击穿接地故障。应根据情况进行检查并予以修复。

专家提示：如通过以上方法仍然不能找到接地绕组的故障点时，则此时的故障很可能是出在电动机铁芯槽内。这时应分别找出主绕组、副绕组和调速绕组中是哪套绕组接地，然后再把该套绕组按分组淘汰的方法逐极查出绕组的接地故障点。查出故障线圈后再根据绕组故障范围的大小、绝缘的好坏程度、返修的难易等具体情况，以确定对电动机绕组是局部返修还是重换全部绕组。

故障修理 对因绕组受潮造成的绝缘电阻下降，应进行烘干处理。也可在绕组中通入 36V 以下的低压交流电，靠绕组发热将潮气去除；若绕组接地出现在绕组端部，可将绕组加热软化后垫好绝缘；接地点在槽内时，只好重新绕制线圈。

要诀　　　　　　　　　　　　　　　　　　>>>

绕组受潮绝缘降，烘干处理没商量，
通电去潮方法棒，安全知识不能忘；
绕组接地绕组端，加热软化垫绝缘，
接地点如在槽间，更换绕组不要言。

15.2.3　绕组短路

绕组短路分为相间短路和匝间短路两种。其中相间短路又包括相邻线圈短路及极相组连线间短路。绕组短路严重时，负载情况下电动机根本不能启动。短路匝数少，电动机虽能启动，但导致电磁转矩不平衡，短路匝中流过很大电流，使绕组迅速发热、冒烟，发出焦臭味甚至烧坏。

1.　相间短路

相间短路多发生在低压电动机，故障部位主要在绕组端部、极相组连线之间或引出线处。造成相间短路的原因是：

① 绕组端部的隔极纸或槽内层间绝缘放置不当或尺寸偏小，形成极相组间绝缘的薄弱环节，被电场强行击穿而短路。

② 线鼻子焊接处绝缘包扎不好，裸露部分积灰受潮引起表面爬电而造成短路。

③ 电动机极相组连线的绝缘套管损坏，烘卷式绝缘的端部蜡带脆裂积灰，从而引起相间绝缘击穿。

2. 匝间短路

匝间短路的主要原因如下：

① 漆包线的漆膜过薄或存在弱点；

② 嵌线时损坏了匝间绝缘，或抽出电动机转子时碰破了线圈端部的漆膜；

③ 长期高温运行使匝间绝缘老化变质。

专家提示：单相电动机常因启动装置失灵、电源电压波动大、机械碰撞、制造工艺差等各种原因，都有可能导致电动机电流过大及线圈绝缘损坏而产生绕组短路。如不及时发现和检修则绕组将会迅速发热而使故障范围进一步扩大，严重时甚至会使整个绕组都被烧毁。

检查方法：

（1）外观检查法

绕组发生短路时因在短路线圈内将产生很大的短路环流，会导致线圈迅速发热、冒烟、发出绝缘烧焦的气味以及绝缘物因高温而变色等。除一些轻微的匝间短路外，较严重些的线圈间、极相组间及各套绕组间的短路，通常经仔细目测大多能找到部分发生短路故障的位置。

（2）空载试验检查法

让电动机空载运行 15 ～ 20min（如出现金属烧熔体、冒烟等异常情况时则应立即停止电动机的运行），然后迅速拆开电动机两侧的端盖随即用手依次触摸绕组端部的各个线圈，对温度明显高于周边其他线圈的应仔细察看，如无特殊情况这些高温线圈大多即为短路故障处。空载试验检查法简便准确且在实际中多有采用，但它对较轻微的匝间短路却难以收效。

（3）电桥表检查法

在检查绕组短路故障的过程中，可以先检测确定主绕组、副绕组和调速绕组中究竟是哪套绕组短路，然后再用电桥表逐一测量该套绕组各极相组的电阻值。当某极相组的电阻值明显小于其他极相组时，则该极相组内就极可能存在有短路故障，接着继续查找极相组内各线圈的电阻值最终就可找到短路线圈故障点。

故障处理：如短路绕组绝缘尚未整体老化并且有较好的绝缘强度，而且短路线圈的线匝也没有严重烧损，这时则可以对短路绕组作局部修补处理，具体方法如下：

① 匝间短路的修理。该故障多由于线圈绝缘层破损引起。若槽绝缘受损轻微且短路的线匝数不多，可将短路线匝在端部剪断，将绕组加热使整体变软后用钳子把已短路的线匝从端部抽出，原来的线圈则按照以前的顺序接好后电动机即可继续使用。

专家提示： 在抽出短路线匝时应注意不要碰坏相邻的完好线匝和线圈，以免因失误而扩大绕组故障范围。

② 线圈短路的修理。若整个线圈短路烧坏时通常则可用穿线法进行修理。修理方法是首先要把短路线圈从绕组的两端剪断，并使整个绕组加热变软后将剪断的线匝从槽内一根根抽出来，旧的槽绝缘尽可能拆除干净并按原来的槽绝缘结构换上新绝缘。依照原线圈的电磁线型号、规格及线匝总长度（应比原线圈匝数总长度稍长些）选用电磁线，将此线在槽内来回穿绕直至绕足短路线圈的原有匝数，把穿绕线圈整形连接并淋上绝缘漆后烘干即可。

要诀 >>>

线圈短路怎么办，检查修理不虚谈，
短路线圈两端断，加热绕组使变软，
拆除绕组槽中线，同时换上新绝缘，
线在槽内来回穿，原有匝数不算完，
整形连接淋绝缘（漆），烘干绕组不会短。

③ 线圈间短路的修理。出现这种故障的原因多为线圈绕线、嵌线的工艺问题。往往是由于各个线圈与本极相组内其他线圈间的过桥连接线处置不当，或者是线圈嵌线方法不对以至线圈间线匝存在严重的交叉，绕组在端部整形时经猛烈地锤击后就极易造成线圈间的短路。

专家提示：如果短路故障点是发生在绕组端部的话，则可用复合绝缘纸将故障处隔垫好后即可修复。

④ 极相组短路的修理。这种故障主要是因极相组间连接线上的绝缘套管未套至线圈接近槽口的地方，或者是绝缘套管破损所致，一般同心式绕组多发生此类故障。修理这种故障时可以将绕组加热变软，再用理线板撬开短路极相组的引线处，把绝缘套管重新套至接近槽口处，或者用复合绝缘纸将极相组短路处隔垫好，这样即可将短路故障处予以修复。

⑤ 各套绕组间短路的修理。单相电动机主绕组、副绕组和调速绕组间，由于在嵌线过程中相间绝缘垫放不当，或因长期超载运行致使绕组温升过高而绝缘老化破损等，均有可能形成绕组的相间短路故障。对这种故障的修理首先仍要加热绕组使其整体变软。随后将故障处的绕组用理线板撬开并垫入复合绝缘纸即可予以修复。

15.2.4 绕组断路

绕组由于受机械碰撞、焊接不良、严重短路等原因，都有可能使绕组发生断路故障。

故障原因：

造成绕组断路的主要原因有以下几点。

① 电磁线质量低劣，导线截面有局部缩小处，原设计或修理时导线截面积选择偏小，以及嵌线时刮削或弯折致损伤导线，运行中通过电流时局部发热产生高温而烧断。

② 接头脱焊，多根并绕或多支路并联绕组断股未及时发现，经一段时间运行后发展为一相断路。

③ 绕组内部短路或接地故障烧断导线。

故障检测：

绕组断路故障的检查相对而言比较容易，它可以采用兆欧表、万用表和试灯法进行检查。现以万用表为例加以说明。

打开接线盒，将主、副绕组和调速绕组的接线分开。用万用表分别测量主、副或调速绕组是否断路。检测方法是选用万用表的电阻挡（任意挡位），让一只表笔接主绕组的首端，另一只表笔接主绕组的尾端，若万用表显示屏显示无穷大，则表明主绕组断路。若万用表显示屏显示较小的电阻值，则表明主绕组正常。

若确定主绕组断路后，应分解电动机检查每个极相组的接头处是否断开，若主绕组线头未发现断路处，则表明绕组内部断路。将主绕组各极相组的跨接导线断开，用万用表分别检查主绕组中的各个线圈即可找到断路故障所在。

专家提示： 单相异步电动机绕组的断路，也可采用试运转的方法检查；若电动机只有一个绕组断路，电动机虽不能启动，但只要用手转动转子，电动机也可启动运行。利用这个方法，可判断出断路绕组，再用万用表进一步检查，即可找出断路点。

故障修理：修理时如断路故障点是发生在端部且相邻处的绕组绝缘完好，此时就只需重新连接和恢复绝缘即可。

要诀 >>>

绕组断路怎么检，接线盒打开断接线，
三种绕组是否断，现以主绕组做试验，
首先电阻挡位选，表笔接在绕组首尾端，
若显示屏无穷显，绕组断路已判断，
显示屏若小电阻显，主绕组正常已发现。

15.2.5 绕组接错

绕组接错时轻则难以形成完整的旋转磁场，造成启动困难、电流增大及噪声刺耳等不利现象。严重时电动机将无法启动并发出剧烈的振动和吼声且电流也急剧上升。绕组接错故障常用外观检查法。

主要对绕组的连接线进行外观检查，认真追踪主绕组、副绕组、调速绕组各套绕组间的连接，则绕组接错故障的位置和原因一般都能找出来，其检查可按下述方法进行。

① 极相组内各线圈连接的检查。通常极相组内各个线圈均采用多块线模连接一次绕成，线圈间则利用绕线时的过桥线串接成极相组。故在检查极相组各线圈的连接时只需注意不要把线圈嵌"反"就行了，因为线圈一旦被嵌"反"，则该线圈内的电流方向也会与极相组内其他线圈的电流方向相反，最终将削弱该极相组所产生的磁场强度。

② 庶极接法的检查。对于采用庶极接法的电动机绕组，它的主、副、调每套绕组各自均应按照"头与尾相接、尾与头相联"的接法进行连接。因而我们可以根据庶极接法这一接线原则，依据极相组出线端的连接和绝缘套管的走向逐一核对各套绕组的接法，绕组接错之处还是很容易找出来的。

③ 显极接法的检查。对于采用显极接法的电动机绕组，它的主、副、调每套绕组各自均应按照"头与头相接，尾与尾相联"的接法进行连接。因此，可以根据显极接法这一接线特点，依极相组出线端的连接和绝缘套管的走向逐一检查，只要细心核对绕组接错之处一般是不难发现的。

单相异步电动机的常见故障检修技巧

单相异步电动机的检修与三相异步电动机相似，主要检查电动机通电后是否转动，转速是否正常，温升是否过高，有无异常响声或振动，有无焦臭味等。单相异步电动机故障有电磁方面和机械方面，检修时应根据故障现象分析其故障的可能原因，通过检测判断找出故障点予以修复。

单相异步电动机由于其特殊性，故检修时，除采用类似三相异步电动机的方法外，还要注意不同之处，如启动装置故障、辅助绕组故障、电容故障及气隙过小引起的故障等。根据单相异步电动机的结构和工作原理，单相绕组由于建立的是脉振磁场，电动机没有启动转矩，需要增加辅助绕组（有分相式和罩极式），以帮助电动机启动或运行，因此当单相异步电动机的辅助绕组回路出现故障时，就可能出现不能启动、转向不定、转速偏低、过热等故障现象，检修时对其影响应有一定的认识。

15.3.1　通电后电动机不能启动但也无任何声响现象

1. 检查电源电压是否正常

电源电压不足或缺失，会使电动机转矩降低或无转矩而无法转动。检测方法是：打开接线盒测量电源线电压是否有 220V。若无电压或电压较低，则检查电源开关、供电线路及配电柜中是否有导线脱落、接触不良的情况。

专家提示： 合上电动机电源开关后，若电动机没有转动或声响现象，应首先检查电网电压是否正常，可检查照明、电视等是否工作，若这些电器都不工作，则表明电网无电。

2. 检查主、副绕组是否断路

电源电压正常时，应主要检查主、副绕组是否断路。由于副绕组电路的元件较多且有些电动机副绕组线径较细，发生断路现象较多。

（1）检查副绕组电路是否断路

由于串入副绕组电路的启动元件是易损件，应首先对其检查，然后检查副绕组。检查方法如下：

首先用导线短接启动元件的触点接线点，接通电源后，若电动机立即转动，则表明启动元件损坏，应予以更换。若接通电源后电动机仍不能转动，则表明电容器损坏或绕组断路。此时将电容器更换，若电动机能够转动，则表明原电容器损坏；若更换电容器后，电动机仍不转动，则表明副绕组断路，应拆机检查副绕组的断路点并加以修复即可。

（2）主绕组断路

若通电后电动机不转也没伴有声响，可使用万用表或测试灯检查主绕组是否断路，若有应查出断路处并修复。再次通电后，若电动机正常运转则说明电动机正常，若有"嗡嗡"声或不能运转，则表明副绕组断路。

3. 检查绕组是否短路或接线错误

若绕组短路或接线错误，会导致电动机转矩不足而无法启动电动机。

4. 检查转子是否发生断条现象

若电动机绕组正常，装配得当、电容器等附件无故障，则说明转子断条，当转子断条较多会导致电动机无法启动。

专家提示： 电动机转子断条数占整个转子槽数的 15% 时，电动机不能正常启动。即使可以启动，但加上负载后就不能启动或转速下降，或不稳并伴有"嗡嗡"声，这时电动机抖动得厉害、转子起热，且在断裂处产生火花。

15.3.2　通电后电动机不能启动但有"嗡嗡"声

电动机有"嗡嗡"声但不能转动则表明电路已上电，但由于转子力矩不足或阻力过大而导致电动机无法转动。其故障原因如下。

1. 电源电压过低

由于电源电压过低，通入绕组的电流减小而产生的磁场较弱，因转矩较小而不能转动。

2. 负载过大

负载过大会引起负载扭矩增加，电动机正常工作扭矩不能克服负载扭矩而导致电动机转动缓慢或无法转动并伴有"嗡嗡"声。同时，应切断电源，检查负载过大的原因并修复。

> **要诀** >>>
>
> 负载过大扭矩加，电动机不能克服负载呀，
> 负载过大细观察，电动机缓慢"嗡嗡"啦，
> 遇到现象电源拉，通电过长电动机损坏了。

3. 启动元件异常或未正常接入电路

单相电动机启动时，需要启动元件参与才能启动成功。若启动元件（如电容器）损坏或启动元件接线不良，等于启动元件未参与工作，电动机是不会转动的。

专家提示：电容器是单相电动机的常见元件，其性能好坏对电动机启动影响较大，故电容器的检修意义重大。电容器的检修方法如下。

电容器容量不足时会导致电动机启动扭矩小，空载时可启动，但负载时不能启动。电容器断路时，电动机不能启动，但用手按电动机正常转动方向转动时，电动机可以启动。

4. 电动机发生机械性故障

电动机发生机械性故障时，产生的阻碍扭矩较大，电动机正常工作扭矩不能克服而无法转动。

5. 电动机转子断条

可参考"15.3.1 通电后电动机不能启动但也无任何声响现象"的相关内容。

6. 电动机绕组接线错误

电动机主、副绕组接错或绕组接线接错，有时电动机有扭矩输出，但不能负载运行，可以空转。

7. 绕组短路

绕组短路时，会使通过绕组中的电流减小，产生的磁场强度变小，而扭矩变小不能带动负载转动，有时可以空载转动。

8. 主、副绕组中有一个断路点

主、副绕组中若有一个断路点，在电路中只存在主绕组或副绕组，实际上，单独主绕组或副绕组是无法工作的，但接通电源后用手按电动机正常转动方向用力转动，电动机可缓慢运行，但负载时电动机无法转动。

15.3.3　电动机转速低于正常值

电动机转速低于正常值一方面是由于通入线圈的电流减小产生磁场较弱，不能达到电动机正常工作的扭矩，另一方面是由于电动机负载较重或机械故障，产生的阻力较大。某些电动机启动后副绕组未脱开，会使电动机电流增大并有噪声。引起电动机转速低于正常值的原因有以下几点。

1. 主绕组短路

一般用直接观察法或电阻法检查。查出后，在短路处施加绝缘材料或重绕线圈。

2. 离心开关断不开

查出故障点后，将触点用细砂布磨光，再对离心开关进行调整。

3. 轴承损坏

多是由于轴承润滑不良或磨损造成的。查出后，清洗轴承，并加油（脂）或更换新轴承。

4. 主绕组中有接线错误

用指南针法检查。在主绕组中通入低压电流，手拿指南针沿定子内圆移动，正常情况下，指南针每经过一个极相组时南北极会顺次交替变化。若在一个极相组中有个别线圈接线错误，指南针指向也是交替变化的。主绕组中的接线错误，查出后应立即改正。

15.3.4　电动机启动后很快发热，甚至烧毁

电动机正常工作时，是允许一定的温度升高，但不会过高，只

有当发动机发生故障时，才会发热甚至烧毁。造成电动机过热的原因有以下几点。

1. 电源电压过低或过高

2. 主、副绕组短路

一般用直接观察法或电阻法检查。查出短路处施加绝缘材料或重绕线圈。

3. 主、副绕组相互接错

用万用表电阻挡测量主、副绕组电阻值，与原电阻值相比较，以确定有无主、副绕组的线圈相互接错。查出故障点后予以修复。

4. 过负载运行

负载过大会引起负载扭矩增加而产生热量，由于产热量大于散热量，最终导致电动机过热。

5. 轴承太紧或松动

若轴承过紧会增加转动阻力，轴承过松可使转子偏心或扫膛，都会造成运行阻力增加，最终使电动机过载运行而过热。

6. 电动机轴弯曲而扫膛

电动机轴弯曲后与定子铁芯相摩擦，并产生较大热量来不及散热而使电动机温度升高。

7. 电动机散热不良

电动机正常工作时应产生热量，若电动机工作环境温度过高、通风不良、电动机内、外灰尘较多等，也会使电动机温度过高。

8. 电动机端盖装配不良

电动机端盖装配导致端盖与机芯端面不平行而产生一定的偏心扭矩。导致轴承钢珠与轨道的压力增大，工作时间太久会造成电动机升温。由此原因引起的过热故障时，用手触摸端盖会有炽热的感觉。检查方法是用手转动电动机转子而感到阻力很大，有时根本转不动。

专家提示: 安装端盖时,应用木锤或橡皮锤轻敲端盖周围,并用手转动电动机轴感觉转动灵活时,将端盖螺母对称拧紧。拧螺母或螺栓时也应随时转动电动机轴,直到拧紧螺母或螺栓时转子仍灵活为准。

15.3.5 电动机运转时噪声较大或产生震动

电动机运转时噪声较大或产生震动现象与机械部分和电气部分都有关系。常见故障原因有以下几点。

① 主、副绕组短路或接地。

② 轴承或离心开关损坏。

③ 轴承座与轴承外圈配合间隙过大。

④ 转轴轴向窜动幅度过大。

⑤ 杂物进入电动机内部。

15.3.6 合上电动机电源开关后,空气开关跳闸

合上电源开关后空气开关跳闸,则说明电动机绕组和线路严重接地。应检查接地点所处位置并进行绝缘处理。

① 主、副绕组短路或接地。主、副绕组短路或接地时,通过绕组的电流会增加很多,当电流增加到空气开关的额定电流时会发生跳闸现象。

② 引接线接地。

③ 电容器击穿短路。

15.3.7 触摸电动机外壳,有触电麻手的感觉

电动机通电后,用手触摸电动机外壳,有触电麻手的感觉,用验电笔测量外壳,显示灯亮,则表明外壳带电或漏电。其原因如下。

① 主、副绕组接地。

② 引线或接线头接地。

③ 绝缘受潮而漏电。

④ 绝缘老化。

15.3.8 单相异步电动机故障速查

单相异步电动机故障速查如表 15-1 所示。

表 15-1 单相异步电动机故障速查

故障现象	产生原因	检修方法
①通电后电动机不启动，也无任何声响现象	电源电压不正常	检查电源供电
	引接线断路	用万用表查出后，更换引接线
	主、副绕组断路	用万用表查出后，接好断路处，并施好绝缘材料
	接线错误	正确接线
	离心开关触点合不上	更换弹簧，并调速离心开关
	电容器损坏	用万用表查出后，更换
	轴承损坏	更换轴承
	电动机过载	减载运行
	定转子相碰	更换轴承或校轴
	转子断条	修理可更换
②通电后电动机不能启动但有"嗡嗡"声	电源电压过低	检查电源供电
	负载过大	减负运行
	启动元件异常	修复或改变
	启动元件未正常接入电路	检查断路点并修复
	绕组短路	找出短路点并修复
	转子断条	查出断裂点并焊接
	电动机绕组接线错误	正确接线
	主、副绕组有一个断路点	找出断路点并修复
③电动机转速低于正常值	主绕组短路	用直接观察法或电阻法查出后，在短路点施加绝缘材料
	离心开关断不开	用细砂布磨光触点，并调整离心开关
	轴承损坏	更换轴承
	主绕组有接线错误	用指南针法查出后，立即改正

续表

故障现象	产生原因	检修方法
④启动后电动机很快发热，甚至烧毁	主绕组接地	用兆欧表查出后，在接地点施加绝缘材料
	主、副绕组短路	找出短路点并修复
	离心开关断不开	打磨触点并调速离合开关
	主、副绕组相互接错	用万用表查出后，立即改正
	过载运行	减负运行
	轴承过紧或松动	修复或更换
	电动机轴弯曲而扫膛	校正或更换
	电动机散热不良	改善散热条件
	电动机端盖装配不良	重新装配
⑤电动机运转时噪声过大或震动	主、副绕组短路或接地	找出短路或接地点进行绝缘处理
	轴承或离心开关损坏	修复或更换
	转轴轴向窜动幅度过大	修复或更换
⑥合上电源开关后空气开关跳闸	主、副绕组短路或接地	找出短路或接地点进行绝缘处理
	引接线接地	找出接地引线进行绝缘
	电容器击穿	予以更换
⑦触摸电动机外壳，有触电麻手的感觉	绕组接地	查找故障点进行修复
	引线接线头接地	更换引线重接或进行绝缘处理
	绝缘受潮漏电	烘干处理
	绝缘老化	更换绕组

单相异步电动机的案例精选

15.4.1 单相异步电动机电容器的故障检查技巧

电容器是否正常，直接影响电动机的正常启动，因此对电容器进行以下检查：

① 以电解电容器为例，取下电容器，把万用表旋至电阻"R×1kΩ"挡，用一只表笔触及电容器的两只引脚，让它放电。

② 再将两支表笔分别触及电容器的两只引脚，若万用表的指针突然向电阻小的方向快速摆动，之后又回到无穷大位置，则表明电容器正常。

③ 若表指针快速归零后，不再反弹（电阻值为零），则表明电容器已击穿短路而不能再用。

④ 若表指针归零后又回到表盘中间某位置，则表明电容器的容量不足。若将该电容接入电动机中，使用时间不会很长。

⑤ 若表指针在归零过程中，停下来不再动，表明电容器严重漏电，此时用万用表的电阻挡"R×1kΩ"，将一表笔触及电容器外壳，另一表笔接电容器的两只引脚，若正常应显示为几十兆欧，若阻值较小，肯定绝缘不良。若表针指向零不动，表明电容器接地应予以更换。

⑥ 若表指针不动，表示电容器已断路，需更换。

电动机电容器外形如图 15-1 所示。

图 15-1　电动机电容器外形

要诀 ＞＞＞

电容故障不启动，放电现象见分明；

把表旋至电阻挡，拆下电容来鉴定；
一只表笔两脚碰，电容无电再进行；
指针向小又回拢，电容完好请使用；
表针快速忙归零，电容短路赶快扔；
归零返回中不动，容量小来不常用；
归零过程不再动，严重漏电用不成；
表针根本就不动，断路损坏易想通。

专家提示： 利用电容器的放电过程，来验证电容器自身的性能，方便快捷。检查电容器时，要认真仔细，因为有些现象与显示一瞬即逝。

15.4.2　单相异步电动机离心开关的检查技巧

离心开关是电动机的主要启动部件，也是出现故障最多的元件。

检查方法是：断开电源，打开电动机的接线盒，选择万用表电阻挡，将两只表笔分别触及离心开关的两个接线柱进行以下检测。

① 若万用表指针指向无穷大，则表明离心开关断路，主要检查触点是否烧坏脱落，机构是否卡死、触点绝缘板是否断裂等。

② 若万用表指针指示很大，表明离心开关接触不良，大多数是由于触点烧熔引起的。

③ 若万用表指针指示较小，表明离心开关闭合，是正常表现。

单相异步电动机离心开关如图 15-2 所示。

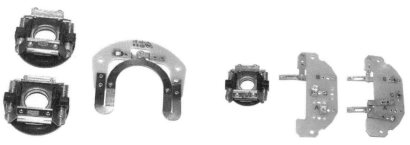

图 15-2　单相异步电动机离心开关

启动故障属最多，电容离心是老窝；
电容器坏易定夺，离心定性不要错，
断电打开接线盒，表笔触及开关脚，
指针指向无限多，离心断路换新的；
指针位置偏向左，接触不良不用说。

专家提示：通电启动后，若电动机仍不能达到额定转速，则表明电动机的离心开关可能有短路现象，应检查电动机是否过载和电压是否正常，若两项指标都正常，则表明离心开关短路。

第16章

直流电动机的结构原理和拆装技巧

直流电动机既可作直流电动机用，也可作直流发电机用，它广泛应用于转速较高、启动性能好、调速要求精密的仪器中。目前直流电动机在电动自行车上的应用比较广泛。

直流电动机的结构

直流电动机由两大部分组成：定子和电枢，如图 16-1 所示。

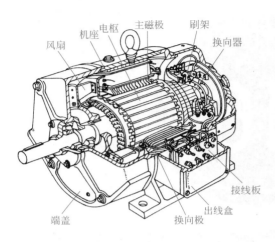

图 16-1　直流电动机的内部结构

16.1.1　定子部分

定子部分包括机座、主磁极、换向极、端盖、电刷装置等。

1．机座

机座又称电动机外壳，如图 16-2 所示，机座一方面作为电动机磁路的一部分；另一方面则在其上安装主磁极、换向极，并通过端盖支撑转子部分。机座通常为铸钢件经机械加工而成，也有采用钢板焊接而成，或直接用无缝钢管加工而成。

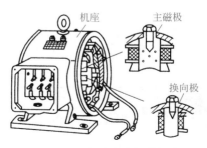

图 16-2　直流电动机的机座

2. 主磁极

如图 16-3 所示，它由主磁极铁芯和励磁绕组组成，用于产生主磁场。主磁极铁芯是用 1～2mm 钢板冲制后叠装而成，主磁极绕组是用电磁线（小型电动机）或扁铜线（大、中型电动机）绕制而成。

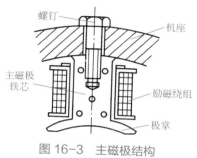

螺钉　机座　主磁极铁芯　励磁绕组　极掌

图 16-3　主磁极结构

3. 换向极

换向器又称整流子如图 16-4 所示，换向极是位于两个主磁极之间的小磁极，又称附加极。用以产生换向磁场，以减小电流换向时产生的火花，它由换向极铁芯和换向极绕组组成。换向极铁芯是由整块钢制成，换向极绕组与主磁极绕组一样，也是用铜线或扁铜线绕制而成，并经绝缘处理，固定在换向极铁芯上。

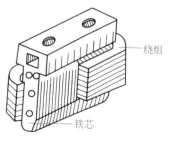

绕组　铁芯

图 16-4　换向器结构

专家提示：换向极绕组一般都与电枢绕组相串联，并且安装在两个相邻主磁极间的中性线上。

4. 端盖

端盖用以安装轴承和支撑电枢，一般均为铸钢件。

5. 电刷装置

如图 16-5 所示，电刷装置通过电刷与换向器表面的滑动接触，把电枢中的电动势（电流）引出或将外电路电压（电流）引入电枢。电刷装置一般由电刷、刷握、刷杆、刷杆座等部分组成，电刷一般用石墨粉压制而成。

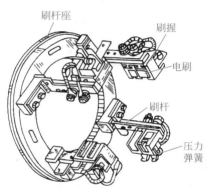

图 16-5 电刷装置结构

> **要诀** >>>
>
> 定子结构怎么看，各个部分有关联，
> 机座主体是特点，主磁极把磁场产，
> 整流子作用电交换，端盖位于壳两端。
> 电刷装置活动件，它的作用把电连。

16.1.2 电枢部分

如图 16-6 所示，电枢部分包括转轴、电枢铁芯、电枢绕组、换向器和风扇等。

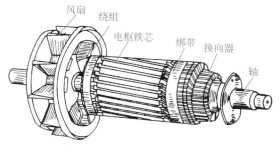

图16-6　直流电动机的电枢

1. 电枢铁芯

电枢铁芯的主要作用是导磁和嵌放电枢绕组。电枢铁芯一般由厚0.5mm的硅钢片叠压而成，片间均匀喷涂绝缘漆。

2. 电枢绕组

电枢绕组的作用是作发电机使用时，产生感应电动势；作电动机使用时，通电受力产生电磁转矩。它由圆形或矩形绝缘导线按一定规律绕制而成。

3. 换向器

换向器作用是作发电机使用时，将电枢绕组中的交流电动势和电流转换成电刷间的直流电压和电流输出；作电动机使用时，将外加在电刷间的直流电压和电流转换成电枢绕组中的交流电压和电流。换向器的主要组成部分是换向片和云母片，其结构形式如图16-7所示。

专家提示：换向器由许多楔形铜片间隔0.4～1.0mm厚的云母片绝缘组装而成的圆柱体，每片换向片的一端有高出的部分，上面铣有线槽供线圈引出端焊接用。

4. 转轴

转轴用来传递转矩。为了使电动机能可靠地运行，转轴一般用合金钢锻压加工而成。

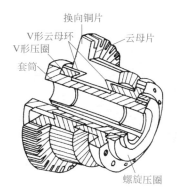

图 16-7　换向器结构

5. 风扇

风扇用来散热，降低电动机运行中的温升。

> **要诀**　　　　　　　　　　　　　　　　　　　>>>
>
> 　　电枢部分有几点，五大作用要记全，
> 　　电枢铁芯作用显，导磁和电枢绕组嵌，
> 　　电枢绕组作用显，发电、电动机可转换，
> 　　换向器用来导电，转轴努力把转矩传，
> 　　风扇转动把热散，电动机运行没阻拦，

直流电动机的工作原理和铭牌

16.2.1　直流电动机的工作原理

直流电动机工作时，线圈和换向器转动，而铁芯、磁钢和电刷

不转，工作原理如图16-8所示。

通电导线在磁场中运动将受到磁场力的作用，导线受力方向可由左手定则来判定：伸开左手，大拇指与其余四指垂直，让手心垂直迎向磁力线，四指指向电流方向，那么大拇指所指的方向就是导线在磁场中的受力方向。

要诀   >>>

直流电动机怎么转，工作原理记心间，
通电导线置磁场间，受力方向左手判，
首先要把左手展，大拇指竖在四指边，
手心穿过磁力线，四指指电流方向看，
受力方向咋判断，大拇指指向记心间。

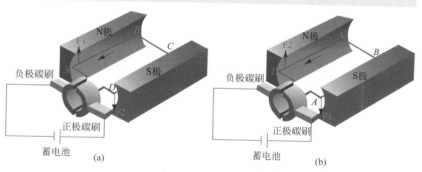

图16-8　有刷电动机工作原理

当线圈转动到如图16-8（a）所示的位置时，电动机内、外电路的电流流动方向是蓄电池正极→正极电刷→换向片→线圈（按 D、C、B、A 方向）→另一换向片→负极电刷，最后回到蓄电池负极形成闭合回路。根据左手定则可知：导线 AB 的受力 F_1 方向向上，BC 和 AD 导线不受力，导致 CD 的受力 F_2 方向向下，并且 F_1 与 F_2 受力大小相等，方向相反，所以，整个线圈受到顺时针方向的转矩作用而转动。

当线圈转动到线圈平面与磁力线方向垂直位置时，磁场对通电线圈不产生力的作用。但由于惯性作用，可以使线圈通过无作用力这一盲点。

当线圈转动到如图 16-8（b）所示位置时，线圈中的电流方向与所示电流方向相反（A、B、C、D），线圈所受到的转矩作用仍按顺时针方向转动。这样当蓄电池连续对电动机供电时，电枢绕组就会按一定方向不停地转动。

一个线圈在磁场中产生的转矩很小，并且转速也不平稳。因此，要使电动机达到较大的转矩，实现启动的目的，电枢绕组就需采用多匝线圈，换向片的数量也要成比例增加。

16.2.2　直流电动机铭牌

铭牌是电动机的主要标志，铭牌上标明了电动机的重要数据，便于用户正确选择和使用电动机。

直流电动机铭牌如图 16-9 所示。

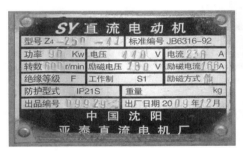

图 16-9　直流电动机铭牌

1. 型号

型号是指电动机的类型、系列及产品代号，常用字母和数字表示，如 Z2-11。其中含义如图 16-10 所示。

直流电动机字符代号如表 16-1 所示。

2. 额定功率（W 或 kW）

表示电动机按规定的方式额定工作时所能输出的功率。对发电机而言是指输出的电功率；对电动机而言是指输出的机械功率。

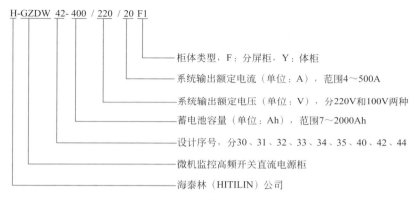

图 16-10　电动机型号的含义

表 16-1　直流电动机常用字符代号对照表

型号	名称	型号	名称
Z	直流电动机	ZLC	串励直流电动机
ZK	高速直流电动机	ZLF	复励直流电动机
ZYF	幅压直流电动机	ZWH	无换向器直流电动机
ZY	永磁（铝镍钴）直流电动机	ZX	空心杯直流电动机
ZTD	电梯用直流电动机	ZN	印制绕组直流电动机
ZU	龙门刨床用直流电动机	ZYJ	减速永磁直流电动机
ZKY	空气压缩机用直流电动机	ZYY	石油井下用永磁直流电动机
ZWJ	挖掘机用直流电动机	ZJZ	静止整流电源供电直流电动机
ZYT	永磁（铁氧体）直流电动机	ZJ	精密机床用直流电动机
ZYW	稳速永磁（铝镍钴）直流电动机	ZKJ	矿井卷扬机直流电动机
ZTW	稳速永磁（铁氧体）直流电动机	ZG	辊道用直流电动机
ZW	无槽直流电动机	ZZ	轧机主传动直流电动机
ZT	广调速直流电动机	ZZF	轧机辅传动直流电动机
ZLT	他励直流电动机	ZDC	电铲用起重直流电动机
ZLB	并励直流电动机	ZZJ	冶金起重直流电动机

型号	名称	型号	名称
ZZT	轴流式直流通风电动机	ZS	试验用直流电动机
ZDZY	正压型直流电动机	ZL	录音机永磁直流电动机
ZA	增安型直流电动机	ZCL	电唱机永磁直流电动机
ZB	防暴型直流电动机	ZW	玩具直流电动机
ZM	脉冲直流电动机	FZ	纺织用直流电动机

专家提示: 额定功率的选择是电动机选择的核心内容，关系到电动机机械负载的合理匹配以及电动机运行的可靠性和使用寿命。

选择电动机额定功率时，需要考虑的主要问题有电动机的发热、过载能力和启动性能等，其中最主要的是电动机的发热问题。

3. 额定电压（V）

指在电动机额定工作时，出线端的电压值。对发电机而言是指输出的端电压；对电动机而言是指输入的直流电源电压。

4. 额定电流（A）

对应额定电压、额定输出功率时的电流值。对发电机而言是指带有额定负载时的输出电流；对电动机而言是指轴上带有额定机械负载时的输入电流。

5. 额定转速（r/min）

指电压、电流和输出功率都为额定值时的转速。

6. 励磁方式

直流电动机励磁绕组和电枢绕组的接线方式。

7. 额定励磁电压（V）

指电动机额定运行时所需要的励磁电压。

8. 额定励磁电流（A）

指电动机额定运行时所需要的励磁电流。

9. 定额

指电动机按铭牌值工作时可以持续运行的时间和顺序。电动机定额分连续定额、短时定额和断续定额三种，分别用 S1、S2、S3 表示。

① 连续定额（S1）。表示电动机按铭牌值工作时可以长期连续运行。

② 短时定额（S2）。表示电动机只能在规定的时间内短期运行。国家标准规定的短时运行时间有 10min、30 min、60 min 及 90 min 四种。

③ 断续定额（S3）。表示电动机运行一段时间后，就停止一段时间，周而复始地按一定周期重复运行。每周期为 10 min，国家标准规定的负载持续率有 15%、25%、40% 及 60% 四种（如标明 40% 表示电动机工作 4 min、休息 6 min）。

10. 温升

指电动机各发热部分温度与周围冷却介质温度的差值。

11. 绝缘等级

表示电动机各绝缘部分所用绝缘材料的等级，绝缘材料按耐热性能可分为七个等级，见表 16-2。目前，我国生产的电动机使用的绝缘材料等级为 B、F、H、C 四个等级。

要诀 》》》

电动机铭牌数据多，请您听我说一说，
要问数据啥主要，11 种数据要记牢，
电动机型号最主要，额定功率要知晓，
额定电压、电流记得好，电动机转动不会烧，
额定转速不要少，励磁方式和定额，
励磁电流和电压，认真记诵在闲暇。

表 16-2　绝缘材料耐热性能等级

绝缘等级	Y	A	E	B	F	H	C
最高允许温度 /℃	90	105	120	130	155	180	大于 180

16.3
直流电动机的拆装技巧

16.3.1　无刷无齿电动机的拆装技巧

无刷无齿电动机的种类较多，拆装方法也基本相同，现以目前使用最广泛的数码变频发电型无刷无齿电动机为例加以说明。该电动机的外形如图 16-11 所示。

图 16-11　电动机的外形

1. 无刷无齿电动机的拆卸技巧

无刷无齿电动机的拆卸程序如下。

① 在电动机左、右侧盖与轮毂结合处做一标记，如图 16-12 所

示。以便装配时位置准确，接着把电动机轮毂按图 16-13 所示位置水平放置在工作台上（左侧面朝上）。

图 16-12　做标记

图 16-13　将电动机轮毂放置在工作台上

②　电动机出厂时侧盖与轮毂配合较紧，用十字旋具无法旋松螺栓甚至损坏螺栓的槽口，应借助冲击十字旋具才能快速拆卸螺栓。使用方法是选择冲击十字旋具的刀头与螺栓槽口一致，然后将冲击十字旋具的刀头自然垂直放在螺栓的槽口中，如图 16-14 所示，接着用手按逆时针方向转动冲击十字旋具的柄部，然后用锤子对准冲击十字旋具的端部用力猛击，螺栓即可旋松，操作方法如图 16-15 所示，最后用同样的方法振松侧盖全部螺栓并拆下，如图 16-16 所示。

要诀 >>>

螺栓过紧不要怕，冲击旋具全由它，
冲击旋具咋使法，听我讲解记住呀，
十字刀头不太大，旋具垂直槽口了
逆时针转动柄把，猛击旋具要不差，
螺栓即可旋松了，遇到现象用此法。

图 16-14 把冲击十字旋具的刀头放入螺栓槽口中

图 16-15 用锤子猛击十字旋具

③ 在地上垫一木块，按图 16-17 所示的方法用双手握着轮毂并适当用力冲击木块，此时电动机轴与右侧盖即可分离，如图 16-18 所示。拆下的右侧盖，如图 16-19 所示。

④ 接着将电动机线束按图 16-20 所示的方法嵌入电动机左轴轴头上的凹槽内（以免电动机轴冲击木块时损坏线束），最后手握左

侧盖及线束用力将电动机轴冲击木块，如图 16-21 所示。定子即可与左侧盖分离，如图 16-22 所示。

图 16-16　已拆下全部螺栓的侧盖

图 16-17　将轮毂冲击木块

图 16-18　电动机轴与右侧盖分离

图 16-19　拆下的右侧盖

图 16-20　将线束嵌入凹槽内

图 16-21　手握左侧盖及线束冲击木块

⑤ 所拆无刷无齿电动机的转子和定子，如图 16-23 所示。

图 16-22　定子与左侧盖的分离

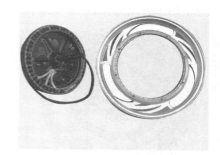

图 16-23　转子和定子分离

2. 无刷无齿电动机的装配技巧

无刷无齿电动机的装配程序如下。

① 将电动机轮毂与右侧盖的标记对准（轮毂左、右不得搞错），如图 16-24 所示，将侧盖与轮毂的结合面上涂上密封胶，稍停片刻，即可按图 16-25 将右侧盖的螺孔与电动机轮毂的螺孔对正，并用锤子轻敲侧盖以使入位，然后将右侧盖螺栓放入螺孔并对称地逐步旋紧，如图 16-26 所示，最后用冲击十字旋具紧固即可。

要诀 >>>

电动机装配并不难，对准标记是要点，
左右轮毂如接反，电动机倒转很常见，
密封胶涂抹结合面，稍停片刻不要烦，
轮毂和侧盖来相见，螺钉正对螺孔间，
轻敲侧盖螺钉陷，对称逐步把螺钉旋，
轮毂与侧盖到极限，密封紧固如原先。

② 让一只手手握着轮毂，另一只手按图 16-27 的方法握着电动机左半轴并徐徐将右轴对准右侧盖轴孔，由于转子和定子间的磁力较大，不要挤伤手指。

图 16-24　对准标记

图 16-25　将右侧盖和电动机
轮毂的螺孔对正

图 16-26　右侧盖装配完毕

图 16-27　定子的装配

③ 将电动机轮毂平放在工作台上，如图 16-28 所示。接着按图 16-29 所示的方法将电动机线束从左侧盖轴孔中穿过，然后将左侧电动机轮毂与左侧盖结合，涂适量的密封胶，稍停片刻，让左侧盖与电动机轮毂上的标记对准，如图 16-30 所示。最后用锤子轻敲侧盖以使左侧盖入位。

④ 将螺栓放入左侧盖的螺孔中，如图 16-31 所示。接着分次分批旋紧，最后用冲击十字旋具旋紧左侧盖螺栓，如图 16-32 所示。电动机到此装配完毕，如图 16-33 所示。

专家提示：当振动旋具柄部的尾端受到冲击时，旋具头部给螺钉一个轴向冲击力，同时也给螺钉一个旋转力，从而把螺钉振紧或振松，拆卸螺钉时，将手柄上的销钉扳在旋出位置，将旋具头对准螺钉，用锤子锤击振动旋具柄部的尾部，螺钉即被振松。安装螺钉

图 16-28　将电动机轮毂
平放在工作台上

图 16-29　将电动机线束
从左侧盖轴孔中穿过

图 16-30　对准标记

图 16-31　将螺栓放入左侧盖的螺孔中

图 16-32　用冲击十字旋具
旋紧左侧盖螺栓

图 16-33　装配完毕的电动机

时，将销钉扳在旋进的位置，用手将螺钉拧到拧不动为止，然后使用振动旋具将螺钉振紧。使用这种工具的优点是，在拆卸装得很紧的螺钉或要将螺钉拧到规定的紧固力矩时，不易损坏螺钉的槽口。

16.3.2 有刷无齿电动机的拆装技巧

有刷无齿电动机的种类较多，其拆卸方法也基本相同。现以目前使用较多的新日电动机为例加以说明，该电动机的外形如图16-34所示。

图 16-34　电动机的外形

1. 有刷无齿电动机的拆卸技巧

有刷无齿电动机的拆卸程序如下。

① 拆卸有刷无齿电动机前应有侧盖与轮毂结合部分做标记，如图16-35所示，避免装配后左、右侧盖装反。

(a) 左侧　　　　　　　　　(b) 右侧

图 16-35　做标记

② 把电动机平放在工作台上（带线的电动机轴朝上），用冲击十字旋具按如图 16-36 所示的方法旋松左侧盖的紧固螺栓。

③ 用十字旋具旋下左侧盖全部螺栓，如图 16-37 所示。

图 16-36　旋松左侧盖紧固螺栓　　　图 16-37　用十字旋具旋下左侧盖上的全部螺栓

④ 在地上垫上一木块，双手握着电动机轮毂按如图 16-38 所示的方法向下让电动机轴冲击木块，此时电动机轮毂与左侧盖分离，如图 16-39 所示。接着用力下压电动机轮毂以使定子脱离轮毂，此时定子与转子还有较强的磁力，应让另外一个人按图 16-40 所示的方法拉下定子和左侧盖。分解后的转子和定子，如图 16-41 所示。

 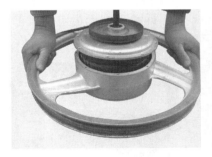

图 16-38　让电动机轴冲击木块　　　图 16-39　电动机轮毂与左侧盖分离

⑤ 将线束嵌入电动机左轴头的凹槽内，如图 16-42 所示，接着按图 16-43 所示，用一只手握着右半轴，另一只手拉着线束，让

电动机左半轴冲击地面或木块，定子即可与电动机左侧盖和垫圈分离，如图 16-44 所示。

图 16-40　定子、左侧盖与轮毂分离

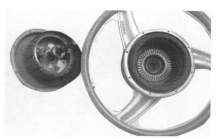

图 16-41　转子与定子的分开

图 16-42　将线束嵌入电动机
左轴头的凹槽内

图 16-43　左侧盖与定子分离操作

图 16-44　定子与左侧盖和垫圈分离

⑥ 地上垫上箱纸，将电动机轮毂按图 16-45 放置，以免损坏绕

组。接着按图16-46所示的方法用冲击十字旋具先振松并拆下螺栓。最后将轮毂竖放并按图16-47所示的方法用锤子柄从轮毂左侧向右侧盖冲击，右侧盖和垫圈轻轻落地，如图16-48所示。

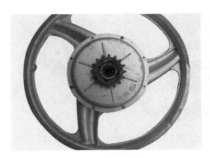

图 16-45　电动机轮毂的放置方法

(a) 用冲击十字旋具振动螺栓　　　　(b) 用十字旋具旋下螺栓

图 16-46　拆卸右侧盖

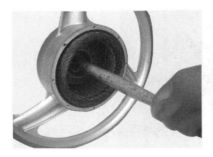

图 16-47　用锤子冲击右侧盖　　图 16-48　分解的右侧盖、垫圈和轮毂

⑦ 拆卸后的有刷无齿电动机零部件，如图 16-50 所示。

图 16-49　拆卸后的有刷无齿电动机零部件

2. 有刷无齿电动机的装配技巧

有刷无齿电动机的装配程序如下。

① 将轮毂按图 16-50 所示放置在箱纸上（绕组朝上），放上垫圈，如图 16-51 所示。将右侧盖与轮毂标记对准，如图 16-52 所示，并用锤子轻振侧盖使之入位。最后用螺栓旋紧并用冲击十字旋具加力，右侧盖到此装配完毕如图 16-53 所示。

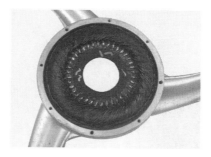

图 16-50　将轮毂放在箱纸上

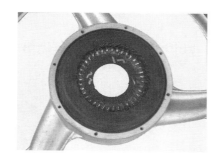

图 16-51　垫圈的安放

② 如图 16-54 所示，将定子上的电刷引线多次拧绕以使电刷处于电刷盒最低位置，否则定子装入转子内时会损坏电刷，然后让电动机轮毂竖放，按图 16-55 所示的方法将右轴头进入右侧盖的轴孔中，最后将定子向轮毂方向推动，定子即可完全进入转子内部，定

子装配到此完成，如图 16-56 所示。

图 16-52　对准标记

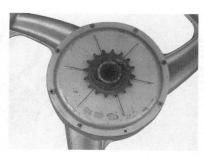

图 16-53　右侧盖装配完毕

图 16-54　将电刷引线多次拧绕

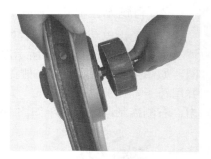

图 16-55　定子的装配

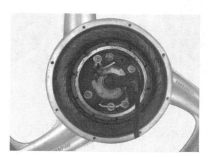

图 16-56　定子装配完成

③ 让电动机轮毂平放在工作台上，装上垫圈，如图 16-57 所示，接着按图 16-58 所示的方式将电动机线束从左侧盖轴孔中穿入，把左侧盖按标记与轮毂对正，如图 16-59 所示，然后用锤子轻敲左侧盖并使之入位，最后用螺栓固定并用冲击十字旋具旋紧，该电动机到此装配完毕，如图 16-60 所示。

图 16-57　垫圈的安装

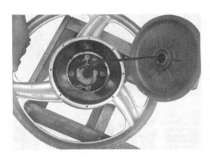

图 16-58　线束从左侧盖轴孔中穿入

图 16-59　对准标记

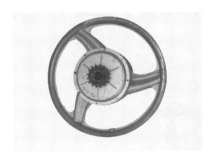

图 16-60　整体电动机的结构

直流电动机绕组的展开图和嵌线技巧

直流电动机简介和分类

17.1.1　直流电动机简介

　　直流电动机的工作电源为直流电，其结构相对复杂。定子部分由励磁绕组和主磁极组成；转子部分由转子绕组（电枢）和换向片等组成。除此之外，还需要换向器、电刷等装置。直流电动机具有调速性能好、启动转矩大等优点。

17.1.2　直流电动机的分类

直流电动机根据定子形成磁极的不同，可分为励磁式直流电动机和永磁式直流电动机。大型直流电动机均为励磁式直流电动机。

励磁式直流电动机可分为他励式、并励式、串励式和复励式四种。

1. 他励式直流电动机

他励式直流电动机的励磁绕组与电枢绕组分别使用两个互不相关的独立直流电源，其接线如图 17-1 所示。这种电动机的启动性能好，运行比较稳定。

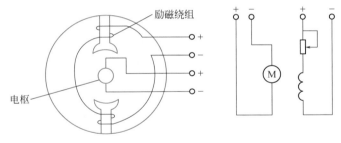

图 17-1　他励式直流电动机接线图

专家提示：与其余三种直流电动机不同的是，他励直流电动机的励磁绕组与电枢绕组使用两个单独电源。他励直流电动机的机械特性与并励式相同，由于这种电动机启动性能好，运行稳定，可以实现大范围内的均匀调速。

2. 并励式直流电动机

并励式直流电动机的励磁绕组与电枢绕组并联，同用一个直流工作电源，其接线如图 17-2 所示，这种电动机的负载变化时，其转速变化不大。

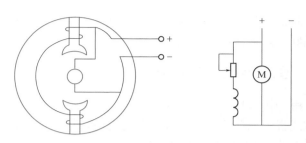

图 17-2　并励式直流电动机接线图

3．串励式直流电动机

串励式直流电动机的励磁绕组与电枢绕组串联后接在直流电源上，其接线如图 17-3 所示，励磁绕组和电枢绕组所流过的电流相同。这种电动机的负载变化时，其转速发生较大变化，但它有较强的过载性能。

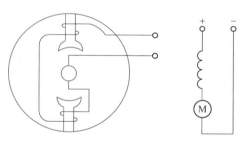

图 17-3　串励式直流电动机接线图

4．复励式直流电动机

复励式直流电动机有两路励磁绕组，一路与电枢绕组并联，另一路与电枢绕组串联，接在同一个直流电源上，其接线如图 17-4 所示。这种电动机的负载变化时，其转速无变化，过载能力也很强。

要诀　　　　　　　　　　　　　　　　　　　　　　>>>

　　直流电动机有四种，认真听取见分明，

他励电动机好启动，性能好来较稳定，
并励电动机啥特性，励磁电枢电源同，
串励电动机负载变，过载性强来体现，
复励电动机负载变，转速不变书中看。

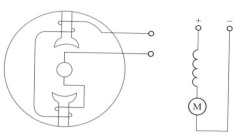

图 17-4　复励式直流电动机接线图

17.2

直流电动机绕组简介和基本参数

17.2.1　直流电动机绕组简介

　　直流电动机的定子（主磁极）为凸形磁极，它的励磁绕组为集中式矩形绕组，按励磁方式的不同可分为并励绕组、串励绕组和复激绕组，除此之外在功率较大的直流电动机中还有换向极绕组，在整流换向器较差的直流电动机中还用补偿绕组。因励磁绕组为集中式绕组，其绕制方法比较简单，在此不再叙述。

17.2.2 电枢绕组的分类

直流电动机的电枢绕组主要有叠式绕组、波形绕组、混合绕组和对绕式绕组等几种。实际应用中以叠式绕组和波形绕组较为常用。

1. 叠式绕组

叠式绕组形式如图 17-5 所示。这类绕组的第一个线圈的首端接在换向器的 1 号换向片上，它的尾端与第二个线圈的首端连接在一起接在换向器的 2 号换向片上，像这样以此类推。最后一个线圈的尾端与第一个线圈的首端连接在一起接在换向器的 1 号换向片上。叠式绕组也称并联绕组，这种绕组的支路数等于极对数。

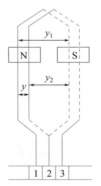

图 17-5 叠式绕组

专家提示： 叠式绕组一般应用于直流电动机的电枢，以及三相电动机的定子绕组和容量较小的三相电动机绕线型转子绕组。

2. 波形绕组

波形绕组形式如图 17-6 所示。这类绕组的首尾端不接在相邻的换向片上，而接在相距约 2 倍于极距的换向片上，且相邻两个线圈的两边不重叠。这样串联而成的绕组像波浪一样，故称为波形绕组。

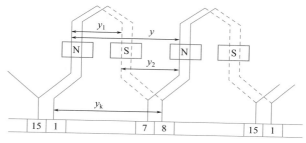

图 17-6 波形绕组

专家提示： 波绕组通常应用于 4 极及 4 极以上的直流电动机的电枢，以及容量较大的三相电动机绕线型转子绕组。

要诀 >>>

电枢绕组要细看，分类较多很明显，
实际应用哪常见，叠式波形绕组来体现，
叠式绕组有特点，线圈与片连接书中看，
波形绕组波浪显，绕组区别容易见。

17.2.3 电枢绕组的基本参数

在电枢绕组中，槽数用 Z 表示，绕组的线圈数（元件数）用 S 表示，换向器片数用 K 表示，极距用 τ 表示（它表示一个磁极所占的槽数），节距用 y 表示（表示绕组线圈的两条有效边所占的转子槽数）。电枢绕组中的节距可分为第一节距 y_1、第二节距 y_2、合成节距 y 和换向器节距 y_k 四种。

① 第一节距 y_1 表示线圈或元件两条有效边所占转子的槽数。一般情况下 $y_1 = \tau$。第一节距一般采用整数槽。若第一节距大于极距，属于长距绕组；若等于极距属于全距绕组，全距绕组产生的感应电动势最大；若第一节距小于极距，属于短距绕组。短距绕组和长距绕组能改善换向性能。

② 第二节距 y_2 表示线圈或元件的尾端有效边和相邻连接的线

圈的首端有效边（即前一个线圈的下层边和后一个线圈的上层边）所占转子的槽数。第二节距 y_2 根据线圈或元件的绕向不同，可分为左圈右绕行线圈和右圈左绕行线圈，在这两种绕组线圈中，第一节距相同，而它们的第二节距不同，右圈左绕行线圈的第二节距大于左圈右绕行线圈的第二节距。

③ 合成节距 y 表示相邻两线圈或元件的首端之间的槽数或距离。合成节距 y 小于第一节距 y_1 或第二节距 y_2 的电枢绕组属于叠式绕组。合成节距 y 大于第一节距 y_1 或第二节距 y_2 的电枢绕组属于波形绕组。

④ 换向器节距 y_k 表示单个线圈或元件的首端和尾端在换向器上所占的换向片数。

17.3

直流电动机绕组的展开图和嵌线技巧

17.3.1　单叠式绕组

现以 2 极 12 槽直流电动机电枢单叠式绕组右绕行为例，说明展开图和嵌线技巧。

1. 计算各项参数

根据叠式绕组的原理，相邻绕组的首尾端与相邻换向片相接得出以下结论。

合成节距　$y=y_k=\pm1$（槽）

绕组的并联支路数等于极对数，即 2 极电枢绕组的支路数为 1。

第一节距　$y_1=\dfrac{Z}{2p}\pm\varepsilon=\dfrac{12}{2}\pm0=6$（槽）

第二节距 $y_2 = y_1 - y = 6 - 1 = 5$ （槽）
式中，ε 为使 y_1 为整数的分数值。

2. 嵌线步骤

① 将任一把线圈的一个有效边嵌在 1 号槽的下层，另一有效边先吊起不嵌。然后根据同样的方法嵌 6 把线圈，分别嵌到 2 号槽、3 号槽、4 号槽、5 号槽、6 号槽、7 号槽的下层，此时根据第一节距 $y_1=6$ 槽，将 1 号槽线圈的另一有效边嵌在 7 号槽的上层。

② 嵌入 8 号槽的下层边后，将 2 号槽的另一有效边根据第一节距 $y_1=6$ 嵌在 8 号槽的上层。

③ 嵌入 9 号槽的下层边后，将 3 号槽的另一有效边嵌在 9 号槽的上层。像这样以此类推将所有线圈嵌完为止。

④ 绕组线圈与换向片的连接规律是将第一组线圈的首端根据第二节距 $y_2=5$ 和第 12 组线圈的尾端接在一起焊接到 1 号换向片上，即将 1 号槽下层端和 6 号槽的上层端接在一起焊在 1 号换向片上。将第一组线圈的尾端和第二组线圈的首端接在一起，即将 2 号槽的下层端和 7 号槽的上层出线端接在一起焊接到 2 号换向片上。按这样以此类推，接完为止。

⑤ 2 极 12 槽单叠式绕组嵌线完毕，其展开图如图 17-7 所示。

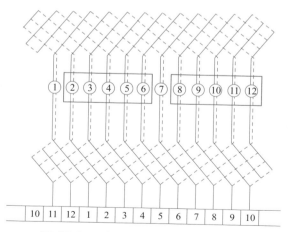

图 17-7　2 极 12 槽单叠式绕组展开图

17.3.2 复叠式绕组

复叠式绕组常用在大容量、大电流、高转速的直流电动机中。复叠式绕组中的线圈不是接在相邻的换向片上，它的换向节距 $y_k = \pm m$，可把绕组看作由嵌在一个电枢上的 m 个单叠式绕组所组成。其中 m 为场移系数。m 可以取任何整数，在复叠式绕组中 m 一般为 2。复叠式绕组的支路数为 $2pm$，复叠式绕组的过渡节距 $y = y_k = \pm m$。左行绕组取负值，右行绕组取正值。

第一节距 $y_1 = \dfrac{Z}{2p} = \pm\varepsilon$（取整数），第二节距 $y_2 = y_1 - y$。

单波绕组的特点是线圈或元件的出线端接到相隔约 2 倍极距的换向片上，且相互连接的两元件也相隔较远，串联后的元件绕换向器一周后，应回到与首端相邻的换向片上。因此，元件的换向器节距 $y_k = \dfrac{K \pm 1}{p}$ 为整数，即绕组采用左行绕组时为 $y_k = \dfrac{K-1}{p}$，绕组采用右行绕组时 $y_k = \dfrac{K+1}{p}$。单波绕组的并联支路数与极对数无关，总是等于 1。节距按下列公式求出。

换向器节距 $\quad y = y_k$

第一节距 $\quad y_1 = \dfrac{Z}{2p} = \pm\varepsilon$（取整数）

第二节距 $\quad y_2 = y - y_1$

现以 4 极 15 槽直流电动机单波左行绕组为例，说明其展开图和嵌线技巧。

（1）计算各项参数

因采用左行绕组，换向器节距为

$$y_k = \frac{3K-1}{p} = \frac{15-1}{2} = \frac{14}{2} = 7 \text{（槽）}$$

第一节距 $\quad y_1 = \dfrac{Z}{2p} \pm \varepsilon = \dfrac{15}{4} + \dfrac{1}{4} = 4 \text{（槽）}$

第二节距 $y_2 = y - y_1 = 7 - 4 = 3$ （槽）

合成节距 y 等于换向器节距 y_k，即 $y = y_k = 7$ 槽。

（2）嵌线步骤

① 将第 1 槽的下层出线端根据第一节距 $y_1 = 4$ 槽与 5 号槽的上层出线端相接，5 号槽的上层出线端根据第二节距 $y_2 = 3$ 槽与 8 号槽的下层出线端相接。

② 8 号槽的下层出线端根据第一节距 $y_1 = 4$ 槽与 12 号槽的上层出线端相接，12 号槽的上层出线端根据第二节距 $y_2 = 3$ 槽与 15 号槽的下层出线端相接。

③ 然后，采用相同的方法，再根据第一节距和第二节距轮换的原则将所有槽的线圈连接好。

④ 将所连接的接线头依次焊接在换向器的换向片上。

⑤ 4 极 15 槽单波绕组左行嵌线完毕，其展开图如图 17-8 所示。

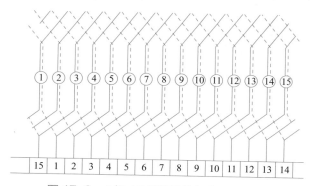

图 17-8 4 极 15 槽单波绕组左行展开图

直流电动机的故障
检修技巧

电枢绕组的故障检修技巧

18.1.1　电枢绕组接地

　　电枢绕组接地是指绕组因重新绕制电枢线圈时，由于绝缘纸被压线板划破或绝缘纸放置不合适而导致绕组与铁芯接触即接地。绕组接地后，会引起电流增大，绕组发热；严重时会造成绕组短路，使电动机不能正常运行，还伴有振动和响声。有刷电动机绕组电枢接地部位一般出现在槽口或槽底，有时出现在换向片与引出线处。

要诀 >>>

绕组接地很常见，检修方法书中看，
绕组接地电流大，发热现象让人怕，
严重发热损坏啥，绕组短路人惊讶，
电动机不能正常跑，还有振动响声叫。

故障检查方法

（1）用万用表电阻挡检查法

选取万用表的"×R"挡，让万用表一只表笔接电枢轴上，另一只表笔分别触及电枢上的各换向片，若万用表显示值为"1"，则表明与该换向片相连的绕组不接地。若万用表显示较小的数值，则表明与该换向片相连的绕组接地。若确定接地点的准确位置，则比较困难。

（2）用灯泡检查法

用一根导线将一只灯串联，按图18-1接入110V交流电源上，让电源的一根线接电枢轴上，另一根线分别接换向片。若灯泡不亮，则表明绕组不接地；灯泡亮，则表明绕组接地，这时应注意灯的亮度，接着按顺时针或逆时针方向将导线在换向片上移动，距接地点越近灯泡越亮，距接地点超远灯泡越暗。当移动所接触的换向片灯泡最亮，一旦离开该换向片灯泡变暗些，多次反复试验现象同上，则表明灯泡最亮时该换向片所接的绕组短路。

（3）万用表电压挡检查法

绕组接地检测电路如图18-2所示。选择数字万用表的"20V"电压挡，将万用表的黑表笔搭铁，红表笔依次与换向片铆接点接触，万用表电压的读数越小，表明越靠近与搭铁绕组相连的换向片，当读数为零（或接近零），则表明与这一换向片直接相连的绕组接地。读数最小或为零的换向片所接的绕组就是接地绕组。

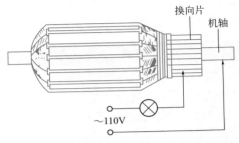

图 18-1　用灯泡检查法检查电枢绕组接地

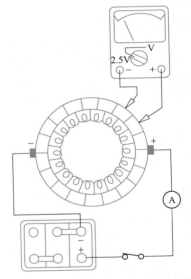

图 18-2　绕组搭铁的模拟检测电路

要诀

绕组接地电压检，检修方法听我言，

20V 直流电压挡选，表笔接哪要分辨，

> 黑表笔与地永相伴，红表笔依次接换向片
> 电压越小要用心看，搭铁绕组马上现，
> 读数为零故障显，绕组接地处红笔连。

专家提示： 直流电动机电枢绕组或换向器出现接地故障后如仍继续运行，除电动机壳体带电危及操作者安全外，电枢还将产生异常的振动和火花，短时内绕组就产生高温，如不停止运转则很快因高温而使绕组被烧毁。

（4）分段排除法

分段排除法是将与换向器相连的绕组连线断开（断开点应对称）如图18-3（a）所示。这时电枢绕组可分为2部分。接着用万用表分别测量两半绕组的绝缘电阻。绝缘电阻较小的一半就是接地绕组，然后将绝缘电阻较小的绕组再拆开一处如图18-3（b）所示，再用万用表电阻挡测量1/4部分绕组的绝缘电阻。这样可排除不接地的绕组，按其方法多次断开绕组接线点并测量绕组的绝缘电阻即可找到绝缘电阻为零（接地）的绕组。

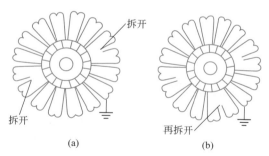

图 18-3　用分段排除法检查电枢接地点

故障修理

绕组接地点的位置不同修理方法应有不同。若接地点在铁芯槽口、绕组端部或连接线处，可将电枢绕组局部稍微加热变软后，用划线板将接地部位的绕组与铁芯分开进行绝缘处理即可。

若接地点在铁芯槽内，且线圈较少，可用火花烧蚀法排除故障。

用 48V 的蓄电池组，将蓄电池负极接换向器的换向片，蓄电池正极引线瞬时触及电动机轮毂 1 ～ 2s。由于搭铁部位的接触电阻通常比较大，在较大电流后会在局部产生高温或出现电火花，使搭铁处烧蚀，往往可排除较轻微的搭铁故障。

当试用火花烧蚀法无效时，作为应急办法，也可采用"跳接法"：将搭铁的绕组与换向片连接的两个线头从换向器上取下，使绕组与换向器的连接完全脱开，然后将与绕组脱接的两换向片用铜线跳接起来，操作方法如图 18-4 所示。

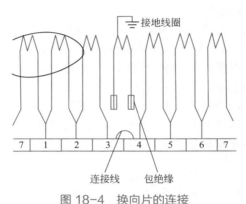

图 18-4 换向片的连接

18.1.2 电枢绕组断路

电枢绕组断路是指导线、引接线以及极相组等处虚焊或接头脱落。电动机转动时若有一相突然断路，电动机仍可继续转动，但声音异常，时间一久将烧毁绕组。

断路也是电枢绕组最常见的故障之一。线圈元件线端至换向片的焊接处是电枢绕组较容易发生断路的地方，其原因主要是焊接不良或线端在除去绝缘漆膜时受到损失，以及在接线过程中线圈元件的线端接得过紧，当缠上端部扎线经浸漆处理后使线端受力过大而损伤。电动机高速运转时上述这些情况就可能造成线端在焊接处断裂。此外，由于电动机长时超载运行或其他原因，使换向器与电刷间产生较大的火花，导致换向器严重过热而将焊锡熔化，造成原本牢固焊接在换向器上的线圈元件线端脱焊而形成断路。并且电枢绕组的短路、接地等故障也有可能将导线烧断而形成绕组的内部断路。电枢绕组断路故障检查与修理如下所述。

（1）外观检查

应仔细检查绕组两端的铁芯槽口、端部、换向片接线处等地方，看是否有烧损、碰伤等断路故障的痕迹，如看不到异常之处，则可以采用其他方法进行仔细检查。

（2）用万用表检查法

① 将有刷电动机轮毂放置在工作台上。

② 取二根导线，先让一根导线的一端接在换向器上的一个铆接点上，让另一根线接在与第一根线所接触处的对应铆接点上，然后，把12V蓄电池按模拟图18-5所示接入电路。

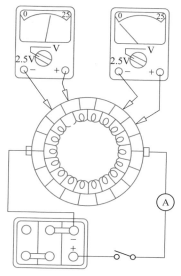

图18-5　绕组断路检测的模拟接线图

③ 选择数字万用表直流"20V"挡让红表笔接在近电源正极侧，

黑表笔接在电源负极侧，通电后，分别测量相邻换向片间的电压，测量方法如图18-6所示。

若每相邻换向片间的电压都相同，则表明绕组不存在断路现象。若某处断路，则与断路绕组相连的两个换向片间的电压很高接近12V，而这一断路支路中的其余换向片间的电压都为零。

④ 若有刷电动机绕组多处断路，应按模拟图18-6所示的方法进行检查。即将万用表红表笔接电源正极，黑表笔从蓄电池负极开始依次与换向片上的铆接点接触，当接触到断路绕组的换向片电压为零时，则表明该处断路。发现该处断路可将这两换向片连上，然后再依次查找其他断路部位。

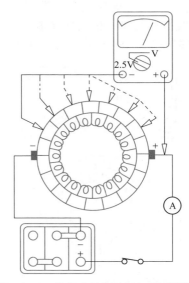

图 18-6 绕组多处断路检测的模拟图

故障修理

若电枢绕组中仅有1个线圈元件或1处线端断路，可将找不到具体断路位置的线圈元件的两根线端分别用绝缘带包扎好，再用连接线把该断路线圈元件线端所接的相邻两换向片短接起来即可，如

图 18-7 所示。

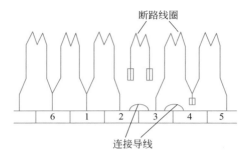

图 18-7　电枢绕组断路故障的应急处理

若只是某线圈线端焊接处脱焊则只需重新加焊即可。

若线端断路处在电枢绕组端部时，应将断路处焊牢。若断路处在电枢铁芯槽内部，此时可将断路的线圈连接的两换向片上跨接一根短路导线，或将这两相邻换向片直接短路，可继续使用。若电枢绕组的断路位置过多，且整体绝缘也已老化时，就必须考虑更换新的电枢绕组。

> **要诀**　>>>
>
> 　绕组断路惹人恼，修理方法听我表，
> 　线圈线端没焊牢，重新加焊效果好，
> 　绕组端部断路了，断路之处焊牢靠；
> 　断路处在铁芯槽，短接换向片必须要，
> 　断路处过多不好找，电枢绕组应换掉。

18.1.3　电枢绕组短路

电枢绕组短路是指线圈绝缘膝损坏，使不应相通的线匝直接相通。绕组一旦短路，会产生比额定电流大数倍的电流，使绕组迅速发热，加快绝缘老化。短路严重时会烧毁整体电动机绕组。

专家提示： 若只有几匝线圈短路，电动机还可启动、运转，但

伴有振动、严重发热和启动转矩下降。短路严重时电动机不能启动或运行。

故障检测

（1）外观检查

电枢绕组故障时，应查看绕组两端槽口、端部、换向器等部位，是否有烧伤、碰伤等短路痕迹，若发现异常，则应仔细检查。

（2）电压检查法

按绕组短路的模拟检测，如图 18-8 所示，接成的实际检测电路连接，然后用数字万用表的"20V"直流电压挡测量相邻换向片间的电压正常值应相同。若某相邻换向片间的电压值明显低时，则表明这两个换向片直接相连的绕组有短路现象。

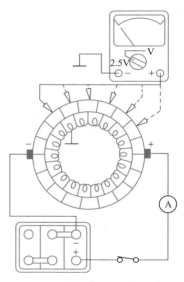

图 18-8　绕组短路的模拟检测

（3）电阻测量法

先测量换向 1 和 3，如图 18-9 所示，再测量换向片 2 和 4，然后测量换向片 1 和 4，其余的换向片都依次这样测量下去，直至全部测完为止。如果测得换向片 1 和 3、2 和 4 的电阻值均等于二个线圈元件的电阻值，而换向片 1 和 4 的电阻值则等于三个线圈元件的电阻值时，就说明这些线圈元件相互间没有短路。若测出的电阻值比上述数值小很多，则线圈相互间就有可能短路。

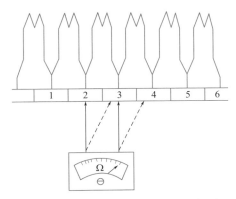

图 18-9　用电阻表检查线圈内的短路

故障修理

若因端部碰伤或在槽外由电弧烧伤而造成绕组轻微短路，并且短路点可看出，可先将电枢绕组烘热变软，再用光滑的竹质理线板将故障点因绝缘层损坏而相互碰触的导线拨开，并用软薄的绝缘绸带包卷导线，然后刷上绝缘漆烘干即可。

若是两片换向片严重短路而又不能消除短路故障时，可将有短路故障的两换向片中任一片上的线端焊下来，使线圈元件与换向片完全脱离开，焊下来的这两根线端则不要分开，仍然让它们焊接在一起并用绝缘带仔细包扎好如图 18-10 所示。此外，应急处理后，电动机完全可以照常使用。

要诀　　　　　　　　　　　　　　　　　　　　　　　>>>

绕组短路不正常，认真听我没商量，
端部碰伤或烧伤，烘热绕组不用慌，

> 理线板来把忙帮，故障点导线分开忙，
> 绝缘绸带包在导线上，绝缘漆烘干除故障。
> 换向片严重短路别紧张，故障不能消除还有方，
> 短接换向片要心亮，焊下的两根线端连接上。

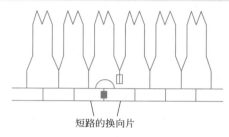

短路的换向片

图 18-10　换向片短路故障的应急处理

若绕组烧损的仅是个别线圈元件，可按图 18-11 所示的方法，将已焊下并分开了的线端用绝缘带分别仔细包好，焊下线端的换向片也用导线连接起来焊好。经这样处理后因只废弃了一个线圈对电动机运行性能影响较小，所以仍能使用。

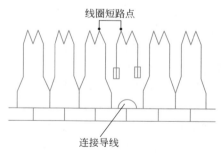

线圈短路点

连接导线

图 18-11　电枢绕组短路故障的应急处理

专家提示：由于绕组已有烧损且又减少了一个线圈，故不能长期使用而只能作为短期的应急措施，与此同时还应及早准备重换新的电枢绕组。

18.2

磁极绕组的故障检修技巧

直流电动机故障大多出现在电枢绕组、电刷和电刷架上，其实很多电枢故障的根源在于磁场。

18.2.1 磁极绕组接地

磁极绕组接地是指线圈与机壳或铁芯相通，通电后外壳带电。

故障检修

磁极绕组接地故障可用兆欧表、灯试、万用表进行检查。检查时，先将电动机电枢脱离电路。主要检查各套绕组的绝缘状况并找出接地的绕组。

如：用兆欧表测量磁极线圈的绝缘电阻时，将兆欧表的一只鳄鱼夹接电动机外壳，另一只鳄鱼夹接磁极绕组的引接线，若测得绝缘电阻较小或为零，则表明磁极绕组受潮或接地。要找到接地点，应将磁极绕组每个线圈拆开分别检查即可找到故障的磁极绕组。

专家提示：如果测得绝缘电阻比较小但不是零，可能是绕组受潮。可将电动机拆开取出转子，把定子放入烘箱 100℃左右烘烤 4h 以后再测绝缘电阻，如果绝缘电阻已上升但还没达到 5MΩ，要继续烘烤，直到绝缘电阻符合要求为止。若绝缘电阻表测得的绝缘电阻为零，说明已通地；经过 8h 烘烤后，绝缘电阻不上升，说明电动机绝缘性能已下降，只能重新绕制线圈。

故障修理

若接地线圈轻微损伤可对接地处进行绝缘处理。若接地线圈的绝缘损伤严重可将该线圈拆下来，按绝缘要求重新包扎绝缘；若接地线圈的绝缘严重烧坏或多匝导线烧断等，应重绕新磁极绕组。

磁极绕组如接地，对它检查别着急，
检查之时需注意，电动机电路电枢离，
兆欧表作用提一提，测量绝缘状况要服气，
绝缘电阻 5MΩ 是好的，接近零欧烘烤要继续。

18.2.2　磁极绕组短路

磁极绕组短路会使通入绕组的电流增大，严重短路会使绕组严重发热而烧毁；短路时电动机不能启动或空载时转速加快。磁极绕组短路的原因有：

① 绕组受潮后因绝缘电阻降低而击穿造成接地；

② 引出线端绝缘损坏相碰触致使绕组整体短路；

③ 相邻线圈元件间的绝缘破损造成线匝碰触而使局部线圈短路。

故障检测

（1）外观检查

若磁极绕组短路故障时较大的短路电流流过故障线圈，会使该线圈很快发热、冒烟、并伴随有焦臭味，严重时还使线圈被烧坏。此时可根据绕组的颜色和绝缘烧伤的程度，从外观可确定绕组的短路线圈的位置。

（2）电流检测

用一只 220V 的低压变压器，在其二次侧串联一只电流表后去逐个测试各磁极线圈的电流，如图 18-12 所示。电流大者即可能为有短路故障的磁极线圈。

（3）电压检测

若直流电动机的并励绕组轻微短路时，通过各线圈的电流的变化均很小，用电流表测量短路绕组却很难检测出来，此时可用电压法进行短路故障检查。具体方法是将励磁线圈按规定接法连接成绕组，然后接入 110V 直流电源，如图 18-13 所示。利用万用表的直流电压挡分别测量每个励磁线圈两端的电压，若各个励磁线圈的电压大小不等，电压最低的励磁线圈就是短路线圈。

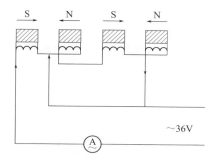

图 18-12 用电流表检测磁极线圈短路

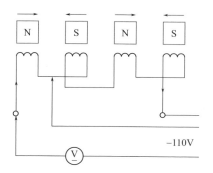

图 18-13 用电压法连接电路

专家提示：如果手边无直流电源或并励绕组较少短路时，用直流电测量的结果容易发生差错。这时，可将220V或110V的交流电源接入经串联连接的整个并励绕组，由于交流的电磁感应作用将会使短路故障点严重发热，因而即使是少数线匝短路也能明显地反映出磁极线圈有无短路故障的差异来。

故障修理

若磁极绕组受潮则进行干燥处理；若磁极线圈短路应将线圈从磁极铁芯上取下，并把故障线圈稍作加热以使其绝缘软化。拆除外包绝缘后找出短路线匝，将短路线匝清理开并用绝缘加隔后，再用绝缘带包好重新装上铁芯使用即可。磁极线圈若短路后烧损严重或绝缘整体老化，就需要用原磁极线圈同规格导线和同样的层数、匝数重新绕制。

要诀 >>>

绕组短路怎么办，十几年心得大家看，
绕组受潮电动机慢，干燥之法是常见，
线圈短路怎么办，线圈要与铁芯反，
加热软化故障线圈，短路线匝在眼前，
短路线匝夹绝缘，绝缘带包扎记心间，
线圈烧损或老化修理难，按照规格重新换。

18.2.3 磁极绕组断路

磁极绕组断路多发生线包的引出线位置，多因引线、极间连接线振动、焊接不牢、受潮生锈脱焊等。磁极绕组一旦断路，会使磁场发生变化而不能正常工作。

故障检测

将磁极绕组各引接线分开，使用万用表的电阻挡，让黑红表笔接某一线圈的引出线，若万用表显示较小的阻值，则表明该线圈不断路，若万用表显示无穷大，则表明该线圈断路。

故障修理

若断路位置在磁极线圈引线处，可拆开线圈的外包扎带层，使线圈断线处彻底显露出来，然后用多股软导线把断线端焊接好并加以绝缘，最后再将焊接处牢固的绑扎在磁极线圈上。如果断线位置在线圈的内部且绝缘也已老化，那就只有更换重新绕制的磁极线圈。

18.2.4 电动机电枢绕组绝缘电阻的检测技巧

电动机电枢绕组绝缘电阻检测所用的常用仪器也是兆欧表（摇

表）。用兆欧表检测有刷电动机绕组的绝缘电阻时，将兆欧表两根引线上的鳄鱼夹分别夹在换向器的铆接线处和轮毂部位，然后用手以 120r/min 的速度转动摇柄，当兆欧表稳定在某一位置时，此时表针指示的数值就是该有刷电动机绕组的绝缘电阻。有刷电动机的绝缘电阻一般大于 5MΩ。

要诀　　　　　　　　　　　　　　　　　　　　　　　>>>

绝缘电阻怎么检，检修技巧听我言，
兆欧表测绝缘是首选，鳄鱼夹夹哪是重点，
换向器铆接线和轮毂选，夹紧牢靠并不难，
手持摇柄匀速转，兆欧表显示在眼前，
表针稳定不偏转，绕组的绝缘电阻在表现，
大于 5MΩ 好绝缘，远小于 5MΩ 需修检。

有刷电动机常见故障检修技巧

现以电动自行车用有刷直流电动机为例加以说明。

18.3.1　有刷电动机温升过高的故障原因与检修技巧

电动机在运转过程中其端盖温度略高于环境温度属于正常现象，但一般温度不能超过环境温度 20℃，若电动机温度超过环境温度 25℃以上，则表明电动机已超过正常温度。用非接触式红外线温度计或用万用表的温度测量挡（带温度测量的万用表）进行测量。

引起有刷电动机温升过高的故障原因与检修技巧如下。

① 电动机绕组短路或断路。分解电动机用数字万用表的"200Ω"电阻挡检测电动机绕组的阻值即可判断绕组是否短路、断路。用数字万用表的"200Ω"挡测量换向器相对的两个换向器片间的阻值。若变换表笔测量每相邻换向片间的阻值都相同，则表明电动机绕组无故障。若所测量相对的换向片间的电阻为无穷大，则表明此时对应的换向片连接的绕组断路。若所测相对换向片间的阻值比其他换向片间的阻值偏小，则表明此时对应的换向片连接绕组短路。

② 电动机磁钢严重失磁。在维修过程中，经常将电动机定子从转子中拔出，此时应感觉磁钢的磁力情况为以后检查定子是否失磁打下良好基础。在维修中，若将定子从转子中拉出时，要比较该次拉出的磁力与以前其他各次拉出转子磁钢的磁力相比较，就可分辨出磁钢是否失磁。若电动机内部磁钢全部失磁，应更换电动机内部的整套磁钢或更换整体电动机。

要诀 >>>

电动机温升过高需要检，原因可从几方面看，
绕组短路断路很常见，磁钢严重失磁怎么办，
找到失磁的磁钢片，马上更换故障闪，
磁钢全部失磁怎么办，整套磁钢或电动机应该换。

18.3.2 换向器与电刷间有火花或环火的故障原因与检修技巧

换向器与电刷间有火花或环火的故障原因与检修技巧如下。

① 电刷弹簧弹力过小。电刷弹簧弹力过小导致电刷与换向器的接触压力减小，应更换合适的电刷弹簧。

② 电刷位置不对正。电刷架固定螺栓松动或电刷与电刷盒配合间隙过大都可引起电刷与换向器接触面积减小而产生火花或环

火，应紧固电刷架固定螺栓或更换电刷。

③ 转子绕组或换向器短路、断路。若转子绕组或换向器短路、断路时，通过电刷与换向器接触面间的电流较大，都会造成火花连续不断并且最终变为环火。若断路点在转子绕组外部，应进行修复并做好绝缘处理；若断路点在转子绕组的内部，应更换全部绕组或整体电动机。

④ 换向器积炭或严重烧蚀。换向器积炭严重或烧蚀都会使换向器表面不平，电刷工作时上下窜动幅度较大，将导致环火。处理方法是用棉纱擦净换向片上的污物，再用刀片清除换向片间的异物。若换向片轻微烧蚀可用砂纸打磨，若严重烧蚀应予以更换。

18.3.3　有刷电动机电刷与换向器间有火花，负载增大时，火花随之增大的故障原因与检修技巧

① 电刷位置不对，应校正有关部件使电刷与换向器对正，以达到较大的接触面积。

② 主极与换向极极性不对，应检查、纠正主极与换向极的顺序，同时检查换向极与主极间的绝缘电阻，针对情况予以排除。

18.3.4　有刷电动机空载电流过大故障原因与检修技巧

有刷电动机若所测空载电流过大，应换以下方法进行检修。

（1）电动机轴与轴承配合间隙过小或轴承损坏

电动机在运行中，若轴承温度超过 95℃，表明轴承已发生过热故障，其大致原因如下。

① 轴承装配不正，端盖上口未靠紧，使两端轴承孔不同心，或者轴承损坏，都会使滚珠（滚柱）与内外圈接触不正常，增大摩擦损耗而发热。

② 轴承内圈与轴颈配合过松（走内圈）或过紧。另外，由于轴承盖内圆偏心或装配不正，也会增大轴承的摩擦损耗。

③ 润滑脂质量不良或添加量过多。

轴承的检查方法是转动轴承，应轻松灵活，不应有转动阻力过大或异响，若有则应予以更换。

> **要诀** >>>
>
> 轴承工作很重要，检测方法真的好，
> 转动轴承没有噪，轻松灵活也是标，
> 阻力较大异响叫，更换轴承效率高。

（2）转子与定子相摩擦（转子扫膛）

电动机转动时，若转子与定子相摩擦会增加阻力并使通过绕组的电流增大，使绕组严重发热。

诊断该故障时可根据响声和触及表面电动机来感觉温升情况来判断。若转子与定子相摩擦，应检查轴承是否空旷、电动机轴是否弯曲，应针对具体情况予以排除。

（3）电动机磁钢移位或脱磁

电动机磁钢移位一般无异响现象，但磁钢移位或脱磁会使电动机输出功率下降，须分解电动机才能证实。若磁钢移位，应按原位置粘好。若磁钢脱磁，应更换整套磁钢或整体电动机。

（4）换向器严重积炭或电刷与电刷盒间隙不均匀

换向器严重积炭时，应用细砂布打磨换向器，并用刮刀除去换向片间的异物。若换向器严重积炭，表明电刷长度可能减小到原长度的 2/3，也应予以更换，同时校正电刷与电刷盒的间隙。

（5）绕组绝缘电阻过小

电动机绕组绝缘电阻过小时，会产生漏电现象，导致通过绕组的电流增大。其原因一般是绕组潮湿所致，应用吹风机对绕组烘干或将绕组放在烘干炉中进行干燥。

18.3.5 有刷无齿电动机有异常响声的故障原因与检修技巧

有刷无齿电动机有异常响声的故障原因和检修技巧如下。

① 轴承损坏，应予以更换。

② 电动机转子扫膛，应校正电动机轴、更换轴承或修锉转子铁芯。

③ 电动机轴向左右窜动，应在轴向方向增加合适的垫圈。

④ 电刷架不正或电刷松动，应调速电刷架和电刷弹簧。

⑤ 换向器表面严重烧蚀，应打磨换向器或予以更换。

18.3.6 有刷电动机不转的故障原因与检修技巧

有刷电动机不转的故障原因与检修技巧如下。

① 电动机引线断开或接触不良，应紧固。

② 电动机绕组因烧毁而短路，应更换全部绕组或整体电动机。

③ 电刷弹簧弹力过弱，导致电刷与换向器接触不良，应更换电刷弹簧。

④ 换向器严重炭污或烧蚀，使换向器与电刷的接触电阻增大，呈断路状态，应用细砂布打磨换向片并用刮刀除去换向片间的异物以消除短路现象，最后用毛刷清理。

18.3.7 有刷电动机换向片搭铁的故障原因与检修技巧

引起有刷电动机换向片搭铁的故障原因与检修技巧如下。

有刷电动机换向片与电动机轴是相互绝缘的，若换向片搭铁，电动机就不能正常工作。其检修方法是用数字万用表的"200Ω"电阻挡，红表笔接电动机轮毂，黑表笔分别接换向器上的铆接点，若所测电阻都无穷大，则表明换向片不搭铁。若数字万用表显示值接近于零，则表明换向片搭铁。若换向片搭铁，应对电动机绕组和换向器用吹风机烘干，若烘干之后换向片仍有搭铁现象，应更换换向器和电动机。

18.3.8 有刷电动机换向片短路的故障原因与检修技巧

有刷电动机换向片短路是由换向片间积存大量的炭粉和铜粉，

经电刷转动压实形成导电体而将换向片短路。若电动机换向片短路，应按以下方法进行处理。

① 用毛刷将换向器、转子内侧和绕组上的粉尘清理干净。

② 用刀片刮去存积在换向器或相邻换向片间的积炭，并用毛刷清理。

③ 用数字万用表"200Ω"挡，测量每相邻换向片间的阻值，若万用表显示值正常，则表明该相邻换向片不短路。若万用表显示值较小，则表明该相邻换向片间有积存物没有完全清除。

18.3.9 有刷电动机电刷磨损的故障原因与检修技巧

电刷是有刷电动机中的易损件之一。若电刷严重磨损时，当电动机转动过程中电刷会时而接触时而分离并产生火花，引起换向器烧蚀，从而影响电动机的功率发挥。电动机内的电刷与换向器的工作情况是否正常，不分解电动机即可判断。

方法一：将电动机两根线短接，转动电动机轴时，若阻力较大则表明电动机电刷与换向器接触良好。若转动较轻松，则表明电刷严重磨损。

方法二：将电动机与控制器相连的弹头与弹壳分开，用数字万用表的"200Ω"挡，测量电动机两引线间的阻值应有较低的显示，则表明电刷与换向器接触良好。转动电动机轴在不同状态下万用表的读数应一致，若显示接近无穷大，则表明电刷与换向器接触不良，应更换有关部件即可使其恢复正常。

要诀 >>>

电刷磨损很常见，严重磨损火花现，
换向器烧蚀是特点，电动机功率不如前。
电刷故障很好判，短接电动机两根线，
稍稍用力把轴转，阻力较大良好见，
阻力较小故障现，电刷损坏及时换。

18.4

无刷电动机常见故障检修技巧

现以电动自行车用的无刷电动机为例加以说明。

18.4.1 无刷电动机温度过高的故障原因与检修技巧

无刷电动机温度过高的故障原因与检修技巧如下。

① 电动机绕组短路或断路。电动机绕组短路或断路时，通过绕组的电流增大，时间一久将使电动机温度升高。电动机绕组的测量方法如下：用数字万用表200Ω电阻挡，分别测量电动机绕组每两相线间的电阻都相同，则表明电动机绕组下降。若所测量某相间绕组电阻无穷大，则表明绕组断路。若所测量某相绕组电阻比其他两相较小，则表明该绕组短路。对短路或断路的绕组应予以更换。

② 电动机磁钢脱磁。若电动机磁钢脱磁应更换整套磁钢或整换整体电动机。

18.4.2 无刷电动机空载电流过大的故障原因与检修技巧

引起无刷电动机空载电流过大的故障原因与检修技巧如下。

① 轴承损坏或长期缺油，导致电动机阻力过大，使空载电流增大 应检查轴承是否灵活。方法是用手转动轴承，并使之以最大速度转动，若轴承转动阻力较大或有"咯噔"或"哗啦"的响声，则表明轴承损坏，应予以更换。

② 电动机磁钢脱磁或失磁，应检查电动机磁钢是否脱落，若是应粘接，但要保证电动机转子与定子的气隙达标。若磁钢有碎片

或磁钢严重失磁，应更换磁钢或整体电动机。

③ 电动机内部绕组过于潮湿，用手触摸定子绕组，若感觉较湿，则表明定子绕组有绝缘短路现象。电动机潮湿不仅引起绕组绝缘电阻下降，甚至会导致绕组轻微接地，应对绕组进行烘干处理。

④ 电动机绕组局部短路，应测量绕组短路故障。一般电动机绕组常采用 Y 形接线，用万用表的电阻挡测量电动机三相绕组每两相间的电阻值，正常情况应相同或相差很少。对短路的绕组，应按原来的线径、匝数和绕制方法等重新绕制，或将故障电动机予以更换。

要诀 >>>

电流过大故障中，维修人家说不清，
十年经验很生动，维修心得很好用，
故障出现原因生，一般就有这几种，
轴承问题要记清，脱磁或失磁在其中，
绕组过潮真能行，绕组需要用电烘，
绕组短路相互碰，更换电动机必须行。

18.4.3 无刷无齿电动机有异常响声的故障原因与检修技巧

引起无刷无齿电动机有异常响声的故障原因与检修技巧如下。

① 轴承损坏，应予以更换。

② 电动机转子扫膛，应检查轴承是否损坏、电动机轴是否弯曲，并根据情况予以排除。

③ 磁钢脱落，应粘接。

④ 电动机轴向窜动，应在轴上增加合适的垫圈。

⑤ 电动机绕组与机壳相通，应查出绕组的搭铁点，并进行绝缘处理。

18.4.4 无刷有齿电动机有异常响声的故障原因与检修技巧

引起无刷有齿电动机有异常响声的故障原因与检修技巧如下。

① 轴承损坏，应予以更换。

② 电动机转子扫膛，应检查轴承是否损坏、电动机是否弯曲，并根据情况予以排除。

③ 齿轮磨损，应予以更换。

④ 超越离合器损坏，应予以更换。

18.4.5 无刷电动机不转的故障原因与检修技巧

引起无刷电动机不转的故障原因与检修技巧如下。

① 电动机霍尔元件损坏或其引线断开，应先检查霍尔元件的引线是否断开，然后测量霍尔元件是否损坏，并根据情况予以排除。

② 电动机绕组引线断开或接触不良，应用万用表测量电动机绕组的连接导线，发现断路或接触不良现象，予以排除。

③ 电动机与控制器相连的插接器松动或接触不良，用数字万用表的"200Ω"挡，让红表笔接插接器的左侧红色线，黑表笔接插接器的右侧红色线。若数字万用表显示接近零，则表明红色线相连的插头正常，若数字万用表显示值接近无穷大，则表明该插接器相连的红色线接触不良，然后按同样的方法检查其他几根导线，若所接导线皆通，则表明插接器正常，若某根导线不导通，应分解插接器进行修理并排除故障，必要时予以更换插接器。

④ 电动机绕组短路、断路或搭铁，应予以排除。

18.4.6 电动机转动时有"咯啦"或"哒哒"异响并伴有振动的故障原因与检修技巧

引起上述现象的原因与检修技巧如下。

① 无刷控制器输入信号极性皆相反（低有效和高有效传感器

安装极性相反引起信号角度变化或控制器有故障），电动机转动时会出现有节奏的"咯啦"声且伴有振动，关闭电源开关让电动机以惯性转动时，响声和振动消失。对此应对控制器输入极性和控制器进行检查。首先检查控制器输入极性，然后检查控制器内部元件。

②霍尔元件损坏或其引线接触不良，电动机转动时会出现"哒哒"异响，响声随失电而停止，则表明无刷电动机存在缺相故障。

18.5

直流电动机故障检修速查和使用与维护方法

18.5.1 直流电动机故障检修速查

直流电动机故障检修速查如表18-1所示。

表18-1 直流电动机故障检修速查

故障现象	产生原因	检修方法
（1）电动机不能启动	①电源电压低	①用万用表查出后，升高电源电压或接入正常电源
	②开关损坏或接触不良	②修复或调换开关
	③电枢绕组开路	③用片间电压法或电阻法查出后，重新接好
	④轴承损坏或电动机内腔有杂物	④更换轴承或清理杂物
	⑤电刷和换向器接触不良	⑤调整弹簧压力、研磨电刷或换向器，或更换电刷
	⑥励磁线圈接反	⑥改正励磁线圈接法

续表

故障现象	产生原因	检修方法
（2）电动机转速变慢	①电源电压低	①见故障（1）
	②轴承磨损或太紧	②轴承清洗后，加足润滑油或更换轴承
	③刷架位置不对	③调整刷架位置
	④电枢绕组有短路	④用片间电压法、电阻法查出后，拆换绕组
	⑤电枢绕组有开路	⑤见故障（1）
	⑥电刷位置或绕组元件与换向器焊头位置不对	⑥调整电刷位置或焊头改正过来
	⑦换向片间短路	⑦将换向片间碳粉或金属屑剔除干净
（3）电动机转速太快	①电源电压高	①降低电源电压或接入正常电源
	②负载太轻	②额定负载运行
	③励磁绕组有短路或接地	③用电阻法或兆欧表法查出后，进行绝缘处理
（4）电刷下火花过大与换向器严重发热	①换向器表面不光洁或凹凸不平	①用砂布研磨后，洗干净
	②电刷规格不符	②更换电刷
	③电刷与刷握配合不当	③用砂布研磨或更换电刷
	④换向器片间云母凸起	④下刻凸起的云母
	⑤电动机过载	⑤额定负载运行
	⑥电枢绕组开路或短路	⑥见故障（1）和（2）
	⑦电枢绕组中有的绕组元件在换向器上焊头位置不对	⑦见故障（2）
	⑧换向片间短路	⑧见故障（2）
	⑨电刷压力不合适或磨损变短	⑨调整弹簧压力或更换电刷
	⑩励磁绕组有短路或接地	⑩见故障（3）

续表

故障现象	产生原因	检修方法
（5）电动机运转时有较大的异常噪声	①电刷太硬或尺寸不对	①更换电刷
	②电刷压力太大	②调整弹簧压力
	③轴承间隙过大	③更换轴承
	④换向片间云母凸起	④下刻凸起的云母
	⑤换向器凹凸不平	⑤用砂布研磨后，清洗干净
（6）电动机漏电	①励磁绕组接地	①见故障（3）
	②电枢绕组接地	②用片间电压法或灯泡法查出后，进行绝缘处理
	③换向器接地	③涂抹绝缘胶并烘干
	④绝缘电阻下降	④烘干处理
	⑤引接线碰壳	⑤更换引接线或施加绝缘
	⑥电刷刷握接地	⑥进行绝缘处理或更换刷握

18.5.2　电动机的正确使用

电动机的使用寿命是有一定限制的，电动机在运行过程中其绝缘材料会逐步老化、失效，电动机轴承将逐渐磨损，电刷在使用一定时期后因磨损必须进行更换，换向器表面有时也会发黑或灼伤等。但一般来说，电动机结构是相当牢固的，在正常情况下使用，电动机使用寿命是比较长的。电动机在使用过程中由于受到周围环境的影响，如油污、灰尘、潮气、腐蚀性气体的侵蚀等，将使电动机的使用寿命缩短。电动机如使用不当，比如转轴受到不应有的扭力等使轴承加速磨损，甚至使轴扭断。再如由于电动机过载，将会使电动机过热造成绝缘老化，甚至烧损。这些损伤都是由于外部因素造成的，为避免这些情况的发生，正确使用电动机，及时发现电动机运行中的故障隐患是十分重要的。正确使用电动机应从以下方面着手。

① 根据负载大小正确选择电动机的功率，一般电动机的额定功率要比负载所需的功率稍大一些，以免电动机过载，但也不能太大，以免造成浪费。

② 根据负载转速正确选择电动机的转速，其原则是使电动机和被驱动的生产机械都在额定转速下运行。

③ 根据负载特点正确选择电动机的结构形式，一般要求转速恒定的机械采用并励电动机；起重及运输机械选用串励电动机，并需考虑电动机的抗振性能及防止风沙、雨水等的侵袭，在矿井内使用的直流电动机还需具有防爆性能。

④ 电动机在使用前的检查项目。对新安装使用的电动机或搁置较长时间未使用的电动机在通电前必须作如下检查。

a. 检查电动机铭牌、电路接线、启动设备等是否完全符合规定。

b. 清洁电动机，检查电动机绝缘电阻。

c. 用手拨动电动机旋转部分，检查是否灵活。

d. 通电进行空载试验运转，观察电动机转速，转向是否正常，是否有异声等。

以上检查合格后可带动负载启动。

⑤ 电动机在运行中的监视。对运行中的电动机进行监视的目的是为了清除一切不利于电动机正常运行的因素，及早发现故障隐患，及时进行处理，以免故障扩大，造成重大损失。监视的主要项目如下。

a. 监视电动机的温度。估计电动机运行中是否有过热现象。对于一般常用的小型直流电动机，可用手接触电动机外壳。是否有明显的烫手感觉，如明显的烫手，则属电动机过热。也可在外壳上滴几点水，如水滴急剧汽化，并伴有"咝咝"声，说明电动机过热。大、中型电动机有的往往装有热电偶等测温装置来监视电动机温度。如在电动机运行中，用鼻嗅到绝缘的焦味，则也属电动机过热，必须立即停机检查原因。

b. 监视电动机的负载电流。一般不允许超过额定电流，容量较大的电动机一般都装有电流表以利于随时观测。负载电流与电动机的温度两者是紧密相连的。

c. 监视电源电压的变化。电源电压过高或过低都会引起电动机的过载，给电动机运行带来不良后果，一般电压的变动量应限制在额定电压的 ± （5% ～ 10%）范围内。通常可在电动机的电源上装电压进行监视。

d. 监视电动机的换向火花。一般直流电动机在运行中电刷与换向器表面基本上看不到火花，或只有微弱的点状火花。

e. 监视电动机轴承的温度。不允许超过允许的数值，轴承外盖边缘处不允许有漏油现象。

f. 监视电动机运行时的声音及振动情况。电动机在正常运行时，不应有杂声，较大电动机也只能听到均匀的"哼"声和风扇的呼啸声。如运行中出现不正常的杂噪声、尖锐的啸叫声等应立即停车检查。电动机在正常运行时不应有强烈的振动或冲击声，如出现也应停车检查。

专家提示：只要当电动机在运行中出现与平时正常使用时不同的声音或振动时，必须立即停车检查，以免造成事故。

18.5.3 电动机的定期维护

为了保证电动机正常工作，除按操作规程正确使用电动机，运行过程中注意正常监视外，还应对电动机进行定期检查维护，其主要内容有：

① 清擦电动机外部，及时除去机座外部的灰尘、油泥。检查、清擦电动机接线端子，观察接线螺钉是否松动、烧伤等。

② 检查传动装置，包括带轮或联轴器等有无破裂、损坏，安装是否牢固等。

③ 定期检查、清洗电动机轴承，更换润滑油或润脂。

④ 电动机绝缘性能的检查。电动机绝缘性能的好坏不仅影响到电动机本身的正常工作，而且还会危及人身安全，故电动机在使用中，应经常检查绝缘电阻，特别是电动机搁置一段时间不用后及在雨季电动机受潮后，还要注意查看电动机机壳接地是否可靠。

⑤ 清洁电刷与换向器表面，检查电刷与换向器接触是否良好，电刷压力是否适当。

直流电动机故障排除案例精选

18.6.1 直流电动机电枢绕组接地的故障检修技巧

电枢绕组接地故障的检修方法有很多，其中，校验灯法是大家最常用的一种，所用工具有 12V 电源、校验灯和开关。将这些工具按图 18-14 所示接线。

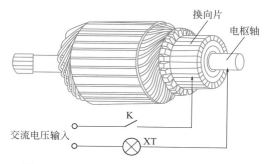

换向片

电枢轴

K

交流电压输入

XT

图 18-14 直流电动机电枢绕组接地检测

操作方法是合上开关，若灯泡亮，则表明电枢绕组中有接地故障，更换换向片的位置后，若灯泡逐渐变亮，则表明换向片距接地点越来越近，反之越来越远。当换向片距接地最近时，绕组与铁芯之间常有火花放电现象。若灯泡不亮，则表明绕组中无接地故障。

修理方法：若电枢绕组的接地点在换向片与绕组引出线的端部

时，可在接地部位与铁芯间加入两层绝缘纸，加强绝缘即可。若接地点在铁芯槽的外部，只涂抹绝缘漆即可。若接地点较多或在绕组内部，只能重绕电枢绕组或将电枢予以更换。

直流电动机电枢绕组如图 18-15 所示。

铁芯　绕组

换向器　　　　　　　　　　　　　　　　电枢轴

图 18-15　直流电动机电枢绕组

要诀　　　　　　　　　　　　　　　　　　　　>>>

电枢检修常用灯，宜找方便且好用，
如图接在回路中，操作方法来叙明，
合上开关若亮灯，接地故障在其中，
换向片的位置动，接地点近灯更明，
最近放电火花生，接地故障在其中，
引出线处接地碰，铁芯绝缘加两层，
接地处于槽外层，涂上绝缘漆就行。

18.6.2　直流电动机电枢绕组短路的故障检修技巧

直流电动机电枢绕组短路可用万用表的电阻挡来测量：分解电动机，把万用表旋至电阻最小量程，测量电枢绕组的每个线圈的电阻（即相邻换向片间的电阻），根据电阻值不同，可判断出哪个线圈存在短路现象。当确定短路线圈后，应在该线圈所连接的两个换向片做上标记，多测几次，以免出现误差而造成错误。若只有一个线圈存在短路，可将短路点找出来，用钳子将短路的导线剪去，再套上绝缘软管，重新焊接，然后涂上绝缘漆，将绝缘漆烘干，电动机即可使用。若短路点在某两个换向片之间的线圈中，不太容易确定位置，可将该线圈切断，用导线（线径与电枢绕线相同）将两个换向片短接即可（即跳接法）。

> **要诀** >>>
>
> 短路故障易测量，万用表在欧姆挡；
> 线圈电阻不同况，短路必在其中藏，
> 做上标示不会忘，多测几次误差让，
> 短路剪去再焊上，涂上绝缘烘干晾。

专家提示： 若被测线圈的阻值较大时，可用平衡电桥来测量，应细心检测故障点，若有多个故障点，应采用"分段法"检查。

18.6.3　直流电动机"跳火"的故障检修技巧

直流电动机"跳火"的故障检修技巧是脱开电源，用万用表电阻挡测量电动机两根引出线间的电阻值，同时用手缓慢转动电动机。若万用表指针来回波动，则表明换向片与电刷有时有脱离现象，应检查换向片与电刷接触是否良好，否则表明电刷严重磨损或换向器表面有污物或严重烧蚀等，应根据情况予以修复。重新焊好后重试，电动机即可正常运作。

> **要诀** >>>
>
> 跳火电动机要检修，仔细检查莫发愁；
> 电刷上头无病由，片间电阻测一周，
> 用手拨动电动机轴，表针急忙来回游；
> 细查片间有焊漏，补焊切忌焊水流。

专家提示： 碳刷因磨损而使其长度小于原长度的 2/3 时，应予以更换。换向器表面若有污物应用毛刷进行清除；若严重烧蚀，应用金相砂纸抛光，必要时将电枢总成予以更换。

18.6.4　直流电动机电刷火花过大的故障检修技巧

直流电动机运转时，电刷与换向器间一般都有较小的火花出现，一般不影响电动机的工作，但火花过大，必须进行检修处理。

① 检查负载是否过重。电动机功率应大于实际负载功率，若负载过重，则通过电动机绕组的电流会加大，火花明显变大。强烈的电火花会烧毁换向器，也会损害电动机的绝缘，应减小负载。

② 检查电刷与刷握的配合情况。若电刷与刷握配合过紧，会使电刷与换向器接触不良而产生较大火花，应研磨碳刷到规定要求。若电刷与刷握配合过松，可使电刷与换向器接触时间较长，火花愈燃愈大，应更换电刷。若电刷与刷握位置不正，则电刷与换向器接触不良，火花会更大，应予以校正。

③ 用弹簧秤测量电刷压力。电刷压力应符合要求，若压力过大或过小，应对电刷弹簧进行调整。

④ 检查电刷与原电刷型号是否相同。电刷损坏后，曾更换过，可能更换的新电刷型号与原有不一致，而电刷之间的电流分布不均匀，电火花时大时小，应检查电刷所在的位置，看它是否在中性线上，若不在，应按感应法进行调整。

⑤ 检查换向器，若换向器表面有污物或形状不圆，可造成换向器与电刷间摩擦不正常，出现火花时大时小。检查换向片间的云母是否凸出，若云母凸出，会造成云母与电刷摩擦过大、火花增强。最后检查换向器与电枢绕组的连线是否有脱焊现象，若有，会产生附加电火花，应予以焊接。直流电动机电刷如图 18-16 所示。

要诀　>>>

直流电动机大火花，破坏力量可不差，
负载过重电流大，绝缘自然就害怕，
检查电刷大摩擦，接触不正火花大，

> 弹簧可称电刷压，相差若大调整它，
> 电刷型差与位差，调整可用感应法，
> 云母凸出有摩擦，换向脱焊产火花。

专家提示： 围绕电刷与换向器及其附件，还有它的主要连接件，可能会出现附加电火花或使火花增大的部位查找故障。

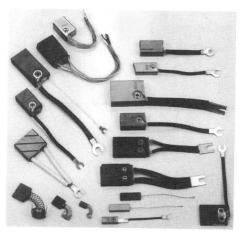

图 18-16　直流电动机电刷

18.6.5　直流电动机换向器的故障检修技巧

① 打开电动机观察换向器表面是否有条痕、麻点等磨损形成的轴向波浪，若有，应用油石打磨换向器表面。

② 若换向器表面有灼伤、红斑痕或氧化膜破坏时，可用细砂纸打磨，方法是用细砂布将换向器包着（布砂的面接触换向器）并握在手中，让手牢牢握着砂布和换向器，另一只手不断来回转动电枢，直到换向器表面的烧蚀物除去为止。

③ 若换向器大面积烧伤或有沟道，甚至有轴向波浪式损伤时，应采取用车铣方法修理。取下换向器，用车床切削其表面，达到规

定的要求后，再用布擦干净。

④ 若换向器出现严重变形或有较深沟道时，应更换换向器。

直流电动机换向器如图 18-17 所示。

图 18-17　直流电动机换向器

要诀 >>>

换向器损坏需检查，操作位置不同法，
转动转子细观察，条痕麻点轴面爬，
柔性油石轴向压，沿着轴向来回拉，
表面烧伤不光滑，可用砂纸来打擦，
有深沟时要取下，车床过后用布抹，
严重损坏变形啦，换向器要换新呀。

专家提示： 处理换向器时要分清其损伤程度，应尽量不破坏其原来的表面，对于未损伤的表面，尽量不打磨，若需打磨，最好重镀氧化膜。

18.6.6　直流电动机不能启动的检修技巧

接通电源后，电动机不能启动旋转，应进行以下检查。

① 检查电源是否接通。若不通，应对控制电路进行检查，必要时重新接线。若接通，应进行下一步检查。

② 检查负载是否过重。若超出电动机的工作能力，应减载启动运行。

③ 检查电刷与换向器间是否有接触不良等现象，若接触不良，

应针对损坏情况予以检修或更换。

④ 检查电动机的启动电阻是否过大。若启动电阻小而电流过大，电磁转矩过小，电动机无法转动。

要诀 >>>

电动机加电不启动，检查接线通不通，
检查电动机负载重，减载启动再运行，
电刷换向器乱碰，要对它们修一通，
启动电阻小不成，转矩小来带不动。

专家提示： 直流电动机不能启动时，应按先电源，再负载，后内部的原则进行检修。

18.6.7 直流电动机转速低于额定转速的故障检修技巧

直流电动机转速低于额定转速时，应首先检查直流电动机所带负载是否过大，再检查电刷位置是否有偏移，与刷握的连接是否良好，然后再查电枢内连接线有无虚焊、脱焊现象（断开电源，用万用表检查它们的连接电阻，当电阻较大表明连接线接触不良），最后可查电动机的启动电阻是否在以前维修时被切除。

要诀 >>>

直流电动机低速转，必有故障在里边，
首先可把负载看，减载运行传动难，
再查电刷是否偏，刷握与其正常连，
后查电枢虚脱焊，断开电源表测线，
接触不良常遇见，大修启动电阻删。

专家提示： 直流电动机转速低于额定转速的常见原因是负载过大引起的。检修时应首先从常见原因查起，然后从可引起故障的结构件上排查。

18.6.8　直流电动机的调速技巧

　　直流电动机的转速调整有三种：一是将转速调低，二是将转速调高，三是转速既可升高也可降低。

　　① 将转速调低。利用增大电枢回路中附加电阻的方法进行调整，这种方法多用在电动机的机械特性变软（即负载变小），且电动机使用时间过长，需要降低功率的情况。在未调整之前，电动机的转速为额定转速，通过计算，选取较大阻值的电阻对原有电枢回路的电阻进行替换，可使转速降低。这种方法简单，而原系统改动不大。当负载有较大变化或对某些调速精度要求高的场所是不允许的。

　　② 将转速调高。由于原电动机已磁饱和而提高转速时，可通过改变励磁回路中的附加电阻，减小励磁电流，使磁通量减少，而转速升高。这种方法既简单，损耗又小，同时控制便捷，灵活平滑性好。有时在其他装置的配合下，能做到无级调速，并且调速后，电动机的机械特性较好，带负载能力较强。

　　③ 转速既可升高也可降低。通过改变电枢的端电压的方式进行调速。这种方法调速范围宽，调速无台阶，属于无级变速，而且调速后的机械特性的硬度仍能保持不变。但这种调速所需的硬件是一套专用的直流电源或直流调压器。若遇到这种情况，购买可变直流电源装置的投入较大，可直接用变频电动机来代换。

要诀 >>>

　　　直流调速需技巧，一是低调二高调，
　　　增大电枢电阻跑，方法简单目的到，
　　　改变电阻磁通少，损耗小且平滑好，
　　　上下可调代价高，一套电源是法宝。

　　专家提示： 直流电动机通过调整可使其转速提高或降低，方法相对简单，容易改造。

18.6.9　直流电动机转速过快的检修技巧

直流电动机的转速比额定转速过快，表明负荷方面没有故障，其主要原因在电源或电动机内部。其检修技巧如下。

① 用万用表检查电动机的电源，若电源电压确实过高，可降低电源电压，也可在电枢回路中串入电阻器。后一种方法相对简单，但有可能因电阻过大而使转速比额定转速稍低，应使计算出来的电阻与电位器调整阻值完全相同。

② 若电压正常，可将电枢取出，再检查电刷是否在正常位置，若电刷位置不对，有可能引起电压升高，此时要按所刻标记调整刷杆的位置，让电刷恢复原位。

③ 若因串励时绕组线接反，本来是积复励变成了差复励，会使励磁电流变小，转速过快。应调换串励绕组的接线方向，通电后即可使直流电动机转速正常。

④ 若以上检查都正常，则表明励磁绕组内部有短路或部分断路现象，而形成电阻变小。可用万用表对励磁绕组进行检查，找出故障位置进行修复。

要诀 ＞＞＞

电动机转速快得多，负荷方面没有错，
表测电源电压过，两种方法来摆脱，
再查电刷正常坐，调整刷杆回原窝，
串励绕组线接错，调整方向通电妥，
结构没错绕组说，短路断路可惹祸。

专家提示：虽然磁场强度过大，会引起转速过快，但在使用过程中磁场会逐渐减弱。

18.6.10　直流电动机转速过慢的检修技巧

直流电动机的转速比额定转速过慢，表明电源、电动机内部可能存在故障，但不排除负荷加大的可能，具体检查如下。

　　用万用表检查电动机的电源，若电源电压确实较低，再检查电源的来源处，找到故障并修复。

　　若电源电压正常，可将电枢取出，再检查电刷是否在正常位置，若电刷位置不对有可能引出电压断续，使平均电压降低，此时应按所刻标记调整刷杆的位置，让电刷恢复原位，或更换新电刷；再看电枢与换向片是否存在故障，找出故障位置进行修复。

　　在直流电动机拖动过程中，若某部位被其他杂物卡住，或传动部件损坏，会使负荷变相加大，应根据情况予以检查。也有可能是负荷真的加重，若确实负荷加重，需减负或更换功率较大的电动机。

要诀　>>>

转速远比正常慢，电源电动机有错连，
负荷加重祸来拦，不慌不忙——检，
表测电压低是源，检查来源书中看，
调整刷杆电刷换，再查电枢换向片，
拖动过慢杂物缠，传动故障负荷变。

　　专家提示： 直流电动机转速过慢，一般是因电源电压较低所致。先查电源电压是解决故障的最快方法。

第 **19** 章

串励电动机的结构和故障检修

　　串励电动机属换向器式电动机，既可使用直流电源，也可使用交流电源。串励电动机具有转矩大、过载能力强、转速高（可高达 40000r/min）等优点，但换向困难，电刷下易出现火花，噪声大。主要用于电钻、吸尘器、电动扳手、地板打蜡机、电吹风等设备。

19.1

串励电动机结构与工艺

串励电动机结构与直流电动机相似，由定子、电枢（转子）组成。

19.1.1 定子绕组连接方法

在定子铁芯上嵌放定子绕组，定子绕组一般为集中线圈（磁极线圈）。磁极线圈的连接方式为头尾相接，保证形成一对磁极，如图 19-1 所示。

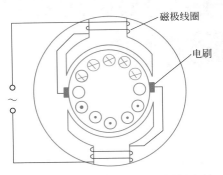

图 19-1 定子磁极线圈连接图

判断磁极连接是否正确。可假定线圈中通入直流电，根据右手螺旋法则，判断出两极极性应相反，否则接线错误。

要诀　　　　　　　　　　　　　　　　　　　　　　　　　　>>>

串励电动机前来看，了解结构是要点，

定子、电枢记心间，定子绕组铁芯上嵌，

磁极线圈头尾连，一对磁极形成到此完。

磁极连接咋判断，线圈中通入直流电，

两极极性应相反，接线错误要批判。

19.1.2 电枢（转子）绕组绕制工艺

电枢由转轴、电枢铁芯、电枢绕组和换向器组成。

现以电枢铁芯槽数为 9，换向片数为 18 的电枢为例，说明电枢绕组绕制方法。

电枢绕组的绕制多采用叠绕法和对绕法。

1. 叠绕法

绕组元件数应与换向片数相等。每个电枢铁芯槽内应嵌放 2 个绕组元件。在绕制过程中，先在第 1 号槽到第 5 号槽中绕制 2 个绕组元件，再在第 2 号槽到第 6 号槽绕制另外 2 个绕组元件，在第 3 号槽到第 7 号槽绕制 2 个绕组元件，依次类推，直至第 9 号槽到第 4 号槽绕制最后 2 个绕组元件，如图 19-2 所示。

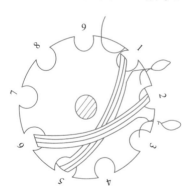

图 19-2 电枢绕组叠绕法

2. 对绕法

先在第 1 号槽和第 5 号槽内绕制 2 个绕组元件，再在第 5 号槽和第 9 号槽内绕制另外 2 个绕组元件，在第 9 号槽和第 4 号槽内绕制 2 个绕组元件，依次类推，直至第 6 号槽和第 1 号槽绕制好最后

2 个绕组元件，如图 19-3 所示。

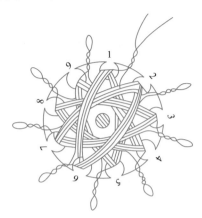

图 19-3　电枢绕组对绕法

3. 电枢绕组与换向片连接规律

第 1 号槽内 2 个绕组元件首端分别连到第 1 号、第 2 号换向片上，第 2 号槽内 2 个绕组元件首端依次连到第 3 号、第 4 号换向片上，依次类推。第 1 号槽内 2 个绕组元件的末端，连到第 3 号、第 4 号换向片上，第 2 号槽内 2 个绕组元件的末端，连到第 5 号、第 6 号换向片上，依次类推，如图 19-4 所示。

电刷宽度至少为 2 个换向片的宽度，因换向片数与电枢铁芯槽数之比为 2。一般情况下，电刷下的换向片数至少为换向片数与电枢铁芯槽数的比值。

19.1.3　换向装置的结构

串励电动机换向器结构与直流电动机相同。楔形铜片之间垫以云母，铜片底部通常压制塑料，使转轴与换向器绝缘，并使各铜片紧固在一起。

电刷架由刷握和弹簧组成。刷握保证电刷在换向器上有准确位置，使其接触压降恒定，并保证电刷不致因跳动而引起火花过大；弹簧使电刷与换向器紧密接触。单相串励电动机一般采用电化石墨电刷。

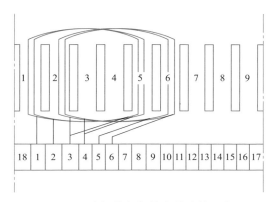

图 19-4 电枢绕组与换向片连接示意图

要诀 >>>

换向器来很重要，铜片底部是塑料，
铜片之间要绝缘，紧固不松是关键，
电刷在换向器上停，都由刷握来保证，
火花过大电刷下，电刷损坏常有呀。

串励电动机故障检修技巧

19.2.1 通电后电动机不转

（1）电源线断路或故障原因短路

用万用表电阻挡检查。查出故障后，一般应更换新电源线。

（2）开关损坏或接触不良

用万用表交流电压挡或测电笔测量输出端有无电压。检查出故障后，拆下开关进行修复。

（3）电刷与换向器之间接触不良

仔细观察电刷与换向器的接触情况，若电刷磨损较大或电刷磨偏，应用 00# 砂纸研磨电刷或调节弹簧压力。如果换向器表面不平，应用 00# 砂纸或砂布打磨换向器表面，以改善接触。

（4）定子绕组断路

用万用表电阻挡测量磁极线圈电阻的方法检查。定子绕组的磁极线圈断路多发生在最里层线，一般是嵌放定子绕组时造成的。这种情况只能重新绕制新线包。若断路发生在漆包线与引接线焊接处，重焊时一定要保证焊接质量，并施加好绝缘材料。

（5）电枢绕组开路（断路）

电枢绕组开路最易发生在电枢绕组与换向器的焊接处，也可能发生在槽内。后一种情况多是由于电动机出现短路或接地，电流过大烧断线圈造成的。

检查方法如下。

① 外观检查法。仔细观察换向器上有无烧焦的黑斑，有黑斑的换向片所连绕组元件可能有断路。开路绕组元件所连接的两换向片间有烧焦的必有黑斑，但有黑斑的换向片不一定都有故障。例如，当一个电枢铁芯槽内有 2 个绕组元件并列时，每隔 2 个换向片可能出现黑斑；当 1 个电枢铁芯槽内有 3 个绕组元件并列时，每隔 3 个换向片之间可能出现黑斑，这样均布的黑斑，说明换向不良，电枢绕组并无故障。

② 片间电压法。将低压直流电（可用干电池）接在相隔 180° 电角度的换向片上，将电流引入电枢绕组中，如图 19-5 所示。这时电枢绕组分成 2 路，第一支路中（绕组元件 1 ～ 9）因没有开路，用万用表 mV 挡测量时，绕组元件会有电压读数（为 2 个换向片间电位差）；有开路的第二条支路因有开路元件，用万用表测量时，应不会有读数，但当测到开路绕组元件所连接的换向片时，电压读数为电源电压值，这时可判定电压读数为电源电压处为绕组元件开路处。

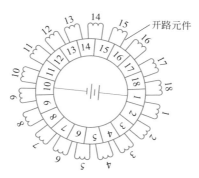

图 19-5 片间电压法测试电枢绕组开路

③ 电阻法。用万用表电阻挡测量换向片间电阻值，若绕组没有开路，相邻片间电阻值应大致相等。当测到某两片间电阻比其他片间电阻大几倍时，说明该换向片所连绕组元件有开路。

故障修理 若开路处在绕组元件和换向片焊接点处，只需重新焊好；若断路在槽内，需要拆开重绕。应急使用时，也可将绕组开路元件所连的 2 个换向片用导线跨接，便可继续使用，如图 19-6 所示。

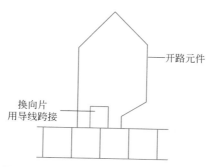

图 19-6 电枢绕组元件开路应急处理

（6）电动工具用串励电动机主轴齿轮或减速齿轮损坏

检查时先脱开传动齿轮，转动电动机部分，检查是否转动正常。齿轮磨损，一般要进行更换。

19.2.2　转速明显变慢

（1）电枢绕组开路或短路

检查方法如下。

①　片间电压法。如图 19-7 所示，将低压直流电通入电枢绕组中，依次测量相邻换向片间的电压值。若测出的片间电压值相近，说明换向片所连绕组元件是好的；若某两片间电压值很小或为零，说明这两个换向片所连绕组元件有短路。

②　短路侦探器法。将短路侦探器开口部分放在相邻两齿上，然后接通电源，观察电流表读数，如图 19-7 所示。沿圆周依次测量时，若测到某两片间发现电流表读数突然变大，说明被测槽内绕组元件有短路。

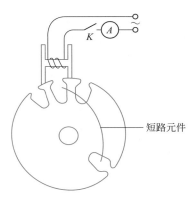

图 19-7　短路侦探器法测试电枢绕组短路

故障修理　若短路出现在换向片间，一般是因换向器与电刷经常摩擦产生的铜屑、炭末积留在换向片间槽中造成的，这种情况需将片间的积留物清理干净；若因绕组受潮引起局部短路，可进行烘干处理；若短路绕组元件不止一个或受热严重使绝缘焦脆老化，最好将整个绕组拆除重绕。若短路情况不严重，应急使用时，可将短路绕组元件从端部剪断，并将断头处用绝缘材料包好，以防断头与其他元件相碰，在换向片上用一根导线将这个绕组元件所连的换向片跨接起来，如图 19-8 所示。

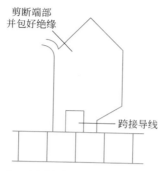

剪断端部
并包好绝缘

跨接导线

图 19-8　个别电枢绕组元件短路应急处理

要诀　>>>

短路出在换向片间，铜屑、炭末很常见，
绕组受潮局部把路短，烘干处理不用言，
焦脆老化绕组元件，整个绕组需拆换，
短路不严重应急间，换向片跨接来体现。

（2）定子磁极线圈接地

检查方法　用一个串有灯泡的交流电源，一端与铁芯接触，另一端与绕组引接线接触，若灯泡发亮，说明定子绕组已接地，然后用上述方法分别检查每一磁极线圈，找出故障点。也可采用兆欧表查出。

修理要点　接地不严重时，在接地处重新垫上绝缘；若外包绝缘损坏，但线圈完好，可将线圈从磁极上取下来，重新包绝缘，再进行浸漆烘干处理；若线圈已损坏，须重新绕制新线圈。

（3）定子磁极线圈短路

检查方法　仔细观察磁极线圈外观，绝缘物烧焦的地方就是短路点；外观检查不出来时，可分别测量各磁极线圈的电阻值。正常情况下，各磁极线圈的电阻值应相等，若发现磁极线圈的电阻值相差很大，说明电阻小的磁极线圈有短路。

故障修理 当磁极线圈短路不严重时，可施加绝缘处理；对因受潮造成的短路，需烘干处理；短路严重时，重新绕制新磁极线圈。

（4）轴承太紧或减速齿轮损坏

轴承太紧时，更换新轴承；若减速齿轮损坏，只能更换。

（5）电刷不在中性线位置

调整电刷位置，使其位于中性线上。

19.2.3 电刷下火花大

（1）定转子绕组断路和短路

① 轴承太紧时，更换成新轴承；若减速齿轮损坏，只能更换。

② 调整电刷位置，使其位于中性线上。

③ 定子磁极线圈短路。

检查方法 仔细观察磁极线圈外观，绝缘物烧焦的地方就是短路点；外观检查不出来时，可分别测量各磁极线圈的电阻值。正常情况下，各磁极线圈的电阻值应相等，若发现磁极线圈的电阻值相差很大，说明电阻小的磁极线圈有短路。

故障修理 当磁极线圈短路不严重时，可施加绝缘处理；对因受潮造成的短路，需烘干处理；短路严重时，重新绕制新磁极线圈。

（2）电刷与换向器接触不良

① 因刷握未紧固，引起松动产生火花的，应将刷握紧固好。

② 电动机运行一段时间后，云母片凸起引起火花，应剔除凸起的云母片。

③ 换向器表面不光洁，应清理换向器表面，再用酒精冲洗干净。

④ 弹簧疲劳损坏或扭曲变形时更换弹簧。

⑤ 电刷磨损严重时，其端面会有较大偏斜，并且颜色深浅不一，应更换电刷。

（3）电刷规格不符

更换成与原电刷同型号、同规格的电刷。

（4）负载过重

负载过重时，应减轻负载。对电动工具还应检查变速齿轮或轴承是否完好。

（5）绕组元件在换向器上焊头位置不对

用以下方法查出重焊。

① 片间电压法。将低压直流电接到电枢绕组中，用万用表 mV 挡依次测量换向片间电压值。当测到某两换向片时，万用表指针指示反向读数，并且当万用表接到反向绕组元件前面或后面两换向片时，电压指示为双倍读数，说明该两换向片所连绕组焊头位置错误，如图 19-9 所示。

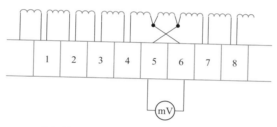

图 19-9　片间电压法检查焊头位置

② 片间电阻法。用万用表电阻挡测量相邻两换向片间电阻值。沿圆周依次测量，若焊头没有接错，相邻两换向片间电阻值应相等；在焊头位置发生错误的前面或后面的一对换向片上，其电阻值接近正常值的 2 倍，如图 19-10 所示。

（6）定转子绕组接地

电枢绕组接地的检修方法如下。

① 外观检查法。仔细观察电枢铁芯槽口处绝缘有无破裂，槽内绝缘物有无移动造成的绕组元件与铁芯相碰。

② 兆欧表法。兆欧表的"火线"端接换向片，"地线"端接转轴，以 120r/min 的转速均匀摇动手柄。若测出的绝缘电阻很低，说明电枢绕组接地，也可用灯泡检查法，但效果较差。

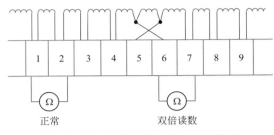

图 19-10　片间电阻法检查焊头位置

③ 冒烟或火花法。将串有大灯泡的交流电源，接到换向器和转轴上，由于线路中电流较大，会在接地处冒烟或出现火花，从而找出接地点。

④ 检查换向片与转轴间电压法。将低压直流电通入电枢绕组中，然后依次测量转轴与换向片间电压值，如图 19-11 所示。通常转轴与换向器之间是绝缘的，测量时换向片与转轴间电压为零。若电枢绕组有接地，则大部分换向片与转轴之间均可量出电压，只有接地的绕组元件与转轴之间电压很小或为零。

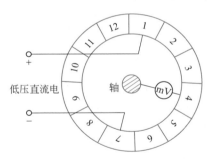

图 19-11　片轴电压法检查电枢绕组接地

故障修理　若电枢绕组在槽口或端部有接地点，可用划线板将绕组与铁芯相碰处挑开，重新垫好绝缘，接地点在槽内时，一般应重绕。也可用跨接法应急处理，将接地绕组元件从换向片上焊开，并在该绕组元件两头用绝缘包好，再将该绕组元件所对应的两换向片用导线短接，接地点在换向器前面的云母环上时，将云母环上的留存物清理干净即可。

（7）电刷不在中性线上

调整电刷位置，使其位于中性线上。

19.2.4　电动机在运转时发热

（1）定转子绕组短路

若短路出现在换向片间，一般是因换向器与电刷经常摩擦产生的铜屑、炭末积留在换向片间槽中造成的，这种情况需将片间的积留物清理干净；若因绕组受潮引起局部短路，可进行烘干处理；若短路绕组元件不止一个或受热严重使绝缘焦脆老化，最好将整个绕组拆除重绕。若短路情况不严重，应急使用时，可将短路绕组元件从端部剪断，并将断头处用绝缘材料包好，以防断头与其他元件相碰，在换向片上用一根导线将这个绕组元件所连的换向片跨接起来。

（2）弹簧压力过大或轴承过紧

调整弹簧压力或更换轴承。

（3）负载过大

减轻负载。若是电动工具，应用调速容量较大者来代替。

（4）电枢铁芯与定子铁芯相碰

更换轴承或校正转轴。

（5）电枢绕组元件有极少的断路或接反

电枢绕组开路最易发生在电枢绕组与换向器的焊接处，也可能发生在槽内。后一种情况多是由于电动机出现短路或接地，电流过大烧断线圈造成的。

检查方法如下。

① 外观检查法：仔细观察换向器上有无烧焦的黑斑，有黑斑的换向片所连绕组元件可能有断路。开路绕组元件所连接的两换向片间有烧焦的必有黑斑，但有黑斑的换向片不一定都有故障。例如，当一个电枢铁芯槽内有 2 个绕组元件并列时，每隔 2 个换向片可能出现黑斑；当 1 个电枢铁芯槽内有 3 个绕组元件并列时，每隔 3 个换向片之间可能出现黑斑，这样均布的黑斑，说明换向不良，

电枢绕组并无故障。

② 片间电压法。将低压直流电（可用干电池）接在相隔 180°
电角度的换向片上，将电流引入电枢绕组中，如图 19-5 所示。这
时电枢绕组分成 2 路，第一支路中（绕组元件 1～9）因没有开路，
用万用表 mV 挡测量时，绕组元件会有电压读数（为 2 个换向片间
电位差）；有开路的第二条支路因有开路元件，用万用表测量时，
应不会有读数，但当测到开路绕组元件所连接的换向片时，电压读
数为电源电压值，这时可判定电压读数为电源电压处为绕组元件开
路处。

用以下方法查出重焊。

① 片间电压法。将低压直流电接到电枢绕组中，用万用表 mV
挡依次测量换向片间电压值。当测到某两换向片时，万用表指针指
示反向读数，并且当万用表接到反向绕组元件前面或后面两换向片
时，电压指示为双倍读数，说明该两换向片所连绕组焊头位置错
误，如图 19-12 所示。

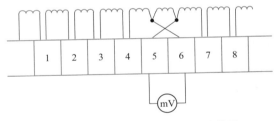

图 19-12　片间电压法检查焊头位置

② 片间电阻法。用万用表电阻挡测量相邻两换向片间电阻值。
沿圆周依次测量，若焊头没有接错，相邻两换向片间电阻值应相
等；在焊头位置发生错误的前面或后面的一对换向片上，其电阻值
接近正常值的 2 倍，如图 19-13 所示。

③ 磁铁法。拿一磁铁在电枢铁芯槽口移动，因磁铁磁力线切
割了电枢绕组元件，绕组元件内产生感应电势。用万用表 mV 挡测
量绕组元件相连的两换向片时，若绕组元件有反接，万用表指针反

向读数，否则为正向读数。

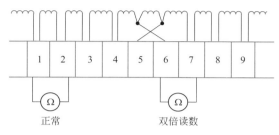

图 19-13 片间电阻法检查焊头位置

19.2.5 电动机外壳带电

（1）定转子绕组接地

检查方法 用串有灯泡的交流电源，一端与铁芯接触，另一端与绕组引接线接触，若灯泡发亮，说明定子绕组已接地，然后用上述方法分别检查每一磁极线圈，找出故障点。也可采用兆欧表查出。

修理要点 接地不严重时，在接地处重新垫上绝缘；若外包绝缘损坏，但线圈完好，可将线圈从磁极上取下来，重新包绝缘，再进行浸漆烘干处理；若线圈已损坏，须重新绕制新线圈。

焊接好后的电枢，先清理换向器表面，并检查有无短路、断路故障，再用 500V 兆欧表测量对地绝缘电阻。正常情况下绝缘电阻应大于 $1M\Omega$。在电枢绕组端部按原样进行绑扎，最后进行浸漆处理。

> **要诀** >>>
>
> 绕组接地怎么检，稍微接地垫绝缘，
> 外包绝缘坏线圈好，磁极线圈要去掉，
> 重新包绝缘效果好，浸漆烘干莫忘掉，
> 线圈已损坏怎么办，重新绕制新线圈。

（2）刷握接地

加强绝缘或更换刷握。

（3）换向器接地

换向器接地，是换向片与转轴之间绝缘损坏，造成换向片与转轴相通。换向器端部堆积留存物过多时，有时会造成爬电现象，这也属换向器接地。对于后者，电动机运行中会出现像死灰复燃样的火星，应清除留存物；对于前者，需将换向片与绕组元件焊接点焊开，用 500V 兆欧表依次测量换向片与转轴之间的绝缘电阻值，根据所测绝缘电阻大小，确定接地点。若测出的绝缘电阻在 2MΩ 以上，可认为换向器无接地，当绝缘电阻小于 2MΩ 时，可进行绝缘处理。维修后再用兆欧表测量一次，待合格后将换向片与绕组元件重新焊好。

对塑料换向器，接地后一般应进行更换。

19.2.6 串励电动机故障速查（表 19-1）

表 19-1 串励电动机故障检修速查

故障现象	产生原因	检修方法
（1）通电后电动机不转	①电源线断路或短路	①用万用表查出后，更换电源线
	②开关损坏或接触不良	②拆开开关修复
	③电刷与换向器之间接触不良	③研磨换向器表面或更换电刷
	④定子绕组断路	④用万用表查出后，将断路处接好，并施好绝缘材料
	⑤电枢绕组开路	⑤用片间电压法或外观检查法查出后，重焊换向片与绕组
	⑥电动工具用串励电动机主轴齿轮或减速齿轮损坏	⑥更换齿轮或电枢
（2）转速明显变慢	①电枢绕组开路或短路	①用片间电压法查出后，进行相应处理

续表

故障现象	产生原因	检修方法
（2）转速明显变慢	②定子磁极线圈接地	②用灯泡法查出后，在接地点垫上绝缘材料
	③定子磁极线圈短路	③用电阻法查出后，在短路点施加绝缘材料或拆换磁极线圈
	④轴承太紧或减速齿轮损坏	④更换轴承或齿轮
	⑤电刷不在中性线位置	⑤将电刷调至中性线位置
（3）电刷下火花大	①定转子绕组断路和短路	①检修并修复
	②电刷与换向器接触不良	②检修并修复
	③电刷规格不符	③更换电刷
	④负载过重	④减载运行
	⑤绕组元件在换向器上焊头位置不对	⑤用片间电压法或片间电阻法查出后，重新焊接
	⑥定转子绕组接地	⑥定子磁极线圈接地，用兆欧表法、冒烟或火花法查出转子绕组接地后，在接地点施加绝缘材料
	⑦电刷不在中性线上	⑦将电刷调至中性线上
（4）电动机运转时发热	①定转子绕组短路	①修理或更换
	②弹簧压力过大或轴承过紧	②调整弹簧压力或更换轴承
	③负载过大	③减载运行
	④电枢铁芯与定子铁芯相碰	④更换轴承或校正转轴
	⑤电枢绕组元件有极少的断路或接反	⑤修理或重接
（5）电动机外壳带电	①定转子绕组接地	①修理或更换
	②刷握接地	②加强绝缘或更换刷握
	③换向器接地	③用兆欧表查出后，进行绝缘处理或更换换向器

19.3

单相电钻绕组修理方法

单相电钻采用单相串励电动机，除此之外还有减速齿轮箱、快速自动复位手揿式开关或钻夹头。

19.3.1 定子绕组重绕

（1）拆除旧绕组

电钻定子绕组（磁极线圈）在拆除前，先取下固定线圈的扣子或销子。线圈取下后用木板夹住在台虎钳上压平，拆除外包绝缘，记下线圈内圈尺寸、厚度以及线圈数，用千分尺测出导线线径，作为制作绕线模、绕制线圈的依据。

（2）制作绕线模

模芯尺寸应与拆下的旧线圈尺寸相同，厚度应为线圈厚度。

（3）绕制线圈

绕制线圈时，要注意线径正确、匝数准确、张力合适。绕制完成后，在线圈与引接线焊接处垫好绝缘，用绝缘带半叠包一层，并将引接线包扎在线圈内，再用白纱带以半叠形式包一层作保护层。

（4）接线

先将定子磁极线圈套入磁极，经整形后，再用扣子、销子等固定线圈。接线时，要保证两极极性相反（即头尾相接）。接好线后，用右手螺旋法则检查接线是否正确。

要诀　　　　　　　　　　　　　　　　　　　　>>>

定子绕组需重绕，操作过程要记牢，
旧绕组需要拆掉，制作绕线模是必要，
新的线圈绕制好，线圈与引线要焊牢，
线圈套入磁极牢，接线方法要知道。

19.3.2　电枢绕组重绕

1. 记录有关数据

内容有电枢铁芯槽数、换向片数、绕组节距、线径、绕组绕制方法、绕组元件在换向片上的焊接位置等。

2. 拆除旧绕组

先将电枢绕组加热，待其软化后，将缠在绕组端面的扎线拆除。注意绕组元件线头与换向器的焊接位置，作图记录，然后将绕组从一端剪开，用钳子将线圈拉出，并清理槽绝缘。

3. 槽绝缘安放

电钻一般采用 E 级绝缘，最常用聚酯薄膜青壳纸作槽绝缘，槽绝缘尺寸要合适。电枢铁芯转子轴部分，用玻璃丝带、黄蜡绸带包数层，长度适中，以防电枢绕组碰轴（接地）。

4. 绕制线圈

电枢绕制方法有叠绕法与对绕法两种。其绕组节距为

$$y = \frac{Z_2 - 1}{2p}$$（单数槽）或 $y = \frac{Z_2}{2p} - 1$（双数槽），线圈并绕根数为换

向片数与电枢铁芯槽数之比，即 $n = \dfrac{K}{Z_2}$。电钻电枢铁芯槽数与换向

片数之比通常为 1：2 或 1：3，线圈通常由 2 根或 3 根导线并绕而成。

电钻电枢绕组绕制次序如下：

（1）9 槽铁芯叠绕

节距　y=4（即 1～5）。

次序　1～5，2～6，3～7，4～8，5～9，6～1，7～2，8～3，9～4。

（2）9 槽铁芯对绕

节距　y=4。

次序　1～5，5～9，9～4，4～8，8～3，3～7，7～2，2～6，6～1。

（3）11槽铁芯叠绕

节距　$y=5$。

次序 1～6，2～7，3～8，4～9，5～10，6～11，7～1，8～2，9～3，10～4，11~5。

（4）11槽铁芯对绕

节距　$y=5$。

次序　1～6，6～11，11～5，5～10，10～4，4～9，9～3，3～8，8～2，2～7，7～1。

（5）12槽铁芯叠绕

节距　$y=5$。

次序　1～6，2～7，3～8，4～9，5～10，6～11，7～12，8～1，9～2，10～3，11～4，12～5。

（6）12槽铁芯对绕

节距　$y=5$。

次序　1～6，6～11，11～4，4～9，9～2，2～7，7～12，12～5，5～10，10～3，3～8，8～1。

（7）13槽铁芯叠绕

节距　$y=6$。

次序　1～7，2～8，3～9，4～10，5～11，6～12，7～13，8～1，9～2，10～3，11～4，12～5，13～6。

（8）13槽铁芯对绕

节距　$y=6$。

次序　1～7，7～13，13～6，6～12，12～5，5～11，11～4，4～10，10～3，3～9，9～2，2～8，8～1。

5. 接线与焊接

当电枢绕组全部嵌入槽内后，用万用表沿圆周分别接触线圈的面线与底线，找出不通的面线与底线，依次拧在一起成麻花状，再把并绕导线依次串联起来，分别焊到对应换向片上。电枢绕组元件

表19-2　220V单相串励电钻电动机技术数据

规格/mm	输出功率/W	额定电流/A	额定转速（电动机/夹头）/(r/min)	负载持续率/%	定子 外径/mm	内径/mm	铁芯长/mm	气隙/mm	线径/mm	每极匝数	转子 线径/mm	槽数	每槽导线数	每组线匝数	节距	换向片数	电刷 尺寸/mm	型号
6	80.3	0.9	12000/870	40	61.4/60.4	35.4	34	0.3	Qφ0.38	244	QZφ0.23	9	252	42	1~5	27	6.5×4.3	D3748
			12000/870		60.8	35.3		0.35	QZφ0.31	256							6×4.3	D308
			13000/940		61.7/60.6	35.4		0.4	Qφ0.31	262							6.4×4.3	D303
10	130	1.2	10800/540	40	73	41	40	0.35	QZφ0.33	193	QZφ0.27	12	156	26	1~6	36	12×5	D308
	140	1.4	11500/570		75	42.7	37	0.35	QZφ0.44	170	QZφ0.29	13	144	24	1~7	39	4×8	D214
13	180	1.9	9750/390	40	84.5	46.3	45	0.4	QZφ0.51	180	QZφ0.35	12	132	22	1~6	36	12×5	D308
	185	1.8	10000/409		85	46.3		0.35	QZφ0.51	150			138	23			12×5	D214
		1.8			85			0.35	QZφ0.51	150							12×5	
		1.95			4.7			0.425	QZφ0.51/0.56	164							12×5	
19	330	3.0	9000/268	40	95	54	41	0.45	Qφ0.72	120	QZφ0.51	15	84	14	1~7	45	15.5×5	D3748
	340	3.6	9000/330	60	102	58.7		0.5	QZφ0.77/0.83	100	QZφ0.47		72	12			16×5	D308
13	204	2.2	8500/442	60	95	50.9	41	0.3	QZφ0.51	140	QZφ0.35	13	120	20	1~7	39	12×5	D308 / D214
16	240	2.5	8500/333	60	95	50.9	46	0.3	QZφ0.62	140	QZφ0.41	13	102	17	1~7	39	12×5	D308 / D214

在换向器上的焊接位置，以原记录为准，不能随意更改，否则易出现火花。当无原始记录时，可沿电枢旋转方向偏 1 ～ 2 片换向片进行焊接。

6. 试验、绑扎与浸漆处理

焊接好后的电枢，先清理换向器表面，并检查有无短路、断路故障，再用 500V 兆欧表测量对地绝缘电阻。正常情况下绝缘电阻应大于 1MΩ。在电枢绕组端部按原样进行绑扎，最后进行浸漆处理。

220V 单相串励电钻电动机技术数据，见表 19-2。

19.4

吸尘器故障排除方法

19.4.1　通电后，吸尘器不工作

（1）电气方面

① 电源电压过低或熔丝熔断。用万用表交流电压挡检查电源电压，过低时，应停止使用。若熔丝熔断，应予更换。

② 电源线断路或插头松脱。用万用表电阻挡检查。电源线断路时，一般应更换；插头松脱时，应将插头松脱处重新焊接好。

③ 通断开关断路或接触不良。用万用表电阻挡检查。拆开通断开关，进行修复。必要时更换通断开关。

④ 电刷与换向器未接触。仔细观察电刷与换向器的接触情况。若属电刷因长期磨损变短造成的，应更换电刷；若是碳粉进入刷握内引起的，应清理刷握；若属电刷与刷握配合太紧，应调整配合尺寸。

（2）机械方面

① 电刷不在中性线上，将电刷调至中性线上。

② 轴承内进入异物或损坏，拆下轴承后，先对轴承进行清洗，然后加足润滑油（脂）；轴承有裂纹、碎裂损坏时，应更换。

③ 过滤袋破损，电动机内腔中进入异物，清理电动机内腔，修补或更换过滤袋。

19.4.2　吸尘器出风口气体过热

① 电源电压过高。用万用表交流电压挡检查电源电压，过高时应停止使用。

② 吸尘器吸头和管路阻塞，应清理吸头和管路阻塞异物。

③ 集尘袋已满或微孔堵塞，应清理集尘袋。

④ 电刷架螺钉松动，使电刷逆向转动，造成转速升高而过热。调整电刷位置，然后将螺钉紧固。

19.4.3　吸尘器吸力下降

① 定转子绕组接地或短路，见 19 章第 2 节。

② 电刷不在中性线上，应将电刷调至中性线上。

③ 电刷压力不足。电刷压力不足时，电刷与换向器接触压降增加，电动机转速下降。这时应调整弹簧压力。

④ 轴承润滑不良。拆下轴承后，先对轴承进行清洗，然后加足润滑油（脂）。

⑤ 密封不严造成外界空气进入风机。若是密封圈损坏应予以更换；属装配不良造成的，应重新装配。

⑥ 集尘袋内灰尘或吸管内的阻塞物太多。清理集尘袋内灰尘或吸管内的阻塞物。

⑦ 压紧风机叶轮的螺母松动，应将松动螺母紧固。

⑧ 吸管破裂，应修补或更换吸管。

注意：1～4 的故障现象是电动机转速明显降低，从而引起了吸尘器吸力下降。

19.4.4　吸尘器噪声异常

① 轴承润滑不良或损坏。拆下轴承后，先对轴承进行清洗，然后加足润滑油（脂）。轴承有裂纹、碎裂时，应更换。

② 换向器表面不光滑或云母片凸起。用细砂布研磨换向器表面或下刻云母，最后用酒精或汽油清洗干净。

③ 集尘袋破损，应修补或更换集尘袋。

④ 压紧风机叶轮的螺母或其他紧固件松动，应将螺母或其他紧固件重新紧固。

⑤ 电刷压力不合适，应调整弹簧压力。

19.4.5　灰尘指示器失灵

① 集尘室密封差漏气，找出漏气件，更换密封件。

② 指示器所连软管弯曲或脱落，应调整弯曲处，连接好软管。

19.4.6　吸尘器有漏电、静电

① 吸尘器吸入金属屑，造成短路漏电，应打开吸尘器，清理吸入的金属屑。

② 带电部分与外壳金属部分短路，应在漏电处施加好绝缘材料。

③ 清洁化纤地毯时，产生静电。消除静电的最简单方法是进行接地，接地必须连接牢固。

19.4.7　自动卷线机构失灵

① 盘簧预卷圈数过多，电源线不能全部拉出，将盘簧放松数圈即可。

② 制动轮所接连杆上弹簧损坏，应更换弹簧。

③ 电源线拉出后，不能自动入壳。

a. 盘簧预卷圈数过少，应预卷 3 ～ 4 圈为好。

b. 卷线盘与其他零部件相碰，找出相碰处，进行调整。

c. 制动轮脱不开线盘，找出原因后消除故障。

吸尘器电动机技术数据见表 19-3，供修理吸尘器电动机时参考。

表 19-3　吸尘器电动机技术数据

型号		额定功率/W	额定电压/V	电枢							定子线径/mm	定子每极匝数
				铁芯外径/mm	铁芯内径/mm	铁芯长度/mm	槽数	线径/mm	每元件匝数	换向片数		
苏州春花牌	WX-4A	170	220	56	31	35	9	$\phi0.21$	44	27	$\phi0.31$	297
	BTX-11B	370		63	34	16	12	$\phi0.31$	25	24	$\phi0.44$	192
	TX8A-62	620		88	47	21	22	$\phi0.35$	24	22	$\phi0.5$	160
	TX8A-80	800		95	48	28	12	$\phi0.4$	18	24	$\phi0.6$	200
	TX8A-100	1000		95	48	34	12	$\phi0.5$	18	24	$\phi0.7$	160
	WX10A	1000		95	48	34	12	$\phi0.5$	18	24	$\phi0.7$	160
	VC620	620		88	47	21	22	$\phi0.35$	24	22	$\phi0.5$	160
上海快乐牌	VH-03	200	220				10	$\phi0.21$	50	20	$\phi0.31$	330
	V2-40	400					12	$\phi0.38$	22	36	$\phi0.53$	190
	V4-60	600					12	$\phi0.38$	23	24	$\phi0.53$	160
	VW_2-80	800					12	$\phi0.47$	17	24	$\phi0.67$	136

第**20**章

潜水电泵与深井泵用电动机

20.1

潜水电泵的结构特点和使用

　　潜水电泵由潜水异步电动机与潜水泵组成,广泛应用于农田排灌、工矿给排水,常见的有 QY 型油浸式农排电泵、QX 型工程用潜水电泵和 QD 型工程用单相潜水电泵等。

20.1.1 潜水电泵电动机结构

（1）QY 型油浸式农排电泵用潜水异步电动机

电动机位于电泵下部，其结构与普通三相笼式异步电动机基本相同，不同的是上盖轴端有一整体式双端面机械密封盒（动密封），各配合面均由耐油橡胶制成的 O 形密封圈（静密封）。在电动机内腔中充满了 N7# 机械油。油的作用是润滑上下轴承，便于电动机绕组散热。为防止电动机因单相运行或堵转损坏，在电路中有过电流保护装置。

（2）QX 型工程用潜水电泵用异步电动机

电动机位于电泵上部，其结构与普通三相笼式异步电动机基本相同，不同的是下轴伸出端装有双端面机械密封部件，采用高耐磨性的氮化硅工程陶瓷或碳化硅、硬质合金作密封圈，可有效防止污水渗入电动机内部。

（3）QD 型工程用单相潜水电泵用异步电动机

电动机采用单相电容分相式异步电动机。电动机内部装有过电流、过热保护器，在电动机下盖轴伸端装有组合式双端面机械密封部件，各配合面装有橡胶密封圈，可有效地防止水渗入电动机内部。

20.1.2 潜水电泵使用注意事项

潜水电泵由于在水中工作，使用时应多加注意，否则易出现故障。

① 安装过电流保护装置，确保电动机在异常情况下及时切断电源，保护电动机绕组。

② 接好黄—绿双色接地线。

③ 电泵停车再开前，应经常用兆欧表检测绝缘电阻。正常情况下，绝缘电阻应大于 $1M\Omega$。

④ 经常检查油室是否加满了油，油浸式潜水泵还应检查电动机内腔是否加满了油，不满时应补满。

⑤ QD 型、QX 型潜水电泵内热保护器动作后，应及时修换，

否则热保护器反复切断与合上，会烧坏电动机绕组。

⑥ 电泵在排放污水后，应将电泵放在清水中运转数分钟，将污物清洗干净。

> **要诀** >>>
>
> 水中工作潜水泵，使用不好出故障，
> 安装保护器安全畅，电动机绕组不丧亡，
> 双色接地线要接上，绝缘电阻经常量，
> 内热保护器动作后，及时修换没商量，
> 电泵如把污水排放，清水中运行电泵。

潜水电泵故障检修技巧

20.1.1 电泵不能启动

合闸后抽不上水，又没有"嗡嗡"声，说明电动机电路不通，可能是断电或缺相、开关接触不良，线路不通或电动机定子绕组烧坏。遇到这种情况先检查线路，若没有问题，再检查定子绕组。合闸后有"嗡嗡"声，但不出水，可能原因有电源电压低、叶轮被卡住、定子绕组有一相不通或导致轴承与轴咬合卡死等。

① 电源电压过低。用万用表查出后，提高电源电压或待电源电压恢复正常后再启动。

② 电源断电、缺相或开关接触不良。检查熔丝是否熔断，用万用表电压挡检查开关进线有无电压，开关接通后输出端有无电压。对缺相的，应重新接好，若属开关接触不良，则修理开关。

③ 叶轮被卡住。打开水泵部分，将异物取出。

④ 热保护器损坏。调换新热保护器（QD 型、QX 型）。

⑤ 离心开关触点合不上。QD 型单相潜水电泵，离心开关触点合不上时，应调整离心开关。

⑥ 定子绕组烧坏。定子绕组烧坏，往往是潜水电泵使用不当造成的。

a. 高扬程的泵用于低扬程时，因流量增大形成超载，电动机长期超载运行，温升过高吸含砂量大的水，会引起功率增加而超载。

b. 两相运行，潜水电泵在运行中，开关、触点、引接线接头接触不良或有一相断电。

c. 水渗入定子绕组，致使绝缘性能变差。

d. 叶轮、转轴或其他转动部分和静止部分摩擦，使定转子相碰、轴承损坏、叶轮被卡住等造成定子电流增大，损坏定子绕组。

e. 电动机脱水运行时间超过规定值。运行时，电泵须随水位下降而下移。

f. 油浸式电泵电动机内缺油，使电动机散热不良而烧坏定子绕组。

定子绕组烧坏后，须将烧坏的定子绕组拆除后重绕。

要诀　　　　　　　　　　　　　　　　　　　　　　>>>

合闸后水抽不上，启动电泵啥现象，
没有"嗡嗡"声和振荡，电泵损坏没商量。

20.1.2　电泵出水量少

① 使用扬程超过规定值，适当降低使用扬程。

② 过滤网被杂物阻塞。清除过滤网杂物，必要时拆下过滤网，清除杂物。

③ 电泵反转。对 QY 型、QX 型潜水电泵，只要调换任二根电源线的接线顺序即可。

④ 叶轮已损坏或叶轮空隙内有杂物。叶轮损坏时需更换，叶

轮空隙内的垃圾杂物要及时清理。

⑤ 静水位低于 0.3m 或水泵部分已脱水运行。调整电泵潜水深度到 0.5 ～ 3m。

⑥ QY 型潜水电泵甩水器装反。甩水器开口应朝下，以免甩水器阻碍叶轮进水。

20.1.3 电泵突然停转

① 开关跳闸或熔丝熔断。用万用表交流电压挡检查电源电压是否过高，使用量程是否符合规定要求，不合要求时，应加以调整。

② 断电或缺相。用万用表交流电压挡或测电笔检查是否断电或缺相，缺相造成的电泵停转是常见的，在维修中应多加注意。

③ 电泵堵转。检查叶轮有无卡住，轴承有无损坏，查出后清理水泵内异物或更换轴承。

④ 电泵绕组烧坏。见 20.1.1 第⑥项。

⑤ 热保护器损坏，调换新热保护器。

要诀 ≫≫≫

电泵突然来停转，故障原因听我言，
开关跳闸保险断，电压过高是常见，
故障原因几方面看，电压缺相或断电，
绕组烧坏或电泵堵转，热保护损坏很常见。

20.1.4 声音不正常

① 电泵反转的检修见 20.1.2 第③项。

② 轴承磨损严重、碎裂或锈蚀时，应予以更换。

③ 若为二相运行，可用万用表找出断线相，接好后，再投入运行。

④ 若甩水器和尼龙轴承座相摩擦，应换新的尼龙轴承座或甩水器加垫片。

止退圆柱销落不下或磨损，可拆开防逆盘，揩清圆柱销油污及防逆盘销孔，或更换止退圆柱销。止退槽的槽孔磨损时，应更换止退盘。

20.1.5 电动机温升过高

故障原因有缺相运行、电源电压低、负载过大和绕组短路等，可参照本书介绍的方法检修。

电动机维修
实用手册

➔ 内容详实，注重实操

对大量的现场维修案例和维修技巧进行汇总、整理和筛选，真正做到来源于实践，应用于实践

➔ 助记要诀，朗朗上口

将电动机基础知识、实用维修操作技能等以要诀的形式表现出来，易懂好记，大大提高学习效率

➔ 全程图解，直观易懂

采用大量的实物图、示意图、电路图等，将维修过程中难以用文字表述的知识要点生动地表达出来

销售分类建议：电工

ISBN 978-7-122-38542-0

9 787122 385420 >

定价：88.00元